第二版

发电机组维修技术

 杨贵恒　龙江涛　王裕文　甘剑锋　编著

U0196381

化学工业出版社

·北京·

图书在版编目（CIP）数据

发电机组维修技术/杨贵恒等编著. —2 版. —北京：化学工业出版社，2017.12（2023.1 重印）
ISBN 978-7-122-30878-8

Ⅰ.①发… Ⅱ.①杨… Ⅲ.①发电机组-维修
Ⅳ.①TM310.7

中国版本图书馆 CIP 数据核字（2017）第 263506 号

责任编辑：刘　哲　　　　　　　　　装帧设计：刘丽华
责任校对：王素芹

出版发行：化学工业出版社（北京市东城区青年湖南街 13 号　邮政编码 100011）
印　　装：北京科印技术咨询服务有限公司数码印刷分部
787mm×1092mm　1/16　印张 23　字数 604 千字　　2023 年 1 月北京第 2 版第 4 次印刷

购书咨询：010-64518888　　　　　　　售后服务：010-64518899
网　　址：http://www.cip.com.cn
凡购买本书，如有缺损质量问题，本社销售中心负责调换。

定　　价：58.00 元

前言
FOREWORD

随着科学技术的发展和人民生活水平的不断提高，不仅用电负荷不断增加，而且对供电质量提出了更高的要求。内燃发电机组是一种机动性很强的供电设备，因其使用基本不受场所的限制，能够连续、稳定、安全地提供电能，所以被通信、金融、建筑、医疗、商业和军事等诸多领域作为备用和应急电源。

由于各行业对供电保障和发电机组的使用与维护的要求越来越高，因此，迫切需要一支有经验、懂技术的专业化使用与维修队伍。笔者根据长期教学和修理发电机组的实际经验和心得体会，结合必备的理论知识，在参考相关文献的基础上，编写成本书，以满足广大读者的需求。读者通过本书的学习，能熟悉内燃发电机组维修的基础知识，学会典型发电机组的使用、调整与维护保养的基本方法，掌握发电机组在拆卸、清洗、检验和装配等过程中所必备的基本技能以及典型机组的大修理论和内部故障检修的基本方法。

本书第一版自2007年出版以来，重印多次，累计发行量近万册，多所高等职业院校选用此书作为相关专业教材，深受读者欢迎。这次改版，在尽量保持本书第一版原貌的基础上，更新和增加了相关内容。在第五章增加PT燃油系统及其常见故障检修，并增加第八章启动系统的检验与修理。将原书的第八章和第九章分别更改为第九章和第十章，并在第十章第三节增加发电机组的性能试验。全书各章的具体内容为：第一章发电机组维修基础；第二章发电机组的拆洗检验及零件修复；第三章曲柄连杆机构的检验与修理；第四章配气机构的检验与修理；第五章燃油供给系统的检验与修理；第六章润滑系统的检验与修理；第七章冷却系统的检验与修理；第八章启动系统的检验与修理；第九章电机的检验与修理；第十章发电机组的总装与调试。

本书由杨贵恒、龙江涛、王裕文、甘剑锋编著。金钊、龚利红、张伟、杨翱、严健、潘小兵、金丽萍、赵英、刘小丽、强生泽、向成宣、蒲红梅、张海呈、杨科目、雷绍英、余江、蒋王莉、杨贵文、徐树清、温中珍、付保良、杨芳、杨胜、邓红梅、杨蕾、汪二亮和杨楚渝做了大量的资料搜集与文字整理工作，在此表示衷心感谢！

本书图文并茂、通俗易懂、重点突出、针对性强、理论联系实际，具有较强的实用性和可操作性，可作为发电机组使用、维修与管理人员的培训教材以及通信电源、发电与供电、电力工程与自动化等相关专业的教学用书，也适合汽车驾驶员、内燃机维修技师以及相关专业工程技术人员阅读参考。

由于我们水平有限，书中难免存在疏漏和不妥之处，恳请使用本书的师生和读者批评指正。

杨贵恒

二〇一七年十月于重庆

第一版前言
FOREWORD

随着我国科学技术的发展和人民生活水平的不断提高，不仅用电负荷不断增加，而且对供电质量也提出了更高的要求。内燃发电机组是一种机动性很强的供电设备，因其使用基本不受场所的限制，能够连续、稳定、安全地提供电能，所以被通信、金融、建筑、医疗、商业和军事等诸多领域作为备用和应急电源。

由于各行业对供电保障和发电机组的使用与维护的要求越来越高，因此，迫切需要一支有经验、懂技术的专业化使用与维修队伍。我们根据长期教学和修理发电机组的实际经验和心得体会，结合必备的理论知识，在参考相关文献的基础上，编写成本书出版，以满足广大读者的需求。读者通过本书的学习，能熟悉内燃发电机组维修的基础知识，学会典型发电机组的使用、调整与维护保养的基本方法，掌握发电机组在拆卸、清洗、检验和装配等过程中所必备的基本技能以及典型机组的大修理论和内部故障检修的基本方法。

全书共分为九章，第一章发电机组维修基础；第二章发电机组的拆洗检验及零件修复；第三章曲柄连杆机构的检验与修理；第四章配气机构的检验与修理；第五章柴油机燃油供给系的检验与修理；第六章润滑系统的检验与修理；第七章冷却系统的检验与修理；第八章电机的检验与修理；第九章发电机组的总装与调试。另外，在本书的附录部分给出了在发电机组维修过程中常用的技术数据和发电机组常见外部故障检修的基本方法，供大家使用和学习时参考。

本书由重庆通信学院杨贵恒、金钊、熬卫东、严健、张传富和陈强，西南交通大学电气工程学院贺明智共同编写。第一、三、四、五章由杨贵恒编写；第二、六、七章由杨贵恒、严健、张传富和陈强共同编写；第八、九章和附录由金钊、贺明智、熬卫东和杨贵恒共同编写。全书由杨贵恒统稿，重庆通信学院袁春教授仔细审阅了全稿。在本书编写过程中，得到了重庆通信学院电力工程系和动力发电教研室全体同仁的倾情帮助，在出版过程中得到了重庆通信学院教材保障科的大力支持，在此一并致谢！

本书力求做到图文并茂、通俗易懂、重点突出、针对性强、理论联系实际、具有较强的实用性和可操作性。可作为柴油汽车驾驶员、内燃机维修技师以及相关专业的工程技术人员参考书，也适合于用作通信电源、发供电技术、电力工程及自动化等专业的教学用书以及发电机组使用、维修与管理人员的培训教材。

由于编写时间仓促和编著者水平有限，书中难免存在疏漏和不妥之处，恳请读者批评指正。

杨贵恒

目录
CONTENTS

第一章
发电机组维修基础

发电机组维修基础是机组维修人员必须首先了解和掌握的基本知识与基本技能。本章的主要内容包括：发电机组维修的基本知识、维修常用的工具与量具、钳工基本设备和基本操作技能、发电机组的使用与维护。

第一节　发电机组维修的基本知识

一、故障及其产生原因

（一）故障的概念

对于刚出厂的发电机组而言，它必须具有一定的工作能力和必要的耐久性。所谓工作能力是指设计制造时所给予发电机组的主要工作性能，如发电机组的输出功率、发动机的燃油消耗率和机组的噪声水平等。耐久性是指机组保持工作能力在一定范围内的使用时间。发电机组的工作能力和耐久性变坏，是其发生故障的根本标志。也就是说：发电机组各部分的技术状态，在工作一定时间后会发生变化，当这种变化超出了允许的技术范围，而影响了发电机组的工作性能时，就称发电机组产生了故障。

（二）故障产生的原因

发电机组是由发动机、交流同步发电机和控制箱（屏）三部分组成。其中，发动机是机组产生动力的部分，最易产生故障。实践证明：机组产生故障的原因是多种多样的，但归根结底不外乎内部原因和外部原因两个方面。

1. 故障产生的内部原因

（1）材料及油料的性质　在设计制造过程中，要根据发电机组零件的工作性质和特点正确选择材料。材料选用不当、材质不符合规定和选用了不适当的代用品是零件产生磨损、腐蚀、变形、疲劳损伤、破裂和老化等现象的主要原因。内燃机上所用的各种材料和油料的性质，归纳起来不外乎是物理性质、化学性质及机械性质三个方面。内燃机的许多故障正是由于外界因素的影响，通过这些性质而起作用的结果。如金属材料受力过大后会产生变形和裂纹甚至折断，在高温作用下会氧化，在各种载荷下会产生疲劳损伤；非金属材料会产生老化；油料中所含的酸性物质对金属有腐蚀作用，并会使油料变质等。

（2）机件的结构特点　内燃机各系统机件在结构形式上各有特点。在工作中，外界因素往往通过这些特点起作用，使相关机件产生故障。例如：由于发动机水套的本身结构特点，在高温作用下，冷却水容易在气缸套外壁形成水垢，而影响气缸套的冷却效果。

（3）机件的工作特点　直接接触并有相对运动的机件之间因摩擦而产生磨损，例如，内燃机的活塞环直接与气缸接触，在工作过程中，活塞环在气缸中作高速的往复直线运动，致使气缸产生磨损。工作时温度变化剧烈的机件，因热应力而产生变形和裂纹，例如，在发动机工作过程中，气缸体和气缸盖因受高温的作用，其内应力重新分配，达到新的平衡，结果造成气缸体和气缸盖平面的翘曲变形。

2. 故障产生的外部原因

（1）使用不当　使用人员没有按照操作规程使用机器。如经常低速运转、没有暖机就迅速增加负荷、机油压力过低等都会加速机件的磨损；工作时间过长、负荷变化过大、长期超负荷运行等也会引起零件的过早损坏。

（2）维护不良　在维护机器时，没有严格按照规定的技术要求完成各项工作，或者采取了错误的操作方法，造成人为故障等。在平时的维护保养中，要及时更换机油、定期清洁空气滤清器和水箱的水垢等。按要求进行机器的日常维护和一、二、三级保养。

（3）修理质量不高　在修理过程中，如果加工不当，没有达到修理技术要求，如各零件的配合间隙（或公盈）不当、表面粗糙度不够、装配时清洗不干净等都会使机组在使用过程中产生故障。装配过程中各零件之间的相互位置精度也很重要，若达不到要求，会引起附加应力，产生偏磨等不良后果，加速机件的失效。

建立合理的维护保养制度，严格执行发电机组的技术保养和使用操作规程，是保证机组可靠工作和提高其使用寿命的重要条件。此外，需定期对使用维修人员进行培训，提高其业务素质和水平。

二、发动机零件常见的失效形式

发动机零件的常见失效形式一般包括磨损、变形、疲劳断裂和腐蚀。

（一）磨损

磨损是指物体表面相互接触并作相对运动时，材料从一个表面逐渐损失以致表面损伤的现象。通常将磨损按其表面破坏机理和特征分为四类：磨料磨损、黏着磨损、表面疲劳磨损和腐蚀磨损。

1. 磨料磨损

物体表面与磨料相互摩擦而引起表面材料损失的现象称为磨料磨损。磨料磨损是机械磨损的一种，非常普遍，危害性很大，据有关资料统计，磨料磨损要占各种磨损总数的50％以上。当机组在野外工地供电时，因工作条件恶劣，常与泥砂、矿石和灰渣等直接接触，会产生不同形式的磨料磨损。

磨料磨损是磨料颗粒机械作用的结果，它与磨料的相对硬度、形状、大小以及载荷作用下磨料与被磨表面的力学性能有关。磨料的来源有外界沙尘、切屑侵入、流体带入、表面磨损产物、材料组织的表面硬点及夹杂物等。磨料磨损包括两种情况：第一种情况是粗糙的金属表面在相对较软的金属表面滑动时的磨损；第二种情况是硬金属对软金属摩擦时表面有游离的硬磨料而引起的磨损，如轴承与轴瓦、气缸的磨损。减少磨料磨损一般从两方面采取措施：一是防止或减少磨粒进入摩擦表面间；二是增强零件的抗磨性能。

2. 黏着磨损

摩擦表面相对运动时，由于摩擦在局部会产生大量的热，导致温度急剧升高致使表面金属熔化，随着热量不断向周围传递，零件表面的温度会逐渐下降而产生焊合作用，焊合处在随后的运动中又被撕开，导致接触表面的材料从一个表面转移到另一个表面的现象称为黏着磨损，如抱瓦、拉缸等。

3. 表面疲劳磨损

两接触面作滚动或滚动滑动复合摩擦时，在循环接触应力的作用下，使材料表面疲劳而产生微小的裂纹。随着裂纹扩展，又由于润滑油在裂纹内的高压作用，继而产生斑点状的物质耗损现象，称为表面疲劳磨损。如轴承表面磨损、齿轮表面磨损。

4. 腐蚀磨损

在摩擦过程中，金属同时与周围介质发生化学或电化学反应。由于腐蚀和磨损的共同作用而导致零件表面物质的损失，这种现象称为腐蚀磨损。腐蚀磨损是一种机械化学磨损。单纯的腐蚀现象不能定义为腐蚀磨损，只有当腐蚀现象与机械磨损过程相结合时才能形成。腐蚀磨损和上述三种磨损的机理不同，它是一种极为复杂的磨损过程，经常发生在高温或潮湿的环境中，更容易发生在有酸、碱、盐等特殊介质条件下。

由于介质的性质、介质在摩擦表面上的作用状态以及摩擦材料性能的不同，摩擦表面出现的状态也不同，故常将腐蚀磨损分为氧化磨损、特殊介质腐蚀磨损和微动腐蚀磨损。

（二）变形

发动机在使用过程中，由于受力的作用，使零件的尺寸或形状产生改变的现象叫做零件的变形。

发动机零件，特别是气缸体、气缸盖等基础零件的变形，将严重影响相应总成的性能和发动机的使用寿命。研究零件变形的机理及其影响因素，对预防零件变形及变形件的维修具有十分重要的意义。

零件的变形包括弹性变形和塑性变形两种。弹性变形是指金属在卸除外力后能完全恢复的那部分变形。弹性变形量很小，一般不超过材料原长度的 $0.1\%\sim1.0\%$。塑性变形是指材料在外力除去后，不能恢复的那部分永久变形。

（三）疲劳断裂

疲劳断裂是指零件在反复多次的应力或能量负荷循环后才发生的断裂现象。零件在使用过程中发生的断裂，约有 $60\%\sim80\%$ 属于疲劳断裂。其特点是断裂时应力低于材料的抗拉强度或屈服极限。不论是脆性材料还是塑性材料，其疲劳断裂在宏观上均为无明显塑性变形的脆性断裂。柴油发动机中齿轮轮齿的折断、曲轴的折断等多为疲劳断裂的结果。

（四）腐蚀

腐蚀是指金属零件受周围介质的作用而引起失效的现象。腐蚀包括化学腐蚀、汽蚀和电化学腐蚀三种。在柴油发动机中腐蚀主要表现为化学腐蚀和汽蚀。

1. 化学腐蚀

金属零件与介质直接发生化学作用而引起的失效形式叫化学腐蚀。腐蚀产物直接生成于发生腐蚀的部位，并在金属表面形成表面膜。膜的特性决定了化学腐蚀的速度，如膜完整严密，则有利于保护金属零件而减慢腐蚀。在柴油发动机中，气缸套内壁受燃气中酸性气体的作用而产生的腐蚀即属于化学腐蚀。

2. 汽蚀

汽蚀（亦称穴蚀）是当零件与液体接触并有高频冲击时，零件表面产生的一种失效形式。这种失效形式的特点是在局部区域出现麻点和针孔，严重时呈聚集的蜂窝状的孔穴群。小孔的直径可达 1mm 甚至几毫米，深度可穿透零件。湿式气缸套外壁、滑动轴承等都可能因发生穴蚀而被破坏。由于柴油发动机的强化作用，气缸套的穴蚀现象比较严重，穴蚀已成为影响气缸套寿命的重要因素之一。

3. 电化学腐蚀

金属表面与周围介质发生电化学作用并有电流产生的腐蚀称为电化学腐蚀。

三、零件磨损过程及减少磨损的措施

在发动机零件的四种常见失效形式中，以零件的磨损最为常见，据有关资料统计，发动机零件的失效有80%以上是由磨损导致的。因此，了解零件的磨损过程，熟悉防止或减少零件磨损的方法与途径就显得十分重要。

(一) 典型磨损过程

机械零件正常运行的磨损过程一般分为三个阶段，如图1-1所示。表示磨损过程的曲线称为磨损曲线。不同的机件由于磨损类型和工作条件的不同，其磨损情况也不一样，但它们的磨损规律相同。

1. 磨合阶段（Ⅰ阶段）

图1-1所示中的 O_1A 段，又称跑合阶段。新的摩擦副表面具有一定的表面粗糙度。在载荷作用下，由于实际接触面积较小，故接触应力很大。因此，在运行初期，表面的塑性变形与磨损的速度较快。随着磨合的进行，摩擦表面粗糙峰逐渐磨平，实际接触面积逐渐增大，表面应力减小，磨损减缓。曲线趋于 A 点时，间隙增大到 s_0。

磨合阶段的轻微磨损为正常运行、稳定运转创造条件。通过选择合理的磨合规程、采用适当的摩擦副材料及合理的加工工艺、正确地装配与调整、使用含有活性添加剂的润滑油等措施能够缩短磨合期。

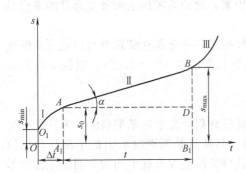

图1-1　典型磨损过程

2. 稳定磨损阶段（Ⅱ阶段）

如图1-1所示中的 AB 段。经过磨合，摩擦表面发生加工硬化，微观几何形状改变，建立了弹塑性接触条件。这一阶段磨损趋于稳定、缓慢，工作时间可以延续很长。它的特点是磨损量与时间成正比增加，间隙缓慢增大到 s_{max}。

3. 急剧磨损阶段（Ⅲ阶段）

如图1-1所示中曲线 B 点以右部分。经过 B 点后，由于摩擦条件发生较大的变化，如温度快速增加，金属组织发生变化，使间隙 s 变得过大，增加了冲击，润滑油膜易破坏，磨损速度急剧增加，致使机械效率下降，精度降低，出现异常的噪声和振动，最后导致事故。

掌握磨损规律的意义如下。

第一，了解机件一般工作在稳定磨损阶段，一旦转入急剧磨损阶段，机件必须进行修复或更换。机件在两次修复中间的正常工作时间 t 可由下式算出（图1-1）：

$$\tan\alpha = BD/AD = (s_{max} - s_0)/t$$
$$t = (s_{max} - s_0)/\tan\alpha$$

式中，$\tan\alpha$ 为磨损强度。

第二，磨损过程是由自然（正常的）磨损和事故（过早的、迅速增长的或突然发生意外的）磨损组成。自然磨损是不可避免的，事故磨损可以延缓，甚至避免。我们的任务就是要采取措施减小磨损程度，尽量缩短磨合时间，增长正常工作时间，延长使用寿命。

(二) 防止或减少磨损的措施

根据磨损的理论研究，结合生产实践经验，防止或减少磨损的方法与途径如下。

1. 润滑

选用合适的润滑剂和润滑方法，用理想的流体摩擦取代干摩擦，这是减少摩擦和磨损的

最有效方法。对于发电机组而言，要按照不同发动机的具体要求，根据季节和使用地域的不同选择合适牌号的润滑油。

2. 正确选择材料

按照基本磨损的形式，正确选择材料是提高机械设备零部件耐磨性的关键因素之一。在设计制造时应选用疲劳强度高、防腐性能好、耐磨耐高温的材料。同时要注意配对材料的互溶性，使其有合适的组合。

3. 进行表面处理

通过使用各种表面处理方法，如表面热处理（钢的表面淬火等）、表面化学热处理（钢的表面渗碳、渗氮等）、喷涂、喷焊、镀层、沉积、滚压等，改善表面的耐磨性。这是最有效和最经济的方法之一。

4. 合理的结构设计

正确合理的结构设计是减少机械设备零件磨损和提高其耐磨性的有效途径。结构要有利于摩擦副间表面保护膜的形成和恢复、压力的均匀分布、摩擦热的散逸、磨屑的排出以及防止外界磨料、灰尘的进入等。在结构设计中，可以应用置换原理，即允许系统中一个零件磨损以保护另一个重要的零件；也可以使用转移原理，即允许摩擦副中另一个零件快速磨损而保护贵重的零件。

5. 改善工作条件

尽量避免过大的载荷、过高的运动速度和工作温度，创造良好的环境条件。

6. 提高修复质量

提高机械加工质量、修复质量、装配质量、安装质量是防止和减少磨损的有效措施。

7. 正确地使用和维护

要加强科学管理，定期进行人员培训，严格执行操作规程和其他有关规章制度。设备使用初期要正确地进行磨合。在使用过程中，要做好供油系统、进气系统和润滑系统的维护保养工作，防止磨料的产生和侵入。要尽量采用先进的监控和测试技术。

四、发电机组的修理类别

在前面研究了零件的磨损规律，它是划分机组修理类别的理论根据。由于发电机组零件、合件、组合件及总成构造、材料、负荷和工作条件的不同，工作多长时间进行修理也很难相同，因而机组有三类不同性质的修理：小修、中修和大修。

（一）发电机组的小修

1. 内燃机的小修

内燃机的小修是不定期的维护性修理。主要是及时排除使用过程中的常见故障，使内燃机随时处于良好状态。其作业范围是经常性的保养，消除因自然磨损而产生的机件损伤（触点烧蚀等）现象，并更换、调整因使用、保养不当而造成某些有故障的零件、合件、组合件及总成等。其基本内容是：疏通油路、水道和排气道；排除漏油、漏水、漏气的故障；清除气缸盖、活塞、活塞环的积炭和油垢，更换活塞环；调整风扇皮带松紧度、气门间隙、机油压力、喷油压力和供油时间；更换机油和清洗油底槽、空气滤清器、柴油和机油滤清器；维修启动电机和充电发电机；更换一些因突发事故而损坏的零件等。

2. 发电机的小修

发电机的小修是在每季后或累计工作 500h 后进行，除完成发电机日常维护工作内容外，其主要内容如下。

① 打开窗盖板，如发现电机内积有尘土，应加以清理。用干燥清洁的压缩空气吹净电

机内部各部位的尘土，注意压力应不超过 $2×10^5$ Pa。各绕组表面以及风扇内部也应彻底清理，以保持有效的通风和散热。

② 清洁集电环或换向器表面以及电刷和刷握等，可用柔软干燥布块蘸少许汽油（酒精、煤油等）擦拭，然后再用其他干净的布块将表面擦干，并检查电刷的磨损情况和它与集电环（或换向器）的接触情况，必要时进行修磨或调整，还要同时检查电刷压力的大小，不合适时应加以调整。

③ 拆开电机轴承小端盖（在轴伸端的一只不必拿下来），检查润滑油的消耗和清洁情况，如发现油量不足时应适当添加，发现色泽不均、硬化或含有其他金属杂质，应当清洗和更换润滑油。拆装电机时要掌握要领，以免损坏电机。

④ 认真检查各处的电气连接和机械连接状况，必要时擦净并接牢。

（二）发电机组的中修

1. 内燃机的中修

内燃机中修是临近大修间的一次有计划性的修理，主要是为了平衡各机件间使用期限的不同，以保证或延长大修的间隔时间。其作业范围介于小修与大修之间，一般情况下是更换或维修 1～2 个主要总成，同时检查其余总成的技术状况，并排除故障，进行必要的紧定和调整工作。

其基本内容是：更换机油和燃油滤清器的滤芯；调整喷油泵（高压油泵）和喷油器（嘴）的喷油质量，研磨出油阀组件；拆修活塞连杆组、调速器、水泵和机油泵等；更换活塞、连杆铜套、轴瓦、气门、气门弹簧及锁片等；校正发动机压缩比等。

2. 发电机的中修

发电机的中修为每半年左右或其累计工作满 1000h 进行。除完成发电机小修的内容外，还有如下内容。

（1）检查滑环和电刷装置　检查滑环（或换向器）和电刷装置的状况，进行必要的清洁、修整和测量。

① 清洁工作　集电环或换向器、电刷和刷握各接触导电表面应无油、无垢、无炭末、光洁明亮并接触良好。擦拭时，要用柔软、干燥、清洁而无毛头的布块，可蘸少许汽油（或酒精）。尤其注意刷握内和集电环或换向器的根部（焊线头的肩部下面）和云母槽内的清洁。

② 磨光与修圆　集电环和换向器的外圆表面应十分光滑，一般呈暗棕色。若发现有烧伤痕迹、发黑或轻微的机械划伤等，应进行磨光。其方法是：用 00 号细玻璃砂纸（或金刚砂布）一条，再找一块宽度合适的硬木板，用木板把砂纸压紧在集电环或换向器外圆面上，然后低速转动电机转子，一直磨到外圆面光滑为止，最后进行认真的清洁工作。

磨光操作中，注意切断定、转子绕组的电路，以免触电或带电运转。如集电环或换向器外圆面灼伤严重或者失圆（已不是正常的圆柱形而摇摆严重时），应当取出转子，在车床上转车外圆面——修圆，注意其表面粗糙度要达到要求，修圆后的换向器还要下刻云母片，并进行清洁处理。

③ 下刻云母片　换向器片间的云母片的高度，正常时应比换向片低 0.5～1.2mm，否则应考虑下刻。其方法是：在现场条件下，可用细齿的手锯钢锯条的一段，自制一个前端带钩的小刀，沿云母片沟逐渐下刻，使之高度符合要求为止。下刻时刀子要锋利，用力要均匀、平稳，下刻完毕要进行磨光和清洁。

④ 电刷装置的调整　电刷是以石墨为主料压制成型的，导电性能好且耐磨，但质脆，不耐重压或撞击。电刷安放在刷握内，要求能上下自由平稳地移动，左右不应有明显的晃动

现象，下端面与集电环或换向器的接触面积不小于 3/4，且光滑、平整，工作时无跳动，磨损量不应超过电刷原来总高度的 2/3。否则应加以调整、研磨或更换电刷。

电刷和刷握等是与集电环或换向器配套的，更换时不得擅自更换牌号和规格。

一般碳刷和碳渗石墨制的电刷，其弹簧压力一般在 0.01～0.025MPa（0.10～0.25kgf/cm²）之间；电化石墨制电刷的弹簧压力一般在 0.01～0.04MPa（0.1～0.4kgf/cm²）之间。在使用过程中，若发现电刷磨损太快，可适当减小一点压力；若发现有较大的跳火现象，可适当加大一点压力。

刷握下端与滑环表面的距离不得小于 2～3mm。电刷软连接线的连接不宜过紧，并应连接正确和牢靠。为改善换向性能，应调整电刷与磁极之间的相对位置、装置换向磁极和选择合适的电刷特性等。

⑤ 电刷的研磨　新电刷或接触面已烧蚀的电刷，必须经过研磨，使之与集电环或换向器贴合良好才能使用。研磨接触面的方法是：用 00 号砂纸一条，让有砂的一面对着电刷，把无砂的一面包在（最好粘住）集电环或换向器的外圆上，并让电刷弹簧压紧电刷，依电机正常运行的方向——逆时针方向转动转子，直到电刷下端面有 80% 以上与集电环外圆密切接触为止。电刷磨好后不应调换它的安装方向或更换刷握。正式使用前，应经过 2～3min 的空载磨合，然后再逐渐增加电负荷。

（2）全面检查和清洗轴承　中小型电机的转子一般采用滚动轴承，都使用润滑脂润滑。通常，普通型电机采用 ZGN-3 钙基润滑脂，湿热型电机采用 ZL-3 锂基轴承脂。一般情况下，电机连续运行 1500h 左右时，应更换润滑脂，以确保电机正常运行。

轴承的工作好坏，直接影响电机的运行可靠性，因此应当注意维护和保养。

完好的轴承，在现场条件下用厚薄规测量，轴承的内、外圆与滚珠（柱）的配合间隙适当，察觉不出有晃动现象。各零件外观良好，无破损、无腐蚀、无裂纹，滚动接触面圆度和表面粗糙度良好，手持内圈拨外圈时，应转动灵活轻快，声音均匀无杂音。

对轴承的保养要求就是定期清洗、检查和加脂。

清洗的方法是：先用竹（木）片把旧脂掏出来，用毛刷蘸汽油或煤油刷洗轴承。现场条件下，可以不从轴上取下来清洗。如果是取下来清洗时，可以在掏出旧脂后，放在温热机油或柴油中刷洗。刷洗干净后，要用适量的煤油冲洗轴承一次，然后再加入新润滑脂。

添加润滑脂时，一定要注意其数量（一般润滑脂加入量占轴承内容积的 1/2～2/3 左右）和质量（要添加规定的牌号，切忌将不同类的润滑脂掺杂使用）。添加的润滑脂不能太多，也不能太少。太多，轴承散热不良，温度升高；太少，润滑不能保证，磨损加剧。

此外，在轴承维护中应当注意，拆下轴承要用轴承"拔出器"，不能用锤子猛敲。电机轴承的内、外盖应保证完好无损，油封毡圈完好，螺钉齐全并拧紧。毡圈如有损坏，应当用工业毛毡制作、更换，不能用普通的质地松软的民用毡代替。脏污、发硬（变质）和有砂料或铁屑等杂质的润滑脂不能用。

（3）检查电机及各绕组的绝缘　全面检查电机及各绕组的绝缘情况，检查各电气及机械连接情况。

保养和检修完毕后，应复查一次电机各电气连接和机械安装是否正确与牢固，并用干燥的压缩空气吹净电机内部各处。最后，按正常的启动和运行要求，对其进行空载和负载试验，以确定是否完好无误。

（三）发电机组的大修

1. 内燃机大修

内燃机大修是一次恢复性的修理。主要是恢复内燃机的动力性能、经济性能及机件的紧固性能，保证内燃机的完好状况，延长其使用期限。

其基本内容是：修理或更换曲轴、连杆、缸套、气门座、气门导管；修理偏心轴承；更换柱塞副、出油阀副和针阀副三大精密偶件；修焊油管及接头；修换水泵、调速器、清除水套水垢；检查、修理、调整供电系统中的线路、仪表、充电发电机和启动电机等；安装、检查、试验、调整各系统，并且载荷试车。

内燃机大修的时机，一般应根据规定的工作时数和技术状况来决定。不同型号的内燃机大修时的工作时数也不同，如 4135 柴油机第一次大修期为 6000h。这个时间也不是一成不变的，如因使用维护不当或内燃机工作条件恶劣（多尘、经常在超载情况下工作等），可能在没达到工作的时数以前，就不能继续使用了。因此，在确定内燃机大修时，除根据工作时数外，还要根据如下大修判定条件。

① 内燃机工作无力（加负荷后转速下降较大，声音突变），排气冒黑烟。

② 内燃机在常温下启动困难，走热后曲轴轴承、连杆轴承和活塞销有敲击声。

③ 内燃机在温度正常时，气缸压力达不到标准压力的 70%。

④ 内燃机的燃油和机油消耗率显著增加。

⑤ 气缸的失圆度和锥形度、活塞与气缸之间的间隙、曲轴轴颈和连杆轴颈的失圆度超过规定的极限。

内燃机大修时，其主要机件均应修理，将全机分解为总成、组合件、合件及零件，并进行检验与分类，根据修理技术条件，对其进行彻底检查、修理与装复试验。

2. 同步发电机的大修

同步发电机的大修期限一般为 2～4 年。其大修的主要内容如下。

(1) 拆开机体并取出转子

① 解体前将螺钉、销子、衬垫、电缆头等做上记号。电缆头拆开后应用清洁的布包好，转子滑环用中性凡士林涂后用青稞纸包好。

② 拆卸端盖后，仔细检查转子与定子之间的气隙，并测量上、下、左、右 4 点间隙。

③ 取出转子时，不允许转子与定子相撞或摩擦，转子取出后应放置在稳妥的硬木垫上。

(2) 检修定子

① 检查底座与外壳，并清洁干净，要求油漆完好。

② 检查定子铁芯、绕组、机座内部，并清扫灰尘、油垢和杂物。绕组上的污垢，只能用木质或塑料制的铲子清除，并用干净抹布擦拭，注意不能损伤绝缘。

③ 检查定子外壳与铁芯的连接是否紧固，焊接处有无裂纹。

④ 检查定子及其零部件的完整性，配齐缺件。

⑤ 用 1000～2500V 的兆欧表测量三相绕组的绝缘电阻，若阻值不合格，应查明原因并进行相应的处理。

⑥ 检查定子铁芯硅钢片有无锈斑、松动及损伤现象。若有锈斑，可用金属刷子刷除后涂上硅钢片漆。若有松动现象，可打入薄云母片或环氧玻璃胶板制的楔子。如发现有局部过热引起的变色锈斑，应做铁芯试验。当铁损和温升不合格时，应对铁芯进行特殊处理。

⑦ 检查定子槽楔有无松动、断裂及凸出现象，检查通风沟内的线棒有无胀鼓情况。如楔子和绝缘套发黑，说明有过热现象，应消除通风不良现象或降低负荷运行。检查端部绝缘有无损坏。当绝缘垫块和绝缘夹有干缩情况时，可加垫或更换。端部绑扎如有松动，可将旧绑线拆除，用新绑线重新绑扎。

⑧ 检查定子铁芯夹紧螺钉是否松动，如发现夹紧螺母下面的绝缘垫损坏，应更换。用

500～1000V 兆欧表测量夹紧螺钉的绝缘电阻，一般应为 10～20MΩ。

⑨ 检查发电机引出线头与电缆连接的紧固情况。

⑩ 检查轴承有无向绕组端部溅油的情况。如绕组端部粘有油垢，可用干净的布浸以汽油或四氯化碳擦拭。如端部绝缘受油侵蚀比较严重，必要时可喷一层耐油防护漆。

⑪ 检查并修整端盖、窥视窗、定子外壳上的毡垫及其他接缝处的衬垫。

（3）检修转子

① 用 500V 兆欧表测量转子绕组的绝缘电阻，若阻值不合格，应查明原因并处理。

② 检查发电机转子表面有无变色锈斑。若有，则说明铁芯、楔子或护环上有局部过热现象，应查明原因并处理。如不能消除，应限制发电机输出功率。

③ 检查转子上的平衡块，应固定牢固，不得增减或变位，平衡螺钉应锁牢。

④ 对于隐极式转子，应检查槽楔有无松动、断裂及变色情况，检查套箍、心环有无裂纹、锈斑以及是否变色，检查套箍与转子结合处有无松动、位移的痕迹。

⑤ 对于凸极式转子，应检查磁极有无锈斑，螺钉是否紧固，磁极绕组是否松动，并测量绕组的绝缘电阻，应合格。

⑥ 检查风扇，清除灰尘和油垢。扇叶片应无松动和破裂，锁定螺钉应紧固。

（4）检修滑环、电刷和刷架

① 检查滑环的状态及对轴的绝缘情况。滑环表面应光滑，无损伤及油垢。当表面不均匀度超过 0.5mm 时，应进行磨光处理。滑环应与轴同心，其摆度应符合产品的规定，一般不大于 0.05mm。滑环对轴的绝缘电阻应不小于 0.5MΩ。

② 检查发电机滑环的绝缘套有无破裂、损伤和松动现象；清除滑环表面的灰尘、电刷粉末和油垢。

③ 检查滑环引线绝缘是否完整，其金属护层不应触及带有绝缘垫的轴承；检查接头螺钉是否紧固，有无损伤。

④ 检查正、负滑环磨损情况，如两个滑环磨损程度相差较大，可调换连接滑环电缆的正、负极线，使两个滑环的正、负极性互换。

⑤ 检查刷架及横杆是否固定稳妥，绝缘套管及绝缘有无破裂，并清除灰尘和油垢，要求绝缘良好。刷握应无破裂和变形，其下部边缘与滑环之间的距离应为 2～4mm。

⑥ 同一发电机上的电刷必须使用同一厂家制造的同一型号的产品。

⑦ 电刷应有足够的长度（一般在 15mm 以上），与刷握之间应有 0.15mm 左右的间隙，电刷在刷握中能上下自由移动。

⑧ 连接电刷与刷架的刷辫接头应紧固，刷辫无断股现象。

⑨ 检查弹簧及其压力。恒压弹簧应完整，无机械损伤，其型号及压力要求应符合产品规定。非恒压弹簧的压力应符合制造厂的规定。若无规定，应调整到不使电刷冒火的最低压力。同一刷架上各个电刷的压力应力求均匀，一般为 15～25kPa。

⑩ 检查电刷接触面与滑环的弧度是否吻合，要求接触面积不小于单个电刷截面积的 80%。研磨后，应将电刷粉末清扫干净。

⑪ 运行时，电刷应在滑环的整个表面内工作，不得靠近滑环的边缘。

（5）发电机安装及接线

① 安装前先检查发电机腔内有无遗留工具及其他物品，用 0.2MPa 的干净压缩空气仔细对定子、转子进行吹扫。

② 吊装转子时，转子和定子不能相撞或相互摩擦。

③ 测量发电机转子与定子之间的间隙，在其两侧分上、下、左、右 4 点进行测量，各

点间隙与其平均值的差别不应超过平均值的±5%。

④ 安装端盖前，发电机内部应无杂物及任何遗留物，气流通道应畅通。

⑤ 引出线在连接前应检查相序是否正确，引出线的接触面应平整、清洁、无油垢，其镀银层不宜锉磨，接头应紧固（必须注意铁制螺栓的位置，连接后不得构成闭合磁路），绝缘包扎良好，并涂上明显的相序颜色。

以上虽然介绍了发电机组三类不同性质的修理，但在实践中所遇到的发电机组损坏情况是复杂的，必须根据实际情况进行相应处理，既要防止发生发电机组"早修"或"以修代保"的倾向，又要禁止发电机组"带病"坚持工作。

五、发电机组修理工艺的组织

发电机组修理工艺的组织方法，直接影响到修理质量、修理成本、修理时间和生产效率等。各修理单位应根据本单位的具体情况（如设备条件、技术水平、修理对象及材料配件供应等），采用合理的工艺组织。

（一）发电机组修理工艺的组织方法

发电机组修理工艺的组织方法，可根据发电机组修理作业的基本方法和劳动组织形式两种方式来划分。

1. 修理作业的基本方法

对于发电机组的修理，就其基本方法来说可分为就机修理法和总成互换修理法。

（1）就机修理法　在发电机组修理过程中，原机拆下的零件、合件、总成等，除报废件外，凡可修复的零件经修复后仍装回原机的修理方法，称为就机修理法。目前，各单位大多采用这种修理方法。采用这种修理方法时，由于各零件、合件或总成的损坏程度不同，修理的工作量和所需修复的时间也各不相同，因而经常影响修理和装配工作的连续性。整机的装配往往需要等待修理时间最长的零件、合件或总成修好后才能进行，其修理时间较长。但对于一般的单位，同一种机型不多，在配件紧缺的情况下，采用这种修理方法是有利的。

（2）总成互换修理法　在发电机组修理过程中，除机体外，其余需修理的总成、合件、零件均换用储备件（修理好的或新购买的），而替换下来的总成、合件、零件，经修理后进入储备仓库作备件用，这种修理方法叫总成互换修理法。这种修理方法，减少了因修理总成、合件、零件所耽搁的时间，保证了修理工作的连续性，大大缩短了修理时间，提高了生产效率。它适用于同一机型比较多，配件储备比较充足的单位。

2. 修理作业的劳动组织形式

发电机组修理就其劳动组织形式来说，一般分为综合作业法和专业分工法。

（1）综合作业法　综合作业法是指整个发电机组的修理作业，除个别的零件修理加工（如锻造、机械加工等）由专业车间或专业工组配合完成外，其余工作全部由一个工作组完成。采用这种作业方法，工作组的作业范围比较广（既要懂内燃机修理技术，又要懂电机修理技术），对工作人员的技术要求比较全面。目前各单位大多采用这种方法。

（2）专业分工法　专业分工法是指将机组修理作业，按工种、部位、总成、合件或工序，划分为若干个作业单元，每个单元由一个工人或一个工组来担任。这种作业方法，易于提高工作人员单项作业的技术熟练程度，便于采用专业工具，从而达到高质量的修理目的。但要求技术管理部门具有完整健全的管理方法，以保证修理工作有节奏地进行。

（二）发电机组修理工艺流程

按一定顺序完成发电机组修理作业的过程称为发电机组修理的工艺流程。

　　由于修理工艺组织方法的不同，采用的工艺流程也不一样。目前，多数单位采用就机修理法，这种修理方法的工艺流程如图 1-2 所示。

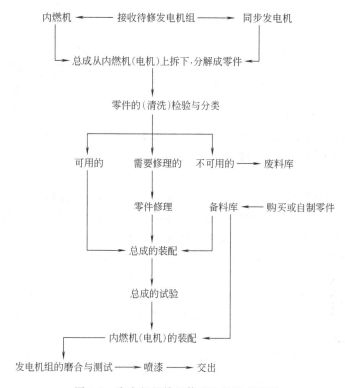

图 1-2　发电机组就机修理法的工艺流程

第二节　发电机组维修常用工具与量具

一、常用工具

（一）扳手

　　在发电机组维修过程中，常用的扳手有开口扳手、梅花扳手、活口扳手与套筒扳手四种，如图 1-3～图 1-6 所示。

　　1. 开口扳手

　　开口扳手也叫呆扳手，常用在机械活动范围较窄部位的螺栓上，由于它的柄与头保持有一定的角度（15°～45°），使加工活动距离增大，因而可以提高扳转速度，同时与螺母接触也方便，上下套入或直接插入都可以。

　　常用的开口扳手为双头开口（图 1-3），其规格按头部的开度大小来表示。不同开口宽度的扳手，用于旋动不同规格的六角螺母或螺栓。常用开口扳手的规格（mm×mm）有 6×7、8×10、9×11、10×12、11×13、12×14、13×15、14×17、17×19、19×22、22×24、24×27、27×30 和 30×32 等。

　　2. 梅花扳手

　　梅花扳手是另一种应用广泛的呆扳手，如图 1-4 所示。其特点是变化角度大，用来拆装某些一次转动角度不甚大的螺钉，它的柄部较长，使用较方便。其规格同开口扳手一样，也是按头部的开度大小来划分的。常用规格与上述开口扳手的常用规格相同。

图1-3　开口扳手

图1-4　梅花扳手

开口扳手与梅花扳手的优点是使用可靠，可承受较大的扭矩。其缺点是一把扳手只能用在两种规格的螺母或螺栓上，通用性差。

3. 活口扳手

活口扳手俗称活动扳手，如图1-5（a）所示，由动扳唇1、扳口2、定扳唇3、蜗轮4、手柄5和轴销6组成。活口扳手的用处最广，使用时可根据螺母的大小调节其开度，不需要经常调换扳手，适应性强。在遇到不规则的螺母时，更能发挥它的作用。其规格是按照其全长划分的，常用的规格（mm）有100、150、200、250、300、375、400和600等，其最大开口宽度分别为14mm、19mm、24mm、30mm、36mm、46mm、55mm和65mm等。机械修理工一般用300mm以下的活口扳手。

使用活口扳手时，用旋转蜗轮4以调整扳手开口的大小，使扳手紧密地卡住螺母，不可太松，否则会损坏螺母的外缘。

扳拧较大螺母时，手应握在接近手柄尾处，如图1-5（b）所示。扳拧较小螺母时，可按如图1-5（c）所示的方法握住手柄，因为所需力矩不大，手可靠前，同时可随时调节蜗轮，使扳唇收缩，以防打滑。

活口扳手不可反用，如图1-5（d）所示，即动扳唇不可作为受力面使用，也不可用钢管接长手柄来施加较大的扳拧力矩，也不可把活口扳手当锤子使用。此外，握持扳手姿势要正确，注意使手臂与扳手体成一直角（这一角度是扳转扳手最有效的角度）。

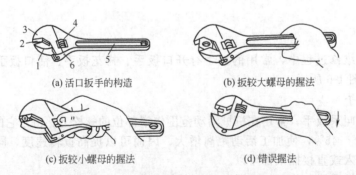

(a) 活口扳手的构造　　(b) 扳较大螺母的握法

(c) 扳较小螺母的握法　　(d) 错误握法

图1-5　活口扳手

1—动扳唇；2—扳口；3—定扳唇；4—蜗轮；5—手柄；6—轴销

4. 套筒扳手

套筒扳手也常用在机械活动范围狭小或特别隐蔽的螺钉上，而且可以做自由调节。它由各种不同尺寸的套筒与适合不同部位拆装螺钉的扳柄（活动扳柄、接头、万向节头、棘轮扳柄和扭力扳手等）组成，如图1-6所示。套筒扳手一般都装在专用的铁盒之中，各个零件都有自己固定的位置，使用方便。其中，扭力扳手是机械修理作业中不可缺少的工具。

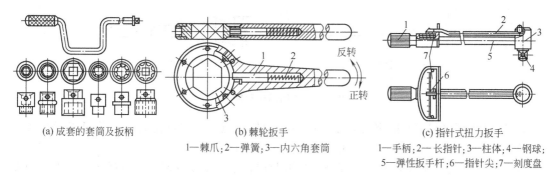

(a) 成套的套筒及扳柄	(b) 棘轮扳手	(c) 指针式扭力扳手
	1—棘爪；2—弹簧；3—内六角套筒	1—手柄；2—长指针；3—柱体；4—钢球；5—弹性扳手杆；6—指针尖；7—刻度盘

图 1-6　套筒及套筒扳手

各种扳柄的用法如下。

活动扳柄——可以调整所需的力臂，使用时可以根据螺钉松紧的不同调整扳柄的长度，以达到所需的力臂。

万向节头——因为它的头是可以活动的，可在各种受限制的部位使用。

棘轮扳柄——可用来加快拆下或装紧螺钉的速度，使工作效率提高，但不能达到某一规定的扭力。

扭力扳手——用来上紧有规定扭力的螺母和螺钉，扳手的头部可根据螺母的大小来与适宜的套筒配合，尾部有刻度盘显示出扭力的大小，因此在上紧螺母的过程中，必须根据规定的扭力随时观察刻度盘的指示。

上述几种扳手由于其各自的结构特点不同，因此使用范围也不一样，在操作时应根据具体情况正确选择，不能乱用。使用过程中，必须注意下列几点。

① 使用时，扳手开度与螺母直径的大小必须符合，两者接触要紧贴。不要过松或过紧，不然很容易引起"滑脱"与"卡住"现象，滑脱最容易把扳手开口部扳裂或将螺母轮角"扳脱"造成工作不便。因此在使用扳手时对扳手开度一定要很好地加以选择，在工作中力求做到看见螺母，就能确定出适合需要的扳手尺寸。

② 旋紧螺钉时，尽可能先用手操作，待手力不能胜任时，再用扳手，这样可以增加作业速度，提高效率。至于螺钉扭到何等程度为合适，除了使用扭力扳手扳转到需要的扭力停止外，一般都靠经验，习惯上每当拧到适当（臂的感觉）紧度，再稍加力量迅速地扳转一次，以便将螺母锁住。

③ 扳手要保持清洁，如沾染油污，应随时擦净。必要时可用棉纱头将柄包扎，以确保安全。如遇生锈螺钉不易扳转，可注入适量的柴油或煤油，然后用小锤轻轻敲击数下，螺钉就会松动，尽量不用劈开螺母的方法取下螺母，这样极易招致其他的意外损失。

（二）旋具

旋具是用来旋拧各种螺钉的工具。常用的旋具有两种：一字槽旋具和十字槽旋具，如图 1-7 所示。旋具通常做成木柄或塑料柄的形式，其规格的大小，人们习惯上从它们的长度来区别（不包含柄的长度）。一字槽旋具常见的规格（mm）有 50、65、75、100、125、150、200、250、300、350 和 400 等，其金属旋杆直径有 3mm、4mm、5mm、6mm、7mm、8mm、9mm 和 10mm 等。十字槽旋具的规格比一字槽旋具的规格略少。一般而言，金属旋杆直径越大，其长度就越长，以方便用力。旋具的用途广泛，在一般受力不大的小型螺钉上（一头平面上开有槽的），几乎均采用旋具扭动。它的作业速度比各种扳手快得多，并且还不受机件地位狭小的影响。

使用旋具必须注意要领，其要求如下。

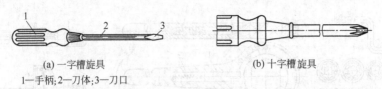

(a) 一字槽旋具　　　　　　　　(b) 十字槽旋具
1—手柄;2—刀体;3—刀口

图 1-7　常用的两种旋具

① 旋具尖端（刃部）的宽度和厚度应该与划槽的宽度和厚度配合好。若刀刃过窄或过薄，在使用过程中，只能使刀刃两角吃力，很容易使旋具的刀刃折断。若刀刃过厚，在使用过程中，刀刃不能全部伸到槽底，容易产生滑脱或将槽边扭损的现象。应严防以上现象的发生，决不能凑合使用。

② 在使用过程中，右手握牢木柄，使刀杆与螺钉成一直线，并施以适当压力。左手握持刀杆，使其稳固，注意不要用手握持工作物，以防旋具刃部滑出，将手戳伤。

③ 旋具是用优质钢材制成，在制造工程中，经过了适当的热处理，表面硬度较高，内部有适当的韧性，在使用过程中，一般不易磨损。如经长期使用，刃部已成楔形时，可在砂轮上进行修磨，恢复其原有的锐利状态（注意不要使其退火）。

（三）手钳

常用的手钳有鲤鱼钳、克丝钳（亦称钢丝钳和老虎钳）、尖嘴钳和管子钳（亦称管子扳手）四种，如图 1-8 所示。

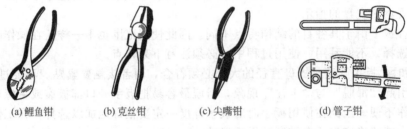

(a) 鲤鱼钳　　　(b) 克丝钳　　　(c) 尖嘴钳　　　(d) 管子钳

图 1-8　各种手钳

鲤鱼钳适用于一般的夹持工作，它的开度可以适量调整。克丝钳除能做一般的夹持工作外，还可截断直径较小的金属丝。尖嘴钳适合夹持细小的零件、扭转金属丝和在较窄的部位使用。管子钳用来转动其他扳手和钳子无法抓持得住的圆形工件。这种扳手扳口两面带有牙齿，能将工件咬住，在转动时不会滑脱，但会把工件表面弄毛糙。使用时扳动管子的方向应和扳手开口方向一致，如图 1-8(d) 所示。这样可以使扳口将管子咬得更紧，此时扳手的活动部分承受的是拉力，因此管子钳不易损坏。

使用手钳必须根据工作性质的不同加以选择，使手钳的特点符合于工作条件，这样不但可以提高工作效率，而且可以保证安全。绝对不许使用鲤鱼钳扳转螺母，因为这样做很容易将螺母或鲤鱼钳的齿磨损。用克丝钳截断金属线时，手的握力应由缓而快，由轻而重，这样才能保持钳刃不受损伤，并且要注意到金属线的直径大小，如果直径较大可做逐点截割，然后再用手折断，不要用大力在一点截割。不应使用克丝钳剪钢线或硬度较高的合金线。使用手钳注意正确的握持姿势，不要挤伤手掌或夹破手指，避免用钳柄撬动工件。

（四）手锤

手锤俗称榔头，常用的手锤可分为两种：一种是硬头手锤，锤头用优质钢材制成；另一种是软头手锤，锤头是用硬铝、铜、橡胶、生牛皮或硬木等制成。

手锤可分为锤头、斜楔和木柄三部分，如图 1-9(a) 所示。硬头手锤的规格是根据其锤头的质量来划分的，常用的规格有 0.25kg、0.5kg、0.75kg、1kg、1.25kg 和 1.5kg 等。软头手锤主要用于防止工件被钢锤击伤或击毛的工作中，如装卸心轴、敲击薄金属片和有保护层的光洁工件等。

锤柄多用桃木（其他硬木也可代用）制成椭圆形，光滑舒适的柄的适宜长度相当于前臂长度，如图 1-9（b）所示，通常为 300～350mm。使用手锤时，手应握紧距锤柄端部 15～30mm 的部位，如图 1-9（c）所示。锤击时，用力要适当，落锤点要准确。锤头平面击在工作物上时，应和被击物平面平行，以免滑脱击伤工作物。

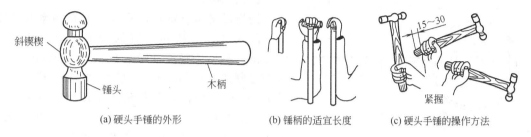

(a) 硬头手锤的外形　　　　　(b) 锤柄的适宜长度　　　　(c) 硬头手锤的操作方法

图 1-9　硬头手锤的外形、手柄长度及其操作方法

在使用手锤时，应注意以下几点。

① 锤面应无裂纹、缺口和卷边。

② 锤把、锤面和操作者的手掌不得有油污，否则在使用手锤时，易发生手锤自手中滑脱飞出的危险，伤人伤物。

③ 锤柄的楔子不应松动或脱落，否则在使用时锤头就有飞出伤人伤物的可能。

④ 在操作时，禁止戴手套，以免手锤从手中滑脱。

⑤ 操作者要选择适当的工作位置，不准两人对面打锤，并注意周围环境。

⑥ 不准将锤头当垫铁使用，禁止锤击淬火工件。

（五）拉具

拉具又称捉子、扒子等，分为双爪和三爪两种（图 1-10），主要用于拆卸带轮、联轴器和轴承等。使用时，应注意以下几点：

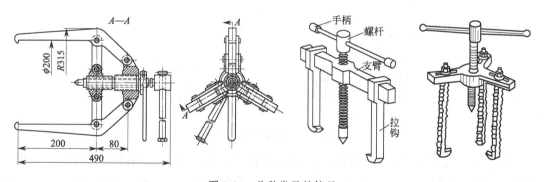

图 1-10　几种常见的拉具

① 螺杆中心线与被拆物中心线重合，拉钩与螺杆平行，且各拉钩与螺杆等距；

② 各拉钩长度相等；

③ 拉钩应拉在被拆物的允许受力处，如轴承内圈；

④ 手柄转动时用力要均匀，拆不下来时不可硬拆，可在连接配合处涂上机油或松脱剂，然后均匀转动手柄将物件拆下。

二、常用量具

在发电机组维修过程中，需经常测量一些零件的尺寸和零件间的配合间隙。因此，能否正确地运用量具进行准确的测量，将直接影响到维修的质量和维修时间。所以，作为发电机组维修技术人员，一定要熟练掌握各种量具的正确使用方法。在发电机组维修中，经常用到的量具有钢板尺、游标卡尺、千分尺、量缸表、厚薄规和气缸压力表等。下面分别介绍各种量具的结构、工作原理和使用方法。

（一）钢板尺

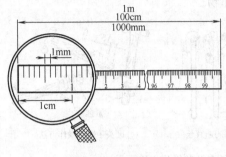

图 1-11　钢板尺

钢板尺又叫直钢尺或钢尺，它是测量各种零部件的尺寸、形状和位置的普通工具，精度为0.5mm。通常钢板尺是用厚1mm、宽25mm的不锈钢板制成。尺的一端是直边，叫工作端边；尺的另一端有悬挂用的小孔，其长度有150mm、200mm、300mm、1000mm 和 1500mm 等几种。图 1-11 是长度为 1000mm 钢板尺的外形。

使用钢板尺时，可将尺的工作端靠紧工件的台阶，放正后读数 [图 1-12(a)]。如果工件上没有台阶可靠紧时，可用平铁块的平面作为台阶 [图 1-12(b)]。如果钢板尺的工作端边磨损，"0"线读数不准时，为使所量得的尺寸准确，通常在其端部要留出10mm的长度，使第二段整数作起点，然后从量得的读数中减去10mm就是所量的实际尺寸 [图 1-12(c)]。

钢板尺除测量长度外，利用其"立面"还可检查内燃机的气缸盖平面是否变形和电机铁芯或绑扎的无纬带是否高出规定的数值 [图 1-12(d)]。

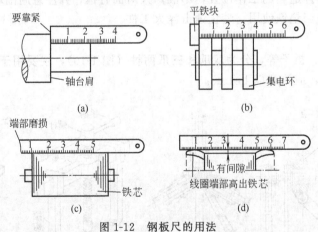

图 1-12　钢板尺的用法

测量圆柱形的长度时，应将钢板尺竖放在工件上，钢板尺应与圆柱中心线平行；测量圆柱的直径时，应将钢板尺竖放在圆柱端面上，并应特别注意：钢板尺边必须通过圆心，否则测量的误差就大。

（二）游标卡尺

游标卡尺是一种比较精密的测量工具，可以直接测量出工件的内径、外径和深度等各种尺寸。其测量范围有0~125mm、0~150mm 和 0~200mm 等。根据其测量精度的不同，游标卡尺分为1/10、1/20、1/50 和 1/100 四种。这里的 1/10、1/20、1/50 和 1/100 是指游标卡尺所能准确测出的最小单位数值。比如 1/50 游标卡尺，是指这种游标卡尺能量出大于

1/50mm 的数值，而不能量出小于 1/50mm 的数值，其测量精度为 1/50（0.02mm）。同样，
1/10、1/20 和 1/100 的游标卡尺的精度分别为 1/10（0.1mm）、1/20（0.05mm）和 1/100（0.01mm）。
下面以 1/50 游标卡尺为例，详细介绍游标卡尺的构造、分格原理、读数方法、使用方法及其注意事项。

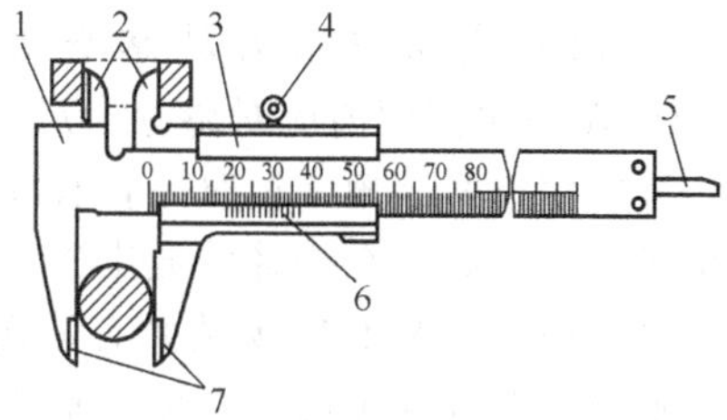

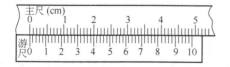

图 1-13　游标卡尺
1—尺身；2—上量爪；3—尺框；4—锁紧螺钉；5—深度尺；6—游标；7—下量爪

1. 游标卡尺的构造

各种游标卡尺的构造基本一样，如图 1-13 所示。主要由尺身（主尺）、上量爪、下量爪、游标（副尺）、锁紧螺钉和深度尺等组成。尺身上带有厘米刻度尺的静测头、游标尺上带有刻着游标的滑板和动测头。

2. 游标卡尺的分格原理

在主尺上取一定长度，根据量值的大小，再刻上适量的刻度，表示几分之几的数值，在游标上也以同样的方法，取一定长度刻上适量刻度，使两尺的刻度保持一定的差数，通过这个差数就能得出计量数值。

图 1-14 所示是 1/50（0.02mm）游标卡尺的分格情况。主尺上面的尺寸和普通尺没有任何区别，就是在 1cm 的长度内分出 10 个小格，每格为 1mm。在游标上刻有 50 个小格，但它的长度等于主尺上的 49 小格，则每格为 0.98mm（1-1/50），即游标上面每个小格较主尺每个小格少 0.02mm（1-0.98），若沿着游标第一格向右数，第一格少 0.02mm，第二格少 0.04mm，第三格少 0.06mm，这样数到第 50 个小格恰好少 1mm，因此，这种游标卡尺能量得的精度为 1/50（0.02mm），所以，把它叫做 1/50 游标卡尺。

3. 游标卡尺的读数方法

（1）读整数　看游标上"0"线左边主尺上第一条刻线的数值。

（2）读小数　看游标上"0"线右边，数一数游标上第几条刻线与主尺上的刻线对得最齐，读出小数值（其方法是游标上对得最齐的第几格数乘以游标卡尺的精度，例如：游标上第 8 条刻线与主尺上的刻线对得最齐，对于 1/50、1/20 和 1/10 游标卡尺而言，其小数部分的读数分别为 $8\times0.02=0.16$mm、$8\times0.05=0.40$mm 和 $8\times0.1=0.8$mm）。

（3）相加　把上面两次读得的数相加，即为游标卡尺所量出的尺寸。例如，图 1-15 为 1/50 游标卡尺的一次测量数值，其读数为 $105+27\times0.02=105.54$mm。

图 1-14　1/50 游标卡尺的分格原理

图 1-15　游标卡尺的读数方法

4. 游标卡尺的使用方法

在测量工件的内径和外径时，首先根据工件的大小将游标卡尺张开适当的开度，轻轻放在工件的表面上，右手握住游标卡尺活动爪并抵住工件，与此同时，用左手握住固定爪慢慢向右移动，直到工件适当卡牢，将活动爪固定螺钉旋紧，然后从工件上取出游标卡尺，准确读出数值即可。

在测量槽或孔的深度时，将主尺端部抵住工件表面，并使主尺与凹槽垂直，移动游尺使

深度尺与槽底接触，以得出正确的读数。为了消除测量时的随机误差，通常测量一个尺寸应重复几次，尤其对不规则的工件更是如此。

5. 使用游标卡尺的注意事项

① 在每次使用前应对游标卡尺进行一次检查。

首先检查两卡角并拢时是否有漏光。方法是：将游标卡尺的两卡角靠拢，然后把拼缝对着亮光检查。如果在拼缝处显出透光的缝隙，说明该游标卡尺是不精确的，应找出透光的原因加以处理。若两卡角接触面有油污，应清理干净后再检查，若清除油污后仍不能消除透光，则说明游标卡尺已经磨损，不能继续使用。

在不透光的前提下，再看主尺上的"0"刻度线与游尺上的"0"刻度线是否对齐。若是方可使用；若不是，通常情况下，游标卡尺将不能使用；如条件所限，也可将就使用，但在读数时应扣除初始误差。

② 为了避免磨损游标卡尺的接触面，当工件转动时，不能进行测量。

③ 当游标卡尺的两卡角靠拢工件时，不能用力过大，以免变形，影响其精确度。

④ 当游标卡尺的卡角滑动不灵或咬死在工件上时，不能用蛮力或用敲打的方法将其取下，而应在其表面涂一些润滑油，稍等片刻，将其取下，然后将其表面擦拭干净。

⑤ 测量工件时，工件应尽可能靠近固定卡角的根部（主尺部分）。因为卡角根部的强度大于端部，可以避免和减小卡角变形，从而保证测量精度。

⑥ 游标卡尺用完后，应擦拭干净，单独包装和存放。当长时间不用时，应涂上一层油脂，以免生锈。

（三）千分尺

千分尺又称螺旋测微器和分厘卡，是一种较精密的量具，其测量精度达 0.01mm。在发电机组维修中，有些零件如活塞、活塞销和其他较精密的零件尺寸都必须用它来测量。

千分尺按其用途可分为外径千分尺、内径千分尺和深度千分尺（又称深度规）等。按其测量的范围不同，千分尺通常有 0～25mm、25～50mm、50～75mm、75～100mm、100～125mm、125～150mm、150～175mm 和 175～200mm 等几种。由每种千分尺测量的范围可以看出：相邻两种千分尺可测量的长度差为 25mm，这是因为心轴移动距离受到一定限制的缘故。这样，0～25mm 的千分尺只能测量 0～25mm 范围以内的零件，如果测量直径为 35mm 的零件，就得使用 25～50mm 的千分尺。因此，在使用时应正确选择。在发电机组维修中，经常使用的是外径千分尺。下面以外径千分尺为例，详细介绍千分尺的构造、分格原理、读数方法、使用方法及其注意事项。

1. 千分尺的构造

如图 1-16 所示，外径千分尺主要由尺架、测砧、测微螺杆（心轴）、固定套筒、微分筒和测力装置（棘轮）等组成，主要用来测量工件的外径、长度、宽度和厚度。

测微螺杆（心轴）是千分尺的中心零件，它的一端有螺纹，其螺距为 0.5mm，测微螺杆的最大伸缩距离为 25mm。测杆露在外面的圆柱部分是全部淬硬磨光的，测杆装在尺架上的固定套筒内，它的顶面与测砧贴紧时，就是零线位置。固定套筒是从尺架上延伸出来的，它的尾部有内螺纹与测微螺杆有螺纹的一端相配合，在固定套筒的外部有尺寸刻度。

微分筒和测微螺杆相连，可以套在固定套筒上移动，微分筒的外口是倾斜的，在斜面上有 50 个等分刻度。

在测微螺杆的另一端装有测力装置（棘轮），它可以调节测微螺杆与工件间的压力，它和测微螺杆之间的摩擦力，足以使棘轮旋转时带动测微螺杆同时转动，直到测微螺杆的顶面压在工件上，超过了允许摩擦力时，测微螺杆才停止转动，这时继续转动棘轮就会发出"嗒

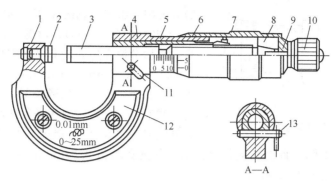

图 1-16 外径千分尺

1—尺架；2—测砧；3—测微螺杆（心轴）；4—螺钉轴套；5—固定套筒；6—微分筒；7—调节螺母；
8—接头；9—垫片；10—测力装置（棘轮）；11—锁紧机构；12—绝热片；13—锁紧轴

嗒嗒"的响声，表示测微螺杆对工件的压力已经合适。此时，将不能再转动棘轮，若继续转动棘轮，将会损坏千分尺。

2. 千分尺的分格原理

如图 1-17 所示，在固定套筒的基线上，每毫米范围内有 2 个等分小格，每格等于 0.5mm。微分筒表面沿轴向刻有 50 个等分小格，其螺距为 0.5mm，即每旋转一圈，它所移动的距离正好等于基线上的一小格。顺时针转一圈，就使测微螺杆与测砧的距离缩短 0.5mm；逆时针转一圈，就使测微螺杆与测砧的距离延长 0.5mm；若使微分筒旋转 1/50 转（旋转 1 小格），移动的距离为 0.01mm（0.5×1/50）。

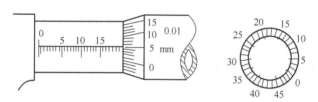

图 1-17 千分尺的分格原理

综上所述，千分尺的分格原理是：利用微分筒的螺旋运动，把其螺旋运动变成测微螺杆的直线位移来进行测量。

由于千分尺受到螺旋精度的限制，其刻度通常是 0.01mm，即它所量得的最小值为 0.01mm，所以，千分尺实际上是百分尺，但人们已经习惯地把它叫做千分尺，只是形容它有较高的测量精度而已。

3. 千分尺的读数方法

（1）读固定套筒上的数值　看微分筒左边固定套筒上露出来的刻线值是多少（读数时要特别注意 0.5mm 的刻线是否露出来了，否则会少读或多读 0.5mm）。

（2）读微分筒上的数值　看微分筒上的哪条刻线与固定套筒上的轴向刻线对齐。当固定套筒的轴向刻线与微分筒上的任意一条刻线都对不齐时，就应估读这个数，这时的读数应该是第三位小数（即微米）。

（3）相加　两次读数相加即为千分尺所测得的尺寸。

下面用图 1-18 加以说明。对图 1-18（a）而言：第一步，看微分筒左边固定套筒上露出来的刻线值，是 8mm（0.5mm 的刻线没有露出来）；第二步，看微分筒上的哪条刻线与固定套筒上的轴向刻线对齐，此时是第 27 条刻线与固定套筒上的轴向刻线对齐，其读数为

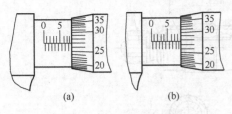

图 1-18 千分尺的读数方法

27×0.01＝0.27（mm）；第三步，两次读数相加，8+0.27=8.27（mm）。对图 1-18(b) 而言：第一步，看微分筒左边固定套筒上露出来的刻线值，是 8+0.5=8.5（mm）（0.5mm 的刻线露出来了）；第二步，看微分筒上的哪条刻线与固定套筒上的轴向刻线对齐，此时没有哪条刻线与固定套筒上的轴向刻线对齐（在第 27 条刻线与第 28 条刻线之间，但更靠近第 28 条刻线），此时，应估读数值，其读数约为 0.278mm；第三步，两次读数相加，8.5+0.278=8.778（mm）。

4. 千分尺的使用方法

使用千分尺应根据工件的大小和被测部位采取不同的方法。若工件较大时，可将工件固定在适当的位置上，如图 1-19 所示。若工件较小时，可将千分尺加以固定，如图 1-20 所示。测量时用左手握住工件，用右手旋转棘轮，当达到适当的紧度，听到棘轮响 2～3 下时，停止转动，最后读出所测量的尺寸。总之，在操作时应以运用自如方便为原则，使手、工件和量具三者之间要相互配合稳妥，否则很难测准确。

图 1-19 用千分尺测量较大的工件

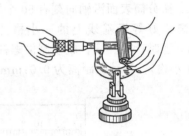

图 1-20 用千分尺测量较小的工件

5. 使用千分尺的注意事项

① 在测量工件以前，做好清洁工作。千分尺的测砧和测微螺杆的端面必须干净，即使粘上微小的灰尘，都会造成误差。

② 旋转棘轮应能带动微分筒灵活旋转，在全程内，不许有卡住或微分筒与固定套筒相互摩擦的现象。

③ 用手把微分筒固定住，或用锁紧机构把测微螺杆紧固住后，旋转棘轮发出清脆的"嗒嗒嗒"响声，就说明棘轮是好的。

④ 在每次使用前，应校验其准确度。准确度的校验方法如下。

a. 0～25mm 的千分尺，可旋转测微螺杆使其端面与测砧端面接触，看两个量面是否平行，固定套筒的"0"线和微分筒的"0"线是否重合，若不准确应进行调整或记住差数。

b. 25～50mm 以上的千分尺都配有校验杆，把校验杆置于测砧和测微螺杆的两端面间，即可按①的方法进行校验。

c. 千分尺的具体校验方法是：使测砧和测微螺杆的两端面靠合，一手拿住微分筒，一手用特制的小跨度扳手插入微分筒尾端有凹口的锁母上，向反时针方向扳转，使测微螺杆与固定套筒脱离，转动固定套筒使其"0"线与微分筒上的"0"线重合，然后再用小跨度扳手把锁母锁紧，随即反复转动一下棘轮，当测砧和测微螺杆的两端面靠合后，看两套筒的"0"线是否重合，若不重合，再进行校正，这样的校正经常要进行 2～3 次。

⑤ 测量时，不要很快转动微分筒，以防止测杆的端面与被测件发生碰撞，而加速其接触面的磨损。

⑥ 在较大范围内调节千分尺时，应旋转微分筒而不应旋转棘轮，只有在测砧和测微螺杆的两端面快接触时，才旋转棘轮进行测量，这样既节省时间，又可防止棘轮的早期磨损。退尺时，应旋转微分筒，而不应旋转后盖和棘轮，以防止后盖松动，影响"0"位。

⑦ 为了消除测量误差，测同一数据时，可多测几次，然后取其平均值。

⑧ 测量时，可以轻轻地摇晃千分尺和被测件，使之接触良好，并注意千分尺与工件的接触位置是否正确。

（四）量缸表

量缸表是一种较精密的仪表，它是用来测量气缸磨损情况的专用工具。其测量精度为0.01mm，量缸表只能测量相对差值，而不能测量气缸某处的绝对值（内径），若要测量绝对值，需要配合外径千分尺进行。

1. 量缸表的构造

量缸表的构造如图 1-21(a) 所示。主要由百分表、测量架和测量矩杆（活动矩杆和固定矩杆）等组成。为了测量不同直径的气缸，量缸表附有不同尺寸的固定矩杆。

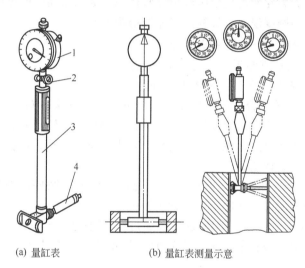

(a) 量缸表　　　　　　　(b) 量缸表测量示意

图 1-21 量缸表及其测量

1—百分表；2—固定螺栓；3—测量架；4—测量矩杆

2. 量缸表的工作原理

量缸表是利用齿轮-齿条传动机构，把测头的直线移动变成百分表指针的旋转运动，从而测量出直线位移量的一种量具。

百分表的结构和传动原理如图 1-22 所示，其传动机构由齿轮和齿条等组成。测量时，当带有齿条的测量杆上升时，带动小齿轮 Z_2 转动，与 Z_2 同轴的大齿轮 Z_3 及小指针也跟着转动，而 Z_3 又带动小齿轮 Z_1 及其轴上的大指针偏转。游丝的作用是迫使齿轮做单向啮合，以消除由于齿侧间隙而引起的测量误差。弹簧是用来控制力的。

测量时，测量杆移动 1mm，大指针正好回转一圈，而在百分表的表盘上沿圆周刻有100 等分格，其刻度值为 1/100＝0.01mm。测量时，大指针转过 1 格刻度，表示零件尺寸变化 0.01mm。应注意测量杆要有 0.3～1mm 的预压缩量，保持一定的初始测力，以免负偏差测不出来。

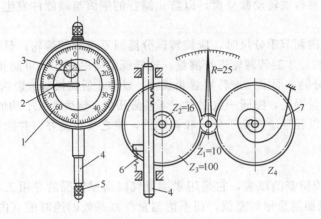

图 1-22　百分表

1—表盘；2—大指针；3—小指针；4—测量杆；5—测量头；6—弹簧；7—游丝

百分表的测量范围有 0～3mm、0～5mm、0～10mm 三种，测量时应注意将测杆与被测工件表面垂直。百分表在发电机组维修中经常使用，如测量曲轴的径向跳动、轴承孔的尺寸和圆度误差、气缸的圆度误差、圆柱度误差及磨损量等。

3. 量缸表的使用方法及注意事项

① 在测量前，要认真擦干净气缸及量缸表。

② 装上百分表表头，而且一定要固定好。

③ 按照气缸尺寸选好合适的固定矩杆，将其上好固定紧，放入气缸内试验，查看量杆是否合适。其标准是：将量缸表置于缸内，量缸表的大指针转动一圈（小指针转动一格）左右为合适。若不能放入气缸，说明量杆过长；若指针没有转动，说明固定矩杆过短或百分表表头没有上好，应重新调整。

④ 左手握住表杆上部，右手握住表杆下部，而后使表微倾，先将活动矩杆置于缸内，再将表杆恢复正直的同时，使固定矩杆置于缸内。

⑤ 测量时，应先前后稍许摆动表杆（此时量杆的任意一端应定于某一位置不动），当指针指到某一点而又向反方向转动时，则这时所测得的尺寸即为该处的正确直径，否则就不正确。

⑥ 在测量中，要特别注意清洁和量杆的垂直，如图 1-21(b) 所示。用完量具时，应将固定矩杆和百分表的表头等按照要求擦拭干净，放置妥当，各金属表面应涂以油脂，以防生锈。

4. 气缸失圆度和锥形度的测量方法

(1) 失圆度的测量　将量杆置于气缸磨损最大处（即活塞达到上止点，第一道活塞环相对的气缸壁稍下处），而后在此同一横断面上的前后（与曲轴轴线重合）和左右（与曲轴轴线垂直）分别测量，即可从百分表上看出该横断面各直径的差值（即测出该处各方向实际直径之差），此差值即为该缸磨损最大处的失圆度。

(2) 锥形度的测量方法　将量缸表置于气缸磨损最大处，然后沿气缸同一纵方向上测出最大磨损和最小磨损值（指在活塞行程以内），两值之差即为该缸的锥形度。

(五) 厚薄规

厚薄规也称为塞尺，用于测量两个表面之间的间隙，如气门间隙、活塞与气缸壁之间的间隙和活塞环的开口间隙等，它由多个不同厚度的钢片组成，每片都标注有相应的尺寸（如

0.03mm、0.04mm、0.05mm、0.06mm、0.10mm、0.15mm、0.20mm、0.30mm 和 0.40mm 等），如图 1-23 所示。

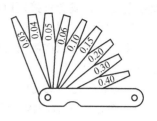

在测量时，将规片平行插入间隙内，拉动规片稍感有阻滞为宜。测量较大的间隙单片厚度不够时，可把规片擦净，将几片重叠起来使用。

在使用厚薄规时，尽量使规片保持正直，防止做较大的弯曲，禁止用规片在过小间隙中用力插进或拉出，以防规片磨损或折断。使用后应用软的布或棉纱擦拭干净。

图 1-23　厚薄规

（六）气缸压力表

1. 用途和结构

气缸压力表是用来检测发动机压缩行程终了时气缸内工质的压力，以此来判断发动机中气缸、活塞、活塞环、缸盖及气门和座圈等机件的密封性。由于气缸压力表价格便宜，检测方法简捷、实用，且体积小、便于携带，在机组维修中被广泛应用。

各种气缸压力表的结构基本相同（图 1-24）。它通常由压力表头、导管、单向阀和接头等组成。

压力表头多采用波登管（Bourdon-tube）。其驱动元件是一根扁平的弯成圆圈的管子，一端为固定端，另一端为活动端，活动端通过杠杆、齿轮机构与表上的指针相连，其结构示意如图 1-25 所示。当压缩气体进入波登管时，波登管伸直，通过杠杆、齿轮机构带动指针转动，从而在表盘上指示出压力大小。

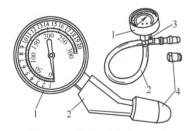

图 1-24　气缸压力表的组成
1—压力表头；2—导管；3—单向阀；4—接头

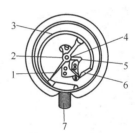

图 1-25　压力表头波登管结构示意
1—指针；2—弹簧；3—波登管；4—小齿轮；
5—扇形臂；6—连杆；7—进气口

由于汽油发动机和柴油发动机的气缸压缩压力有很大差异，因此，气缸压力表的接头分为两种：一种为螺纹管接头，可拧在喷油器或火花塞的螺纹孔内，通常用于柴油发动机气缸压缩压力的测定；另一种为锥形或阶梯形的橡胶接头，可用手直接压紧在火花塞或喷油器螺纹孔内，多用于汽油发动机气缸压缩压力的测定。

导管也有两种：软导管和金属硬导管，分别适用于橡胶管接头或螺纹管接头与压力表之间的连接。

气缸压力表上设有通大气的单向阀，便于检测时读取数值（使指针稳定在某一数值上），同时，通过按钮操作，可将表内的高压气体排出，使指针回零。

2. 使用方法

① 启动发动机，暖机（大约 20min）至正常工作温度，然后停机。

② 拆下喷油器或火花塞以及空气滤清器（对于汽油机还应使节气门和阻风门全开）。

③ 将橡胶管接头或螺纹管接头用力抵住火花塞孔或拧紧在喷油器螺纹孔上。

④ 用启动机使发动机转动 3～5s，待压力表指针指示最大压力值时停止转动（注：蓄电

池存电要足，或者直接用电启动机启动）。

⑤ 取出压力表，记下最大值（气缸压缩压力），按下单向阀按钮，使指针回零。

按上述方法依次测量各缸压力，每缸不少于 3 次，取其平均值作为测量值。最后判定测量值是否符合规定。

3. 压力表的维护

① 气缸压力表内因有波登管，使用时应避免剧烈振动、敲击。

② 测量结束后，一定要将指针回零。

③ 使用前后应及时擦去油污、灰尘，保持表面、导管等的清洁，以降低测量误差。

④ 测量完后，及时放入盒内，并由专人保管。

第三节　钳工的基本知识

钳工的基本知识是发电机组维修工作者必备的知识之一。钳工的基本操作有錾削、锉削、锯削、钻孔、扩孔、铰孔、攻螺纹、套螺纹、研磨及螺纹连接的拆卸等。

本节着重介绍发电机组修理所需要的钳工知识，包括钳工基本设备性能和使用方法及钳工的基本操作要领等。

一、钳工的基本设备

钳工工作场所常用的设备有钳台（工作台）、台虎钳、砂轮机、台钻和立钻等。

1. 钳台

钳台也称钳桌，如图 1-26 所示，它是从事钳工操作的基本场所。钳台上可装台虎钳和放置平板等检、量工具。钳台一般用木料或钢木结构制成，其长度和宽度可按工作场地及生产需要而定，其高度一般为 800～1000mm。钳台一般有几个抽屉，用来收藏相关工具。

2. 台虎钳

台虎钳是用来夹持工件进行加工的必备工具，可安装在钳台上用来夹持工件。其钳口长度有 75mm、100mm、125mm、150mm、200mm 等几种。

台虎钳有固定式和回转式两种，如图 1-27(a)、(b) 所示。两者的主要结构和工作原理基本相同，其不同点是回

图 1-26　钳台

转式台虎钳比固定式台虎钳多了一个底座，工作时钳身可以相对于底座回转，因此能满足各种不同方位的加工需要，使用方便，应用广泛。

活动钳身 10 通过其导轨与固定钳身 7 的导轨结合，丝杆 11 穿入活动钳身 10 与固定钳身 7 内的螺母 3 配合。当摇动手柄 12 使丝杆旋转时，就可带动活动钳身 10 相对于固定钳身 7 移动，以装夹或放松工件。弹簧 9 由挡圈 8 固定在丝杆 11 上。活动钳身 10 与固定钳身 7 上都装有钢质钳口 1，且用螺钉 2 加以固定。与工件接触的钳口工作表面上制有交叉斜纹，以防止工件滑动，使装夹可靠。钳口经淬硬，以延长使用寿命。固定钳身 7 装在转盘座 6 上，能绕转盘座的轴线水平转动，当转到所需方向时，扳动手柄 4 使夹紧螺钉旋紧，便可在夹紧盘 5 的作用下把固定钳身 7 紧固。转盘座 6 上有 3 个螺纹孔，用以把台虎钳固定在钳台上。

使用台虎钳时应注意以下几点：

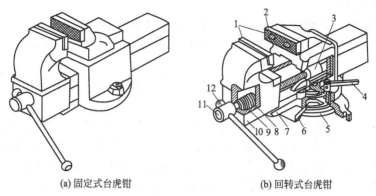

(a) 固定式台虎钳　　　　　(b) 回转式台虎钳

图 1-27　台虎钳

1—钳口；2—螺钉；3—螺母；4、12—手柄；5—夹紧盘；6—转盘座；7—固定钳身；
8—挡圈；9—弹簧；10—活动钳身；11—丝杆

① 台虎钳安装在钳台上时，必须使固定钳身的钳口工作面处于钳台边缘之外，以保证夹持长条形工件时，不受钳台影响；

② 台虎钳必须牢固地固定在钳台上，两个加紧螺钉必须扳紧，工作时应使钳身没有松动现象，否则容易损坏台虎钳和影响工作质量；

③ 夹紧工件时，只允许依靠手的力量来扳动手柄，决不能用手锤敲击手柄或随意套上长管子来扳手柄，以免丝杠、螺母或钳身损坏；

④ 在进行强力作业时，应尽量使力量朝向固定钳身的方向；

⑤ 在活动钳身的光滑平面上，不能用手锤敲击，以免降低与固定钳身的配合性能；

⑥ 丝杆螺母和其他活动表面上都要经常加油并且保持清洁，以利润滑和防止生锈。

3. 砂轮机

砂轮机主要由砂轮、电动机和机体组成。按外形不同，砂轮机分为台式砂轮机和立式砂轮机两种，如图 1-28 所示。砂轮机主要用于刃磨各种刀具和清洁小零件的毛刺等工作。

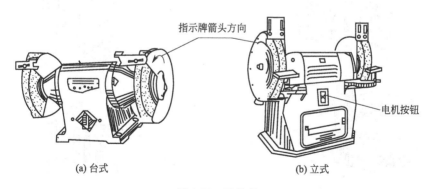

指示牌箭头方向

电机按钮

(a) 台式　　　　　　　(b) 立式

图 1-28　砂轮机

由于砂轮的质地较脆，使用时转速较高（一般在 35m/s 左右），如果使用不当，容易产生砂轮碎裂飞出伤人，因此，在使用砂轮机时，必须严格遵守安全操作规程。使用砂轮机时一般应注意以下几点：

① 砂轮的旋转方向，必须与旋转方向指示牌相符，使磨屑向下方飞离砂轮；

② 启动后，应待砂轮转速达到稳定转速后，再进行磨削；

③ 使用砂轮机进行磨削时，要防止刀具或磨削件对砂轮发生剧烈的撞击或施加过大的

压力，以免砂轮碎裂；

④ 使用过程中，发现砂轮表面跳动严重，应及时用修整器修正；

⑤ 砂轮机的搁架与砂轮间的距离，一般应保持在 3mm 之内，否则容易造成磨削件被砂轮轧入的事故；

⑥ 使用时，操作者尽量不要站立在砂轮的径向，而应站在砂轮的侧面或斜侧位置。

4. 钻床

钻床是一种常用的孔加工设备。在钻床上可装夹钻头、扩孔钻、弧钻、绞刀、镗刀、丝锥等刀具，用来进行钻孔、扩孔、弧孔、铰孔、镗孔以及攻丝等工作。钻床根据其结构和适用范围不同，可分为台式钻床（简称台钻）、立式钻床（简称立钻）和摇臂钻床 3 种。

（1）台式钻床 台式钻床是一种可安放在工作台上使用的小型钻床。其最大钻孔直径一般为 12～15mm。台钻主轴转速很高，常用三角皮带传动，由多级带轮来变换转速。但有些台钻也采用机械式的无级变速机构，或采用装入式电动机，电动机转子直接装在主轴上。

台式钻床主轴一般只有用手动进给，而且一般都具有控制钻孔深度的装置，如刻度盘、刻度尺、定位装置等。钻孔后，主轴能在涡卷弹簧的作用下直接复位。

Z512 型台式钻床是钳工常用的一种钻床，见图 1-29 所示。电动机 1 通过 5 级三角带轮使主轴可变换几种不同的转速。头架 2 套在立柱 3 上，并可绕立柱中心转到任意位置，调整到适当位置后可用手柄 6 锁紧。5 是保险环，如头架要放低时，应先将保险环调节到适当位置后，用螺钉 4 把它锁紧，然后略放松手柄 6，靠头架自重落到保险环上，再把手柄 6 锁紧。工作台 7 也可以在立柱上上下移动，及绕立柱中心转动到任意位置。8 是工作台 7 的锁紧手柄。当松开锁紧螺钉 9 时，工作台在垂直平面内还可以左右倾斜 45°。工件较小时，可放在工作台上钻孔；当工件较大时，可把工作台转开，直接放在钻床底座面 10 上钻孔。

这种台钻的灵活性较大，可适用于各种场合的钻孔需要，但其最低转速较高（一般在 400r/min 以上），不适用于铰孔。

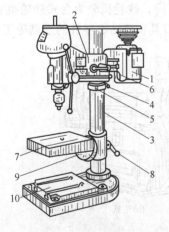

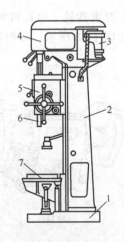

图 1-29　台式钻床

1—电动机；2—头架；3—立柱；4—螺钉；5—保险环；
6—手柄；7—工作台；8—工作台锁紧手柄；
9—锁紧螺钉；10—底座面

图 1-30　立式钻床

1—底座；2—床身；3—电动机；
4—主轴变速箱；5—进给变速箱；
6—主轴；7—工作台

（2）立式钻床 立式钻床最大钻孔直径有 25mm、35mm、40mm 和 50mm 等几种。一般用来加工中型工件。立式钻床可以自动进给。由于它的功率及机构强度较高，因此加工时允许采用较大的切削用量，可获得较高的生产效率和加工精度。另外，其主轴转速和进给量都有较大的变动范围，因此可适应不同材料的加工和进行钻、扩、铰孔、攻螺纹等工作。

Z525立式钻床是目前钳工常用的一种钻床，如图1-30所示。它主要由底座1、床身2、电动机3、主轴变速箱4、进给变速箱5、主轴6和工作台7等主要零部件组成。床身2固定在底座1上。变速箱4固定在床身的顶部。进给变速箱5装在床身的导轨上，可沿导轨上下移动。为方便操作，床身内装有与主轴重量平衡的重锤。工作台7装在床身导轨下方，也可沿导轨上下移动，以适应钻削不同高度的工作。Z525型立式钻床还装有冷却设备，冷却液可贮存在底座的空腔内，使用时由冷却泵排出。

（3）摇臂钻床　摇臂钻床适用于单件、小批和中批生产的中等零件和大件以及多孔件进行各种孔加工工作。由于它是靠移动主轴来对准工件上孔的中心，所以使用时比立式钻床方便。

摇臂钻床的主轴变速箱能在摇臂上作较大范围移动，摇臂能绕立柱中心作360°回转，并可沿立柱上下移动，所以摇臂钻床能在很大范围内工作。工作时工件可压紧在工作台上，也可直接放在底座上加工。摇臂钻床的主轴转速范围和走刀量范围都很广，因此工作时可获得较高的生产效率及加工精度。

目前我国生产的摇臂钻床规格较多，其中Z3040型摇臂钻床是应用比较广泛的一种。其结构和外形如图1-31所示。

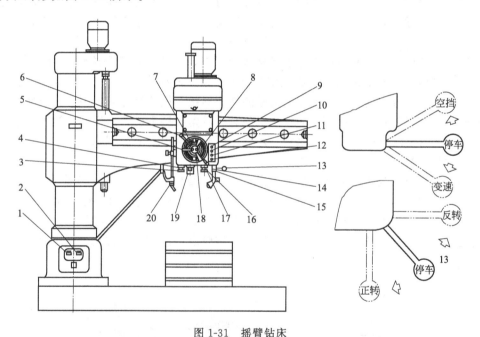

图1-31　摇臂钻床
1，2—电源总开关；3，4—预选旋钮；5～8，13～15—手柄；
9～12，18，19—按钮；16，17—手轮；20—喷嘴

钻床在日常使用和维护中应注意的事项，包括班前班后由操作者认真检查，擦拭钻床各部位并注油润滑及清洁；发生故障要及时排除，并认真做好记录；钻床运转满500h后，应按相关规定进行一级维护；作业项目要遵照设备管理部门下达的规定执行。

二、钳工的基本操作

（一）錾削

1. 錾削

也称凿削，是用手锤敲击錾子对工件进行切削加工的一种方法，主要用于不便于机械加

工的场合。它的工作范围包括去除凸缘、毛刺、分割材料、凿油槽等。有时也用作较小平面的精加工。

2. 錾削常用的工具

常用工具有錾子、锤子和台虎钳。一般应将工件或毛坯在台虎钳上加紧，用手锤敲击錾子去除工件上多余的金属材料。

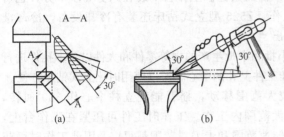

图 1-32 起錾方法

3. 各种錾削方法

（1）錾削平面 錾削平面用扁錾进行。每次錾削余量约 0.5～2mm。錾削时要掌握好起錾方法。錾削较宽平面时，起錾时从工件边缘的尖角处着手，轻敲錾子，錾子便容易切入材料，如图 1-32 所示。錾槽：起錾时切削刃抵紧起錾部位后，錾子向下倾斜至与工件端面基本垂直，再轻敲錾子，这样不会产生弹跳、滑脱等现象。起錾完成后，即可按正常方法进行平面錾削。

平时在錾削较窄平面时，錾子的切削刃最好与錾削前进方向倾斜一个角度，这样錾子容易掌握稳当。在錾较宽平面时，一般应先用狭錾间隔开槽，再用扁錾錾去剩余部分，这样比较省力。

当錾削快到尽头时，要防止工件边缘材料的崩裂，尤其錾铸铁等脆性材料时更应注意。一般当錾到离尽头 10mm 左右时，必须调头再錾去余下的部分。

（2）錾油槽 錾削前要根据图样上油槽的断面形状，把油槽錾切削刃部分磨准确。錾削时，錾子的倾斜度要随着曲面而变动，使錾削时的后角保持不变，这样能使錾出的油槽光滑且深浅一致。必要时可进行一定的修整，錾好后还要把槽边上的毛刺修光。

（3）錾削板料、切断板料的常用方法

图 1-33(a) 所示为板料夹在台虎钳上进行切断。錾削时，工件的切断线要与钳口平齐，工件要夹牢，用扁錾沿着钳口并斜对着板面（约 45°）自右向左錾切。对尺寸较大的薄板料在铁砧（或平板）上进行切断。此时板料下面要衬以软垫铁，以免损坏錾子刃口。图 1-33(b) 所示为切割形状较复杂的板料的方法。一般是先按轮廓钻出密集的排孔，再用扁錾或狭錾逐步切成。

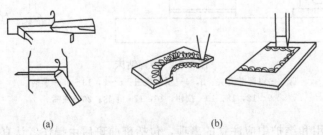

图 1-33 板料切断法

（二）锉削

1. 锉削

用锉刀对工件表面进行切削加工，使工件达到所要求的尺寸、形状和表面粗糙度，这种加工称为锉削。锉削精度最高可达 0.01mm，表面粗糙度最细可达 $Ra0.8\mu m$ 左右。锉削工作范围较广，可以锉工件内、外表面，对个别零件在装配时进行整修等。

2. 锉刀的选择

锉刀粗细的选择决定于工件加工余量的大小、加工精度的高低、表面粗糙度的粗细和材料的性质。粗锉刀适用于锉削加工余量大、表面较粗糙、加工精度要求低的工件，细锉刀则相反。锉刀形状的选择取决于工件加工表面的形状。

3. 锉削方法

（1）平面的锉法

① 顺向锉　它是顺着同一方向对工件进行锉削的方法。锉削后可得到正直的锉痕，比较整齐美观。适用于最后锉光和锉削不大的平面。

② 交叉锉　它是从两个交叉方向对工件进行锉削。锉削时锉刀与工件的接触面增大，锉刀容易掌握平稳，从锉痕上还能判断出锉削面的高低情况，容易把平面锉平。但进行到平面将锉削完成之前，须改用顺向锉法，使锉痕变为正直。

③ 推锉　它是用两手对称地横向持锉刀，用大拇指推动锉刀顺着工件长度方向进行锉削。这种方法只适合于锉削狭长平面和修正尺寸时应用。

平面锉削时，常需检查其平面度。可用钢板尺或刀口直尺以透光法来检查，以纵向、横向、两对角线方向，从间隙处透光的明暗、强弱程度来判断高低不平的程度。

（2）曲面的锉法

① 外圆弧面的锉法　当余量不大时，一般采用锉刀顺着圆弧锉削的方法。在锉刀做前进运动的同时，还应绕工件圆弧的中心做摆动。此方法适用于圆弧面的精加工。但加工余量较大时，可采用横着圆弧锉的方法。按圆弧要求先锉成多棱形后，再用顺着圆弧的方法精锉成圆弧。

② 内圆弧的锉法　锉削时，锉刀要同时完成三个运动：前进运动；向左向右移动，移动量约为半个到一个锉刀直径（对于半圆锉刀则为半个到一个锉刀宽度）；绕锉刀中心线转动。只有这三个运动同时进行，才能锉好内圆弧面。

（三）锯削

1. 锯削

用锯条对材料或工件进行切断或切槽等的加工方法称为锯削。

2. 锯削工具及其选择

锯削使用的工具为手锯和台钳。将工件在台钳上夹紧之后再进行锯削。

在选择锯条时，应根据被加工材料的硬度和锯削断面的大小来决定。粗齿锯条的容屑槽较大，适用于锯软材料和锯较大的断面；细齿锯条适用于锯削硬材料。锯削管子或薄板时必须用细齿锯条，否则容易使锯齿条被钩住以致绷断。

3. 锯削方法

锯削的基本方法包括推锯时锯弓的运动方式和起锯方法。

（1）推锯时锯弓的两种运动方式　一种是直线运动，适用于锯底面要求平直的槽和薄壁工件的锯削；另一种锯弓可上下摆动，这样可减少切削阻力，提高工作效率，且操作自然，两手不易疲劳。

（2）起锯　起锯是锯削工作的开始，有远起锯和近起锯两种，如图 1-34 所示。一般情况采用远起锯为好。

无论哪种起锯方法，起锯的角度要小（α_0 不超过 15°为宜），但也不能太小。起锯时刻用大拇指指甲挡住锯条作为导向，同时施加的压力要小，行程要短，这样起锯容易平稳，起锯正确。

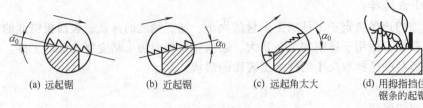

|（a）远起锯|（b）近起锯|（c）远起角太大|（d）用拇指挡住锯条的起锯|

图 1-34 起锯方法

（四）钻孔

1. 钻孔

用钻头在工件上加工出孔的方法，称为钻孔。钻孔可以达到的标准公差为 IT10～IT11 级，表面粗糙度为 $Ra12.5～50\mu m$，故只能加工要求不高的孔或作为孔的粗加工。

钻孔时，钻头装在钻床上，依靠钻头与工件之间的相对运动来完成切削加工。此时，钻头的旋转运动为主体运动，钻头的直线移动为进给运动。钻头的柄部有锥柄式和直柄式两种形式，前者与莫氏锥钻套配合，可以防止打滑。

2. 钻头的刃磨

钻头的切削刃使用变钝后进行磨锐的工作，称为刃磨。刃磨的部位是两个后刀面，即两条主切削刃。

手工刃磨钻头在砂轮机上进行。砂轮的粒度一般为 46～80，砂轮的硬度最好采用中软级（K、L）。

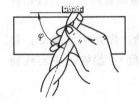

图 1-35 磨钻头主切削刃的方法

如图 1-35 所示，刃磨时右手握住钻头的头部作为定位支点，并掌握好钻头绕轴心线的转动和加在砂轮上的压力；左手握住钻头的柄部做上下摆动。钻头转动的目的是使整个后刀面钻头的不同半径处是不相等的，所以摆动角度的大小要随后角的大小变化而变化。

在刃磨过程中，要随时检查角度的正确性和对称性，并将钻头浸入水中冷却，磨到刃口时磨削量要小，停留时间也不宜过久，以防止切削部分过热而退火变软。

主切削刃刃磨后应做以下几方面的检查：

① 检查顶角 2φ 的大小是否正确，两切削刃是否一样长，是否有高低；

② 检查钻头外缘处的后角 α 是否为要求的数值；

③ 检查钻头靠近钻心处的后角是否为要求的数值；

④ 按要求修磨刀刃。

3. 工件的夹持

一般钻直径为 8mm 以下的小孔，而工件又能用手握牢时，就用手拿住工件钻孔，工作比较方便，但工件上锋利边角要倒钝。当孔即将钻穿时要特别小心，以防事故发生。有些长工件虽可用手握住，但最好在钻床台面上再用螺钉靠住工件，这样比较安全可靠。除以上情况以外，钻孔时不能用手握住，必须采用下列方法夹持工件。

（1）用虎钳夹持 钻孔直径超过 8mm 或手不能握住的小工件钻孔时，必须用手虎钳或小型台虎钳等来夹持工件。在平整的工件上钻孔，一般把工件夹在机虎钳（平口钳）上，孔较大时，机虎钳用螺栓紧固在钻床工作台上。

（2）用 V 形架配以压板夹持 在圆柱形工件上钻孔，要把工件放在 V 形架上并配以压板压牢，以免工件在钻孔时转动，如图 1-36 所示。

（3）用搭压板夹持 钻大孔或不便用机虎钳夹紧的工件可用压板、螺栓和垫铁把它固定

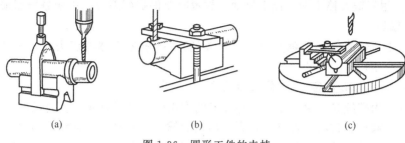

(a)　　　　　　　　　　(b)　　　　　　　　　(c)

图 1-36　圆形工件的夹持

在钻床工作台上。

4. 一般工件的钻孔方法

钻孔前，要先把孔中心的样冲眼打大一些，这样可使钻头横刃预先落入样冲坑眼的锥坑中，钻孔时钻头就不易偏离中心。

钻通孔在将要钻穿时，必须减小进给量，如果采用自动进给，最好改换成手动进给，避免发生事故。钻深孔时，应注意退出钻头排屑一次。直径超过 30mm 的大孔可分两次钻削，先用 0.5～0.7 倍孔径的钻头钻孔，然后再用所需孔径钻头扩。在圆柱形工件上钻孔，应采用 V 形铁在钻床工作台上对中，然后将工件放在 V 形铁上钻孔。需钻半圆孔时，可将两个工件对起来，钻一个整圆然后分开而成两个半圆孔。

（五）铰孔

铰孔是用铰刀从工件孔壁上切除微量金属层，以提高其尺寸精度和细化表面粗糙度的方法。铰孔精度可达 IT9～IT7 级，表面粗糙度为 $Ra0.8～3.2\mu m$。铰孔在机械修理行业中得到广泛应用。

钳工常用铰刀有整体式圆柱铰刀和可调节式手铰刀两类。铰孔时铰削余量不宜太大，也不宜太小。一般在 0.3～0.5mm 之间选用，且分为几次铰孔成型。

铰孔工作的要点如下。

① 夹持工件时，要将其夹正。对薄壁零件的夹紧力不要过大，以免将孔夹扁，在铰削后产生圆度误差。

② 手铰过程中，两手用力要平衡，旋转铰杠的速度要均匀，铰刀不能摇摆，避免在孔的进口处呈喇叭状或将孔径扩大。

③ 注意变换铰刀每次的停歇位置，以消除常在同一处停歇而造成的振痕。

④ 铰削进给时，要随着铰刀的旋转轻轻加压于铰杠，使铰刀缓慢引进孔内并均匀地进给以保证较细的表面粗糙度。

⑤ 铰刀不能反转，退出时也要顺转。因为反转会使切屑卡在孔壁和刀齿的后刀面之间而将孔壁刮毛，而且铰刀也易磨损，甚至崩刃。

⑥ 铰削钢料时，切屑、碎末容易粘在刀齿上，要经常注意清除，以免孔壁被拉毛。

⑦ 铰削过程中，如果铰刀被卡住，不能猛力扳转铰杠，以防损坏铰刀。此时应取出铰刀清除切屑和检查铰刀。继续铰削时要缓慢进给，以防在原处再次卡住。

⑧ 机铰时，要在铰刀退出后再停车，否则孔壁有刀痕，退出时孔也要被拉毛。铰通孔时，铰刀的校准部分不能全部出头，否则孔的下端会被刮坏，再退出时也很困难。

⑨ 机铰时要注意机床主轴、铰刀和工件所要铰的孔三者同轴度是否符合要求。当铰孔精度要求较高而上述同轴度不能满足时，铰刀的装夹应用适当的浮动装夹方式，以调整铰刀与所铰孔的中心位置。

⑩ 铰刀使用完毕要擦干净，涂上机油，放置时要保护好刀刃，以防碰撞而损伤。

(六) 攻螺纹

用丝锥加工工件的内螺纹称为攻螺纹（攻丝）；用板牙或螺纹切头加工工件的外螺纹，称为套螺纹（套扣）。

1. 攻螺纹前底孔直径（即钻孔直径）的确定

用丝锥加工内螺纹时，每个切削刃除起切削作用外，还对材料产生挤压，因此螺纹牙形的顶端要凸起一部分。材料塑性越大，则挤压出的越多。此时如果螺纹牙形顶端与丝锥刀齿根部没有足够的空隙，就会使丝锥轧住。所以攻螺纹前的底孔直径必须大于螺纹标准中规定的螺纹小径。

底孔直径的大小，要根据工件材料的塑性大小和钻孔的扩张量来考虑，使攻螺纹时既有足够的空隙来容纳被挤出的金属，又能保证加工出的螺纹得到完整的牙形。

加工钢和塑性较大的材料时，钻头直径为

$$D_0 = D - P$$

式中　D——内螺纹大径；

　　　P——螺距。

加工铸铁和塑性较小的材料时，钻头直径为

$$D_0 = D - (1.05 \sim 1.1)P$$

攻不通孔螺纹时，由于丝锥切削部分不能切出完整的螺纹牙形，所以钻孔深度要大于所需的螺孔深度，一般取孔深＝所需螺孔深度＋0.7D。

2. 攻螺纹时的要点

① 工件上螺纹底孔的孔口要倒角，螺孔的螺纹两端都要倒角。

② 工件装夹时，尽量要使螺孔中心线置于水平或垂直位置，使攻螺纹时容易判断丝锥轴线是否垂直于工件平面。

③ 在开始攻螺纹时，要尽量把丝锥放正，然后对丝锥施加压力并转动铰杠。当切入1～2圈时，再仔细观察和校正丝锥的位置。根据螺孔质量要求不同，可用肉眼直接观察或用钢板尺、角尺等工具检查。一般在切入3～4圈时，不宜再有明显的歪斜及强行纠正。此后转动铰杠不需再横向施加压力，否则螺纹牙形将被破坏。

④ 攻螺纹时，每转铰杠1/2～1圈，就应倒转约1/2圈，使切屑碎断后容易排除，并可减少切削刃因粘屑而使丝锥轧住。尤其在攻M5以下的小孔、韧性材料、深孔及不通孔时，更应注意经常倒转，以免丝锥折断。

⑤ 攻螺纹过程中，调换后一支丝锥时，要用手旋入至不能旋进时再用铰杠转动，以免损坏螺纹和防止乱牙。

⑥ 攻塑性材料时，要加切削液，以减小阻力和提高螺孔的表面质量。一般用机油和浓度较大的乳化液，质量要求较高时可用菜油或二硫化钼等。

⑦ 机攻螺纹时，丝锥与螺孔要保持同轴性，丝锥的校准部分不能全部出头，否则反转退出时会产生乱牙。

⑧ 机攻螺纹时的切削速度一般钢料为6～15m/min；铸铁为8～10m/min；调质钢或较硬的钢料为5～10m/min；不锈钢为2～7m/min。对于同样的材料，丝锥直径小时取较高值；丝锥直径大时，取较低值。

(七) 套螺纹

1. 套螺纹前圆杆直径的确定与丝锥一样

用板牙在钢料上套螺纹时其牙尖也要被挤高一些，所以圆杆直径应比螺纹的大径小一些。圆杆直径可用公式 $d_0 = d - 0.13P$（d 为外螺纹大径；P 为螺距）计算。

2. 套螺纹时的要点

① 为使板牙容易对准工件和切入的材料，圆杆端部要倒成 $15°\sim20°$ 斜角。锥体的小端直径要比螺纹的小径小，使切出的螺纹起端避免出现锋利的端口，否则容易发生卷边而影响螺母旋入。

② 套螺纹的时候，因切削力矩大，故圆杆要用硬木做的 V 形块或厚钢板作衬垫，才能可靠地夹紧。

③ 套螺纹的时候，应保持板牙的端面与圆杆轴线垂直，否则，会导致切出的螺纹牙齿会一面深、一面浅。螺纹长度较大时，甚至切削阻力太大而不能再继续扳动铰杠，烂牙现象也会特别严重。

开始时为了使板牙切入工件，要在转动板牙时施加轴向压力，转动要慢，压力要大。但板牙已旋入时，就不要再加压力，以免损坏螺纹和板牙。

为了断屑，板牙也要时常倒转一下，但与丝锥相比，切屑不易产生堵塞现象。

在钢料上套螺纹时，要加切削液，以提高螺纹的表面质量和延长板牙寿命。在一般情况下，用加浓的乳化液和机油，质量要求高时用菜油或二氧化钼。

（八）研磨

1. 研磨方法

用研磨工具和研磨剂从工件上研去一层极薄表面层的加工方法，称为研磨。

工件经研磨后，可以得到较低的表面粗糙度（可达 $Ra0.5\sim0.8\mu m$）、高的尺寸精度（尺寸误差可控制在 $0.001\sim0.005mm$）和高的形位精度（形位误差可小于 $0.005mm$）。

研磨有手工操作和机械操作两种方法。

2. 研具工具

用来对工件表面进行研磨的器具即称为研具。可采用专门制造的研具，也可采用配合表面之一作为研具。具体形状依被加工对象而定，有圆柱形、圆锥形、平面形等。铸铁和软钢是较常用的研具材料。

3. 研磨剂

研磨剂是由磨料和研磨液调和而成的混合剂。将它置于研具表面，对工件进行研磨，磨料和研磨液的选用十分重要，要根据研磨对象，选用适当的磨料和研磨液。

（九）螺纹连接的拆卸

1. 断头螺钉的拆卸

断头螺钉有断头在机体表面及以下和断头露在机体表面外一部分等情况，根据情况的不同，可选用不同的方法进行拆卸。

如果螺钉断在机体表面及以下时，可以用下列方法进行拆卸。

① 在螺钉上钻孔，打入多角淬火钢杆，将螺钉拧出，如图 1-37 所示。注意打击力不可过大，以防损坏机体上的螺纹。

② 在螺钉中心钻孔，攻反向螺纹，拧入反向螺钉旋出，如图 1-38 所示。

③ 在螺钉上钻直径相当于螺纹小径的孔，再用同规格的螺纹刃具攻螺纹；或钻相当于螺纹大径的孔，重新攻一比原螺纹直径大一级的螺纹，并选配相应的螺钉。

④ 用电火花在螺钉上打出方形或扁形槽，再用相应的工具拧出螺钉。

如果螺钉的断头露在机体表面外一部分时，可以采用如下方法进行拆卸。

① 在螺钉的断头上用钢锯锯出沟槽，然后用一字旋具将其拧出；或在断头上加工出扁

头或方头，然后用扳手拧出。

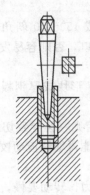

图 1-37　多角淬火钢杆拆卸断头螺钉

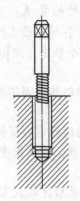

图 1-38　攻反向螺纹拆卸螺钉

② 在螺钉的断头上加焊一弯杆［图 1-39(a)］或加焊一螺母［图 1-39(b)］拧出。

③ 断头螺钉较粗时，可用扁錾子沿圆周剔出。

2. 打滑六角螺钉的拆卸

六角螺钉用于固定的场合较多，当内六角磨圆后会产生打滑现象而不容易拆卸，这时用一个孔径比螺钉头外径稍小一点的六方螺母放在内六角螺钉头上，如图 1-40 所示，然后将螺母与螺钉焊接成一体，待冷却后用扳手拧六方螺母，即可将螺钉迅速拧出。

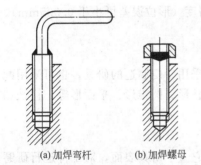

(a) 加焊弯杆　　　(b) 加焊螺母

图 1-39　露出机体表面外断头螺钉的拆卸

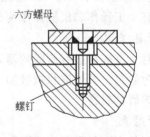

图 1-40　拆卸打滑六角螺钉

3. 锈死螺纹件的拆卸

锈死螺纹件有螺钉、螺柱和螺母等，当其用于紧固或连接时，由于生锈而不易拆卸，这时可采用下列方法进行拆卸。

① 用手锤敲击螺纹件的四周，以振松锈层，然后拧出。

② 先向拧紧方向稍拧动一点，再向反方向拧，如此反复拧紧和拧松，直至拧出。

③ 在螺纹件四周浇些煤油或松动剂，浸渗一定时间后，先轻轻锤击四周，使锈蚀面略微松动后，再拧出。

④ 若零件允许，可采用快速加热包容件的方法，使其膨胀，然后迅速拧出螺纹件。

⑤ 采用车、锯、錾、气割等方法，破坏螺纹件。

第四节　机组的使用与维护

随着科学技术的不断进步和电力供应的日趋紧缺，为各类通信设备和各单位备用配套的发电机组的应用越来越多。但是，发电机组的使用寿命和工作可靠与否，不仅取决于发电机组本身的结构完善程度和产品质量的好坏，而且与能否正确使用和认真进行维护保养密切相关。

发电机组的型号不同，其启动方法、操作程序也有所区别，因此，操作人员在使用调整与维护发电机组时，应根据产品使用说明书，严格遵循操作程序，认真做好各项工作。下面以国产 135 系列柴油机为例，讲述柴油机的使用调整与维护保养。

一、油和水的选用

1. 柴油的性能与选用

柴油机的主要燃料是柴油。柴油是石油经过提炼加工而成，其主要特点是自燃点低、密度大、稳定性强、使用安全、成本较低，但其挥发性差，在环境温度较低时，柴油机启动困难。柴油的性质对柴油机的功率、经济性和可靠性都有很大影响。

（1）柴油的主要性能

柴油不经外界引火而自燃的最低温度称为柴油的自燃温度。柴油的自燃性能是以十六烷值来表示的。十六烷值越高，表示自燃温度越低，着火越容易。但十六烷值过高或过低都不好。十六烷值过高，虽然着火容易，工作柔和，但稳定性能差，燃油消耗率大；十六烷值过低，柴油机工作粗暴。一般柴油机使用的柴油十六烷值为 30～60。

柴油的黏度是影响柴油雾化性的主要指标。它表示柴油的稀稠程度和流动难易程度。黏度大，喷射时喷成的油滴大，喷射的距离长，但分散性差，与空气混合不均匀，柴油机工作时容易冒烟，耗油量增加。温度越低，黏度越大。反之则相反。

柴油的流动性能主要用凝点（凝固点）来表示。所谓凝点，是指柴油失去流动性时的温度。若柴油温度低于凝点，柴油就不能流动，供油会中断，柴油机就不能工作。因此，凝点的高低是选用柴油的主要依据之一。

（2）柴油的规格与选用

GB 252—2011《普通柴油》将普通柴油按凝点分为 7 个牌号：

10 号普通柴油　适用于风险率为 10% 的最低气温在 12℃ 以上的地区使用；

5 号普通柴油　适用于风险率为 10% 的最低气温在 8℃ 以上的地区使用；

0 号普通柴油　适用于风险率为 10% 的最低气温在 4℃ 以上的地区使用；

−10 号普通柴油　适用于风险率为 10% 的最低气温在 −5℃ 以上的地区使用；

−20 号普通柴油　适用于风险率为 10% 的最低气温在 −14℃ 以上的地区使用；

−35 号普通柴油　适用于风险率为 10% 的最低气温在 −29℃ 以上的地区使用；

−50 号普通柴油　适用于风险率为 10% 的最低气温在 −44℃ 以上的地区使用。

普通柴油技术要求和试验方法见表 1-1。

表 1-1　普通柴油技术要求和试验方法（摘自 GB 252—2011）

项　目	10 号	5 号	0 号	−10 号	−20 号	−35 号	−50 号	试验方法
色度	≤3.5 号							GB/T 6540
氧化安定性	≤2.5mg/100mL（以总不溶物计）							SH/T 0175
碘含量[①]	≤0.035%（质量分数）							SH/T 0689
酸度	≤7mgKOH/100mL							GB/T 258
10% 蒸馏余物残炭[②]	≤0.3%（质量分数）							GB/T 268
灰分	≤0.01%（质量分数）							GB/T 508
铜片腐蚀	≤1 级（50℃、3h）							GB/T 5096
水分[③]	痕迹（体积分数）							GB/T 260
机械杂质[③]	无							GB/T 511
运动黏度（20℃）/(mm²/s)	3.0～8.0			2.5～8	1.8～7.0			GB/T 265

项　　目	10号	5号	0号	−10号	−20号	−35号	−50号	试验方法
凝点/℃,不高于	10	5	0	−10	−20	−35	−50	GB/T 510
冷滤点/℃,不高于	12	8	4	−5	−14	−29	−44	SH/T 0248
闪点(闭口)/℃,不低于			55			45		GB/T 261
着火性④(应满足下列要求之一) 十六烷值,不低于				45				GB/T 386
十六烷值指数,不低于				43				SH/T 0694
馏程 　50％回收温度/℃ 　90％回收温度/℃ 　95％回收温度/℃				≤300 ≤355 ≤365				GB/T 6536
密度(20℃)⑤/(kg/m³)				报告				GB/T 1884 GB/T 1885

① 测定方法也包括用 GB/T 380、GB/T 11140、GB/T 17040,结果有争议时,以 SH/T0589 的方法为准。

② 若普通柴油中含有硝酸酯型十六烷值改进剂,10％蒸馏余物残炭的测定,应用不加硝酸酯的基础燃料进行。普通柴油中是否含有硝酸酯型十六烷值改进剂检验方法可用 GB/T 17144,结果有争议时,以 GB/T 268 的方法为准。

③ 包括用目测法,即将试样注入100mL玻璃量筒中,在室温20℃±5℃下观察,应透明,没有悬浮和沉降的水分及机械杂质。结果有争议时,按 GB/T 260 或 GB/T 511 测定。

④ 由中间基或环烷基原油生产的各号普通柴油的十六烷值或十六烷指数允许不小于40(有特殊要求者由供需双方确定),对于十六烷指数的测定也包括用 GB/T 11139。结果有争议时,以 GB/T 386 测定结果为准。

⑤ 也包括用 SH/ T0604 的方法,结果有争议时,以 GB/T 1884 和 GB/T 1885 的方法为准。

2. 机油的性能与选用

内燃机上所用的润滑油(亦称机油)按用途可分为柴油机油、汽油机油等。

目前,柴油机油根据 API 质量分类法(API-美国石油学会)包括 CC、CD、CF、CF-2、CF-4、CG-4、CH-4、CI-4、CJ-4(其中,C 指柴油机油,第一个字母与第二个字母相结合代表质量等级,其后的数字2或4分别代表二冲程或四冲程柴油发动机)和农用柴油机油等10个品种。各品种柴油机油的主要性能和使用场合见表1-2。

表1-2　柴油机油的分类 (摘自 GB/T 28772—2012《内燃机油分类》)

品种代号	特性和使用场合
CC	用于中负荷及重负荷下运行的自然吸气、涡轮增压和机械增压式柴油机以及一些重负荷汽油机。对于柴油机具有控制高温沉积物和轴瓦腐蚀的性能,对于汽油机具有控制锈蚀、腐蚀和高温沉积物的性能
CD	用于需要高效控制磨损及沉积物或使用包括高燃料自然吸气,涡轮增压和机械增压式柴油机以及要求使用 API CD 级油的柴油机。具有控制轴瓦腐蚀和高温沉积物的性能,并可代替 CC
CF	用于非道路间接喷射式柴油发动机和其他柴油发动机,也可用于需要有效控制活塞沉积物、磨损和含铜轴瓦腐蚀的自然吸气、涡轮增压和机械增压式柴油机。能够使用硫的质量分数大于 0.5％ 的高硫柴油燃料,并可代替 CD
CF-2	用于需高效控制气缸、环表面胶合和沉积物的二冲程柴油发动机
CF-4	用于高速、四冲程柴油发动机以及要求使用 API CF-4 级油的柴油机,特别适用于高速公路行驶的重负荷卡车,并可代替 CD 和 CC
CG-4	用于可在高速公路和非道路使用的高速、四冲程柴油发动机。能够使用硫的质量分数小于 0.05％~0.5％ 的柴油燃料。此种油品可有效控制高温活塞沉积物、磨损、腐蚀、泡沫、氧化和烟炱的累积,并可代替 CF-4、CD 和 CC
CH-4	用于高速、四冲程柴油发动机。能够使用硫的质量分数不大于 0.5％ 的柴油燃料。即使在不利的应用场合,此种油品可凭借其在磨损控制、高温稳定性和烟炱控制方面的特性有效地保持发动机的耐久性;对于非铁金属的腐蚀、氧化和不溶物的增稠、泡沫性以及由于剪切所造成的黏度损失,可提供最佳的保护。其性能优于 CG4,并可代替 CG4、CF-4、CD 和 CC
CI-4	用于高速、四冲程柴油发动机。能够使用硫的质量分数不大于 0.5％ 的柴油燃料。此种油品在装有废气再循环装置的系统里使用可保持发动机的耐久性。对于腐蚀性和与烟炱有关的磨损倾向、活塞沉积物,以及由于烟炱累积所引起的黏度性变差、氧化增稠、机油消耗、泡沫性、密封材料的适应性降低和由于剪切所造成的黏度损失,可提供最佳的保护。其性能优于 CH-4,并可代替 CH-4、CG4、CF-4、CD 和 CC

续表

品种代号	特性和使用场合
CJ-4	用于高速、四冲程柴油发动机。能够使用硫的质量分数不大于 0.05% 的柴油燃料。对于使用废气后处理系统的发动机，如使用硫的质量分数大于 0.0015% 的燃料，可能会影响废气后处理系统的耐久性和/或机油的换油期。此种油品在装有微粒过滤器和其他后处理系统里使用，可特别有效地保持排放控制系统的耐久性。对于催化剂中毒的控制、微粒过滤器的堵塞、发动机磨损、活塞沉积物、高低温稳定性、烟炱处理特性、氧化增稠、泡沫性和由于剪切所造成的黏度损失，可提供最佳的保护。其性能优于 CI-4，并可代替 CI-4、CH-4、CG4、CF-4、CD 和 CC
农用柴油机油	用于以单缸柴油机为动力的三轮汽车(原三轮农用运输车)、手扶变型运输机、小型拖拉机，还可用于其他以单缸柴油机为动力的小型农机具，如抽水机、发电机(组)等。具有一定的抗氧、抗磨性能和清净分散性能

根据 SAE 黏度分类法（SAE-美国机动车工程师学会），GB 11122—2006《柴油机油》将柴油机油分为：

① 5 种低温（冬季，W-winter）黏度级号：0W、5W、10W、15W 和 20W。W 前的数字越小，则其黏度越小，低温流动性越好，适用的最低温度越低；

② 4 种夏季用油：30、40、50 和 60，数字越大，黏度越大，适用的气温越高；

③ 16 种冬夏通用油：0W/20、0W/30 和 0W/40；5W/20、5W/30、5W/40 和 5W/50；10W/30、10W/40 和 10W/50；15W/30、15W/40 和 15W/50；20W/40、20W/50 和 20W/60。代表冬用部分的数字越小、代表夏用的数字越大，则黏度特性越好，适用的气温范围越大。

柴（汽）油机油产品标记为：质量等级＋黏度等级＋柴（汽）油机油。如 CD 10W-30 柴油机油、CC 30 柴油机油以及 CF15W-40 柴油机油等。

通用内燃机油产品标记为：柴油机油质量等级/汽油机油质量等级＋黏度等级＋通用内燃机油 或汽油机油质量等级/柴油机油质量等级＋黏度等级＋通用内燃机油。例如，CF-4/SJ 5W-30 通用内燃机油或 SJ/CF-4 5W-30 通用内燃机油，前者表示其配方首先满足 CF-4 柴油机油要求，后者表示其配方首先满足 SJ 汽油机油要求，两者均同时符合 GB 11122—2006《柴油机油》中 CF-4 柴油机油和 GB 11121—2006《汽油机油》中 SJ 汽油机油的全部质量指标。

3. 冷却液

用于冷却系统直接冷却柴油机的冷却液，通常用清洁的淡水，如雨水、自来水或经澄清的河水为宜，如果直接采用井水或其他地下水（硬水），因它们含有较多的矿物质，容易在柴油机水腔内形成水垢，影响冷却效果而造成故障，如条件所限只有硬水，必须经软化处理后方可使用。软化方法：煮沸法——将水煮沸沉淀；在每升水中加入 0.67g 苛性钠（烧碱），搅拌沉淀后用上层的清水。

注意：绝对不允许采用海水直接冷却柴油机。

柴油机在低于 0℃ 环境条件使用时，应严防冷却液冻结，致使有关零件冻裂。因此，每当柴油机结束运行后，应将各部分的冷却液放净。对采用闭式循环冷却系统的机型可根据当地的最低环境温度来配用适当凝点的防冻冷却液，常用冷却液的配方见表 1-3（供大家需要使用时参考）。

表 1-3 防冻冷却液的配方

名 称	成分/%					凝点/℃
	乙二醇	酒精	甘油	水	成分比的单位	≤
乙二醇防冻液	60			40	体积之比	−55
	55			45		−40
	50			50		−32
	40			60		−22

续表

名　称	成分/%					凝点/℃
	乙二醇	酒精	甘油	水	成分比的单位	≤
酒精甘油防冻液	30	10		60		−18
	40	15		45	质量之比	−26
	42	15		43		−32

在配用易燃的防冻冷却液时，因乙二醇、酒精（乙醇）和甘油等都是易燃品，应注意防火安全。柴油机在使用防冻冷却液以前，对其冷却系统内的污物应进行清洗，防止产生新的化学沉淀物，以免影响冷却效果。凡使用防冻冷却液的柴油机，就不必每次停车后放出冷却液，但需定期补充和检查其成分。

注意：千万不能使用100％的防冻液作为冷却液。

如柴油机冷却系统内的水垢和污物过多，可以用清洗液进行清洗。清洗液可由水、苏打（Na_2CO_3）和水玻璃（Na_2SiO_3）配制而成，即在每升水中加入40g苏打和10g水玻璃。清洗时，把清洗液灌入柴油机冷却水腔，开机运转到出水温度大于60℃，继续运转2h左右停车，然后放出清洗液。待柴油机冷却后，用清洁的淡水冲洗两次，排尽后再灌入冷却水开机运转，使出水温度达到75℃以上，停车放掉污水，最后灌入新的冷却水。

二、操作使用方法

（一）柴油机的启封

为了防止柴油机锈蚀，产品出厂时，其内外均已油封，因此，新机组安装完毕，符合安装技术要求后，必须先启封才能启动，否则容易使机组产生故障。

除去油封的方法步骤如下：

① 将柴油加热到50℃左右，用以洗擦除去发动机外部的防锈油；

② 打开机体及燃油泵上的门盖板，观看内部有否锈蚀或其他不正常的现象；

③ 用人工盘动曲轴慢慢旋转，观察曲轴连杆和燃油泵凸轮轴以及柱塞的运动，应无卡滞或不灵活的现象，并将操纵调速手柄由低速到高速位置来回移动数次，观察齿条与芯套的运动应无卡滞现象；

④ 将水加热到90℃以上，然后从水套出水口处不断地灌入，由气缸体侧面的放水开关（或水泵进水口）流出，连续进行2~3h，并间断地摇转曲轴，使活塞顶、气缸套表面及其他各处的防锈油溶解流出；

⑤ 用清洁柴油清洗油底壳，并按要求换入规定牌号的新机油。

燃油供给与调速系统、冷却与润滑系和启动充电系等均应按说明书要求进行清洁检查，并加足规定牌号的柴油和清洁的冷却水，充足启动蓄电池，做好开机前的准备工作。

（二）机组启动前的检查

1. 柴油机的检查

① 检查机组表面是否彻底清洗干净；地脚螺帽、飞轮螺钉及其他运动机件螺帽有无松动现象，发现问题及时紧固。

② 检查各部分间隙是否正确，尤其应仔细检查各进、排气门的间隙及减压机构间隙是否符合要求。

③ 将各气缸置于减压位置，转动曲轴检听各缸机件运转的声音有无异常声响，曲轴转动是否自如，同时将机油泵入各摩擦面，然后，关上减压机构，摇动曲轴，检查气缸是否漏气，如果摇动曲轴时，感觉很费力，表示压缩正常。

④ 检查燃油供给系统的情况

a. 检查燃油箱盖上的通气孔是否畅通，若孔中有污物，应清除干净。检查加入的柴油是否符合要求的牌号，油量是否充足，并打开油路开关。

b. 打开减压机构摇转曲轴，每个气缸内应有清脆的喷油声音，表示喷油良好。若听不到喷油声不来油，可能油路中有空气，此时可旋松柴油滤清器和喷油泵的放气螺钉，以排除油路中的空气。

c. 检查油管及接头处有无漏油现象，发现问题及时处理解决。

d. 向喷油泵、调速器内加注机油至规定油平面。

⑤ 检查冷却系统的情况

a. 检查水箱内的冷却水量是否充足，若水量不足，应加足清洁的软水。

b. 检查水管接头处有无漏水现象，发现问题及时处理解决。

c. 检查冷却水泵的叶轮转动是否灵活，传动带松紧是否适当。

⑥ 检查润滑系统的情况

a. 检查机油管及管接头处有无漏油现象，发现问题及时处理解决。

b. 对装有黄油嘴处应注入规定的润滑脂。

c. 检查油底壳的机油量，将曲轴箱旁的量油尺抽出，观察机油面的高度是否符合规定的要求，应随季节和地域的不同添加规定牌号的机油。在检查时，若发现油面高度在规定高度以上时，应认真分析机油增多的原因，通常有三方面的原因：

（a）加机油时加得过多；

（b）柴油漏入曲轴箱，将机油冲稀；

（c）冷却水漏入机油中。

⑦ 检查电启动系统情况

a. 先检查启动蓄电池电解液相对密度是否在 1.240～1.280 范围内，若相对密度小于 1.180 时，表明蓄电池电量不足。

b. 检查电路接线是否正确。

c. 检查蓄电池接线柱上有无积污或氧化现象，应将其打磨干净。

d. 检查启动电动机及电磁操纵机构等电气接触是否良好。

2. 交流发电机的安装检查

① 交流发电机与柴油机的耦合，要求联轴器的平行度和同心度均应小于 0.05mm。实际使用时要求可略低些，约在 0.1mm 以内，过大会影响轴承的正常运转，导致损坏，耦合好后要用定位销固定。安装前要复测耦合情况。

② 滑动轴承的发电机在耦合时，发电机中心高度要调整得比柴油机中心略低些，这样柴油机上的飞轮的重量就不会转移到发电机轴承上，否则发电机轴承将额外承受柴油机飞轮的重量，不利于滑动轴承油膜的形成，导致滑动轴承发热，甚至烧毁轴承。这类发电机的联轴器上也不能带任何重物。

③ 安装发电机时，要保证冷却空气入口处畅通无阻，并要避免排出的热空气再进入发电机。如果通风盖上有百叶窗，则窗口应朝下，以满足保护等级的要求。

④ 单轴承发电机的机械耦合要特别注意定、转子之间的气隙要均匀。

⑤ 按原理图或接线图，选择合适的电力电缆，用铜接头来接线，铜接头与汇流排，汇流排与汇流排固紧后，其接头处局部间隙不得大于 0.05mm，导线间的距离要大于 10mm，还需加装必要的接地线。

⑥ 发电机出线盒内接线端头上打有 U、V、W、N 印记，它不表示实际的相序，实际的相序取决于旋转方向。合格证上印有 $\overrightarrow{UVW}$ 表示顺时针旋转时的实际相序，$\overleftarrow{VUW}$ 即表示

逆时针旋转时的实际相序。

(三) 柴油机的启动

135 系列柴油机的启动性能与柴油机的缸数、压缩比、启动时的环境温度、选用油料的规格和是否有预热措施等有关。一般分为不带辅助措施的常规启动和采用带辅助措施的低温启动两种，现分述如下。

1. 常规启动

4135G、4135AG、6135G、6135AG、6135G-1、6135AZG 和 6135JZ 型柴油机可以在不低于 0℃ 的环境温度下顺利启动；12V135、12V135AG、12V135AG-1 和 12V135JZ 型柴油机可以在不低于 5℃ 的环境温度下顺利启动。

① 脱开柴油机与负载联动装置。

② 将喷油泵调速器操纵手柄推到空载，转速为 700r/min 左右的位置。

③ 将电钥匙打开（4 缸柴油机无电钥匙，12 缸 V 型柴油机电钥匙转向"右"位），按下启动按钮，使柴油机启动。如果在 10s 左右未能启动，应立即释放按钮，过 1min 后再做第二次启动。如连续三次不能启动时，应停止启动，找出原因并排除故障后再行启动。

④ 柴油机启动成功后，应立即释放按钮，将电钥匙拨回中间位置（12 缸 V 型柴油机应转向"左"位，接通充电回路），同时注意机油压力表，必须在启动后 15s 内显示读数，其读数应大于 0.05kPa（0.5kgf/cm²），然后让柴油机空载运转 3～5min，并检查柴油机各部分运转是否正常。例如可用手指感触配气机构运动件的工作情况，或掀开气缸盖罩壳，观察摇臂等润滑情况。然后才允许加速及带负荷运转。

柴油机启动后，空载运转时间不宜超过 5min，即可逐步增加转速到 1000～1200r/min，并进入部分负荷运转。待柴油机的出水温度高于 75℃、机油温度高于 50℃、机油压力高于 0.25MPa（2.5kgf/cm²）时，才允许进入全负荷运转。

2. 低温启动

低温启动是指在低于各机型规定的最低环境温度下的启动。启动时，用户应根据实际使用的环境温度采用相应的低温启动辅助措施，然后按常规启动的步骤进行。一般采取的措施有如下几种。

① 将柴油机的机油和冷却液预热至 60～80℃。

② 在进气管内安置预热进气装置或在进气管口采用简单的点火加热进气的方法（采用此法务必注意安全）。

③ 提高机房的环境温度。

④ 选用适应低温需要的柴油、机油和冷却液。

⑤ 对蓄电池采取保温措施或加大容量或采用特殊的低温蓄电池。

低温启动后，转速的增加应尽可能缓慢，以确保轴承得到足够的润滑，并使油压稳定，以延长发动机的使用寿命。

(四) 柴油机的磨合

新的或经大修后的柴油机，在正式使用前须经 60h 磨合运转，方可投入全负荷使用，以改善柴油机各运动部件的工作状况，提高柴油机的运行可靠性和使用寿命。磨合应视柴油机用途和拖载方式的不同，来考虑具体磨合方案。原则上随着磨合时间的增加，分阶段逐步提高柴油机的转速和负载，在整个磨合期内负荷以 12h 标定功率的 50%～80% 为宜，转速应不大于标定转速的 80% 为好。但在磨合的开始阶段，空运转或过小负载情况下的运转时间不宜太长。每当修理更换过缸套、活塞、活塞环、连杆轴瓦和曲拐等零部件后，亦应按上述磨合工况适当进行短期磨合。

(五) 机组在各种条件下的使用

1. 柴油机的正常使用

柴油机投入正常使用后，应经常注视所有仪表的指示值和观察整机运行动态；要经常检查冷却系统和各部分润滑油的液面，如发现有不符合规定要求或出现渗漏时，应立即给予补充或检查原因予以排除。在运行过程中，特别是当突减负荷时，应注意防止因调速器失灵使柴油机转速突然升高（俗称飞车）超过规定值，一旦出现此类情况，应先迅速采取紧急停车措施，然后查清原因。

2. 柴油机与工作机械功率的匹配

用户选用柴油机时不仅应考虑与之配套的工作机械所需功率的大小，还必须考虑工作机械的负荷率，比如是间歇使用，还是连续使用。同时要考虑工作机械的运行经济性，即负载的工作特性和柴油机的特性必须合理匹配。因此柴油机功率的正确标定和柴油机与工作机械特性的合理匹配乃是保证柴油机可靠、长寿命以及经济运行的前提，否则将可能使柴油机超负荷运行和产生不必要的故障；或负载功率过小，柴油机功率不能得到充分的运用，这样既不经济并且易产生窜机油等弊病。

3. 柴油机在高原地区的使用

柴油机在高原地区使用与在平原地区的情况不同，给柴油机在性能和使用方面带来一些变化，在高原地区使用柴油机应注意以下几点。

① 由于高原地区的气压低，空气稀薄，含氧分量少，特别对自然吸气的柴油机，因进气量不足而燃烧条件变差，使柴油机不能发出原规定的标定功率。即使柴油机基本结构相同，但各型柴油机标定功率不同，因此它们在高原工作的能力是不一样的。例如，6135Q-1型柴油机，标定功率为 161.8kW(2200r/min)，由于标定功率大，性能上余量很小，则在高原使用时每升高 1000m，功率约降低 12％左右，因此在高原长期使用时应根据当地的海拔高度，适当减小供油量。而 6135K-11 型柴油机，虽然燃烧过程相同，但因标定功率仅为 117.7kW(2200r/min)，因此性能上具有足够的余量，这样柴油机本身就有一定的高原工作能力。

考虑到在高原条件下着火延迟的倾向，为了提高柴油机的运行经济性，一般推荐自然吸气柴油机供油提前角应适当提前。

由于海拔升高，动力性下降，排气温度上升，因此用户在选用柴油机时也应考虑柴油机的高原工作能力，严格避免超负荷运行。

根据近年来的试验证明，对高原地区使用的柴油机，可采用废气涡轮增压的方法作为高原的功率补偿。通过废气涡轮增压，不但可弥补高原功率的不足，还可改善烟色、恢复动力性能和降低燃油消耗率。

② 随着海拔的升高，环境温度亦比平原地区的要低，一般每升高 100m，环境温度约要下降 0.6℃左右，外加高原空气稀薄，因此柴油机的启动性能要比平原地区差。使用时，应采取与低温启动相应的辅助启动措施。

③ 由于海拔的升高，水的沸点降低，同时冷空气的风压和冷却空气质量减少，以及每千瓦在单位时间内散热量的增加，因此冷却系统的散热条件要比平原差。一般在高海拔地区不宜采用开式冷却循环，可采用加压的闭式冷却系统，以提高高原使用时冷却液的沸点。

4. 增压柴油机的使用特点

① 在某些增压机型上，为了进一步改善其低温启动性能，在柴油机的进气管上还设有进气预热装置，低温启动时，应正确使用。

② 柴油机启动后，必须待机油压力升高后才可加速，否则易引起增压器轴承烧坏；特别当柴油机更换润滑油、清洗增压器、滤清器或更换滤芯元件和停车一星期以上者，启动后在惰转状态下，将增压器上的进油接头拧松一些，待有润滑油溢出后拧紧，再惰转几分钟后方可加负荷。

③ 柴油机应避免长时间怠速运转，否则容易引起增压器内的机油漏入压气机而导致排气管喷机油的现象。

④ 对新的柴油机或调换增压器后，必须卸下增压器上的进油管接头，加注 50～60mL 的机油，防止启动时因缺机油而烧坏增压器轴承。

⑤ 柴油机停车前，须怠速运转 2～3min，在非特殊情况下，不允许突然停车，以防因增压器过热而造成增压器轴承咬死。

⑥ 要经常利用柴油机停车后的瞬间监听增压器叶轮与壳体之间是否有碰擦声，如有碰擦声，应立即拆开增压器，检查轴承间隙是否正常。

⑦ 必须保持增压柴油机进、排气管路的密封性，否则将影响柴油机的性能。应经常检查紧固螺母或螺栓是否松动，胶管夹箍是否夹紧，必要时应更换密封垫片。

(六) 柴油机的停车

1. 正常停车

① 停车前，先卸去负荷，然后调节调速器操纵手柄，逐步降低转速至 750r/min 左右，运转 3～5min 后再拨动停车手柄停车；尽可能不要在全负荷状态下很快将柴油机停下，以防出现过热等事故。

② 对 12 缸 V 型柴油机，停车后应将电钥匙由"左"转向"中间"位置，以防止蓄电池电流倒流。在寒冷地区运行而需停车时，应在停车后待机温冷却至常温（25℃）左右时，打开机体侧面、淡水泵、机油冷却器（或冷却水管）及散热器等处的放水阀，放尽冷却水以防止冻裂。若用防冻冷却液时则不需打开放水阀。

③ 对需要存放较长时间的柴油机，在最后一次停车时，应将原用的机油放掉，换用封存油，再运转 2min 左右进行封存。如使用的是防冻冷却液，亦应放出。

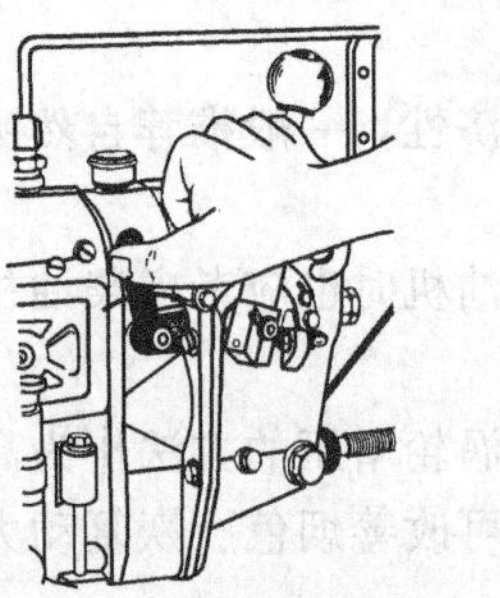

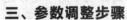

2. 紧急停车

在紧急或特殊情况下，为避免柴油机发生严重事故可采取紧急停车。此时应按如图 1-41 所示的方向拨动紧急停车手柄，即可达到目的。在上述操作无效的情况下，应立即用手或其他器具完全堵住空气滤清器进口，达到立即停车的目的。

三、参数调整步骤

图 1-41 B 型喷油泵紧急停车

135 系列柴油机平时的调试内容主要包括喷油提前角的检查与调整、气门间隙的调整与配气相位的检查、机油压力以及三角橡胶带张力的检查与调整等。

(一) 喷油提前角的检查与调整

为了使柴油机获得良好的燃烧和正常工作，并取得最经济的燃油耗率，每当柴油机工作 500h 或每次拆装后，都必须进行喷油提前角的检查与调整。135 基本型柴油机的喷油提前角规定见表 1-4。

表 1-4　135 基本型柴油机的喷油提前角

名　称	4135G	6135G-1	12V135AG-1	6135JZ 6135AZG	12V135JZ	6135G 4135AG 6135AG 12V135 12V135AG
喷油提前角（上止点前以曲轴转角计）	24°～27°	23°～25°	26°～28°	20°～22°	24°～26°	26°～29°

喷油提前角的调整方法如下。

(1) 第一种方法　拆下第 1 缸的高压油管，转动曲轴，使第 1 缸活塞处于膨胀冲程始点，此时飞轮壳上的指针对准飞轮上的"0"刻度线。然后反转柴油机曲轴，使检视窗上的指针对准飞轮上相当于喷油提前角规定的角度，然后松开喷油泵传动轴节和盘上的两个紧固螺钉，按喷油泵的转动方向，缓慢而均匀地转动喷油泵凸轮轴至第 1 缸出油口油面刚刚发生波动的瞬时为止（图 1-42），并拧紧结合盘上的两个螺钉。

(2) 第二种方法　拆下第 1 缸高压油管，转动曲轴，使第 1 缸活塞处于压缩终点位置前 40°左右，然后按柴油机旋转方向缓慢而均匀地转动曲轴，同时密切注意喷油泵第

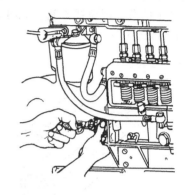

图 1-42　喷油提前角的调整

1 缸出油口的油面情况。当油面刚刚发生波动的瞬时，即表示第 1 缸喷油开始，此时检视窗上指针所对准的飞轮上刻度值就是喷油提前角度数。如这角度与规定范围不符，可松开接合盘上的两个螺钉，将喷油泵凸轮轴转过所需调整的角度（传动轴接盘上的刻度，每个相当于曲轴转角 3°），提前角过小，凸轮轴按运转方向转动；提前角太大，则按运转的反方向转动，然后拧紧接合盘上的两个螺钉，再重复核对一次，直至符合规定范围为止。

有时，检查喷油提前角与规定值相差甚微，可不必松开接合盘转动喷油泵凸轮轴，而只要将喷油泵的四只安装螺钉稍微放松，使喷油泵体做微小的转动来调整，它的转动方向应与第二种方法相反，调整好后将螺钉拧紧。

一般而言，第 1 缸喷油提前角调整正确后，其他各缸的喷油提前角取决于油泵凸轮轴各凸轮的相位角，不必另行检查。

（二）气门间隙的调整与配气相位的检查

配气相位是指控制柴油机进排气过程的气门开闭的时间，必须正确无误，否则对柴油机的性能影响很大，甚至可造成气门与活塞的撞击、挺杆弯曲和摇臂断裂等事故。因此，每当重装气缸盖或紧过气缸盖螺母后，都必须对气门间隙重新进行调整。对经过大修或整机解体后重新组装过的柴油机，还需对配气相位进行检查。

1. 气门间隙的调整

① 135 柴油机冷车时的气门间隙见表 1-5。

表 1-5　135 柴油机冷车时的气门间隙

名　称	进气门间隙/mm	排气门间隙/mm
非增压柴油机	0.25～0.30	0.30～0.35
增压柴油机	0.30～0.35	0.35～0.40

② 135 直列型柴油机的缸序，第 1 缸从柴油机前端（自由端）算起。12 缸 V 型柴油机的缸序如图 1-43 所示。135 系列柴油机的发火次序见表 1-6。

表 1-6　135 系列柴油机的发火次序

名　称	发　火　次　序
4 缸直列型柴油机	1—3—4—2
6 缸直列型柴油机	1—5—3—6—2—4
12 缸 V 型左转柴油机	1—12—5—8—3—10—6—7—2—11—4—9
12 缸 V 型右转柴油机	1—8—5—10—3—7—6—11—2—9—4—12

　　注：135 系列柴油机，除作为船用主机的 12 缸 V 型右转柴油机（如 12V135C、12V135AC 及 12V135JZC 等）外，均为左转机，其转向如图 1-43 所示，即面对飞轮端视为逆时针方向，右转机的转向与之相反，其发火次序亦不同。

　　③ 气门间隙调整前，先卸下气缸盖罩壳，然后转动曲轴使飞轮壳检视窗口的指针对准飞轮上的定时"0"刻度线，如图 1-44 所示。操作时，应防止指针变形，并保持指针位于飞轮壳上的两条限位线之间。此时，4 缸柴油机的第 1、4 缸，6 缸和 12 缸 V 型柴油机的第 1、6 缸均处于上止点。

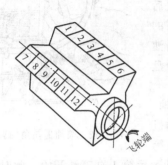

图 1-43　12 缸 V 型柴油机气缸顺序编号

图 1-44　飞轮上刻度线和指针

　　然后确定在上止点的气缸中哪一缸处在膨胀冲程的始点。可拆下喷油泵的侧盖板，观察喷油泵柱塞弹簧是否处于压缩状态（喷油泵安装正确时），或者微微转动曲轴，观察进、排气门是否均处于静止状态来确定。当喷油泵柱塞弹簧处于压缩状态，并且曲轴转动时，进、排气门均不动的那一缸就是处于膨胀冲程始点的位置。

　　④ 135 系列柴油机在确定膨胀冲程始点后，即可按表 1-7 进行气门间隙调整。

表 1-7　气门间隙调整

名　称		第 1 缸活塞在膨胀冲程始点可调整气门的气缸序号	4 缸机的第 4 缸、6 缸机和 12 缸的第 6 缸活塞在膨胀冲程始点可调整气门的气缸序号
4 缸机	进气门	1—2	3—4
	排气门	1—3	2—4
6 缸机	进气门	1—2—4	3—5—6
	排气门	1—3—5	2—4—6
12 缸左转机	进气门	1—2—4—9—11—12	3—5—6—7—8—10
	排气门	1—3—5—8—9—12	2—4—6—7—10—11
12 缸右转机	进气门	1—2—4—9—12	3—5—6—7—10—11
	排气门	1—3—5—8—10—12	2—4—6—7—9—11

　　⑤ 调整气门间隙时，先用扳手和旋具松开摇臂上的锁紧螺母和调节螺钉，按规定间隙值选用厚薄规（又名千分片）插入摇臂与气门之间，然后拧动调节螺钉进行调整（图 1-45）。当摇臂和气门与厚薄规接触，但尚能移动厚薄规时为止，并拧紧螺母，最后重复移动厚薄规检查一次。

　　2. 配气相位的检查

　　135 基本型柴油机的凸轮外形结构尺寸虽然相同，但是其配气相位有两种，如图 1-46 所示，图（a）为 1500r/min 自然吸气和改进型增压柴油机用；图（b）为 1800r/min　6135G-1 型柴油机用，两种凸轮轴不能通用。柴油机在出厂前配气相位已经过检查，其误差均在公差范

围内，不必再作检查。但当定时齿轮因齿面严重磨损而更换或因其他原因而重装后，应重新
检查发动机的配气相位。

图 1-45　气门间隙的调整

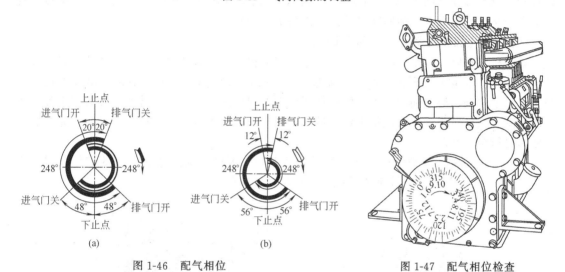

(a)　　　　　　　　　　(b)

图 1-46　配气相位　　　　　　　　　图 1-47　配气相位检查

① 配气相位的检查，应在气门间隙调整后进行。检查时，先在曲轴前端装上有 360°刻
线的分度盘，在前盖板上安置一根可调节的指针，然后转动曲轴，使飞轮壳检视窗上的指针
对准飞轮上的"0"刻度线，此时调整前盖板上的指针，使其对准分度盘上的"0"刻度线，
并将它固定，同时在气缸盖上安放一只千分表，使它的感应头与欲检查的进气门或排气门的
弹簧上座接触，再按分度盘上的转向箭头和发火次序转动曲轴逐缸检查，如图 1-47 所示。
图中分度盘仅适用于 6 缸和 12 缸 V 型左转柴油机，上面的 1.6；2.5；3.4 等数字分别表示
各缸的膨胀冲程始点位置，4 缸和 12 缸 V 型右转机应根据其转向、发火次序和发火间隔角
采用同样方法另行确定。

② 对直列型柴油机只需检查第 1 缸即可，对 12 缸 V 型柴油机需检查第 1、7 两缸。其余
各缸均由凸轮轴保证。检查时，当千分表指针开始摆动之瞬间（由手能转动推杆变为不能转动
的瞬间），即表示气门开始开启，这时分度盘上被指针指示的角度即为气门开启始角；然后继
续转动曲轴，千分表指针从零摆至某一最大值（此指示的值即为气门升程）后开始返回，当千
分表指针回到零之瞬间（由手不能转动推杆变为能转动之瞬间），表示气门关闭，这时分度盘
上被指针所指的角度即为气门关闭角。从气门开始开启至气门关闭，曲轴所转过的角度称为气
门开启持续角。配气相位检查结果应符合图 1-47 规定的数值。其允差为±6°。

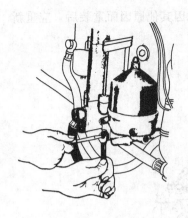

图1-48 机油压力的调整

③ 如发现配气相位与规定不符时，首先应确定定时齿轮的安装位置的正确性，因为凸轮轴和曲轴之间的相对位置是由定时齿轮保证的；其次是检查齿面的啮合间隙是否符合规定，齿面和凸轮轴的凸轮表面是否有严重磨损现象。如不符规定，必须重新调整或换用新零件后，再重新检查配气相位。

（三）机油压力的调整

135基本型柴油机，在标定转速时，其正常机油压力应为0.25～0.35MPa（2.5～3.5kgf/cm²），其中6135G-1型机为0.30～0.40MPa（3～4kgf/cm²），在500～600r/min时的机油压力应不小于0.05MPa（0.5kgf/cm²）。柴油机运行时，如与上述规定的压力范围不符时，应及时进行调整。调整时，先拧下调压阀上的封油螺母，松开锁紧螺母，再用旋具转动调节螺栓（图1-48）。旋进调节螺栓，机油压力升高；旋出则降低，直至调整到规定范围为止。调整后，将锁紧螺母拧紧，并装上封油螺母。

（四）三角橡胶带张力的检查与调整

柴油机工作时，三角橡胶带应保持一定的张紧程度。正常情况下，在三角橡胶带中段加29～49N（3～5kgf）的压力，胶带应能按下10～20mm距离。过紧将引起充电发电机、风扇和水泵上的轴承磨损加剧；太松则会使所驱动的附件达不到需要的转速，导致充电发电机电压下降，风扇风量和水泵流量降低，从而影响柴油机的正常运转，故应定期对三角橡胶带张紧力进行检查和调整。

4、6缸直列基本型柴油机三角橡胶带的张紧力，可借改变充电发电机的支架位置进行调整（图1-49）。当三角橡胶带松紧程度合适后，将撑条固定。

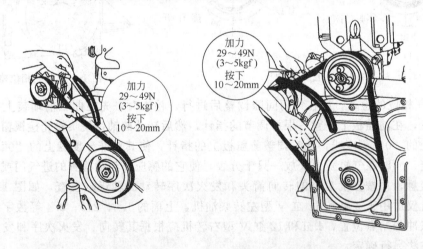

(a) 开式循环冷却的三角带张力的调整　　　(b) 闭式循环冷却的三角带张力的调整

图1-49 直列型柴油机三角带张力的调整

12缸V型柴油机三角橡胶带张紧力是利用风扇架上的调节螺钉改变风扇轴在座架上的位置进行调整，如图1-50所示。

正确使用和张紧三角橡胶带，对延长三角橡胶带的使用寿命有利，一般使用期限不少于3500h。当三角橡胶带出现剥离分层和因伸长量过大无法达到规定的张紧度时应立即更换新的三角橡胶带。在购买和调换三角橡胶带时，应注意新带的型号和长度与原用的三角橡胶带一样。如一组采用相同两根以上的三角橡胶带，还应挑选实际长度相差不多的为一组，否则因每根三角橡胶带的张力不均而容易损坏。

四、柴油机的维护保养

柴油机的正确保养，特别是预防性的保养，是最容易、最经济的保养，是延长使用寿命和降低使用成本的关键。首先必须做好柴油机使用过程中的日报工作，根据所反映的情况，及时做好必要的调整和修理。据此并参照柴油机使用说明书的内容、特殊工作情况及使用经验，制订出不同的保养日程表。

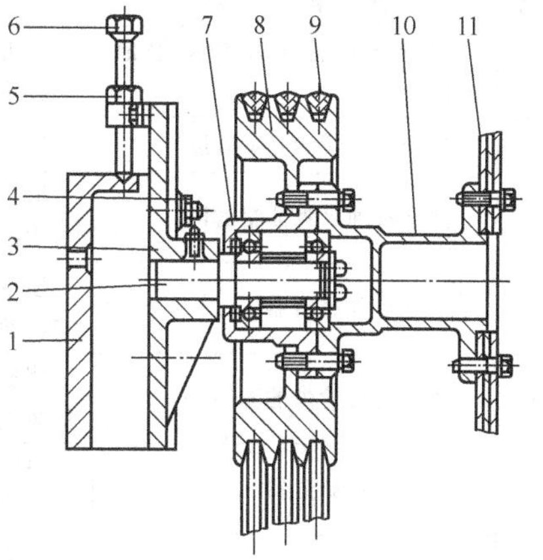

日报表的内容一般有如下几个方面：每班工作的日期和起止时间；常规记录所有仪表的读数；功率的使用情况；燃油、机油与冷却液有否渗漏或超耗；排气烟色和声音有否异常以及发生故障的前后情况及处理意见。

图 1-50　12 缸 V 型柴油机闭式循环冷却的三角橡胶带张力调整装置

1—座架；2—风扇轴；3—调节支架；4—调节支架锁紧螺母；5—拧紧螺母；6—调节螺钉；7—前轴套；8—三角橡胶带盘；9—三角橡胶带；10—后轴套；11—风扇

柴油机的保养分级如下。

日常维护（每班工作）。

一级技术保养（累计工作 100h 或每隔一个月）。

二级技术保养（累计工作 500h 或每隔六个月）。

三级技术保养（累计工作 1000～1500h 或每隔一年）。

无论进行何种保养，都应有计划、有步骤地进行拆检和安装，并合理地使用工具，用力要适当，解体后的各零部件表面应保持清洁，并涂上防锈油或油脂以防止生锈；注意可拆零件的相对位置，不可拆零件的结构特点以及装配间隙和调整方法。同时应保持柴油机及附件的清洁完整。

（一）柴油机的日常维护

日常维护项目以及维护程序可按表 1-8 进行。

表 1-8　柴油机的日常维护

序号	保 养 项 目	进 行 程 序
1	检查燃油箱燃油量	观察燃油箱存油量，根据需要添足
2	检查油底壳中机油平面	油面应达到机油标尺上的刻线标记，不足时，应加到规定量
3	检查喷油泵调速器机油平面	油面应达到机油标尺上的刻线标记，不足时应添足
4	检查三漏（水、油、气）情况	消除油、水管路接头等密封面的漏油、漏水现象；消除进排气管、气缸盖垫片处及涡轮增压器的漏气现象
5	检查柴油机各附件的安装情况	包括各附件安装的稳固程度，地脚螺钉及与工作机械相连接的牢靠性
6	检查各仪表	观察读数是否正常，否则应及时修理或更换
7	检查喷油泵传动连接盘	连接螺钉是否松动，否则应重新校喷油提前角并拧紧连接螺钉
8	清洁柴油机及附属设备外表	用干布或浸柴油的干抹布揩去机身、涡轮增压器、气缸盖罩壳、空气滤清器等表面上的油渍、水和尘埃；擦净或用压缩空气吹净充电发电机、散热器、风扇等表面上的尘埃

（二）柴油机的一级技术保养

除日常维护项目外，尚需增添的工作见表 1-9。

表1-9　柴油机的一级技术保养

序号	保 养 项 目	进 行 程 序
1	检查蓄电池电压和电解液密度	用密度计测量电解液相对密度,此值应为1.28～1.30(环境温度为20℃时),一般不应低于1.27。同时液面应高于极板10～15mm,不足时应加注蒸馏水
2	检查三角带的张紧程度	按三角带张紧调整方法,检查和调整三角带松紧程度
3	清洗机油泵吸油粗滤网	拆开机体大窗口盖板,扳开粗滤网弹簧锁片,拆下滤网放在柴油中清洗,然后吹净
4	清洗空气滤清器	惯性油浴式空气滤清器应清洗钢丝绒滤芯,更换机油;盆(旋风)式滤清器,应清除集尘盘上的灰尘,对纸质滤芯应进行保养
5	清洗通气管内的滤芯	将机体门盖板加油管中的滤芯取出,放在柴油或汽油中清洗吹净,浸上机油后装上
6	清洗燃油滤清器	每隔200h左右,拆下滤芯和壳体,在柴油或煤油中清洗或换芯子,同时应排除水分和沉积物
7	清洗机油滤清器	一般每隔200h左右进行 ①清洗绕线式粗滤器滤芯 ②对刮片式滤清器,转动手柄清除滤芯表面油污,或放在柴油中刷洗 ③将离心式精滤器转子放在柴油或煤油中清洗
8	清洗涡轮增压器的机油滤清器及进油管	将滤芯及管子放在柴油或煤油中清洗,然后吹干,以防止被灰尘和杂物沾污
9	更换油底壳中的机油	根据机油使用状况(油的脏污和黏度降低程度)每隔200～300h更换一次
10	加注润滑油或润滑脂	对所有注油嘴及机械式转速表接头等处,加注符合规定的润滑脂或机油
11	清洗冷却水散热器	用清洁的水通入散热器中,清除其沉淀物质至干净为止

(三)柴油机的二级技术保养

除进行一级保养的项目外,尚需增添的工作见表1-10。

表1-10　柴油机的二级技术保养

序号	保 养 项 目	进 行 程 序
1	检查喷油器	检查喷油压力,观察喷雾情况,另进行必要的清洗和调整
2	检查喷油泵	必要时进行调整
3	检查气门间隙、喷油提前角	必要时进行调整
4	检查进、排气门的密封情况	拆下气缸盖,观察配合锥面的密封、磨损情况,必要时研磨修理
5	检查水泵漏水否	如溢水口滴水成流时,应调换封水圈
6	检查气缸套封水圈的封水情况	拆下机体大窗口盖板,从气缸套下端检查是否有漏水现象,否则应拆出气缸套,调换新的橡胶封水圈
7	检查传动机构盖板上的喷油塞	拆下前盖板,检查喷油塞喷孔是否畅通,如堵塞,应清理
8	检查冷却水散热器、机油散热器和机油冷却器	如有漏水、漏油,应进行必要的修补
9	检查主要零部件的紧固情况	对连杆螺钉、曲轴螺母、气缸盖螺母等进行检查,必要时要拆下检查并重新拧紧至规定扭矩
10	检查电气设备	各电线接头是否接牢,有烧损的应更换
11	清洗机油、燃油系统管路	包括清洗油底壳、机油管道、机油冷却器、燃油箱及其管路,清除污物并应吹干净
12	清洗冷却系统水管道	除常用的清洗液外,也可用每升水加150g苛性钠(NaOH)的溶液灌满柴油机冷却系统停留8～12h后开动柴油机,使出水温度达到75℃以上,放掉清洗液,再用干净水清洗冷却系统
13	清洗涡轮增压器的气、油道	包括清洗导风轮、压气机叶轮、压气机壳内表面、涡轮及涡轮壳等零件的油污和积炭

（四）柴油机的三级技术保养

除二级技术保养项目外，尚需增添的工作见表1-11。

表1-11　柴油机的三级技术保养

序号	保 养 项 目	进 行 程 序
1	检查气缸盖组件	检查气门、气门座、气门导管、气门弹簧、推杆和摇臂配合面的磨损情况，必要时进行修磨或更换
2	检查活塞连杆组件	检查活塞环、气缸套、连杆小头衬套及连杆轴瓦的磨损情况，必要时更换
3	检查曲轴组件	检查推力轴承、推力板的磨损情况，滚动主轴承内外圈是否有周向游动现象，必要时更换
4	检查传动机构和配气相位	检查配气相位，观察传动齿轮啮合面磨损情况，并进行啮合间隙的测量，必要时进行修理或更换
5	检查喷油器	检查喷油器喷雾情况，必要时将喷嘴偶件进行研磨或更新
6	检查喷油泵	检查柱塞偶件的密封性和飞铁销的磨损情况，必要时更换
7	检查涡轮增压器	检查叶轮与壳体的间隙、浮动轴承、涡轮转子轴以及气封、油封等零件的磨损情况，必要时进行修理或更换
8	检查机油泵、淡水泵	对易损零件进行拆检和测量，并进行调整
9	检查气缸盖和进、排气管垫片	已损坏或失去密封作用的应更换
10	检查充电发电机和启动电机	清洗各机件、轴承，吹干后加注新的润滑脂，检查启动电机齿轮磨损情况及传动装置是否灵活

五、故障检修原则

1. 对检修人员的要求

在了解发电机组工作原理、结构、使用调整与维护保养的基础上，还必须进一步了解机组在什么条件下才能正常运行，什么情况下容易产生故障。一旦发生故障，如何根据故障现象，去分析故障产生的原因，通过深入细致地分析，才能提出正确的处理方法，迅速而准确地排除故障。检修人员检修发电机组时，必须做到：

① 故障现象观察要清　即全面、准确地观察故障现象，不要被一般现象所迷惑；

② 故障原因分析要细　即要把引起故障的所有原因都考虑到，以便确定压缩故障的顺序及方法；

③ 压缩故障方法要活　选用最恰当的方法迅速排除设备故障，当一种方法进行不下去的时候，就要考虑此法是否恰当，可否采用其他方法；

④ 检修机务作风要好　机务作风好，就不会使机组的故障范围扩大，可保质维修的保量，迅速及时完成检修任务。

2. 故障现象

一台发电机组不论在设计、制造和装配等工序方面的质量多么好，但它经过一定工作时间后，其各零部件必然会产生一种正常的磨损，或者由于使用维修不当出现各种故障。使机组功率下降、转速不均、燃油消耗率增加、排气冒（黑、蓝、白）烟、启动困难以及不正常的响声等。机组有了故障，必须及时地进行检查和排除。如果在日常生活中不注意观察和判断机组在运转中所发生的各种故障，又不及时采取必要的技术措施，就有可能因小失大，造成严重的机械事故，甚至使机组无法修理和使用。因此，我们必须及时而准确地弄清故障现象，为分析原因和排除故障提供充分的客观材料和依据。正确判断故障现象是顺利排除机组各种故障的关键。

大家经常听到这样的话：面黄肌瘦人有病、天阴要下雨、瑞雪兆丰年，面黄肌瘦是人有病的一种表现，天阴是有雨的征兆，瑞雪是丰年的象征，机组发生故障也不例外，也是事先有征兆的，也就是通常说的故障现象。

故障现象是一定的故障原因在一定工作条件下的表现。当机组发生故障时，往往都表现出一种或几种特有的故障现象。不同的工作条件，故障现象会有所不同。这些故障现象一般都具有可听、可嗅、可见、可摸或可测量的性质。概括起来不外乎以下几点：

①　作用异常　如机组不易启动、带不动负荷（即加负荷后减速或停机）、转速和频率不正常，燃油或机油耗量过大，电压忽高忽低或电压消失以及机组振动剧烈等；

②　声音异常　如发生不正常的敲缸声、放炮声、嘘哨声、排气声、周期性的摩擦声、销子响、气门脚响、齿轮响以及转速不稳（游车）等；

③　温度异常　机组正常工作温度为85℃左右，温度异常主要指机油温度过高、冷却水温过高、轴承过热和各排气歧管温差过大等；

④　外观异常　主要是指排烟异常（白烟、蓝烟、黑烟）、"三漏"现象（漏油、漏水、漏气）以及漏电（有闪烁的火花）等；

⑤　气味异常　如臭味、焦味、排气带燃油或机油燃烧不完全的烟味等。

以上是发电机组产生故障常见的几种异常现象，以上几种现象往往互相联系，有时一种故障可能产生几种故障现象，也有可能一种故障现象是由几个故障同时导致的。因此，在情况允许的情况下，应该运用各种手段，尽可能从各方面去弄清故障现象，以便及时而准确地判断故障产生的原因。

3. 检修原则

所谓发电机组的故障，是指机组各部分的技术状态，在工作一定时间后，超出了允许的技术范围。为了迅速准确地排除机组故障，在没有弄清楚故障原因之前，不要乱拆。

分析判断发动机故障的一般原则是：结合构造，联系原理；弄清现象，联系实际；从简到繁，由表及里；按系分段，推理检查。

当发动机工作正常，而机组无输出电压时，应坚持以下检修原则：

①　先电机后线路　先排除电机的故障，然后再排除其他故障，因为电机是机组正常工作之本；

②　先励磁系统后主机　先排除辅助励磁机的故障，然后再排除主交流发电机的故障。因为励磁机不发电，交流发电机无法工作。若无励磁机，应先检查励磁功率源；

③　先手动后自动　先观察手动工作情况，手动正常后再观察自动工作情况，这样可迅速确定励磁调节器是否出现故障。若无手动调压，则应先检查启励电路；

④　先空载后加载　先使机组空载的各项指标正常，然后再加负载，判断是否有故障，如机组空载有故障，加载后必然工作不正常。

4. 故障检修方法

分析故障时应尽可能减少拆卸。盲目地乱拆卸，或者由于思路混乱与侥幸心理而轻易拆卸，不仅会拖长故障排除的时间、延误使用，而且有可能造成不应有的损坏或引起新的故障。拆卸只能作为在经过周密分析后再采用的最后手段。

一般，通过全面的检查和认真的分析，初步明确了产生故障的可能原因后，先从故障产生原因的主要方面出发，逐步缩小故障范围（或部位），以便迅速而准确地排除故障。因此，这一步是排除故障全过程的关键。广大使用和维修人员在长期实践中，积累和创造了很多行之有效、简单实用的判断、排除故障的方法。检修机组故障的主要方法如下。

（1）隔断法　故障分析过程中，常需断续地停止或隔断某部分或某系统的工作，从而观察故障现象的变化，或使故障现象表露得更明显些，以便判断故障的部位或机件。分析发动机故障时，常用的停缸法，就是隔断法的一种，即依次使多缸机的某一缸停止供油，以便对该缸进行检查，或根据故障现象的变化，分辨故障是局部性的还是普遍性的。例如发现排气断续冒黑烟，在停止某缸工作后，故障现象消失，则表明故障部位在该缸，应进一步分析查找该缸产生此故障的原因；若分别将各缸断缸后，故障现象并无明显变化，则表明此故障不是个别缸的故障，应查找对各缸工作都有影响的原因。在分析电气设备故障时，有时候也可采用隔断法，将某部分从电路中暂时隔除，以缩小故障范围。

（2）比较法　分析故障时，如对某一零部件有怀疑，可将该零部件用备件替换或与相同件对换的比较法。根据故障现象的变化，来判断该零部件是否发生故障，或者判明故障发生的部位。

例如，当怀疑某柴油机第二缸的喷油器发生故障时，可用一只调校好的同型号喷油器替换工作，如果故障消除，则表明原来装在第二缸上的喷油器有故障；如果故障现象不随之消失，则表明故障是由其他原因引起的。

在电气线路中，若怀疑某元件（如电阻、电容等）有问题，可用一个好的元件替换接于电路中，若故障消除，说明怀疑是正确的。

（3）验证法　对发动机的某些故障部位或部件，采用试探性的拆卸、调整等措施来观察故障现象的变化，从而验证故障分析的结论是否符合实际，或者作为弥补由于经验不足、不能肯定故障所在而经常采用的方法。当几种不同原因的异常现象同时出现，或者故障原因与调整不当有关时，往往不易分辨故障的原因。在这种情况下，采用验证法也可以收到较好的效果。例如怀疑气缸套磨损严重，是某缸压缩不良导致的，可向该缸灌少许机油（约 4～5g），若压缩力提高了，则说明怀疑属实。又例如柴油机冒黑烟，怀疑供油量太大，也可将供油量进行试探性的调小，以验证怀疑是否属实。采用试探性措施时，应遵守"少拆卸"的原则，更应避免随便将总成分解。不论是试探性的拆卸还是调整，应在有把握恢复其正常工作状态，并确认不致因此而产生不良后果的情况下才能进行。另外，还应避免同时进行几个部件或同一部位的几项试探性的拆卸和调整，以防互相影响，引起误判。

（4）变速法　如果内燃机有故障，在升高或降低内燃机转速的瞬间，故障现象可能有变化。在观察故障现象的时候，应选择适宜的转速，使故障现象表现得更为突出。一般而言，多采用低速运转，因为，内燃机转速低，故障现象持续时间长，便于观察。比如：内燃机配气机构由于气门间隙过大而引起"哒哒哒"的敲击声，采用这种方法就可很快排除。

对内燃机各系统各部位的故障进行分析判断时，还可根据各自的特点，采取许多具体办法。例如对内燃机燃油供给系统的油路或电气设备的电路查找故障部位时，可按系分段逐步查找，以便将故障孤立在尽可能小的范围。检查时应首先检查最容易产生故障的零部件及其相应部位，然后再检查其他零部件（部位）。

故障部位确定后，应根据故障的具体情况，正确细致地做到彻底排除。故障排除后应进行试机，对机组工作情况进行对照检查，以判明故障是否彻底排除。

六、常见故障检修

柴油发电机组包括三个主要部分：柴油机、交流同步发电机和控制箱。本节仅讲述柴油机常见故障检修。柴油机的常见故障有不能启动或启动困难、排烟不正常、运转无力、转速不均匀和不充电等。下面结合国产 135 和 105 系列柴油机为例加以讲述。

1. 柴油机不能启动或启动困难

（1）故障现象

① 气缸内无爆发声，排气管冒白烟或无烟。

② 排气管冒黑烟。

实践证明，要保证柴油机能够顺利启动，必须满足四个必备条件：具有一定的转速；油路、气路畅通；气缸压缩良好；供油正时。从以上柴油机启动的先决条件，就可推断柴油机不能启动或不易启动的原因。

（2）故障原因

① 柴油机转速过低：a. 启动转速过低；b. 减压装置未放入正确位置或调整不当；c. 气门间隙调整不当。

② 油、气路不畅通：a. 燃油箱无油或油开关没有打开；b. 柴油机启动时，环境温度过低；c. 油路中有水分或空气；d. 喷油嘴喷油雾化不良或不喷油；e. 油管或柴油滤清器有堵塞之处；f. 空气滤清器过脏或堵塞。

③ 气缸压缩不好：a. 活塞与气缸壁配合间隙过大；b. 活塞环折断或弹力过小；c. 进排气门关闭不严。

④ 供油不正时：a. 喷油时间过早（容易把喷油泵顶死）或过晚；b. 配气不准时。

（3）检查方法

在检查之前，应仔细观察故障现象，通过现象看本质，逐步压缩，即可达到排除故障之目的。对柴油机不能启动或启动困难这一故障而言，通常根据以下几种不同的故障现象进行判断和检查。

① 柴油机转速过低　使用电启动的柴油机，如启动转速极其缓慢，此现象大多系启动电机工作无力，并不说明柴油机本身有故障。应该在电启动线路方面详细检查，判断蓄电池电量是否充足，各导线连接是否紧固良好及启动电机工作是否正常等，此外还应检查空气滤清器是否堵塞。

对手摇启动的柴油机来说，如果减压机构未放入正确位置或调整不对、气门间隙调整不好使气门顶住了活塞往往会感到摇机很费力，其特点是曲轴转到某一部位时就转不动，但能退回来。此时除了检查减压阀和气门间隙外，还应检查正时齿轮的啮合关系是否正确。

② 启动转速正常，但不着火，气缸无爆发声或偶尔有爆发声，排气冒白烟。通过这一现象，就说明柴油在机体内没有燃烧而变成蒸汽排出或柴油中水分过多。

首先检查柴油机启动时环境温度是否过低，然后检查油路中是否有空气或水分。柴油机供给系统的管路接头固定不紧，喷油嘴针阀卡住，停机前油箱内的柴油已用完等都可能使空气进入柴油机供给系统。这样，当喷油泵柱塞压油时，进入油路的空气被压缩，油压不能升高。当喷油泵的柱塞进油时，空气体积膨胀，影响吸油，结果供油量忽多忽少。出现此类故障的检查方法是，将柴油滤清器上的放气螺钉、喷油泵上的放气螺钉或喷油泵上的高压油管拧松，转动柴油机，如有气泡冒出，即表明柴油供给系统内有空气存在。处理的方法是将油路各处接头拧紧，然后将喷油泵上的放气螺钉拧松，转动曲轴，直到出油没有气泡为止，再拧紧放气螺钉后开机。如发现柴油中有水分，也可用相同的方法检查，并查明柴油中含有水分的原因，按要求更换燃油箱中的柴油。

如果没有空气或水分混杂在柴油中，应该继续检查喷油器的性能是否良好和供油配气时间是否得当。对单缸柴油机来说，应先判断喷油器的工作性能情况。

③ 启动转速正常，气缸压缩良好，但不着火且无烟，这主要是由低压油路不供油引起的。这时主要顺着油箱、输油管、柴油滤清器、输油泵和喷油泵等进行检查，一般就能找出产生故障的部位。

柴油过滤不好或者滤清器没有定时清洗是造成低压油路和滤清器堵塞的主要原因。判断油路或滤清器是否堵塞，可将滤清器通喷油泵的油管拆下，如油箱内存油很多，而从滤清器流出的油很少或者没有油流出，即说明滤清器已堵塞。如果低压油路供油良好，则造成柴油机高压无油的原因多在于喷油泵中柱塞偶件磨损或装配不正确。

④ 启动转速正常且能听到喷油声，但不能启动，这主要是由气缸压缩不良引起的。

装有减压机构的 2105 型等柴油机，如将减压机构处于不减压的位置，仍能用手摇把轻快地转动柴油机，且感觉阻力不很大，则可断定气缸漏气。

进气门或排气门漏气后，气缸内的压缩温度和压力都不高，柴油就不易着火燃烧，这类漏气发生的主要原因：一是气门间隙太小，使气门关闭不严；另一方面是气门密封锥面上或是气门座上有积炭等杂物，也使气门关闭不严。检查时可以摇转曲轴，如听到空气滤清器和排气管内有"吱、吱"的声音，则说明进、排气门有漏气现象。

转动曲轴时，如发现在气缸盖与机体的接合面处有漏气的声音，则说明在气缸垫的部位有漏气处。可能是气缸盖螺母没有拧紧或有松动，也可能是气缸垫损坏。

转动曲轴时，机体内部或加机油口处发现有漏气的声音，原因多数出在活塞环上。为了查明气缸内压缩力不足是否因活塞环不良而造成的，可向气缸中加入适量的干净润滑油，如果加入机油后气缸内压缩力显然增加，就表明活塞环磨损过甚，使气缸与活塞环之间的配合间隙过大，空气在活塞环与气缸套之间漏入曲轴箱。

如果加入机油后，压缩力变化不大，表明气缸内压缩力不足与活塞环无关，而可能是空气经过进气门或排气门漏走。

2. 柴油机排烟不正常

（1）故障现象

燃烧良好的柴油机，排气管排出的烟是无色或呈浅灰色，如排气管排出的烟是黑色、白色和蓝色的，即为柴油机排烟不正常。

（2）故障原因

① 排气冒黑烟的主要原因包括以下几个方面：a. 柴油机的负载过大，转速低；油多空气少，燃烧不完全；b. 气门间隙过大，或正时齿轮安装不正确，造成进气不足排气不净或喷油晚；c. 气缸压力低，使压缩后的温度低，燃烧不良；d. 空气滤清器堵塞；e. 个别气缸不工作或工作不良；f. 柴油机的温度低，使燃烧不良；g. 喷油时间过早；h. 柴油机各缸的供油量不均匀或油路中有空气；i. 喷油嘴喷油雾化不良或滴油。

② 排气冒白烟的主要原因包括以下几个方面：a. 柴油机温度过低；b. 喷油时间过晚；c. 燃油中有水或有水漏入气缸，水受热后变成白色蒸汽；d. 柴油机油路中有空气，影响了供油和喷油；e. 气缸压缩力严重不足。

③ 排气冒蓝烟的主要原因包括以下几个方面：a. 机油盆内机油过多油面过高，形成过多的机油被激溅到气缸壁窜入燃烧室燃烧；b. 空气滤清器油池内或滤芯上的机油过多被带入气缸内燃烧；c. 气缸封闭不严，机油窜入燃烧室燃烧，其原因是活塞环卡死在环槽中，活塞环弹力不足或开口重叠，活塞与气缸配合间隙过大或将倒角环装错等；d. 气门与气门导管间隙过大，机油窜入燃烧室燃烧。

（3）检查方法

① 排气管冒黑烟的主要原因是气缸内的空气少、燃油多、燃油燃烧不完全或燃烧不及时所造成的，因此，在检查和分析故障时，要紧紧围绕这一点去查找具体原因。检查时可用断油的方法逐缸进行检查，先区别是个别气缸工作不良还是所有气缸都工作不良。

如当停止某缸工作时，冒黑烟现象消失，则是个别气缸工作不良引起冒黑烟，可从个别气缸工作不良上去找原因。这些原因主要有：a. 喷油嘴工作不良，喷油嘴喷射压力过低、喷油嘴滴油、喷雾质量不好和油滴力度太大等均会使柴油燃烧不完全，因此，在发现柴油机有断续的敲缸声，排气声音不均匀，即说明喷油有问题，应该立即检查和调整喷油嘴；b. 喷油泵调节齿杆或调节拉杆行程过大，以致供油量过多；c. 气门间隙不符合要求，以致进气量不足；d. 喷油泵柱塞套的端面与出油阀座接触面不密封，或喷油泵调节齿圈锁紧螺钉或柱塞调节拐臂松动等，引起供油量失调，导致间歇性的排黑烟。

如果在分别停止了所有气缸工作后，冒黑烟的现象都不能消除，就要从总的方面去找原因。

a. 柴油机负荷过重。柴油机超负荷运转，供油量增多，燃料不能完全燃烧，其排气就会冒黑烟。因此，如果发现排气管带黑烟，柴油机转速不能提高，排气声音特别大，即说明柴油机在超负荷运转。一般只要减轻负荷就可好转。

b. 供油时间过早。在气缸中的压力、温度较低的情况下，供油时间过早的柴油机会导致部分柴油燃烧不完全，形成炭粒，从排气管喷出，颜色是灰黑色。应重新调整供油时间。

c. 空气滤清器堵塞，进气不充分时柴油机也会冒黑烟。如果柴油机高速、低速都冒烟，可取下空滤器试验。如果冒烟立即消失，说明空滤器堵塞，必须立即清洗。

d. 柴油质量不合要求，影响雾化和燃烧。

② 排气管冒白烟，说明进入气缸的燃油未燃烧，而是在一定温度的影响下，变成了雾气和蒸汽。排气管冒白烟最多的原因是温度低、油路中有空气或柴油中有水。如果是温度低所致，待温度升高后冒白烟会自行消除。从严格意义上讲，它不算故障，不必处理。如果油路中有空气或柴油内含有水分，其特点是排气除了带白色的烟雾外，柴油机的转速还会忽高忽低，工作不稳定。如果是个别缸冒白烟，则可能是气缸盖底板或气缸套发生裂纹，或气缸垫密封不良向气缸内漏水所致。

③ 排气管冒蓝烟，主要是机油进入燃烧室燃烧引起的。检查时应从易到难，首先检查机油盆的机油是否过多，然后检查空气滤清器油池和滤芯上的机油是否过多。其他几条原因检查则比较困难，除用逐缸停止工作的方法，确定是个别气缸还是全部气缸工作不良引起冒蓝烟外，要进一步检查都要拆下气缸盖，取出活塞和气门。通常使用间接的方法加以判断，即根据柴油机的使用期限，如果柴油机接近大修出现冒蓝烟，则一般都是由于活塞、气缸、活塞环、气门和气门导管有问题，应通过维修来消除。

3. 柴油机工作无力

柴油机在正常工作时，柴油机运转的速度应是正常的，声音清晰、无杂音，操作机构正常灵敏，排气几乎无烟。

柴油机工作无力就意味着不能承担较大的负载，即在负载加大时有熄火现象，工作中排气冒白烟或黑烟，高速运转不良，声音发闷，且有严重的敲击声等。

柴油机工作无力的原因很多，也是比较复杂的，但是在一般情况下，可以从以下几个方面进行分析判断。

(1) 机器工作无力，转速上不去且冒烟

这是柴油机喷油量少的表现，常见的原因有以下几点。

① 喷油泵的供油量没有调整好，或者油门拉杆拉不到头，喷油泵不能供给最大的供油量。对于2105型柴油机和使用Ⅰ号喷油泵的柴油机来说，如果限制最大供油量的螺钉拧进去太多，就会感到爆发无力，有时爆发几次还会停下来。

② 调速器的高速限制调整螺钉调整不当，高速弹簧的弹力过弱。

③ 喷油泵柱塞偶件磨损严重。由于柱塞偶件的磨损，导致供油量减少。可适当增加供油量。但磨损严重时，调大供油量也是无效的，应更换新件或修复。

④ 使用手压式输油泵的Ⅰ号或Ⅱ号喷油泵，如果输油泵工作不正常，或柴油滤清器局部堵塞，导致低压油路供油不足，都会使喷油泵供油量减少。

(2) 柴油机工作无力，且各种转速下均冒浓烟

这多半是喷油雾化不良和供油时间不对造成的。

① 喷油嘴或出油阀严重磨损，滴油、雾化不良，燃烧不完全。

② 喷油嘴在气缸盖上的安装位置不正确，用了过厚或过薄的铜垫或铝垫，使喷油嘴喷油射程不当，燃烧不完全。

③ 喷油泵传动系统零件有磨损，造成供油过迟。

④ 供油时间没有调整好。

（3）转速不稳的情况下，柴油机无力且冒烟

① 各缸供油量不一致。喷油泵和喷油嘴磨损或调整不当，容易造成各缸供油不均。判断供油量不一致的方法，可让柴油机空车运转，用停缸法，轮流停止一缸的供油，用转速表测量其转速。当各缸供油量一致，断缸时，转速变化应当一样或非常接近，如果发现转速变化相差较大，就要进行喷油泵供油量的调整。

② 柴油供给系统油路中含有水分或窜入空气，也会导致喷油泵供油量不足。

（4）柴油机低速无力，易冒烟，但高速基本正常

这是气缸漏气的一种表现，高速情况下漏气量小，故能基本正常工作。漏气造成压缩终了的温度低，不易着火。如果在柴油机运转时从加机油口处大量排出烟气，或曲轴运转部位有"吱、吱"的漏气声，且低速时更明显，则可判定是气缸与活塞之间漏气。另外两种可能漏气的部位是气门和气缸垫处。

（5）柴油机表现功率不足，但空转时和供油量较少时排气无烟，供油量大时则易冒黑烟

① 空气滤清器滤芯堵塞，使柴油机的进气不足，而发不出足够的功率。

② 气门间隙过大，使气门开度不够，进气量不足。

③ 排气管内积炭过多，排气阻力过大。

4. 转速不均匀

柴油机转速不均匀有两种表现：一种是大幅度摆动，声音清晰可辨，一般称之为"喘气"或"游车"；另一种是转速在小幅度范围内波动，声音不易辨别，且在低转速下易出现，并会导致柴油机熄火。

影响柴油机转速不均匀的原因，多半是由于喷油泵和调速器的运动部分零件受到不正常的阻力，调速器反应迟钝。具体的因素很多，一般可能有以下几点。

① 供油量不均匀　柴油机运转时，供油多的缸，工作强，有敲击声，冒黑烟。供油少的缸，工作弱，甚至不工作。最终造成柴油机的转速不均匀。

② 个别气缸不工作　多缸柴油机如果有一个气缸不工作，其运转就不平稳，爆发声不均匀。可用停缸法，查出那一个气缸不着火。

③ 柴油供给系统含有空气和水分以及输油泵工作不正常。

④ 供油时间过早，易产生高速"游车"，低速时反而稳定的现象。

⑤ 喷油泵油量调节齿杆或拨叉拉杆发涩，导致调速器灵敏度降低。

⑥ 调速不及时，引起柴油机转速不稳。当调速器内的各连接处磨损间隙增大、钢球或飞锤等运动件有卡阻以及调速弹簧失效等，则调速器要克服阻力或先消除间隙，才能移动调节齿杆或拨叉拉杆增减供油量。由于调速不及时，转速就忽高忽低。对于使用组合式喷油泵的 135 或 105 等机型，打开喷油泵边盖，可以看到调节拉杆有规律地反复移动。如柴油机游车轻微，则此时可看到拉杆会发生抖动。

⑦ 喷油嘴烧死或滴油。

⑧ 气门间隙不对。

5. 不充电

柴油机在中、高速运行时，电流表指针指向放电，或在"0"的位置上不动，说明充电

电路有故障。

遇到不能充电现象，首先检查充电发电机的皮带是否过松或打滑，再查看导线连接各处有无松动和接触不良的现象。再按下列步骤判断。

使用直流充电发电机的柴油机，可用旋具在充电发电机电枢接线柱与机壳之间"试火"。如有火花，说明充电机本身及磁场接线柱、调节器中的调压器、限流器及充电发电机电枢接线柱等整个励磁电路是良好的。故障应在调节器的电枢接线柱、截流器至电流表一段。如无火或火花微弱，说明充电发电机或它的磁场接线柱、经调节器中调压器、限流器至充电发电机电枢接线柱即整个励磁电路有故障。

此时，可用导线连接电压调节器上的电枢和电池接线柱，观察电流表的指示。可能有两种现象：一种是有充电电流，这说明电压调节器中的截流器触点烧蚀或并联线圈短路，致使触点不能闭合；另一种是无充电电流，这说明电压调节器电池接线柱至电流表连接线断路或接触不良。排除这两个可能的故障之后仍不充电，则将临时导线改接充电发电机电枢和磁场接线柱。这时也有两种可能的情况出现：一种是能充电，这表明充电发电机良好，故障在于电压调压器的激磁电路断路，如由于触点烧蚀或弹簧拉力过弱，致使触点接触不良，两触点间连线断路或电阻烧坏等；另一种是不充电，则可拆下充电发电机连接调节器的导线，将发电机的电枢和磁场接线柱用导线连在一起，并和机壳试火。这也有两种可能：有火花则表明发电机是良好的，不充电的原因可能是调节器的励磁电路搭铁；无火花则表明发电机本身有故障，可能是碳刷或整流子接触不良、电枢或磁场线圈断路或搭铁短路等。若以上几种方法都无效，所检查的机件工作都正常，则此时可判定是电流表本身有故障。

使用硅整流发电机的柴油机，运行时电流表无充电指示，其判断检查方法以 4105 型柴油机为例说明。

首先检查蓄电池的搭铁极性是否正确以及硅整流发电机的传动皮带是否过松或打滑。如果导线接线方法正确，可用旋具与硅整流发电机的后端盖轴承盖相接触，试试是否有吸力。在正常的情况下，应该有较大的吸力。否则说明硅整流发电机励磁电路部分可能有开路。要确定开路部位，应拆下发电机的磁场接线柱线头，与机壳划擦，可能出现三种情况：一种是无火花，说明调节器至发电机磁场接线柱的连线有断路；另一种是可能出现蓝白色小火花，说明调节器触点氧化；第三种情况是出现强白色火花，并发出"啪"的响声，说明磁场连线完好，而硅整流发电机内励磁电路开路，多是因接地碳刷搭铁不良或碳刷从碳刷架中脱出等原因引起的。

如确认硅整流发电机励磁电路连接良好，则打开调节器盖，用旋具搭在固定触点支架和活动触点之间，使磁场电流不受调节器的控制而经旋具构成通路。将柴油机稳定在中、高速以上，观察电流表，会出现两种情况：一种是电流表立即有充电电流出现，这说明硅整流发电机良好，而调节器弹簧弹力过松；另一种是仍无充电电流，此时应进一步再试，可拆下硅整流发电机的电枢接线柱上的导线与机壳划擦，如有火花说明与电枢连接的线路完好，而故障发生在硅整流发电机内，如无火花，说明与电枢有关的接线断路。

复习思考题 ◀◀◀

1. 什么是故障？发电机组产生故障的原因有哪些？

2. 发动机常见的失效形式有哪些？其中最主要的失效形式是什么？

3. 零件磨损的基本形式有哪些？叙述零件的磨损过程。

4. 防止或减少零件磨损的措施有哪些？

5. 发电机组的修理类别有哪几种？其大修的判别依据是什么？

6. 发电机组常见的修理方法和组织方法有哪些？请画出机组的修理流程。

7. 发电机组维修过程中，常用的工具有哪些？使用过程中应注意什么？

8. 简述游标卡尺的分格原理及读数方法。并说明在使用过程中应注意的事项。

9. 简述千分尺的分格原理及读数原理，并说明在使用过程中应注意的事项。

10. 简述量缸表的使用方法及注意事项。

11. 简述取断头螺钉的方法。

12. 简述打滑六角螺钉的拆卸方法。

13. 发电机组选用柴油、机油和冷却液时应注意什么？

14. 简述4135柴油发电机组操作使用步骤。

15. 简述4135柴油发电机组气门间隙的调整方法。

16. 简述4135柴油发电机组喷油提前角（供油时间）的调整方法。

17. 简述4135柴油发电机组机油压力的调整方法。

18. 简述4135柴油发电机组三角橡胶带张力的调整方法。

19. 柴油机的维护保养分为哪几级？各级的维护保养内容有哪些？

20. 简述发电机组故障检修的基本原则。

21. 简述发电机组故障检修的基本方法。

22. 简述4135柴油发电机组不能启动或启动困难故障检修步骤。

23. 简述4135柴油发电机组排气冒黑烟故障检修步骤。

24. 简述4135柴油发电机组排气冒蓝烟故障检修步骤。

25. 简述4135柴油发电机组转速不均匀故障检修步骤。

26. 简述4135柴油发电机组充电系统不能充电故障检修步骤。

第二章
发电机组的拆洗检验及零件修复

本章着重介绍发电机组的拆卸步骤及其零件清洗常用方法，通过对实际机器的拆卸与清洗后，重点掌握以下内容：零件检验的基本方法；典型零件的检验；零件检验后的分类及零件的修复方法与选择。

第一节　发电机组的拆卸

拆卸是修理工作的第一步，拆卸工作做得好就能为以后的工作创造良好的条件。发电机组的拆卸看起来似乎很简单，但是，如果思想上不重视，粗枝大叶，不注意零件的拆卸方法，不留心各零件间的连接关系，将会造成机件的损伤或其他事故，影响修理工件的正常进行。因此，在拆卸发电机组时，必须按照正常的拆卸步骤进行。

一、拆卸前的准备工作

为了保证拆卸修理工作的正常进行，在拆卸前，应做好以下准备工作。

（一）拆卸前的检查

1. 拆卸前检查的目的

拆卸前检查的目的在于：了解发电机组的结构特点、磨损零件及故障部位，初步确定发电机组是否需要修理及修理范围，做到心中有数，克服修理工作的盲目性，增加修理人员的主动性，以便事前安排备料，做出修理计划，使机器在修理过程中不因等待材料和配件而造成停工，以致影响修理工作的正常进行。

2. 检查的内容

检查的内容包括：零件是否齐全；结构特点；故障情况，是转速不稳，冒黑烟，功率不足，还是敲缸等都得观察清楚；使用多长时间，使用时间短，则磨损部件少，相反使用时间长，则磨损部件多，就应全面检查；开机试验，检查机器有什么故障，以便对症下药。

（二）准备工作

① 准备好各种工具。常用的修理工具有开口扳手、梅花扳手、活动扳手、套筒及公斤扳手、平口旋具、十字旋具、手钳、手锤和专用拉钳等。

② 布置好工作场所及工作台，以便放置工具和拆卸零件。

③ 准备好清洗设备、器具及清洗剂。

通常准备的清洗设备是油盆和刷子，清洗剂通常是汽油和柴油，但用得更多的是柴油，因为使用汽油稍不注意就容易引起火灾。

④ 准备好维修配件及各种垫片。

二、拆卸的一般原则与注意事项

（一）拆卸的一般原则

首先，要放净燃油（柴油或汽油）、机油及冷却水；其次，要坚持先外部后内部，先附件后主体，先拆连接部位后拆零件，先拆总成后拆组合件及零件的原则。

（二）拆卸时的注意事项

① 必须在机器完全冷却的情况下进行。否则由于热应力的影响，会使气缸体、气缸盖等机件产生永久性变形，致使影响内燃机的各种性能。

② 在拆卸气缸盖、连杆轴承盖、主轴承盖等零部件时，其螺栓或螺母的松开，必须按一定次序对称均匀地分 2～3 次拆卸。决不允许松完一边再松另一边的螺母或螺栓，否则，由于零件受力不均匀而使零件产生变形，有的甚至产生裂纹而损坏。

③ 认真做好核对记号工作。对正时齿轮、活塞、连杆、轴瓦、气门以及有关调整垫片等零件，有记号的记下来，没有记号的应做上记号。记号应打在易于看到的非工作面上，不要损伤装配基准面，以便尽量保持机器原有的装配关系。有些零件，如内燃机与发电机上各导线的接头等，可用油漆、刻痕和挂牌子等方法进行标号。

④ 拆卸时不能猛敲猛打，正确使用各种工具，特别是专用工具。比如：拆卸活塞环时应尽量使用活塞环装卸钳，拆卸火花塞应用火花塞套筒，且用力不能过猛，否则容易使自己的手受伤，并且容易损坏火花塞。

在拆卸螺纹连接件时，必须正确使用各种扳手和旋具，往往由于扳手和旋具使用不正确将螺母和螺栓损坏。例如扳手开口宽度较螺母大时，易使螺母的棱角搓圆；旋具头的厚薄和螺钉头的凹槽不符，易使凹槽边弄坏；使用扳手和旋具时未将工具妥善放在螺母或凹槽中就开始旋转，也会产生上述毛病。由于螺钉锈死或拧得太紧不易拆卸时，采用了过长的加力杆会造成螺钉折断，由于对螺钉或螺母的正反扣不了解或拆卸时不熟练，方向拧反了也会造成螺钉或螺母的折断。

目前，各单位根据其用电量的不同及各种具体条件的限制，有的单位使用的是柴油发电机组，有的单位使用的是汽油发电机组，尽管各类机器在构造上有其特殊性，但其拆卸方法基本相似。下面以 4135 柴油发电机组为例，介绍发电机组的拆卸方法与步骤。

三、4135 柴油发电机组的拆卸方法与步骤

（一）拆卸外部大型附件

① 放出燃油、机油及冷却水。

a. 放出油箱内的柴油。

b. 放出油底壳和机油冷却器内的机油。

c. 打开机体、水箱和机油冷却器的放水开关，将发电机组机体内的水放干净。

d. 在放出燃油、机油及冷却水时，要保持维修场地的清洁。

② 分别拆下配电盘与发电机和柴油机的各连线，并做好相应的记号，从柴油机上拆下油、水温及机油压力传感器。

③ 拆下配电盘固定螺钉，把配电盘从机架上抬下。

④ 拆下空气滤清器、消声器、进气管和排气管。

⑤ 拆下同步发电机与柴油机的连接固定螺钉，采用起吊装置将两者脱开。

在脱开时要注意发电机底座下面的垫片不能丢失，也不能随意调换，否则，发电机组装配完毕后，发电机与柴油机的中心线将不在一条直线上，将造成发电机组的振动，甚至造成

严重事故。与此同时，在起吊过程中要注意人身安全。

（二）拆卸供油系统

① 关上油开关，拆卸各种油管，抬走油箱。

② 拆下高压油管、高压油泵（喷油泵）及喷油器。

拆卸喷油器时要注意把各种垫片保存好，不得丢失和损坏，否则气缸会从喷油器周围漏气，使柴油机不能正常工作。

③ 旋下柴油滤清器的固定螺钉，取下滤清器。

（三）拆卸冷却、润滑、启动和充电系统

① 旋下上水管夹紧螺钉，拔下胶皮水管，再松开水箱与水泵连接水管的夹紧螺钉，最后松开水箱的固定螺钉，将水箱抬下。

② 旋松皮带调整螺钉，将充电机向机器方向推，使皮带离开皮带轮，旋下充电机固定螺钉，取下充电机，再松开风扇及水泵固定螺钉，取下风扇与水泵以及风扇皮带。

注意：在拆卸充电机时，应将各导线做上记号，以免安装时装错。

③ 拆下机油滤清器、机油冷却器、机油泵和启动机。

拆卸启动机时也要注意其连线方法。

（四）配气机构、飞轮及齿轮箱盖板的拆卸

① 打开气门室罩壳，先把机油管和气缸盖上的回油螺钉拆下，取下摇臂组、推杆及顶杆。

② 拆卸飞轮。拆卸时要注意飞轮壳上的减振装置不能丢失，并正确使用拉钳。

③ 取下齿轮盖板（注意检查各啮合齿轮记号，如没有记号，应打好记号后再拆下各齿轮）。

④ 取出凸轮轴。

（五）气缸盖的拆卸

松开缸盖螺母，拿下气缸盖，取出气缸垫。在拆卸气缸盖螺母时，要注意先外后内，按对角分 2～3 次用扭力扳手（公斤扳手）对称均匀地进行。在放置气缸盖时，要将其侧放，不要将其工作表面与桌面（或地面）接触。

（六）拆卸活塞连杆组及曲轴

① 清除气缸套上部的积炭。

② 拆下曲轴箱侧盖板。

③ 转动曲轴，将要拆的活塞连杆组的连杆大头置于机体侧盖板处，拆下连杆螺栓的锁紧铁丝，然后用套筒加扭力扳手分 2～3 次对称均匀地取下连杆螺栓。用手扳动（或用小锤轻轻敲击）连杆大头盖，将其取下。

如果两个连杆螺栓都取下后，连杆大头盖不易取下，则可将套筒扳手的长接杆插入连杆大头的螺栓孔中，然后上下摇动接杆。如果还不能取下，则可用手锤轻轻敲击接杆，一般即可取下。在取下过程中，要用手托住连杆大头盖，以免掉入机油壳内和碰伤轴瓦。

取下连杆大头盖后，慢慢转动曲轴，使活塞位于上止点处。然后用手推开连杆大头，使其与曲轴的轴颈脱开，再慢慢转动曲轴。当曲轴与连杆大头隔开 10cm 左右的间隙时，插入木棒，最后以轴颈为支点，撬动木棒，将活塞连杆组从气缸套中顶出。在取出过程中，防止连杆大头碰伤气缸内壁。

活塞连杆组取出后，将拆下的轴瓦、垫片、轴瓦盖以及螺栓等，按原来位置（记号）装好，以免丢失或弄错缸序。

④ 将活塞与连杆分开，首先将活塞销卡簧取下，然后用活塞销铳子将活塞销打出来。

如果是铝制活塞，需加温后再铣出。

⑤ 取下曲轴。取曲轴时，可在曲轴一端垫上铜块或木块，用手锤打出即可。

（七）拆卸气缸套

在有条件的情况下拆卸气缸套，要尽量使用专用工具。在迫不得已的情况下，才把机油壳拆下，再从下面用木棒将气缸套打出。

第二节　内燃机零部件拆卸前后的清洗

在维修过程中搞好清洗是做好维修工作的重要一环。清洗方法和清洗质量对鉴定零件的准确性、维修质量、维修成本和使用寿命等均产生重要影响。内燃机零件的清洗包括清除油污、水垢、积炭、锈层和旧漆层等。

根据零件的材质、精密程度、污物性质和各工序对清洁程度的要求不同，必须采用不同的清除方法，选择适宜的设备、工具、工艺和清洗介质，以便获得良好的清洗效果。

一、拆卸前的清洗

拆卸前的清洗主要是指拆卸前的外部清洗。其外部清洗的目的是除去机械设备外部积存的大量尘土、油污、泥沙等脏物，以便于拆卸和避免将尘土、油泥等脏物带入修理场所。外部清洗一般采用自来水冲洗，即用软管将自来水接到清洗部位，用水流冲洗油污，并用刮刀和刷子配合进行；高压水冲刷，即采用 $1\sim10$ MPa 压力的高压水流进行冲刷。对于密度较大的厚层污物，可加入适量的化学清洗剂并提高喷射压力和水的温度。

常见的外部清洗设备有：单枪射流清洗机，它是靠高压连续射流的冲刷作用或射流与清洗剂的化学作用相配合来清除污物；多喷嘴射流清洗机，有门框移动式和隧道固定式两种，喷嘴安装位置和数量根据设备的用途不同而异。

二、拆卸后的清洗

（一）清除油污

凡是和各种油料接触的零件在解体后都要进行清除油污的工作。油可分为两类：可皂化的油，就是能与强碱起作用生成肥皂的油，如动物油、植物油；还有一类是不可皂化的油，它不能与强碱起作用，如各种矿物油、润滑油、凡士林和石蜡等。它们都不溶于水，但可溶于有机溶剂。去除这些油类，主要是用化学方法和电化学方法。常用的清洗液有有机溶剂、碱性溶液和化学清洗液等。清洗方式则有人工和机械两种方式。

1. 清洗液

（1）有机溶剂　常见的有煤油、轻柴油、汽油、酒精和三氯乙烯等。有机溶剂除油是以溶解污物为基础，它对金属无损伤，可溶解各类油脂，不需加热，使用简便，清洗效果较好。但有机溶剂多数为易燃物，成本高，主要适用于规模小的单位和分散的维修工作。

（2）碱性溶剂　它是碱或碱性盐的水溶液。利用碱性溶液和零件表面上的可皂化油起化学反应，生成易溶于水的肥皂和不易浮在零件表面上的甘油，然后用热水冲洗，很容易除油。对不可皂化油和可皂化油不容易去掉的情况，应在清洗溶液中加入乳化剂，使油垢乳化后与零件表面分开。常用的乳化剂有肥皂、水玻璃（硅酸钠）、树胶等。清洗不同材料的零件应采用不同的清洗液。碱性溶液对于金属有不同程度的腐蚀作用，尤其对铝的腐蚀较强。表 2-1 和表 2-2 分别列出清洗钢铁零件和铝合金零件的配方，供使用时参考。

表 2-1 清洗钢铁零件的配方

成　　分	配方 1	配方 2	配方 3	配方 4
氢氧化钠	7.5	20	—	—
碳酸钠	50	—	5	—
磷酸钠	10	50	—	—
硅酸钠	—	30	2.5	—
软肥皂	1.5	—	5	3.6
磷酸三钠	—	—	1.25	9
磷酸氢二钠	—	—	1.25	—
偏硅酸钠	—	—	—	4.5
重铬酸钾	—	—	—	0.9
水	1000	1000	1000	450

表 2-2 清洗铝合金零件的配方

成　　分	配方 1	配方 2	配方 3
碳酸钠	1.0	0.4	1.5~2.0
重铬酸钾	0.05	—	0.05
硅酸钠	—	—	0.5~1.0
肥皂	—	—	0.2
水	100	100	100

用碱性溶液清洗时，一般需将溶液加热到 80~90℃。除油后用热水冲洗，去掉表面残留碱液，防止零件被腐蚀。碱性溶液清洗应用较广。

（3）化学清洗液　是一种化学合成水基金属清洗剂，以表面活性剂为主。由于其表面活性物质降低界面张力而产生湿润、渗透、乳化和分散等作用，具有很强的去污能力。它还具有无毒、无腐蚀、不燃烧、不爆炸、无公害、有一定防锈能力、成本较低等优点。

2. 清洗方法

（1）擦洗　将零件放入装有柴油、煤油或其他清洗液的容器中，用棉纱擦洗或毛刷刷洗。这种方法操作简便，设备简单，但效率低，用于单件小批量生产的中小型零件。一般情况下不宜用汽油，因其有溶脂性，会损害人的身体且易造成火灾。

（2）煮洗　将配制好的溶液和被清洗的零部件一起放入用钢板焊制适当尺寸的清洗池中。在池的下部设有加温用的炉灶，将零件加温到 80~90℃煮洗。

（3）喷洗　将具有一定压力和温度的清洗液喷射到零件表面，以清除油污。此方法清洗效果好，效率高，但设备复杂，适用于零件形状不太复杂、表面有严重油垢的清洗。

（4）振动清洗　它是将被清洗的零部件放在振动清洗机的清洗篮或清洗架上，浸没在清洗液中，通过清洗机产生振动来模拟人工漂洗动作，并与清洗液的化学作用相配合，达到去除油污的目的。

（5）超声清洗　它是靠清洗液的化学作用与引入清洗液中的超声波的振荡作用相配合达到除去零件油污的目的。

（二）清除水垢

机械设备的冷却系统经长期使用硬水或含杂质较多的水后，在冷却器及管道内壁上沉积一层黄白色的水垢。它的主要成分是碳酸盐、硫酸盐，有的还含有二氧化硅等。水垢使水管截面积缩小，热导率降低，冷却效果下降，严重影响冷却系统的正常工作，需定期清除。

水垢的清除方法可用化学去除法，有以下几种。

（1）磷酸盐清除水垢　用 3%~5%的磷酸三钠溶液注入并保持 10~12h 后，使水垢生成易溶于水的盐类，而后用清水冲洗干净，以去除残留碱盐而防腐。

（2）碱溶液清除水垢　对铸铁材料发动机气缸盖和水套可用氢氧化钠 750g、煤油 150g 加水 10L 的比例配成溶液，将其过滤后加入冷却系统中停留 10～12h 后，然后启动发动机使其以全速运转 15～20min，直到溶液开始有沸腾现象时放出溶液，再用清水清洗。

对铝制气缸盖和水套可用硅酸钠 15g、液态肥皂 2g 加水 1L 的比例配成溶液，将其注入冷却系统中，启动发动机到正常工作温度；再运转 1h 后放出清洗液，用水清洗干净。对于钢制零件，溶液浓度可大些，约有 10％～15％ 的氢氧化钠；对有色金属零件浓度应低些，约 2％～3％ 的氢氧化钠即可。

（3）酸洗液清除水垢　常用的酸洗液有磷酸、盐酸或铬酸等。用 2.5％ 盐酸溶液清洗，主要使之生成易溶于水的盐类，如 $CaCl_2$、$MgCl_2$ 等。将盐酸溶液加入冷却系统中，然后使发动机以全速运转 1h 后，放出溶液。再以超过冷却系统容量 3 倍的清水冲洗干净。用磷酸时，取相对密度为 1.71 的磷酸（H_3PO_4）100mL、铬酐（CrO_3）50g、水 900mL，加热至 30℃，浸泡 30～60min，洗后再用 0.3％ 的重铬酸盐清洗，去除残留磷酸，防止腐蚀。清除铝合金零部件的水垢，可用 5％ 浓度的硝酸溶液或 10％～15％ 浓度的醋酸溶液。

清除水垢的化学清除液应根据水垢成分与零件材料选用。

（三）清除积炭

在维修过程中，经常遇到清除积炭的问题，如发动机中的积炭大部分积聚在气门、活塞和气缸盖上。积炭的成分与发动机的结构、零件的部位、燃油、润滑油的种类、工作条件以及工作时间等有很大的关系。积炭是由于燃料和润滑油在燃烧过程中不能完全燃烧，并在高温作用下形成的一种由胶质、沥青质、油焦质、润滑油和炭质等组成的复杂混合物。这些积炭影响发动机某些零件散热效果，恶化传热条件，影响其燃烧性，甚至会导致零件过热，形成裂纹。目前，经常使用机械清除法、化学法和电解法等清除积炭。

（1）机械清除法　它是用金属丝刷与刮刀去除积炭。为了提高生产效率，在用金属丝刷时可由电钻经软轴带动其转动。此方法简单，对于规模较小的维修单位经常采用，但效率低，容易损伤零件表面，积炭不易清除干净。

也可用喷射核屑法清除积炭。由于核屑比金属软，冲击零件时，本身会变形，所以零件表面不会产生刮伤或擦伤，生产效率也高。这种方法是用压缩空气吹送干燥且碾碎的桃、李、杏的核及核桃的硬壳冲击有积炭的零件表面，破坏积炭层而达到清除目的。

（2）化学法　对于某些精加工的零部件表面，不能采用机械清除的方法，则可用化学法。将零件浸入氢氧化钠、碳酸钠等清洗溶液中，温度为 80～95℃，使油脂溶解或乳化，积炭变软，约 2～3h 后取出，再用毛刷刷去积炭，用加入 0.1％～0.3％ 的重铬酸钾热水清洗，最后用压缩空气吹干。

（3）电化学法　将碱溶液作为电解液，工件接于阴极，使其在化学反应和氢气的剥离共同作用下去除积炭。这种方法有较高的效率，但要掌握好清除积炭的规范。例如，气门电化学法清除积炭的规范大致为：电压 6V，电流密度为 $6A/dm^2$，电解液温度 135～145℃，电解时间以 5～10min 为宜。

（四）除锈

锈是金属表面与空气中氧、水分以及酸类物质接触而生成的氧化物，如 FeO、Fe_3O_4、Fe_2O_3 等，通常称为铁锈。去锈的主要方法有机械法、化学酸洗法和电化学酸蚀法。

（1）机械法　是利用机械零部件间的摩擦、切削等作用清除零件表面锈层。常用的方法有刷、磨、抛光和喷砂等。单件小批维修靠人工用钢丝刷、刮刀、砂布等刷、刮或打磨锈蚀层。成批的零部件或有条件的单位，可用电动机或风动机等作动力，带动各种除锈工具进行除锈，如电动磨光、抛光、滚光等。喷砂除锈是利用压缩空气，把一定粒度的砂子通过喷枪喷在零件的锈蚀表面上。它不仅除锈快，还可为油漆、喷涂、电镀等工艺做好准备。经喷砂后的表面干净，并有一定的粗糙度，能提高覆盖层与零件的结合力。机械法除锈只能用在不重要的机械零部件表面。

（2）化学法　这是一种利用化学反应把金属表面的锈蚀产物溶解掉的酸洗法。其原理是酸对金属的溶解以及化学反应中生成的氢对锈层的机械作用而使锈层脱落。常用的酸包括盐酸、硫酸、磷酸等。由于金属的材质不同，使用的溶解锈蚀产物的化学药品也有所不同。选择除锈的化学药品和其使用操作条件主要根据金属的种类、化学组成、表面状况和零件尺寸精度及表面质量等因素来确定。

（3）电化学酸蚀法　就是把零部件放置在电解液中通以直流电，通过化学反应达到除锈目的。这种方法比化学法快，能更好地保存基体金属，酸的消耗量少。一般分为两类：一类是把被除锈的零部件作为阳极；另一类是把被除锈的零件作为阴极。阳极除锈是由于通电后金属溶解以及在阳极的氧气对锈层的撕裂作用而使锈层分离。阴极除锈是由于通电后在阴极上产生的氢气使氧化铁还原和氢对锈层的撕裂作用使锈蚀物从零件表面脱落。上述两类方法，前者主要缺点是当电流密度过高时，易腐蚀过度，破坏零件表面，故适用于外形简单的零件。而后者虽无过蚀问题，但氢易进入金属中，产生氢脆，降低零件塑性。因此，需根据锈蚀零件的具体情况确定合适的除锈方法。

此外，在生产实践中还可用由多种材料配制的除锈液，把除油、除锈和钝化三者合一进行处理。除锌、镁等金属外，大部分金属之间不论大小均可采用，且喷洗、刷洗、浸洗等方法都能使用。

（五）清除漆层

零件表面的保护漆层需根据其损坏程度和保护涂层的要求进行全部或部分清除。清除后要冲洗干净，准备再喷刷新漆。

油漆层的清除方法一般用手工工具，如刮刀、砂纸、钢丝刷或手提式电动、风动工具进行刮、磨、刷等。有条件的也可用各种配制好的有机溶剂、碱性溶液等作退漆剂，涂刷在零件的漆层上，使之溶解软化，再借助手工工具去除漆层。

为完成各道清洗工序，可使用一整套各种用途的清洗设备，包括喷淋清洗机、浸浴清洗机、喷枪机、综合清洗机、环流清洗机、专用清洗机等。究竟采用哪一种设备，要考虑其用途和生产场所。

第三节　零件检验的原则与基本方法

维修过程中的检验工作包含的内容很广，在很大程度上，它是制定维修工艺措施的主要依据。它决定零部件的弃取，决定装配质量，影响维修成本，是一项重要的工作。

一、检验的原则

① 在保证质量的前提下，尽量缩短维修时间，节约原材料、配件、工时，提高利用率与降低成本。

② 严格掌握技术规范、修理规范，正确区分能用、需修、报废的界限，从技术条件和经济效果综合考虑，既不让不合格的零件继续使用，也不让不必维修或不应报废的零件进行修理或报废。

③ 努力提高检验水平，尽可能消除或减少误差，建立健全合理的规章制度。按照检验对象的要求，特别是精度要求选用检验工具或设备，采用正确的检验方法。

二、检验的内容

（一）检验分类

（1）**修前检验** 它是在机械设备拆卸后进行。对已确定需要修复的零部件，可根据损坏情况及生产条件选择适当的修复工艺，并提出技术要求；对报废的零部件，要提出需补充的备件型号、规格和数量；不属备件的需要提出零件蓝图或测绘草图。

（2）**修后检验** 这是指机械设备零件经加工或修理后，检验其质量是否达到了规定的技术标准，确定是成品、废品或返修。

（3）**装配检验** 它是指检验待装零件质量是否合格、能否满足要求；在装配中，对每道工序都要进行检验，以免产生中间工序不合格，影响装配质量或造成返工；组装后，检验累积误差是否超过技术要求；总装后要进行调整，保证工作精度、几何精度及进行其他性能检验、试运转等，确保维修质量。

（二）检验的主要内容

（1）**零件的几何精度** 包括零件的尺寸、形状和表面相互位置精度。平时经常检验的是尺寸、圆柱度、圆度、平面度、直线度、同轴度、平行度、垂直度、跳动等项目。根据维修特点，有时不是追求单个零件的几何尺寸，而是要求相对配合精度。

（2）**零件表面质量** 包括零件表面粗糙度以及零件表面有无擦伤、腐蚀、裂纹、剥落、烧损和拉毛等缺陷。

（3）**零件的物理力学性能** 除零件硬度、硬化层深度外，对零件制造和修复过程中形成的性能，如应力状态、平衡状况、弹性、刚度、振动等也需根据情况适当进行检测。

（4）**零件的隐蔽缺陷** 包括制造过程中的内部夹渣、气孔、疏松、空洞、焊缝等缺陷，还有使用过程中产生的微观裂纹。

（5）**零部件的质量和静动平衡** 如活塞、连杆组之间的质量差；曲轴、风扇、传动轴、飞轮等高速转动的零部件进行静动平衡。

（6）**零件的材料性质** 如零件合金成分、渗碳层含碳量、各部分材料的均匀性、铸铁中石墨的析出、橡胶材料的老化变质程度等。

（7）**零件表层材料与基体的结合强度** 如电镀层、喷涂层、堆焊层等与基体金属的结合强度，机械固定连接件的连接强度、轴承合金和轴承座的结合强度等。

（8）**组件的配合情况** 如组件的同轴度、平行度、啮合情况与配合的严密性等。

（9）**零件的磨损程度** 正确识别摩擦磨损零件的可行性，由磨损极限确定是否能继续使用。

（10）**密封性** 如内燃机缸体、缸盖需进行密封试验，检查有无泄漏。

三、检验的方法

（一）感觉检验法

不用量具和仪器，仅凭检验人员的直观感觉和经验来鉴别零件的技术状况，统称感觉检验法。这种方法精度不高，只适用于分辨缺陷明显的或精度要求不高的零件，要求检验人员有丰富的经验和技术。具体方法如下。

（1）**目测** 用眼睛或借助放大镜对零件进行观察和宏观检验，如对倒角、圆角、裂纹、断裂、疲劳剥落、磨损、刮伤、蚀损、变形、老化等做出可靠的判断。

（2）**耳听** 根据机械设备运转时发出的声音或敲击零件时的响声判断技术状态。零件无缺陷时声响清脆，内部有缩孔时声音相对低沉，若内部出现裂纹，则声音嘶哑。

（3）**触觉** 用手与被检验的零件接触，可判断工作时温度的高低和表面状况；将配合件进行相对运动，可判断配合间隙的大小。

（二）测量工具和仪器检验法

这种方法由于能达到检验精度要求，所以应用最广。

① 用各种测量工具（如卡钳、钢板尺、游标卡尺、千分尺或百分表、厚薄规、量块、齿轮规等）和仪器检验零件的尺寸、几何形状、相互位置精度。

② 用专用仪器、设备对零件的应力、强度、硬度、冲击性、伸长率等力学性能进行检验。

③ 用静动平衡试验机对高速运转的零件做静动平衡检验。

④ 用弹簧检验仪或弹簧秤对各种弹簧的弹力和刚度进行检验。

⑤ 对承受内部介质压力并须防止泄漏的零部件，需在专用设备上进行密封性能检验。

⑥ 用金相显微镜检验金属组织、晶粒形状及尺寸、显微缺陷、分析化学成分。

（三）物理检验法

它是利用电、磁、光、声、热等物理量，通过零部件引起的变化来测定技术状况，发现内部缺陷。这种方法通常和仪器、工具检测相结合，它不会使零部件受伤、分离或损坏。目前，普遍称这种方法为无损检测。

对维修而言，这种监测主要是对零部件进行定期检查、维修检查、运转中检查，通过检查发现其缺陷，根据缺陷的种类、形状、大小、产生部位、应力水平、应力方向等，预测缺陷发展的程度，确定采取修补或报废。目前，在生产实践中得到广泛应用的有磁力法、渗透法、超声波法和射线法等。

1. 磁力法

它是利用磁力线通过铁磁性材料时所表现出来的情况来判断零件内部有无裂纹、空洞、

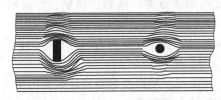

图 2-1　磁力探伤原理

组织不均匀等缺陷，又称磁力探伤。这种方法的原理是用强大的直流电感应出磁场，将零件磁化。当磁场通过导磁物质时，磁力线将按最短的直线通过。如果零件内部组织均匀一致，则磁力线通过零件的方向是一致的。若零件的内部有缺陷时，在缺陷部分就会形成较大的磁阻，磁力线便会改变方向，绕过缺陷，聚结在缺陷周围，并露出零件表面形成与缺陷相似的漏磁场。在零件的表面均匀地撒上铁粉时，铁粉即被吸附在缺陷的边缘，从而显露出缺陷的位置和大小，如图 2-1 所示。

这种方法的特点是灵敏度高、操作简单迅速，但只能适应于易被磁化的零件，且在零件的表面处，若缺陷在较深处则不易查出。磁力探伤在生产单位中应用十分广泛。通用的探伤设备有机床式和手提式两种。

在进行磁力探伤前，应将零件表面清洗干净，将可能流入磁粉的地方堵住。探伤时首先将零件磁化。探伤后应进行退磁处理，其目的是为消除零件中的剩磁，以免影响零部件安装后的正常工作性能。

2. 渗透法

这种方法是在清洗过的零件表面上施加具有高度渗透能力的渗透剂。由于湿润作用，使之渗入缺陷中，然后将表面上的多余渗透剂除去，再均匀涂上一薄层显像剂（常用 MgO_2、SiO_2 白色粉末）。在显像剂的毛细作用下而将缺陷中的残存渗透剂吸到表面上来，从而显示出缺陷。

渗透法分为着色法和荧光法两种。着色法是在渗透液中加入显示性能强的红色染料，显

像剂由白垩粉调制，使渗透液被吸出后，在白色显像剂中能明显地显示出来。荧光法则是在渗透液中加入黄绿色荧光物质，显像剂则要专门配制，当渗透剂被吸出后，再用近紫外线照射，便能发出鲜明的荧光，由此显示缺陷的位置和形状。

着色法所用的渗透剂由苏丹、硝基苯、苯和煤油等组成；荧光渗透剂由荧光质，即拜尔荧光黄和塑料增白剂，还有溶剂，即二甲苯、石油醚、邻苯二甲酸二丁酯组成。显像剂由锌白、火棉胶、苯、丙酮、二甲苯、无水酒精等配制而成。

着色法用以检验零件表面裂纹和磁力探伤及荧光法难以检验的零件。荧光法本身不受材料磁性还是非磁性的限制，主要用于非磁性材料的表面缺陷检验。

渗透法所用设备简单，操作方便，不受材料和零件形状限制，与其他方法相比具有明显的优点，在维修中检测零件表面裂纹由来已久，至今仍不失为一种通用的方法。

3. 超声波法

它是利用超声波通过两种不同介质的界面产生折射和反射的现象来探测零件内部的隐蔽缺陷。这种方法又分为以下几种。

(1) 脉冲反射法　如图 2-2 所示。把脉冲振荡器发射的电压加到探头的晶片上使之振动后产生超声波，以一定的速度通过工件传播，当遇到工件缺陷和底面产生反射时，被探头接收，通过高频放大、检波、视频放大后，在示波器荧光屏上显示出来。荧光屏的横坐标表示距离，纵坐标代表反射波声压强度。从图中可以看出缺陷波（F）比底面反射波（B）先返回探头，这样就可以根据反射波的有无、强弱和缺陷，反射波与发射脉冲之间的时间间隙，知道缺陷是否存在以及缺陷的位置和大小等。

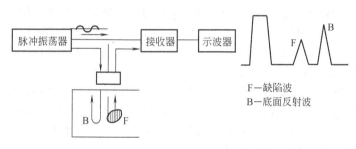

图 2-2　脉冲反射法

(2) 穿透法　如图 2-3 所示。穿透法又称声影法。从图中看到高频振荡器与发射探头 A 连接，探头 A 发射超声波由工作一面传入内部。若工件完整无缺陷，则超声波可以顺利通过工件而被探头 B 接收，通过放大器放大并在指示器显示出来。如途中遇到缺陷，则部分声波被挡住而在其后形成一"声影"，此时接收到的超声波能量将大大减低，指示器做出相应的指示，从而表示发现了缺陷。

(3) 共振法　以频率可调的超声波射入到具有两面平行的工件时，由底面反射回来的超声波同入射波在一直线上沿相反方向彼此相遇，若工件厚度等于超声波的半个波长或半波长的整数倍便叠加而成驻波，即此时入射波同反射波发生了共振。根据共振频率的测定就能确定工件厚度或检验存在的缺陷。工件完整无缺陷时是对应整个工件厚度产生共振。若具有同工件表面平行的缺陷时，是

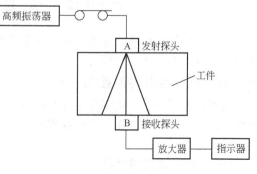

图 2-3　穿透法

对应着缺陷深度产生共振，共振频率不同。至于形状不规则的缺陷，因为不可能造成相反方向的两个波，所以不论怎样改变超声波频率都得不到共振，据此断定缺陷的存在。

以上三种方法各应用在不同场合。脉冲反射法灵敏度高，可检查出较小的缺陷，能准确地知道缺陷的位置和大小，但不宜探测太薄的工件或靠近表面的缺陷，此方法使用方便，是目前超声波探伤中最常用的方法。穿透法要求工件两面必须平行，灵敏度较低，对两探头的相对位置要求高，常用于板类夹层和非金属材料的检查，如橡胶、塑料。共振法可准确测定工件厚度，特别适用于检查板件、管件、容器壁、金属胶接结构等薄壁件的内部缺陷，对工件表面粗糙度要求高。

总之，超声波探伤主要与被探测零件材料的组织结构、超声波频率、探头结构、接触条件、工件表面质量和几何形状、灵敏度的调节等因素有关。它能探测工件深处的缺陷、多种不同类型的缺陷，不受材质限制，设备轻便，可在现场就地检验，成本较低，易于实现探测的自动化。但对形状复杂工件探测有困难。

4. 射线法

射线的种类很多，其中易于穿透物体的主要有 X 射线、γ 射线和中子射线三种。X 射线和 γ 射线的区别只是发生的方法不同，都是波长很短的电磁波，两者本质相同。中子和质子是构成原子核的粒子，发生核反应时，中子飞出核外形成中子射线。

这三种射线在穿透物体的过程中受到吸收和散射，因此其穿透物体后的强度衰减，而衰减程度由物体的厚度、材料品种及射线种类确定。当厚度相同的板材含有气孔时，这部分不吸收射线，容易透过。相反，若混进容易吸收射线的异物时，这些地方射线就难以透过。因此，根据射线穿透的强弱程度来判断物体有无缺陷。

(1) X 射线　射线穿透物体强度的差异通过射线检定器得到反映。按其采用的检定器不同，X 射线分为：X 射线照相法，检定器为照相软片；X 射线荧光屏观察法，检定器为荧光屏；X 射线电视观察法，其基本原理与普通工业用闭路电视系统一样。上述方法，目前在生产中应用最广泛的还是 X 射线照相法。

(2) γ 射线　放射性同位素产生的 γ 射线与 X 射线的本质及基本特性是一样的，因此探伤原理相同，反射线的来源不同。常用的 γ 射线照相，它同 X 射线照相法相比具有许多突出的优点，如穿透能力更大，设备轻便，透射效率更高，一次可检验许多工件，可长时间不间断工作，不用电，适宜野外现场使用。

(3) 中子射线　中子射线不同于上述两种，主要用于照相探伤。它常应用在检查由含氢、锂、硼物质和重金属组成的物体，对陶瓷、固体火箭燃料、子弹、反应堆等进行试验研究工作。

此外，还有涡流探伤、激光全息照相检测、声阻法探伤、红外无损检测、声发射检测等方法，限于篇幅，这里不多介绍，可参阅相关书籍。

第四节　典型零件的技术检验

按照零件的结构形状分类，机械设备零件可分为壳（盖）类、轴（孔）类、齿轮类、轴承类和弹簧类五种基本类型。

一、壳（盖）类零件的检验

机械设备壳（盖）类零件主要是指气缸体、气缸盖和飞轮壳等。壳（盖）类零件常见的损伤模式有壳体裂纹、壳盖上螺纹损伤、壳体孔壁磨损、壳（盖）结合面不平以及壳体件产生位置偏差等。

（一）壳体裂纹的检验

壳体有无裂纹，一般情况可通过直观配合敲击听音发现。由于应力易在壳体断面急剧变化处及轴孔和轴承座孔处集中，故对这些部位的检验最好使用放大镜检验。对于气缸体的隐蔽裂纹，须经水压试验才能发现。

（二）螺纹损伤的检验

螺纹损坏发生在螺纹口处较多，故用检视法进行检验。要求损坏不超过两扣。对于螺孔内螺纹的检验，可用与螺纹相配合的螺栓做旋入试验，以螺栓能顺利旋到底且无松动感觉为合格，否则应进行修理。

（三）孔壁磨损检验

壳体孔壁磨损一般可用检视法做初步检验。但对要求较高的气缸等孔壁的磨损，需用量缸表或内径千分尺进行测量，以确定其圆柱度和圆度。对于轴承座孔与轴孔的磨损也可以进行配合检验，如有松旷，应插入厚薄规确定其是否超过规定标准。

（四）壳（盖）结合面的平面度检验

检验壳（盖）结合面的平面度，可按如图 2-4 所示的方法测量。即将长于被测件平面的直尺边缘，逐一沿测量线 AA、A_1A_1、BB、B_1B_1、CC、C_1C_1 放置，并且用厚薄规测量直尺边缘与被测件平面之间的间隙，以确定被测件结合面的平面度。也可将两个互相结合的零件（如气缸体与气缸盖）扣合在一起，用厚薄规测量其间的间隙，以确定被测件结合平面的平面度。

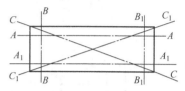

图 2-4　检验壳体结合面平面度的方法

对于不规则的环形窄平面（如气缸体底平面），检验其平面度时，必须用平板与零件被检平面相接触，然后用厚薄规测量其间的间隙，以确定壳体结合面的平面度。

（五）壳体件位置公差的检验

壳体类零件经使用后可能产生相对位置偏差（称为位置公差）。它包括平行度、垂直度、同轴度等位置公差。

1. 轴线平行度的检验

机械设备壳体件发生变形后，可能产生轴线平行度超过允许限度。检验轴线平行度有直接与间接测量两种方法。图 2-5 为直接测量轴承座孔轴线的平行度，图 2-6 为间接测量轴承座孔轴线的平行度。

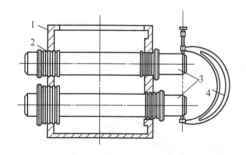

图 2-5　直接测量轴承座孔轴线的平行度
1—变速器壳；2—定位套；3—测量轴；4—外径千分尺

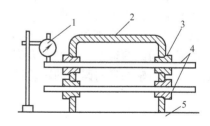

图 2-6　间接测量轴承座孔轴线的平行度
1—微分表；2—变速器壳；3—衬套；4—量杆；5—平板

2. 轴线垂直度的检验

如图 2-7 所示，为检验壳体零件轴线的垂直度。当转动手柄 6 带动柱塞 3 与测量头 8 并使之转动 180°时，微分表读数的差值，即表示气缸轴线对主轴承座孔轴线在 70mm（因柱塞轴线距测量头球形触头的距离为 35mm）长度范围内的垂直度。当垂直孔长度为 210mm 时，

210÷70＝3，微分表读数的差值乘以3，即为气缸全部长度上的垂直度。

3. 轴孔同轴度的检验

图2-8所示为常用的同轴度检验仪。测量时，使等臂杠杆的球形触头3触及被测孔的表面，当转动定心轴1时，如果孔不同轴，等臂杠杆的球形触点便产生径向移动，其移动量经杠杆传给微分表，从而便测出轴孔的同轴度。

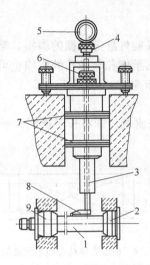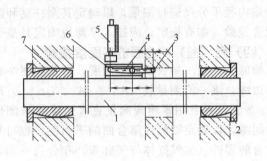

图2-7　气缸孔垂直度检验仪

1—定心轴；2—前定心轴套；3—柱塞；
4—微分表触头；5—微分表；6—转动手柄；
7—气缸定心器；8—测量头；9—定心轴套

图2-8　气缸体轴承座孔同轴度检验仪

1—定心轴；2,7—定心轴套；
3—球形触头；4—等臂杠杆；
5—微分表；6—本体

二、轴类零件的检验

机械设备上轴类零件很多，如曲轴、凸轮轴、传动轴等。轴类零件的常见损伤形式有弯曲、磨损与断裂等。

（一）弯曲检验

凡轴类零件的轴线必须与其旋转轴线一致，否则说明该轴有弯曲变形。如图2-9所示，轴1未弯曲前的轴线为AA，产生弯曲后的轴线为BB。检验轴弯曲度时，一般用微分表2的触点抵住轴1的中央部位（若曲轴或凸轮轴轴颈为单数，测中间轴颈即可；若轴颈为双数，应测靠中间的两轴颈，并取最大值），转动轴时，微分表长指针所指的最大读数与最小读数之差，即为轴在径向圆上的跳动量。

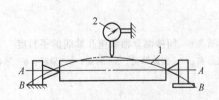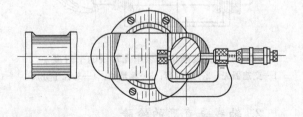

图2-9　轴弯曲的检验

1—轴；2—微分表

图2-10　曲轴轴颈的测量

对于某些形状较简单的轴，可直接放在平板上滚动，滚动时观察轴与平板间漏光度的变化，据此判断此类零件是否弯曲。

（二）磨损检验

轴形零件的外形比较复杂，有的为曲拐（如曲轴），有的为管状（如半轴套筒），有的为棒形（如转向节销）等，而其检验磨损的部位均为轴颈。

图 2-10 为测量曲轴连杆轴颈的磨损。在同一横断面上测出的差数最大值之一半为圆度；同一纵断面上测出的差数最大值之一半为圆柱度。

轴颈的一端或两端有承受推力的台肩端面时，还应检验轴颈的长度和圆的半径。

在机型单一且生产规模较大的修理单位，可采用各种专用的界限量规来测定轴颈的磨损量，以提高检验工效。

（三）断裂检验

可用检视法、探测法检验。

三、齿轮类零件的检验

齿轮的外齿和内齿、花键轴与花键孔的键齿等，均可视为齿轮类零件。齿轮类零件常见的损伤有齿长、齿厚的磨损，齿面的斑点、剥落、沟痕，以及个别牙齿裂纹和折断等。

对于齿轮类零部件的检验，一般采用检视法和测量法。用样板检验的具体方法如图 2-11 所示，以没有漏光或极少漏光为合格。对于键轴与键孔磨损程度的检验，可用配合检验法确定其磨损程度。

对齿轮零部件的一般检验要求如下。

① 一个牙齿齿面的斑点、剥落不得超过整个齿面的 20%。

② 齿长度磨损量（在齿高 2/3 处测量）一般不得超过原齿长的 30%（齿套不得超过原齿长的 15%）。

③ 齿厚磨损（在节圆处测量）一般不得超过 0.5mm（齿套不得超过 0.4mm）。

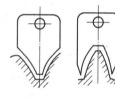

图 2-11　检验齿轮的样板

④ 齿轮牙齿的断裂一般不得超过齿高的 1/3，相邻两齿不得同时有断裂现象，整个齿轮牙齿的断裂不得超过 4 个。

⑤ 齿轮磨损不得有严重的阶梯形状。

此外，蜗轮与蜗杆如有裂纹、疲劳剥落与梯形磨损等失效形式，一般应予更换。检验蜗轮与蜗杆的磨损程度，可用齿轮游标卡尺、界限量规、专用样板等专用工具测量，其磨损量不得超过标准规定。

四、滚动轴承的检验

内燃机上装用的滚动轴承有滚珠、滚柱（锥）及滚针轴承。它们经常处在高速、重载条件下工作，长期使用后滚道与滚动体会产生磨损、烧蚀、破裂、疲劳剥落及斑点等损伤。对于滚动轴承的检验一般不拆散，通过清洗后的外观检视、空转试验与必要时测量内部间隙，即可鉴定其质量是否合格。

（一）外部检视

滚动轴承发现下列损伤时，应予检修或更换。

① 滚道和滚动体因烧蚀而变色。

② 滚道上有击痕、伤印、擦伤。

③ 滚道、滚动体上有裂纹、脱层、剥落及大量黑斑。

④ 在隔离环上有穿透的裂纹及铆钉缺少或松动。

⑤ 隔离环装滚子的槽口磨损过甚，滚子能自行掉出。

⑥ 滚珠轴承隔离环端面磨损，其深度超过 0.3mm。

⑦ 锥形滚珠磨损，小端的工作面凸出于轴承外座圈端面。

⑧ 滚锥轴承内环大端内端面缺口和金属剥落。

在外部检视滚动轴承后，如发现轴承上有细微腐蚀性黑斑点与隔离环轻微缺陷而不影响轴承转动，以及滚锥轴承内环小端凸缘面的圆周上的破缺口不超过四个，其总弧度不大于 30°，相邻两缺口有一定距离（不小于 30°）等情况，一般可以继续使用。

（二）空转试验

将轴承进行空转，看轴承旋转是否自如，有无噪声、停滞和卡住的现象。轴承旋转不均匀，可从手上的感觉判断出来。

（三）间隙测量

滚珠轴承的磨损情况，可通过测量其径向间隙和轴向间隙来判定。测量方法如图 2-12 与图 2-13 所示。

图 2-12　检验轴承径向间隙

图 2-13　检验轴承轴向间隙

检验轴承径向间隙时，需一手压紧轴承内圈，另一手往复推动外圈，表针所变动的数值即为轴承径向间隙；检验轴承轴向间隙时，需上下推动内座圈，表针最大数与最小数的差值即为轴承的轴向间隙。

五、螺旋弹簧的检验

螺旋弹簧在使用中，由于受热退火或疲劳，会产生残余变形，使弹力减弱，出现弹簧自由长度改变、歪扭以及断裂等损伤。

弹簧的自由长度可用直尺或游标卡尺测量，也可用新弹簧做比较验证。

因弹簧弹性变化遵守虎克定律，故在检验弹簧弹性时，需将弹簧压缩到一定长度，观察其弹力是否符合规定，如图 2-14 所示。若载荷低于规定值，说明弹簧的弹性不符合要求。

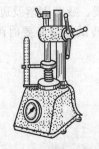

图 2-14　弹簧检验仪

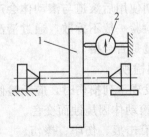

图 2-15　旋转平面端面跳动量的检验
1—零件；2—微分表

弹簧是否断裂，一般用检视法判断。弹簧是否歪斜，可用直角尺检查，歪斜超过 2°应予以更换。

六、其他零件的检验

对于盘形零件的旋转平面，需要测量其端面的跳动量。测量方法如图 2-15 所示，旋转零件 1，微分表上的读数即为端面跳动量。由于测点半径对跳动量影响很大，故在检验技术条件上对不同零件规定有不同的测点半径。

对于杆状零件（如连杆等）以及工字梁、车架等具有特殊形状的零件，应进行变形和断裂等检验，这些将在后面相关章节中进行讨论。

此外，对专用螺栓、螺柱、螺母及垫圈等，可用检视法判断其技术状态。螺栓、螺柱不应弯曲、拉长，螺纹部分不应有压瘪、磨平、滑扣等现象。平垫圈及锁止垫圈应平整、无破裂，弹簧垫圈不应失去弹性等。

第五节　机械零件的修复技术

修复技术是机械设备维修的三大基础技术之一。合理地选择和运用修复技术，是提高维修质量、节约资源、缩短停修时间和降低维修费用的有效措施。

零件的修复工艺和方法有很多，通过长期的实践总结，目前在生产中常用的有机械加工、压力加工、金属喷涂、焊修、电镀和粘接等。应该按照"以修为主，以换为辅"的原则，在经济合理的条件下，大力推广和采用行之有效的先进修复技术。

一、机械加工

机械加工是零件修复过程中最主要、最基本、最广泛应用的工艺方法。它既可以作为一种独立的手段直接修复零件，也可以是其他修复方法如焊、镀、涂等工艺的准备或最后加工必不可少的工序。它主要包括局部更换法、换位法、镶套法、调整法和修理尺寸法等几种修理方法。

（一）局部更换法

若零件的某个部位局部损坏严重，而其他部位仍完好，一般不宜将整个零件报废。可把损坏的部分除去，重新制作一个新的部分，并以一定的方法使新换上的部分与原有零件的基本部分连接在一起成为整体，从而恢复零件的工作能力，这种维修方法称局部更换法。例如，重型机械的齿轮损坏，可将损坏的齿圈退火车掉，再压入新齿圈。新齿圈可事先加工好，也可以压入后再行加工。其连接方式用键或过盈连接，还可用紧固螺钉、铆钉或焊接等方法固定。局部更换法尤其适用于多联齿轮局部损坏或结构复杂的齿圈损坏的情况。它可简化修复工艺，扩大修复范围。

（二）换位法

机械设备有些零部件由于其使用特点，通常产生单边磨损或磨损有明显的方向性，对称的另一边磨损较小。如果结构允许，在不具备彻底对零件进行修复的条件下，可以利用零件未磨损的一边，将它换一个方向安装即可继续使用，这种方法称换位法。例如，两端结构相同，且只起传递动力作用、没有精度要求的长丝杠，局部磨损可调头使用。大型履带行走机构，其轨链销大部分是单边磨损，维修时将它转动 180°便可恢复履带的功能，并使轨链销得到充分利用。

（三）镶套法

镶套是把内衬套或外衬套以一定的过盈装在磨损的轴承孔或轴颈上，然后加工到最初的基本尺寸或中间的修理尺寸，从而恢复组织件的配合间隙，如图 2-16 所示。

图 2-16 表示加内衬套和外衬套承受摩擦扭矩 $M_摩$。内外衬套均用过盈配合装到被修复的零件上，其配合过盈的大小应根据所受力矩和摩擦力进行计算。有时还可用螺钉、点焊或其他方法固定。如果需要提高内外衬套的硬度，则应在压入前先进行热处理。这种方法只有在允许减小轴颈或扩大孔的情况下才能使用。

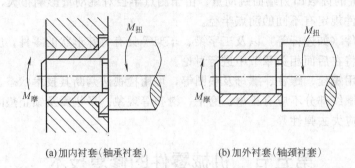

(a)加内衬套(轴承衬套)　　　　(b)加外衬套(轴颈衬套)

图 2-16　镶套

(四) 金属扣合法

金属扣合法是利用高强度合金材料制成的特殊连接件以机械方式将损坏的机件重新牢固地连接成一体，达到修复目的的工艺方法。主要适用于大型铸件裂纹或折断部位的修复。按照扣合的性质及特点，可分为强固扣合、强密扣合、优级扣合和热扣合四种工艺。

1. 强固扣合法

该法适用于修复壁厚为 8～40mm 的一般强度要求的薄壁机件。其工艺过程是，先在垂直于机件的裂纹或折断面的方向上，加工出具有一定形状和尺寸的波形槽，然后把形状与波形槽相吻合的高强度合金波形键镶入槽中，并在常温下铆击，使波形键产生塑性变形充满槽腔，这样波形键的凸缘与波形槽的凹部相互扣合，使损坏的两面重新牢固地连接成一体，如图 2-17 所示。

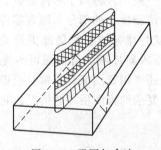

图 2-17　强固扣合法

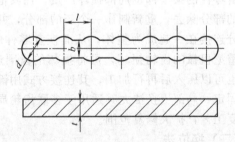

图 2-18　波形键

波形键设计和制作时，通常将波形键（图 2-18）的凸缘直径 d、宽度 b、间距 l（波形槽间距 t）规定成标准尺寸，根据机件受力大小和铸件壁厚决定波形键的凸缘个数、每个断裂部位安装波形键数和波形槽间距等。一般取 b 为 3～6mm，其他尺寸可按下列经验公式计算：

$$d = (1.4～1.6)b$$
$$l = (2～2.2)b$$
$$t \leqslant b$$

通常选用的波形键凸缘个数为 5、7、9 个。一般波形键材料常采用 1Cr18Ni9 或

1Cr18Ni9Ti 奥氏体镍铬钢。对于高温工作的波形键，可采用热膨胀系数与机件材料相同或相近的 Ni36 或 Ni42 等高镍合金钢制造。

2. 强密扣合法

应用强固扣合法可保证一定强度条件，而对于有密封要求的机件，如承受高压的气缸，应采用强密扣合法，如图 2-19 所示。它是在强固扣合法的基础上，在两波形键之间、裂纹或折断面的结合线上，加工缀缝栓孔，并使第二次钻的缀缝栓孔稍微切入已装好的波形键和缀缝栓，形成一条密封的"金属纽带"以达到阻止流体受压渗漏的目的。缀缝栓可用直径为 $\phi5\sim$ 8mm 的低碳钢或纯铜等软质材料制造，这样便于铆紧。缀缝栓与机件的连接与波形键相同。

3. 优级扣合法

主要用于修复在工作过程中要求承受高载荷的厚壁机件。为了使载荷分布到更多的面积和远离裂纹或折断处，须在垂直于裂纹或折断面的方向上镶入钢制的砖形加强件，用缀缝栓连接，有时还用波形键加强，如图 2-20 所示。加强件可根据需要设计成十字形、楔形、矩形和 X 形等。

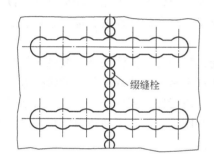

图 2-19 强密扣合法

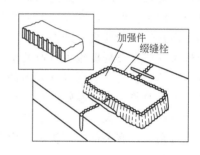

图 2-20 优级扣合法

4. 热扣合法

它是利用加热的扣合件在冷却过程中产生收缩而将开裂的机件锁紧。该法适用于修复大型飞轮、齿轮和重型设备机身的裂纹及折断面。如图 2-21 所示，圆环状扣合件适用于修复轮廓部分的损坏，工字形扣合件适用于机件壁部的裂纹或断裂。

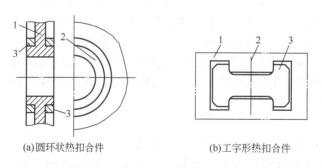

(a)圆环状热扣合件　　(b)工字形热扣合件

图 2-21 热扣合法
1—机件；2—裂纹；3—扣合件

金属扣合法的优点是：使修复的机件具有足够的强度和良好的密封性；所需设备、工具简单，可现场施工；修理过程中机件不会产生热变形和热应力等。其缺点主要是薄壁铸造件（＜8mm）不宜采用；波形键与波形槽的制作加工较麻烦等。

（五）调整法

用增减垫片或调整螺钉的方法来弥补因零件磨损引起配合间隙的增大，这是维修中最常用的方法。例如，圆锥滚子轴承和各种摩擦片的磨损而引起游动间隙的增大，可通过调整法恢复正常状况。

（六）修理尺寸法

在失效零件的修复中，修后能达到原设计尺寸和其他技术要求和标准尺寸的修理法。修理时不考虑原来的设计尺寸，采用切削加工和其他加工方法恢复其形状精度、位置精度、表面粗糙度和其他技术条件，从而获得一个新尺寸，称为修理尺寸。而与此相配合的零件则按修理尺寸制作新件或修理，这种方法称修理尺寸方法。它的实质是在修复中解尺寸链。

确定修理尺寸时，去除表面层厚度，首先应考虑零件结构上的可能性和修理后零件的强度、刚度是否满足需要。例如轴颈尺寸减小量一般不超过原设计尺寸的 10%；轴上键槽可扩大一级；对于淬硬的轴颈，应考虑修理后能满足硬度要求。为了得到有限的互换性，有时可将零件修理尺寸标准化，如内燃机气缸套的修理尺寸，通常规定了几个标准尺寸，以适应尺寸分级的活塞备件。标准尺寸的大小与级别还取决于气缸套的磨损量、加工余量、安全系数和磨损后几何形状变化等条件。

修理尺寸法在工程机械等行业的维修中应用广泛。常用这种方法来修复曲轴主轴颈、连杆轴颈、缸套、气缸、活塞等许多零件。修理尺寸法通常是最小修理工作量的维修方法，工作方便、设备简单、经济性好，在一定的修理尺寸范围内能保持零件的互换性，对于贵重和复杂的零件则意义更大。但是，它减弱了零件的强度和刚度，需要更换或修复相配件，使零件互换性复杂化；有关部门需扩大供应备件，零件要配套。

二、压力加工

压力加工修复零件是利用外力的作用使金属产生塑性变形，恢复零件的几何形状，或使零件非工作部分的金属向磨损部分移动，以补偿磨损掉的金属，恢复零件工作表面原来的尺寸和形状。根据金属材料可塑性的不同，分为常温下进行的冷压加工和热态下进行的热压加工两大类。主要有以下几种。

（一）镦粗法

它是利用减小零件的高度、增大零件的外径或缩小内径尺寸的一种加工方法。主要用来修复有色金属套筒和圆柱形零件。例如，当铜套的内径或外径磨损时，在常温下通过专用模具进行镦粗，可使用压床、手压床或用手锤手工锤击，作用力的方向应与塑性变形的方向垂直，如图 2-22 所示。用镦粗法修复，零件被压缩后的缩短量不应超过其原高度的 15%，对于承载较大的则不应超过其原高度的 8%。为镦粗均匀，其高度与直径比例不应大于 2，否则不宜采用这种方法。

（二）扩张法

扩张法是利用扩大零件的孔径，增大外径尺寸，或将不重要部位金属扩张到磨损部位，使其恢复原来尺寸的修复方法。例如，空心活塞销外圆磨损后，一般用镀铬修复。但当没有镀铬设备时，可用扩张法修复。活塞销的扩张既可在热态下进行，也能在冷态下进行。

图 2-23（a）是利用圆柱冲头 1 扩张活塞销 2 的模具。为了便于冲头放入，放入端用锥形和圆弧过渡。4 是模具座，3 为胀缩套，它的作用是防止孔壁损伤和使张力均匀。图2-23（b）为锥形冲头扩张活塞销的模具，符号含义同前。

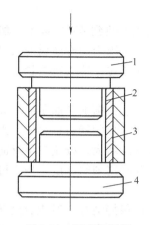

图 2-22　铜套的镦粗
1—上模；2—铜套；3—轴承；4—下模

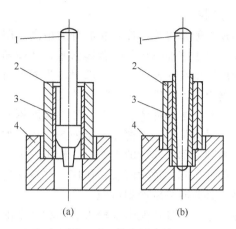

图 2-23　扩张活塞销
1—冲头；2—活塞销；3—胀缩套；4—模具座

活塞销热态扩张，应先把它加热到 950～1000℃，保温 2～3h，在此温度下，立即放入模具，在压力机上进行施压。冷态扩张前，应加热到 600℃ 左右，保温 1.5～2h 进行退火。待活塞销冷却后涂上机油放入模具，然后连同模具一起放在压力机上进行施压。

扩张后的活塞销，应按技术要求进行热处理，然后磨削外圆，达到尺寸要求。

扩张法主要应用于外径磨损的套筒形零件。

（三）缩小法

缩小法与扩张法正好相反，它是利用模具挤压外径来缩小内径尺寸的一种修复方法。被缩小后的轴套外径，可用金属喷涂、镀铜或镶套等方法修复。如果轴套很大，也可在外径上焊 3～4 个铜环，然后进行机械加工，使内径和外径都达到规定尺寸要求。

模具锥形孔的大小需根据零件材料塑性变形和需要压缩量数值的大小来确定。当塑性变形性质低、而需要压缩量数值较大时，模具锥形孔的锥度可用 10°～20°；需要压缩量数值较小时，锥度为 30°～40°；对塑性变形性质高的材料，锥度可用 60°～70°。

（四）校正

零件在使用过程中，常会发生弯曲、扭曲等残余变形。利用外力或火焰使零件产生新的塑性变形，去消除原有变形的方法称校正。校正分为冷校和热校两种。

1. 冷校

冷校可分为压力校正与冷作校正两种。

（1）压力校正　将变形的零件放在压力机的 V 形槽中，使凸面朝上，用压力把零件压弯，弯曲变形为原来的 10～15 倍，保持 1～2min 后撤除压力，检查变形情况。若一次校不直，可进行多次，直到校直为止。

为使压力校正后的变形保持稳定，并提高零件的刚性，校正后需进行定性热处理。压力校正简单易行，但校正的精度不易控制，零件内留下较大的残余应力，效果不稳定，疲劳强度下降。

（2）冷作校正　冷作校正是用手锤敲击零件凸面，使其产生塑性变形。该部分的金属被挤压延展，在塑性变形层中产生压缩应力。可以把这个变形层看成是一个被压缩的弹簧，它对邻近的金属有推力作用。弯曲的零件在变形层应力的推动下被校正。

冷作校正的校正精度容易控制，效果稳定，一般不进行定性热处理，且不降低零件的疲劳强度。但是，它不能校正变曲太大的零件，通常零件的弯曲不能超过零件长度的 0.03%～0.05%。

2. 热校

热校一般是将零部件弯曲部分的最高点用气焊的中性焰迅速加热到450℃以上，然后快速冷却。由于被加热部分的金属膨胀，塑性随温度升高而增加，又因周围冷金属的阻碍，不可能随温度增高而伸展。当冷却时，收缩量与温度降低的幅度成正比，造成收缩量大于膨胀量，收缩力很大，靠它校正零件的变形。

热校时，零部件弯曲越大，加热温度越高。校正弯曲变形的能力随加热面积的增大而增加，校正时可根据变形情况确定加热面积。加热深度增大，校正变形的能力也增加，当加热深度增加到零部件厚度的1/3时，校正效果较好。但加热深度继续增大，校正效果反而会降低，零部件全部热透不起校正作用。在校正过程中，主要靠经验确定加热深度，切不可将零件热透，必要时采取冷却措施。

热校适用于校正变形量较大、形状复杂的大尺寸零件，校正保持性好，对疲劳强度影响较小，应用比较普遍。对于要求较高的零件，校正后必须进行探伤检查，若发现裂纹应及时采取措施修补或报废。校正可以在压力机上进行，也可用专用工具或手锤校正。

三、金属喷涂

金属喷涂是利用热源把金属粉末或线状材料加热熔化，用高压、高速气流将其雾化成细小的金属颗粒，并以100～300m/s的高速喷到经过准备的零件表面上，形成一层金属覆盖层。喷涂的涂料只是机械地吸附于基体上，而基体金属并不熔化。

喷涂按照使用的热源不同而分为氧-乙炔焰喷涂、电弧喷涂、等离子喷涂和爆炸喷涂等。喷涂层的厚度一般为0.05～2mm，必要时可达10mm以上。

（一）氧-乙炔焰粉末喷涂

它是用氧-乙炔焰为热源，将需用的喷涂金属、合金或氧化铝粉末借助气流输送到火焰区，待加热到熔融状态后以一定的速度射向工件表面形成涂层。图2-24为这种喷涂的原理简图。喷涂的粉末从上方料斗通过进料口1送入输送粉末气体（氧气）通道2中，与气体一起在喷嘴3出口处遇到氧-乙炔燃烧气流而被加热，同时喷射到工件6表面上。图中4为火焰，5是喷涂层，8为输送粉末的气体入口，7是氧-乙炔入口。氧-乙炔焰粉末喷涂的主要设备有喷枪、氧气和乙炔供给装置、压缩空气及控制装置等。这种喷涂方法适用于预保护或修理已经精加工或不允许变形的零件，如轴类、轴套的修复。

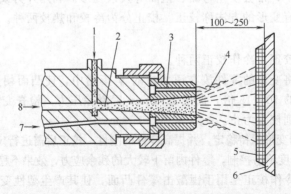

图 2-24　氧-乙炔焰粉末喷涂原理简图

1—进料口；2—气体通道；3—喷嘴；4—火焰；5—喷涂层；6—工件；7—氧-乙炔入口；8—气体入口

（二）氧-乙炔焰线材喷涂

将用来喷涂的线状金属材料不断送入气体强烈燃烧的火焰区，线端不断地被加热熔化，借助压缩空气将熔化的金属雾化成微粒，喷向清洁而毛糙的表面，形成涂层。

氧-乙炔线材喷涂的主要设备有射吸式气体金属喷涂枪（简称气喷枪）、氧和乙炔供给装置、压缩空气及干燥装置、过滤装置、控制装置、供丝装置等。

这种喷涂方法的应用很广，例如，在曲轴、机床主轴、柱塞、轧辊轴颈、机床导轨等磨损部位上喷钢；在桥梁、高压铁塔、钢闸门、碳化塔及化工、化肥厂区的钢铁设施上喷铝、喷锌防腐；在轴瓦上喷铜、喷巴氏合金；在食品容器上喷锡等。

（三）电弧喷涂

电弧喷涂的过程如图 2-25 所示。

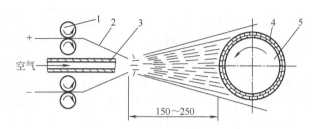

图 2-25　金属电弧喷涂示意

1—送丝轮；2—金属丝；3—喷嘴；4—涂层；5—工件

两根金属丝 2 作为两个消耗电极，由电机通过变速驱动等速向前送进，在喷嘴 3 的喷口处相交时，因短路产生电弧。金属丝不断被电弧熔化，随即又被压缩空气吹成细小微粒，并以高速喷向工件 5，在清洁而毛糙的工件表面上堆积成涂层 4。图中的 1 是送丝轮。

金属电弧喷涂的主要设备有直流电焊机、控制箱、空气压缩机及供气、供丝装置、电弧喷涂枪及其他附属辅助装置。

这种方法广泛应用于曲轴、一般轴、负荷轴的修复以及制备各种功能性的涂层。由于它的生产效率高、使用成本低，所用的设备和工艺比较简单，所以这种技术得到迅速发展并成为使用最普遍的一种喷涂方法。

（四）等离子喷涂

等离子喷涂是以电弧放电产生等离子体作为高温热源，将喷涂材料迅速加热至熔化或熔融状态，在等离子射流加速下获得高速度，喷射到经过预处理的零件表面形成涂层。

等离子喷涂的主要设备有电源、控制柜、送粉器、等离子喷涂枪等，设备的辅助部分有喷砂机、空气压缩机、油水分离器、清洗装置、喷涂柜以及加温设备等。

由于等离子喷涂的焰流温度高，涂层材料不受熔点高低的限制，焰流速度大，涂层较细密，质量较好，能在普通材料上形成耐磨、耐腐蚀、导电、绝缘的涂层，零件的寿命可提高 1～8 倍等特点，这种方法可喷涂各种金属、非金属、塑料以及高熔点材料。主要用于喷涂耐磨层，已在修复动力机械中的阀门、阀座、气门等磨损部位取得良好成效。

（五）爆炸喷涂

爆炸喷涂是将经过严格定量的氧和乙炔的混合气体送到喷枪的水冷燃烧筒内，再利用氮气流注入一定量的喷涂粉末悬浮于混合气体中，通过火花塞点燃氧和乙炔，产生燃爆，用此爆炸能加热熔化粉末，并在爆炸力的加速下，熔化粒子以很高的速度喷向工件形成涂层。由于爆炸喷涂的喷射能量大、密度高，所以涂层与基体的结合强度较高。它可喷涂高熔点、高硬度的陶瓷粉末材料，制成优良的抗磨层，用于汽轮机叶片、刀具、模具等。爆炸喷涂虽然黏结强度极高，但成本也极高，沉积速度很慢，应用较少。

四、焊修

把焊接技术用于维修工作时称为焊修。

焊修使基体与焊条焊粉在热能的作用下一起熔化并得到良好的晶内结合，结合强度高。但是，热能的影响会使基体的组织和形状发生变化，这是焊修的关键问题。

根据提供热能的不同方式，焊修可分为电弧焊、气焊和等离子焊等。按照焊修的工艺和方法不同，又分为焊补、堆焊、喷焊和钎焊等。下面分别加以简要介绍。

（一）焊补

1. 铸铁

（1）普通铸铁 铸铁由于具有突出的优点，所以至今仍是制造形状复杂、尺寸庞大、易于加工、防振减磨的基础零件的主要材料。在机械设备中，铸铁件的种类和重量约占一半以上。

铸铁件的故障或失效，对在制品来说，多为铸件的气孔、砂眼、裂纹、疏松、浇不足等铸造缺陷。对已加工好的零件来说，多为使用过程中发生的裂纹、磨损等现象。铸件的生产工艺过程较长，工艺费用在铸件价值中占有很大的比重，尤其是尺寸庞大、形状复杂、加工量大的铸铁零件，凝结着机械设备大部分原材料和加工制造成本，许多大铸件，如机床床身、机器底座、大型箱体等，一般单位缺乏自行铸造毛坯和加工的能力。因此，在维修过程中要想方设法修旧利废，补偿它们的自然磨损。铸铁件的焊补，不仅适用于失效零件的修复，而且也作为铸件在制品局部缺陷的修复，可大大降低生产成本。进一步研究铸铁件的修复，具有十分重要的意义。

由于铸铁在焊补时加热和冷却的温度变化很大，可焊性差，会产生许多困难。

① 焊补时熔化区小，冷却速度快，石墨化的影响会使焊缝易产生既脆又硬的白口铁；出现气孔和夹渣；使焊缝金属母材不熔合，焊后加工困难；接头易产生裂纹；局部过热使母材性能变坏，晶粒粗大，组织疏松，加剧应力不均衡状态，又促使裂纹产生，甚至脆断。

② 铸铁含碳量高，年久的铸件组织老化、性能衰减、强度下降。尤其是长期在高温或腐蚀介质中工作的铸铁，基体松散，内部组织氧化腐蚀，吸收油脂，可焊性进一步降低，甚至焊不上。

③ 铸铁组织和零件结构形状对焊接要求的多样性，使铸铁焊补工艺复杂化。重大零件需进行全方位施焊，但铸铁焊接性能差、熔点低，铁水流动性大，给焊补带来困难。

④ 铸件损坏，应力释放，粗大晶粒容易错位，不易恢复原来的形状和尺寸精度。

为此，对铸铁组织进行焊补时，要采取一些必要的技术措施才能保证质量。要选择性能好的铸铁焊条；做好焊前的准备工作，如清洗、预热等；控制冷却速度；焊后要缓冷等。

铸铁件的焊补，主要用于裂纹、破断、磨损、因铸造时产生气孔、熔渣杂质等缺陷的修复。焊补的铸铁主要是灰铸铁，而白口铁则很少应用。

铸铁件的焊补分为热焊和冷焊两种，需根据外形、强度、加工性、工作环境、现场条件等特点进行选择。

① 热焊 它是焊前对工件先进行高温预热，焊后加热、保温、缓冷。用气焊和电弧焊均可达到满意的效果。焊前预热600℃以上，焊接过程中不低于500℃，焊后缓冷，工件温度均匀，焊缝与工件其他部位之间的温差小，有利于石墨析出，避免白口、裂纹和气孔。热焊的焊缝与基体的金相组织基本相同，焊后机加工容易，焊缝强度高、耐压小、密封性好。特别适合于铸铁件毛坯或机加工过程中发现形状复杂的基体缺陷修复，也适合于精度要求不太高或焊后可通过机加工修整达到精度要求的铸铁件。但是，热焊需要加热设备和保温炉，劳动条件差，周期长，整体预热变形较大，长时间高温加热氧化严重，对大型铸件来说，应

用受到一定限制。主要用于小型或个别有特殊要求的铸件焊补。

②冷焊　冷焊是不对铸件预热或其预热温度低于 400℃的情况下进行，一般采用手工电弧焊或半自动电弧焊。冷焊操作方法简便，劳动条件好，施焊的时间较短，具有更大的应用范围，一般铸铁件多采用冷焊。

冷焊时要根据不同的焊补厚度选择焊条的直径，按照焊条直径选择焊补规范，包括电流强度、焊条类型、电源性质、电弧长度等，使焊缝得到适当的组织和性能，减轻焊后加工时的应力危害。冷焊要有较高的焊接技术，为保证焊补质量，需要采取一系列工艺措施，尽量减少输入基体的热量，减少热变形，避免气孔、裂纹和白口等缺陷。

常用的国产铸铁冷焊条有氧化型钢芯铸铁焊条（Z100）、高钒铸铁焊条（Z116 和 Z117）、纯镍铸铁焊条（Z308）、镍铁铸铁焊条（Z408）、镍铜铸铁焊条（Z508）、铜铁铸铁焊条（Z607 和 Z612）以及奥氏体铸铜焊条等，它们可按需要分别选用，见表 2-3。

表 2-3　常用的铸铁电弧焊焊条

类别	铸铁组织焊缝类		非铸铁组织焊缝类					
焊条名称	钢芯石墨化型铸铁焊条	铸铁芯铸铁焊条	氧化钢芯铸铁焊条	高钒铸铁焊条	纯镍铸铁焊条	镍铁铸铁焊条	镍铜铸铁焊条	铜铁铸铁焊条
统一牌号	Z208	Z248	Z100	Z116	Z308	Z408	Z508	Z607
国际牌号	TZG-2	TZZ-2	TZG-1	TZG-3	TZNi	TZNiFe	TZNiCu	TZCuFe
焊芯成分	碳钢	铸铁芯	碳钢	碳钢或高钒钢	镍大于 92%	镍 60%铁 40%	镍铜合金	紫铜芯
药皮类型	石墨	石墨	强氧化型	含钒铁低氢型	石墨	石墨	石墨	低氢型
焊缝金属	灰铸铁	灰铸铁	碳钢	高钒钢	镍	镍铁合金	镍铜合金	铜铁混合
电源	交直流	交直流	交直流	直流反接或交流	直流反接或交流	直流反接或交流	交直流	直流反接
用途	一般的灰铸铁	一般的灰铸铁	一般灰铸铁的非加工面	高强度铸铁和球墨铸铁	重要灰铸铁薄壁件	高强度灰铸铁及球墨铸铁	强度要求不高的灰铸铁	一般灰铸铁的非加工面
主要特点	需预热至 400℃，缓冷，小型、薄型、刚度不大的零件可冷焊	焊缝与母材组织、颜色相同，可不预热，焊后保温，可防裂缝及白口	与母材熔合好，价格低，表面较硬，抗裂性差	抗裂性能好，焊后易加工，比较经济	不需预热，具有良好抗裂性和加工性能	强度高，塑性好，抗裂性好，加工性略差，不需加热	工艺性、切削加工性、抗裂性均较差，强度较低	抗裂性好，切削加工性一般，强度较低

铸铁冷焊工艺大致如下。

a. 焊前准备。了解零件的结构、尺寸、损坏情况及原因、组织状态、焊接操作条件、应达到的要求等情况，决定修复方案及措施；清整洗净工件；检查损伤情况，对未断件应找出裂纹的端点位置，钻止裂孔；对裂纹零件合拢夹固、点焊定位；坡口制备一般为 V 形坡口，薄壁件开较浅的尖角坡口；烘干焊条，工件火烤除油；低温预热工件，小件用电炉均匀预热至 50～60℃，大件用氧-乙炔焰虚火对焊接部件较大面积进行烘烤。

b. 施焊。用小电流、分段、分层、锤击，以减少焊接应力和变形，并限制基体金属成分对焊缝的影响，这是电弧冷焊的工艺要点。

施焊电流对焊补质量影响大。电流过大，熔深大，基体金属成分和杂质向熔池转移，不仅改变了焊缝性质，也在熔合区产生较厚的白口层。电流过小，影响电弧稳定，导致焊不透气孔等缺陷产生。

分段焊的主要作用是减少焊接应力和变形。每焊一小段熄弧后立即用小锤从弧坑开始轻击焊缝周围，使焊件应力松弛，直到焊缝温度下降到不烫手时，再引弧继续焊接下一段。工件较厚时应采用多层焊，后焊一层对先焊一层有退火软化作用。使用镍基焊条时，可先用它焊上两层，再用低碳钢焊条填满坡口，节约贵重的镍合金。多裂纹焊件用分散顺序焊补，即先焊支裂纹，再焊主裂纹，最后焊主要的止裂孔。焊缝经修整后，使组织致密。

对手工气焊冷焊时应注意采用"加热减应"焊补。"加热减应"又叫"对称加热"，就是在焊补时，另外用焊炬对焊件已选定的部件加热，以减少焊接应力和变形，这个加热部位就叫"减应区"。用"加热减应"焊补的关键，在于确定合适的"减应区"。"减应区"加热或冷却不影响焊缝的膨胀和收缩，它应选在零件棱角、边缘和筋等强度较大的部位。

c. 焊后处理。为缓解内应力，焊后工件必须保温和缓慢冷却；清除焊渣；检查质量。铸铁零件常用的焊补方法见表2-4。

表 2-4　铸铁零件常用的焊补方法

焊补方法		要　点	优　点	缺　点	适用范围
气焊	热焊	焊前预热至650～700℃，保温缓冷	焊缝强度高，裂纹、气孔少，不易产生白口，易于修复加工，价格较低	工艺复杂，加热时间长，易变形，准备工序成本高，修复期长	焊补非边角部位，焊缝质量要求高的场合
	冷焊	不预热，焊接过程中采用加热减应法	不易产生白口，焊缝质量好，基体温度低，成本低，易于修复加工	要求焊工技术水平高，对结构复杂的零件难以进行全方位焊补	焊补边角部位
电弧焊	冷焊	用铜铁焊条冷焊	变形小，焊缝强度高，焊条便宜，劳动强度低	易产生白口组织，切削加工性差	焊后不需加工的地方
		用镍基焊条冷焊	焊件变形小，焊缝强度高，焊条便宜，劳动强度低，切削加工性能好	要求严格	用于零件的重要部位、薄壁件修补，焊后需加工
		用纯铁芯焊条或低碳钢芯铁粉型焊条冷焊	焊接工艺性好，焊接成本低	易产生白口组织，切削加工性差	非加工面的焊接
		用高钒焊条冷焊	焊缝强度高，加工性能好	要求严格	用于焊补强度要求较高的厚件及其他部件
	半热焊	用钢芯石墨化焊条预热至400～500℃	焊缝强度与基体相近	工艺较复杂，切削加工性不稳	用于大型铸件，缺陷在中心部位，而四周刚度大的场合
	热焊	用铸铁芯焊条预热、保温、缓冷	焊后易于加工，焊缝性能与基体相近	工艺复杂、易变形	应用范围广泛

对于大、中型不重要或非受力的铸铁件，或焊后不再切削加工的零件，也可以采用低碳钢焊条进行冷焊。焊缝具有钢的化学成分，在钢与铸铁的交界区通常是不完全熔化区，易产生白口组织，这种焊缝强度低。为增加焊缝强度，在现场通常用加强螺钉法进行焊补，将螺钉插入焊补部分的边缘和坡口斜面上，如图2-26所示。

当铸铁件裂纹处的厚度小于12mm时，可不开坡口。厚度超过12mm时应开V形或X形坡口，其深度为裂纹深度的0.5～0.6倍。螺钉直径可按焊件厚度选择，一般是它的0.15～0.20倍，螺钉的插入深度为直径的1.5～2.0倍，螺钉的间距为直径的4～10倍，螺钉露出部分的长度等于直径，插入钉的数量要根据剪应力计算。若焊件不允许焊缝凸出表面时，则要开6～20mm深的沟槽，填满沟槽即可满足焊缝的强度。

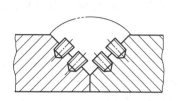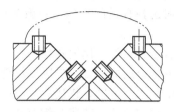

图 2-26　铸铁冷焊时的加强螺钉

（2）球墨铸铁　球墨铸铁比普通铸铁难焊。其主要原因如下。

① 作为球化剂的镁在焊补时极易烧损，使焊缝中的碳球化困难。同时，镁又是白口化元素，在焊补和焊后热处理不当时易使焊缝和熔合区产生白口。

② 球墨铸铁的弹性模量和体积收缩量均比普通铸铁大，焊补区产生的拉应力及因此而产生的裂纹倾向要比后者大得多。

为保证球墨铸铁零件的焊补质量，必须对焊补方法和工艺、焊接材料、焊后处理工艺等进行正确选择。

用钢芯球墨铸铁焊补时，焊条药皮中含有石墨化元素的球化剂，可使焊缝仍为球墨铸铁。使用这种焊条，工件需预热，小件 500℃ 左右，大件 700℃ 左右；焊后缓冷并热处理，正火时加热至 900～920℃，保温 2.5h，随炉冷至 730～750℃，保温 2h，取出空冷；或退火处理，加热至 900～920℃，保温 2.5h，随炉冷至 100℃ 以下出炉。

用镍铁焊条及高钒焊条冷焊时，最好也能适当预热至 100～200℃，焊后其焊缝的加工性能良好。用钇基重稀土铸芯球墨铸铁焊条，使用效果较好，焊补时用直流电，焊后要正火或退火处理。

气焊为球墨铸铁焊补提供了有利条件，可预热，防止白口产生，镁的蒸发损失少，宜用于质量要求较高的中小件焊修。

2. 有色金属

机械设备中常用的有色金属有铜及铜合金、铝及铝合金等。因它们的导热性高、线胀系数大、熔点低、高温状态下脆性较大、强度低、很容易氧化，所以可焊性差，焊补比较复杂和困难。

（1）铜及铜合金　其特点是：在焊补过程中，铜易氧化，生成氧化亚铜，使焊缝的塑性降低，促使产生裂纹；导热性强，比钢大 5～8 倍，焊补时必须用高而集中的热源；热胀冷缩量大，焊件容易变形，其内应力增大；合金元素的氧化、蒸发和烧损，使其改变合金成分，引起焊缝力学性能降低，产生热裂纹、气孔、夹渣；铜在液态时能溶解大量氢气，冷却时过多的氢气来不及析出，而在焊缝熔合区形成气孔，这是铜及合金焊补后常见的缺陷之一。

针对上述特点，要保证焊补的质量，必须重视以下问题。

① 焊补材料及其选择　目前国产的电焊条主要品种有：TCu（T107），用于焊补铜结构件；TCuSi（T207），用于焊补硅青铜；TCuSnA 或 TCuSnB（T227），用于焊补磷青铜、紫铜和黄铜；TCuAl 或 TCuMnAl（T237），用于焊补铝青铜及其他铜合金。气焊和氩弧焊焊补时用焊丝，常用的有：SCu-1 或 SCu-2（丝 201 或丝 202），适用于焊补紫铜；SCuZn-3（丝 221），适用于焊补黄铜。用气焊焊补紫铜和黄铜合金时，也可使用焊粉。

② 焊补工艺　焊补时必须做好焊前准备，对焊丝和焊件进行表面清理，开 60°～90° 的

V 形坡口。施焊时要注意预热，一般温度为 300～700℃，注意焊补速度，遵守焊补规范，锤击焊缝；气焊时选择合适的火焰，一般为中性焰；电弧焊则要考虑焊法。焊后要进行热处理。

（2）铝及铝合金　铝氧化比铜容易，它生成致密难熔的氧化铝薄膜，熔点很高，焊补时很难熔化，阻碍基体金属的熔合，易造成焊缝金属夹渣，降低力学性能及耐蚀性；铝的吸气性大，液态铝能溶解大量氢气，快速冷却凝固时，氢气来不及析出，易产生气孔；铝的导热性好，需要高而集中的热源；热胀冷缩严重，易产生变形；由于铝在固液态转变时无明显的颜色变化，焊补时不易根据颜色变化来判断熔池的温度；铝合金在高温下强度很低，焊补时易引起塌落和焊穿现象。以上是铝与铝合金焊补的特点，它是由其本身的一些特性决定的。

焊补铝及铝合金时，一般都采用与母材成分相近的标准牌号的焊丝。常用的有：丝 301（纯铝焊丝），焊补纯铝及要求不高的铝合金；丝 311（铝硅合金焊丝）通用焊丝，焊补铝镁合金以外的铝合金；丝 321（铝锰合金焊丝），用于焊补铝锰合金及其他铝合金；丝 331（铝镁合金焊丝），焊补铝镁合金及其他铝合金。

为了使焊补顺利进行，保证焊缝质量，在气焊焊补时需添加焊粉，消除气化膜及其他杂质，如气剂 401（CJ401）。

铝及铝合金焊补，以气焊应用最多。因为气焊设备简单、操作方便，但质量较差、变形较大，生产效率较低，不易掌握。主要用于耐蚀性要求不高、壁厚不大的小型铝合金工件的焊补。其气焊工艺是：进行焊前清理，用化学方法或机械方法清理工件焊接处和焊丝表面的油污杂质；开 V 形、X 形或 U 形坡口；焊补较大零件的裂纹在两端打止裂孔；背面用石棉板或紫铜板垫上，离焊补较近的边缘用金属板挡牢，防止金属溢流。施焊时需预热；采用小号焊嘴；中性焰或轻微碳化焰，忌使用氧化焰或碳化焰，避免氧化和使氢气带入熔池，产生气孔；注意焊嘴和焊丝的倾角；根据焊补厚度确定左焊或右焊；整条焊缝尽可能一次焊完，不要中断；特别注意加热温度。工件焊后应缓冷，待完全冷却后用热水刷洗焊缝附近，把残留焊粉熔渣冲净。

对于大型铝及铝合金件的焊补，宜用电弧焊。焊前准备同气焊工艺。常用的焊条有：L109，焊补纯铝及一般接头要求不高的铝合金；L209，焊补铝板、铝硅铸件、一般铝合金及硬铝；L309，用于纯铝、铝锰合金及其他铝合金工件的焊补。在电弧焊工艺中，主要是预热、烘干药皮；选择焊条直径和焊接电流；操作时，在保持电弧稳定燃烧的前提下，尽量用短弧焊、快速施焊，防止金属汽化，减少飞溅，增加熔透深度。电弧焊由于对电弧热调节和操作较困难，所以对焊工要求较高。

3. 钢

对钢工件进行焊补主要是为修复裂纹和补偿磨损尺寸。由于钢的种类繁多，所含各种元素在焊补时都会发生一定的影响，因此可焊性差别很大。其中以含碳量的变化最为显著。低碳钢和低碳合金钢在焊补时发生淬硬的倾向较小，有良好的可焊性；随着含碳量的增加，可焊性降低；高碳钢和高碳合金钢在焊补后因温度降低，易发生淬硬倾向，并由于焊区氢气的渗入，使马氏体脆化，易形成裂纹。焊补前的热处理状态对焊补质量也有影响，含碳或合金元素很高的材料都需经热处理后才能使用，损坏后如不经退火就直接焊补比较困难，易产生裂纹。钢件的裂纹可分为焊缝金属在冷却时发生的热裂纹和近焊缝区母材上由于脆化发生的冷裂纹两类。

（1）低碳钢　它的焊接性能良好，不需要采取特殊的工艺措施。手工电弧焊一般选用 J42 型焊条即可获得满意的结果。若母材或焊条成分不合格、碳偏高或硫过高、或在低温条件下焊补刚度大的工件时，有可能出现裂纹，在这种情况下要注意选用优质焊条，如J426、J427、J506、J507等，同时采用合理的焊补工艺，必要时预热工件。在操作时注意引弧、运焊条、焊缝的起头和收尾。在确定其工艺参数时要考虑电流、电压、焊条直径、电源种类和极性以及焊补速度等，避免缺陷的产生。气焊时一般选用与被焊金属相近的材料，不用气焊粉。操作时注意火焰选用及调整、点火和熄火、焊补顺序和操作方法等，防止缺陷产生。

（2）中碳钢　中碳钢焊补的主要困难是在焊缝内，特别是弧坑处非常容易产生热裂纹。其主要原因是在焊缝中碳和硫的含量偏高，特别是硫的存在。结晶时产生的低熔点硫化铁以液态或半液态存在于晶间层中形成极脆弱的夹层，一旦收缩即引起裂纹。在焊缝处，尤其是在近焊缝区的母材上还会出现冷裂纹。它是在焊后冷却到300℃左右或更低的温度时出现，有的甚至在冷却后经过若干时间后产生的。其主要原因是钢的含碳量增高后，淬火倾向也相应增大，母材近焊缝区受热的影响，加热和冷却速度都大，结果产生低塑性的淬硬组织。另外，焊缝及热影响区的含氢量随焊缝的冷却而向热区扩散，那里的淬硬组织由于氢的作用而碳化，即因收缩应力而导致裂纹产生。

还有一种是热应力裂纹，产生裂纹的部位经常在大刚度焊件薄弱断面上，例如厚板坡口中的第一二道焊缝、定位焊缝或母材减薄处，产生的时间是在冷却过程中。造成裂纹的主要原因是焊补区的刚性过大，使其不能自由收缩，产生巨大的焊补应力，焊件薄弱断面因承受不了焊补应力而开裂。

首先，要进行预热，预热是防止焊补中碳钢工件产生裂纹的主要措施，尤其是工件刚度较大时，预热有利于降低影响区的最高硬度，防止冷裂纹和热应力裂纹，改善接头塑性，减少焊后残余应力。通常，35钢和45钢的预热温度为150~200℃，最好整体预热。其次，要根据钢件的工作条件和性能要求选用合适的焊条，尽量选用抗裂性能较强的碱性低氢型焊条或铬镍不锈钢焊条。第三，设法减少母材熔入焊缝金属中的比例，采用V形坡口，第一层焊缝用小电流、慢焊速，注意母材熔透，避免产生夹渣和未熔合等缺陷。第四，避免焊补区受热过大和焊补区与焊件整体之间产生过大的温差。第五，焊后尽可能缓慢冷却，并进行低温回火，在电炉或其他密封炉内150~200℃的温度下保温2~4h，随炉冷却，消除部分焊补应力。

（3）高碳钢　这类钢的焊接特点与中碳钢基本相似。由于含碳量更高，焊后硬化和裂纹倾向更大，可焊性更差，因此焊补时对焊条的要求更高。一般的选用J506或J507；要求高的选用J607或J707。必须进行预热，且温度不低于350℃。为防止产生缺陷，尽量减少母材的熔化，用小电流慢速度施焊。焊后要进行热处理。

（二）堆焊

堆焊是焊接工艺方法的一种特殊应用。它的目的不是形成接头焊缝，而是在零件表面上堆敷一层金属，得到一定尺寸，弥补基体上的损失，或赋予零件表面一定的特殊性能，比新件更耐磨、耐蚀，从而节约材料和资金，延长使用寿命。

由于堆焊与焊接的任务不同，因此，在焊接材料的应用以及生产工艺上均有它本身的特点。但是，作为焊接工艺方法的一种特殊应用，堆焊的特殊实质、工艺原理、热过程以及冶金过程的基本规律和焊接并没有什么不同。绝大多数的熔焊方法均可用于堆焊，目前应用最广的有手工电弧堆焊、氧-乙炔堆焊、振动堆焊、埋弧堆焊、等离子弧堆焊等。

堆焊的主要工艺特点如下。

① 堆焊层金属与基体金属有很好的结合强度，堆焊层金属具有很好的耐磨性和耐蚀性。

② 堆焊形状复杂的零件时，对基体金属的热影响最小，防止焊件变形和产生其他缺陷。

③ 可以快速得到大厚度的堆焊层，生产效率高。

堆焊材料主要有焊条、焊丝和堆焊合金粉末。按药皮的不同，焊条分为代氢型、钛钙型和石墨型。按主要用途不同，可分为不同硬度的常温堆焊焊条、常温高锰钢焊条、合金铸铁堆焊焊条、碳化钨堆焊焊条、钴基合金堆焊焊条等。焊丝主要有管状焊丝和硬质合金堆焊焊丝。合金粉末主要有高硬度、高耐磨的镍基、钴基、铁基合金粉末以及高钴、高硅合金铸铁粉末等。关于它们的主要性能和用途可查阅有关手册和资料。

（三）喷焊

喷焊是在喷涂基础上发展起来的。它将喷涂层再进行一次重熔过程处理，与基体表层材料达到熔融状态，进一步形成更紧密的冶金结合层，在零件表面获得一层类似堆焊性能的涂层。喷焊可以看成是合金喷涂和金属堆焊两种工艺的复合，它克服了金属喷涂层结合强度和硬度低等缺陷，同时使用高合金粉末之后可使喷焊层具有一系列的特殊性能，这是一般堆焊所不易得到的。但是，喷焊又不同于堆焊，堆焊时基体的熔池较深且不规则，而喷焊基体表面的熔化层薄而均匀；喷焊与涂焊又有所区别，涂焊时工件表面未熔化，而喷焊表面产生熔化熔敷层。喷焊不仅用来修复表面磨损的零件，当使用合金粉喷焊时，能使修复件比新件更耐磨，而且它还可用于新零件表面的强化、装饰等，使零件的使用性能更好，寿命更长。因此，喷焊日益受到设计、制造和维修部门的重视，得到较广泛的应用。

（四）钎焊

钎焊是将熔点比基体金属低的材料作钎料，把它放在焊件连接处一同加热到高于钎料熔点而低于基体金属的熔点温度，利用熔化后液态钎料润湿基体金属，填充接头间隙，并与基体金属产生扩散作用而把分离的两个焊件连接起来的一种焊接方法。

钎焊具有温度低、对焊接件组织和力学性能影响小、接头光滑平整、工艺简单、操作方便等优点。但是又有接头强度低、熔剂有腐蚀作用等缺点。

钎焊适用于焊接薄板、薄管、硬质合金刀头及焊修铸铁件、电气设备等。

钎焊根据钎料熔化温度的不同分为两类。

① 软钎焊，即钎料的熔点在450℃以下进行钎焊。也称低温钎焊，如锡焊等。常用的钎料是锡铅焊料。

② 硬钎焊，用熔点高于450℃的钎料进行钎焊。常用的钎料有铜锌、铜磷、银基、铝基等，尤以前两种应用最广。

钎焊按采用的热源不同又分为火焰钎焊、炉中钎焊、高频钎焊等。

为了使工件焊接牢固，钎焊时必须要用熔剂。它的作用是熔解和清除零件钎焊部分表面的氧化物，保护钎焊零件表面不受氧化，改善液态钎料对焊件的润湿性。熔剂的选择应依基体金属的种类而定，选择不当会影响焊接质量。常用的熔剂有铝钎焊熔剂和银钎焊熔剂。软钎焊还可用松香或氯化锌等作熔剂。当用铜锌钎料时，也可用100％硼砂或50％硼砂加50％硼酸等作为熔剂。

最近，用锡铋合金钎焊机床导轨面的划伤和研伤取得了较好的技术经济效果。它是根据锡铋在常温下稳定、铋在熔融凝结后体积增大，加之锡铋合金熔点低、流动性好、焊条可自制、操作简便、硬度低于铸铁、焊缝可用刮刀修整等特点而获得广泛应用。

五、电镀

电镀是利用电解的方法，使金属或合金沉积在零件表面上形成金属镀层的工艺方法。电镀修复法不仅可以用于修复失效零件的尺寸，而且可以提高零件表面的耐磨性、硬度和耐腐蚀性以及其他用途等。电镀是修复机械零件的最有效方法之一，在机械设备维修领域中应用广泛。目前常用的电镀修复法有镀铬、镀铁和刷镀等。

(一) 镀铬

1. 镀铬层的性能及应用范围

镀铬层的优点是：硬度高（800～1000HV，高于渗碳钢、渗氮钢），摩擦系数小（为钢和铸铁的50%），耐磨性高（高于无镀铬层的2～50倍），热导率比钢和铸铁约高40%；具有较高的化学稳定性，能长时间保持光泽，抗腐蚀性强；镀铬层与基体金属有很高的结合强度。

镀铬层的主要缺点是性脆，它只能承受均匀分布的载荷，受冲击易破裂。而且随着镀层厚度增加，镀层强度、疲劳强度也随之降低。

镀铬层可分为平滑镀铬层和多孔性镀铬层两类。平滑镀铬层具有很高的密实性和较高的反射能力，但其表面不易储存润滑油，一般用于修复无相对运动的配合零件尺寸，如测量工具、冲压模和锻模等。而多孔性镀铬层的表面形成无数网状沟纹和点状孔隙，能储存足够的润滑油以改善摩擦条件，可修复具有相对运动的各种零件尺寸，如比压大、温度高、滑动速度大和润滑不充分的零件、切削机床的主轴、镗杆等。

镀铬层应用广泛，可用来修复零件尺寸和强化零件表面。但是，补偿尺寸不宜过大，通常镀铬层厚度控制在0.3mm以内为宜。镀铬层还可用来装饰和防护表面。许多钢制品表面镀铬，既可装饰又可防腐蚀。此时镀铬层的厚度通常很小（几微米）。但是，在镀防腐装饰性铬层之前应先镀铜或镍作底层。此外，镀铬层还有其他用途。例如在塑料和橡胶制品的压模上镀铬，改善模具的脱模性能等。但是必须注意，由于镀铬电解液是强酸，其蒸气毒性大，污染环境，劳动条件差，因此需采取有效措施加以防范。

2. 镀铬工艺

镀铬的一般工艺过程如下。

(1) 镀前表面处理

① 机械准备加工　为了得到正确的几何形状和消除表面缺陷并达到表面粗糙度要求，工件要进行准备加工和消除锈蚀，以获得均匀的镀层。

② 绝缘处理　不需镀覆的表面要作绝缘处理。通常先刷绝缘性清漆，再包扎乙烯塑胶带，工件的孔眼则用铅堵牢。

③ 除去油脂和氧化膜　可用有机溶剂、碱溶液等将工件表面清洗干净，然后进行弱酸蚀，以清除工件表面上的氧化膜，使表面显露出金属的结晶组织，增强镀层与基体金属的结合性。

(2) 施镀　工件装上挂具吊入镀槽进行电镀，根据镀铬层种类和要求选定电镀规范，按时间控制镀层厚度。设备修理中常用的电解液成分是 CrO_3，150～250g/L；H_2SO_4，0.75～2.5g/L；工作温度（温差±1℃）为55～60℃。

(3) 镀后检查和处理　镀后检查镀层质量，观察镀层表面是否镀满及色泽，测量镀层的厚度和均匀性。如果镀层厚度不合要求，可重新补镀。如果镀层有起泡、剥落、色泽不符合要求等缺陷时，可用10%盐酸化学溶解或用阳极腐蚀退除原铬层，重新镀铬。对镀铬厚度超过0.1mm的较重要零件应进行热处理，以提高镀层的韧性和结合强度。一般温度采用180～250℃，时间是2～3h，在热的矿物油或空气中进行。最后根据零件技术要求进行磨削加工，必要时进行抛光。镀层薄时，可直接镀到尺寸要求。

(二) 镀铁

在50℃以下至室温的电解液中镀铁的工艺，称之为低温镀铁。它具有可控制镀层硬度（30～65HRC）、提高耐磨性、沉积速度快（每小时0.60～1mm）、镀铁层厚度可达2mm、成本低、污染小等优点。

镀铁层可用于修复在有润滑的一般机械磨损条件下工作的动配合副的磨损表面和静配合

副的磨损表面，以恢复尺寸。但是，镀铁层不宜用于修复在高温或腐蚀环境、承受较大冲击载荷、干摩擦或磨料磨损条件下工作的零件。镀铁层还可以用于补救零件加工尺寸的超差。当磨损量较大，又需耐腐蚀时，可用镀铁层做底层或中间层补偿磨损的尺寸，然后再镀防腐蚀性好的镀层。

（三）刷镀

刷镀是在镀槽电镀基础上发展起来的新技术，在20世纪80年代初获得了迅速发展。过去用过很多名称，如涂镀、快速（笔涂）电镀、无槽电镀等，现国家标准称之为刷镀。刷镀是依靠一个与阳极接触的垫或刷提供电镀需要的电解液的电镀方法。电镀时，垫或刷在补镀的工件（阴极）上移动而得到需要的镀层。

1. 刷镀的工作原理

图2-27为刷镀的工作原理示意。刷镀时工件与直流电源的负极连接，刷镀笔与电源正极连接。刷镀笔上的阳极包裹着棉花和棉纱布，蘸上刷镀专用的电解液，与工件待镀表面接触并做相对运动。接通电源后，电解液中的金属离子在电场作用下向工件表面迁移，从工件表面获得电子还原为金属原子，结晶沉积在工件表面上形成金属镀层。随着时间延长，镀层逐渐增厚，直至达到所需的厚度。镀液可不断地蘸用，或用注射管、液压泵滴入。

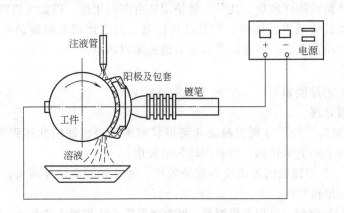

图 2-27　刷镀工作原理示意

2. 刷镀的特点

① 设备简单，工艺灵活，操作简便。工件尺寸形状不受限制，尤其是可以在现场不解体即进行修复，凡镀笔可触及的表面，不论盲孔、深孔、键槽均可修复，给设备维修或机加工超差件的修旧利废带来极大的方便。

② 结合强度比槽镀高，比喷涂更高。

③ 沉积速度快，一般为槽镀的5～50倍，辅助时间少，生产效率高。

④ 工件加热温度低，通常小于70℃，不会引起变形和金相组织变化。

⑤ 镀层厚度可精确控制，镀后一般不需机械加工，可直接使用。

⑥ 操作安全，对环境污染小，不含毒品，储运无防火要求。

⑦ 适应材料广，常用金属材料基本上都可用刷镀修复。焊接层、喷涂层、镀铬层等的返修也可应用刷镀技术。淬火层、氮化层不必进行软化处理便可进行刷镀。

3. 刷镀的应用范围

刷镀技术近年来推广很快，在机修领域其应用范围主要有以下几个方面。

① 恢复磨损或超差零件的名义尺寸和几何形状。尤其适用于精密结构或一般结构的精

密部分及大型、贵重零件不慎超差等的修复。常用于滚动轴承、滑动轴承及其配合面、键槽及花键、各种密封配合表面、主轴、曲轴和各种机体等。

② 修复零件的局部损伤。如划伤、凹坑、腐蚀等。

③ 改善零件表面的性能。如提高耐磨性、做新件防护层、氧化处理、改善钎焊性、防渗碳、防氮化、做其他工艺的过渡层（如喷涂、高合金钢槽镀等）。

④ 修复电气元件，如印刷电路板、触点、接头、开关及微电子元件等。

⑤ 用于除去零件表面部分金属层。如刻字、去毛刺、动平衡去重等。

⑥ 通常槽镀难以完成的项目，如盲孔、超大件、难拆难运件等。

⑦ 对文物和装饰品进行维修或装饰。

4. 刷镀溶液

刷镀溶液根据用途分为表面准备溶液、沉积金属溶液、去除金属用的溶液和特殊用途溶液。常用的表面准备溶液和刷镀溶液的性能和用途分别见表 2-5 和表 2-6。

表 2-5　常用表面准备溶液的性能和用途

名 称	代 号	主 要 性 能	适 用 范 围
电净液	SGY-1	无色透明，pH＝12～13，碱性，有较强的去油污能力和轻度的去锈能力，腐蚀性小，可长期存放	用于各种金属表面的电化学除油
1 号活化液	SHY-1	无色透明，pH＝0.8～1，酸性，有去除金属氧化膜的作用，对基体金属腐蚀小，作用温和	用于不锈钢、高碳钢、铬镍合金、铸铁等的活化处理
2 号活化液	SHY-2	无色透明，pH＝0.6～0.8，酸性，有良好导电性，去除金属氧化物和铁锈能力较强	用于中碳钢、中碳合金钢、高碳合金钢、铝及铝合金、灰铸铁、不锈钢等的活化处理
3 号活化液	SHY-3	浅绿色透明，pH＝4.5～5.5，酸性，导电性较差。对用其他活化液活化后残留的石墨及炭墨具有强的去除能力	用于去除经 1 号或 2 号活化液活化的碳钢、铸铁等表面残留的石墨（或炭墨）或不锈钢表面的污物

表 2-6　常用刷镀溶液的性能和用途

名 称	代 号	主 要 性 能	适 用 范 围
特殊镍	SDY101	深绿色，pH＝0.9～1，镀层致密，耐磨性好，与大多数金属都具有良好的结合力	用于铸铁、合金钢、镍、铬及铜、铝等的过渡层和耐磨表面层
快速镍	SDY102	蓝绿色，pH＝7.5，沉积速度快，镀层有一定的孔隙和良好的耐磨性	用于恢复尺寸和作耐磨层
低应力镍	SDY103	深绿色，pH＝3～3.5，镀层致密孔隙少，具有较大压应力	用于组合镀层的"夹心层"和防护层
镍钨合金	SDY104	深绿色，pH＝1.8～2，镀层较致密，耐磨性很好，有一定的耐热性	用于耐磨工作层，但不能沉积过厚，一般限制在 0.03～0.07mm
快速铜	SDY401	深蓝色，pH＝1.2～1.4，沉积速度快，但不能直接在钢铁零件上刷镀，镀前需用镍打底层	用于镀厚及恢复尺寸
碱性铜	SDY403	紫色，pH＝9～10，镀层致密，在铝、钢、铁等金属上具有良好的结合强度	用于过渡层和改善表面性能，如改善钎焊性、防渗碳、防氮化等

5. 刷镀设备

刷镀的主要设备是专用直流电源和镀笔，此外还有一些辅助器具和材料。目前 SD 型刷镀电源应用广泛，它具有使用可靠、操作方便和精度高等特点。电源的主电路供给无级调节的直流电源，控制线路中有快速过流保护装置、安培小时计及各种开关仪表等。

刷镀笔由导电手柄和阳极组成，常见结构如图 2-28 所示。刷镀笔上阳极的材料最好选用高纯细结构的石墨。为适应各种表面的刷镀，石墨阳极可做成圆柱、半圆、月牙、平板和方条等各种形状。不论采用何种结构形状的阳极，都必须用适当材料包裹，形成包套以储存镀液，并防止阳极与镀件直接接触短路。同时，又对阳极表面腐蚀下来的石墨微粒和其他杂质起过滤作用。常用的阳极包裹材料主要是医用脱脂棉和涤棉套管等。包裹时要紧密均匀、可靠，以免使用时出现松脱现象。

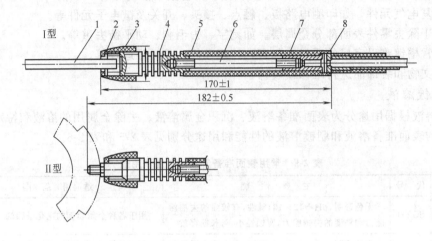

图 2-28　SDB-1 型导电柄

1—阳极；2—"O"形密封圈；3—锁紧螺母；4—柄体；5—尼龙手柄；6—导电螺柱；7—尾座；8—电缆插头

6. 刷镀工艺过程

(1) 镀前准备　清整工件表面至光洁平整，如脱脂除锈、去掉飞边毛刺等。预制键槽和油孔的塞堵。如需机械加工时，应在满足修整加工目的的前提下，去掉的金属越少越好（以节省镀液），磨得越光越好（以提高镀层的结合力），其表面粗糙度值一般不高于 $Ra1.6\mu m$。

(2) 电净　在上述清理的基础上，还必须用电净液进一步通电处理工作表面。通电使电净液成分离解，形成气泡，撕破工件表面油膜，达到脱脂的目的。电净时镀件一般接于电源负极，但对疲劳强度要求甚严的工件，则应接于电源正极，旨在减少氢脆。电净时的工作电压和时间应根据工件的材质和表面形状而定。电净的标准是，冲水时水膜均匀摊开。

(3) 活化　电净之后紧接着是活化处理。其实质是除去工件表面的氧化膜，使工件表面露出纯净的金属层，为提高镀层与基体之间的结合力创造条件。活化时，工件必须接于电源正极，用刷镀笔蘸活化液反复在刷镀表面刷抹。低碳钢处理后，表面应呈均匀银灰色，并无花斑。中碳钢和高碳钢的活化过程是，先用 2 号活化液活化至表面呈灰黑色，再用 3 号活化液活化至表面呈均匀银灰色。活化后，工件表面用清水彻底冲洗干净。

(4) 刷过渡层　活化处理后，紧接着就刷镀过渡层。过渡层的作用主要是提高镀层与基体的结合强度及稳定性。常用的过渡层镀液有特殊镍和碱性铜。碱性铜适用于改善钎焊性或需防渗碳、防渗氮以及需要良好电气性能的工件，碱性铜过渡层的厚度限于 0.01～0.05mm。其余一般采用特殊镍作过渡层，为了节约成本，通常只需刷镀 $2\mu m$ 厚即可。

(5) 刷工作层　视情况选择工作层并刷镀到所需厚度。刷镀时单一镀层厚度不能过大，否则镀层内残余应力过大可能使镀层产生裂纹或剥离。根据实践经验，单一刷镀层的最大允许厚度列于表 2-7 中，供刷镀时参考。当需要刷镀大厚度的镀层时，可采用分层刷镀的方法。这种镀层是由两种乃至多种性能的镀层按照一定的要求组合而成的，因而称为组合镀层。采用组合镀层具有提高生产率，节约贵重金属，提高经济性等效果。但是，组合镀层的最外一层必须是所选用的工作镀层。

表 2-7 单一刷镀层的最大允许厚度   mm

刷 镀 液 种 类	平 面	外 圆 面	内 孔 径
特殊镍	0.03	0.06	0.03
快速镍	0.03	0.06	0.05
低应力镍	0.30	0.50	0.25
镍钨合金	0.03	0.06	0.05
快速铜	0.30	0.50	0.25
碱性铜	0.03	0.05	0.03

（6）刷镀后的检查和处理　刷镀后清洗干净工件上的残留镀液并干燥，检查镀层色泽及有无起皮、脱层等缺陷，测量镀层厚度，需要时送机械加工。若工件不再加工或直接使用，应涂防锈液。

六、粘接

应用粘接剂对失效零件进行修补或连接，恢复零件使用功能的方法称为粘接修复法。近年来粘接技术发展很快，在机械设备修理中已得到越来越广泛的应用。

（一）粘接工艺的特点

粘接工艺具有如下优点。

① 不受材质限制，各种相同或异种材料均可粘接。

② 粘接的工艺温度不高，不会引起母材金相组织的变化和热变形，不会产生裂纹等缺陷，因而可以粘补铸铁件、铝合金件和薄件、细小件等。

③ 粘接时不破坏原件强度，不易产生局部应力集中。与铆接、螺纹连接、焊接相比，减轻结构质量 20%～25%，表面美观平整。

④ 工艺简便，成本低，工期短，便于现场修复。

⑤ 胶缝有密封、耐磨、耐腐蚀和绝缘等性能，有的还具有隔热、防潮、防震减震性能。两种金属间的胶层还可防止电化学腐蚀。

其缺点是：不耐高温（一般只有 150℃，最高 300℃，无机胶除外）；抗冲击、抗剥离、抗老化性能差；粘接强度不高（与焊接、铆接比）；粘接质量的检查较困难。所以，要充分了解粘接工艺特点，合理选择粘接剂和粘接方法，使其在修理工作中充分发挥作用。

（二）粘接方法

① 热熔粘接法　该法利用电热、热气或摩擦热将粘接面加热熔融，然后叠合加上足够的压力，直到冷却凝固为止。主要用于热塑性塑料之间的粘接，大多数热塑性塑料表面加热到 150～230℃ 即可进行粘接。

② 熔剂粘接法　非结晶性无定形的热塑性塑料、接头加单纯溶剂或含塑料的溶液，使表面熔融，从而达到粘接目的。

③ 粘接剂粘接法　利用粘接剂将两种材料或两个零件粘接在一起，达到所需的强度。该法应用最广，可以粘接各种材料，如金属与金属、金属与非金属、非金属与非金属等。

粘接剂品种繁多，其分类方法也很多。按粘料的化学成分可分为有机粘接剂和无机粘接剂；按原料来源分为天然粘接剂和合成粘接剂；按粘接接头的强度特性分为结构粘接剂和非结构粘接剂；按粘接剂状态分为液态粘接剂和固体粘接剂；粘接剂的形状有粉状、棒状、薄膜、糊状及液体等；按热性能分为热塑性粘接剂与热固性粘接剂等。

　　天然粘接剂组成简单，合成粘接剂大都由多种成分配合而成。通常由具有黏性和弹性的天然材料或高分子材料的基料加入固化剂、增塑剂、增韧剂、稀释剂、填充剂、偶联剂、溶剂、防老剂等添加剂。这些添加剂是否加入，视粘接剂的性质和使用要求而定。合成粘接剂又可分为热塑性（如丙烯酸酯、纤维素聚酚氧、聚酰亚铵）、热固性（如酚醛、环氧、聚酯、聚氨酯）、橡胶（如氯丁、丁腈）以及混合型（如酚醛-丁腈、环氧-聚硫、酚醛-尼龙）等。其中环氧树脂粘接剂对各种金属材料和非金属材料都有较强的粘接能力，具有良好的耐水性、耐有机溶剂性、耐酸碱与耐腐蚀性，收缩性小，电绝缘性能好，应用最为广泛。表 2-8 中列出了机械设备修理中常用的几种粘接剂。

表 2-8　机械设备修理中常用的粘接剂

类别	牌　号	主要成分	主要性能	用　　途
通用胶	HY-914	环氧树脂,703 固化剂	双组分,室温快速固化,中强度	60℃以下金属和非金属材料粘补
	农机 2 号	环氧树脂,二乙烯三胺	双组分,室温固化,中强度	120℃以下各种材料
	KH-520	环氧树脂,703 固化剂	双组分,室温固化,中强度	60℃以下各材料
	JW-1	环氧树脂,聚酰胺	三组分,60℃、2h 固化,中强度	60℃以下各材料
	502	α-氰基丙烯酸乙酯	单组分,室温快速固化,低强度	70℃以下受力不大的各种材料
结构胶	J-19C	环氧树脂,双氰胺	单组分,高温加压固化,高强度	120℃以下受力大的部位
	J-04	钡酚醛树脂丁腈橡胶	单组分,高温加压固化,高强度	250℃以下受力大的部位
	204(JF-1)	酚醛-缩醛有机硅酸	单组分,高温加压固化,高强度	200℃以下受力大的部位
密封胶	Y-150 厌氧胶	甲基丙烯酸	单组分,隔绝空气后固化,低强度	100℃以下螺纹堵头和平面配合处紧固密封堵漏
	7302 液体密封胶	聚酯树脂	半干性,密封耐压 3.92MPa	200℃以下各种机械设备平面法兰螺纹连接部位的密封
	W-1 密封耐压胶	聚醚环氧树脂	不干性,密封耐压 0.98MPa	用于连接部位的防漏和密封

（三）粘接工艺

　　① 粘接剂的选用　选用粘接剂时主要考虑被粘接件的材料、受力情况及使用的环境，并综合考虑被粘接件的形状、结构和工艺上的可能性，同时应成本低、效果好。

　　② 接头设计　在设计接头时，应尽可能使粘接接头承受或大部分承受剪切力；尽可能避免剥离和不均匀扯离力的作用；尽可能增大粘接面积，提高接头承载能力；尽可能简单实用，经济可靠。对于受冲击或承受较大作用力的零件，可采取适当的加固措施，如铆接、螺纹连接等形式。

　　③ 表面处理　其目的是获得清洁、粗糙、活性的表面，以保证粘接接头牢固。它是整个粘接工艺中最重要的工序，关系到粘接的成败。

　　表面清洗可先用干布、棉纱等除尘、清除厚油脂，再以丙酮、汽油、三氯乙烯等有机溶剂擦拭，或用碱液处理脱脂去油。用锉削、打磨、粗车、喷砂、电火花拉毛等方法除锈及氧化处理层，并可粗化表面。其中喷砂的效果最好。金属件的表面粗糙度以 $Ra12.5\mu m$ 为宜。经机械处理后，再将表面清洗干净，干燥后待用。

　　必要时还可通过化学处理使表面层获得均匀、致密的氧化膜，以保证粘接表面与粘接剂形成牢固的结合。化学处理一般采用酸洗、阳极处理等方法。钢、铁与天然橡胶粘接时，若在钢、铁表面进行镀铜处理，可大大提高粘接强度。

　　④ 配胶　不需配制的成品胶使用时摇匀或搅匀，多组分的胶配制时要按规定的配比和调制程序现用现配，在使用期内用完。配制时要搅拌均匀，并注意避免混入空气，以免胶层内出现气泡。

　　⑤ 涂胶　应根据粘接剂的不同形态选用不同的涂布方法。如对于液态胶，可采用刷涂、

刮涂、喷涂和用滚筒涂布等方法。涂胶时应注意保证胶层无气泡、均匀而不缺胶。涂胶量和涂胶次数因胶的种类不同而异，胶层厚度宜薄。对于大多数粘接剂，胶层厚度控制在0.05～0.2mm范围内为宜。

⑥ 晾置　含有溶剂的粘接剂，涂胶后应晾置一定时间，以使胶层中的溶剂充分挥发，否则固化后胶层内产生气泡，降低粘接强度。晾置时间的长短，温度的高低都因胶而异，应按各自的规定严格把握。

⑦ 固化　晾置好的两个被粘接件可用来进行合拢、装配和加热、加压固化。除常温固化胶外，其他胶几乎均需加热固化。即使是室温固化的粘接剂，提高其粘接温度也对粘接效果有益。固化时应缓慢升温和降温。升温至粘接剂的流动温度时，应在此温度保温 20～30min，使胶液在粘接面充分扩散、浸润，然后再升至所需温度。固化温度、压力和时间应视粘接剂的具体类型而定。加温时可使用恒温箱、红外线灯、电炉和电感应加热等方法。

⑧ 质量检验　粘接件的质量检验有破坏性检验和无损检验两种。破坏性检验是测定粘接件的破坏强度。在实际生产中常用无损检验，一般通过观察外观和敲击听声音的方法进行检验，其准确性很大程度上要取决于检验人员的经验。近年来，一些先进技术如声阻法、激光全息摄影、X光检验等也用于粘接件的无损检验，取得了很大进展。

⑨ 粘接后的加工　有的粘接件粘接后还要通过机械加工或钳工加工至技术要求。加工前应进行必要的倒角、打磨，加工时应控制切削力和切削温度。

第六节　修复工艺选择和工艺规程的制订

在机械设备维修中，充分利用修复技术，选择合理的修复工艺，制订修复工艺规程，具有重要意义。

一、对修复零件的基本要求

① 修复后能保持或恢复零件原有技术要求，包括尺寸、几何形状、相互位置精度、表面粗糙度、硬度以及其他力学性能。

② 修复后必须保持或恢复足够的强度和刚度，满足使用要求。

③ 修复后其耐用度至少应维持一个修理间隔期。

④ 修复的成本要低于新件的制造成本。

二、几种主要修复工艺的优缺点及应用范围

前面已介绍了几种主要修复工艺，但是为便于对它们进行比较，以便合理选择使用，现列表简要归纳它们的优缺点及应用范围，见表2-9。

表 2-9　几种修复工艺的优缺点及应用范围

修复工艺	优　点	缺　点	应 用 范 围
镶套法	可恢复零件的名义尺寸,修复质量较好	降低零件强度,加工较复杂,精度要求和成本较高	适用于磨损较大场合,如气缸、壳体、轴承孔、轴颈等部位
修理尺寸方法	工艺简单,修复质量好,生产率高,成本低	改变了零件尺寸和重量,需供应相应尺寸配件,配合关系复杂,零件互换性差	发动机上重要配合件,如气缸和活塞、曲轴和轴瓦、凸轮轴和轴套、活塞销和铜套等
压力加工法	不需要附加的金属消耗,不需要特殊设备,成本较低,修复质量高	修复次数不能过多,劳动强度较大,加热温度不易掌握,有些零件结构限制此应用,强度有所降低	适用于设计时留有一定的"储备金属",以补偿磨损的零件,如气门、活塞销、犁铲等

续表

修复工艺		优 点	缺 点	应用范围
喷涂	金属线材喷涂	生产率较高,涂层耐磨性较好,热影响极小,零件基本上不变形	结合强度低,涂层本身强度较低,金属丝利用率较低,疲劳强度降低	适用于要求结合强度不高的轴类零件,也可喷涂修复直径较大的内孔,主要用于曲轴修复
	氧-乙炔焰粉末喷涂	工艺简单,涂层质量和耐磨性能决定于粉末质量,热影响较小	对金属粉末的粒度和质量要求较严,粉末的价格较贵,结合强度较低	适用于修复各种要求结合强度不高的磨损部位,也可修复内孔,如曲轴、缸套
	等离子粉末喷涂	弧焰温度高,气流速度大,惰性气体保护,涂层质量高,耐磨性好,结合强度高,热影响小	设备和工艺较复杂,粉末成本高,惰性气体供应点少,对安全保护要求较严,推广受到一定限制	适用于修复各种零件的耐磨、耐蚀表面,如轴颈、轴孔、缸套等,有广阔的发展前途
堆焊	手工电弧堆焊	设备简单、适应性强、灵活机动,采用耐磨合金堆焊能获得高质量的堆焊层,可焊补铸铁	生产率低,劳动强度、变形和加工余量大,成本较高,修复质量主要取决于焊条和工人的技术水平	用于磨损表面的堆焊及自动堆焊难以施焊的表面或没有自动堆焊的情况下,适用范围广
	振动堆焊	热影响和变形小,结合强度高,焊后不需热处理,工艺简单、成本低	疲劳强度较低,硬度不均匀,易出现气孔和裂纹,噪声较大,飞溅较多	机械设备的大部分圆柱形零件都能堆焊,可焊内孔、花键、螺纹等
	埋弧堆焊	质量好,力学性能较高,气孔、裂纹等缺陷较少,热影响小,变形小,生产率高,成本低	需要专用焊丝,低碳、锰硅含量较高,飞溅较多,设备较复杂,需要二氧化碳气体供应系统	应用较广,可堆焊各种轴颈、内孔、平面和立面,尤其是适用堆焊小直径零件、铸铁件等
	等离子弧堆焊	弧柱温度高,可焊焊难熔金属,零件变形小,堆焊质量和耐磨性好,可延长零件使用寿命	设备较复杂,粉末堆焊时,制粉工艺较复杂,目前生产惰性气体的单位少,对安全保护要求较严	用于耐磨损、耐高温、耐腐蚀及其他有特殊性能要求的表面堆焊,如气门、犁铲和重要的轴类零件等
氧-乙炔火焰喷焊		增加了重熔工艺,结合强度较高,工艺较简单、灵活	热影响较大,零件易变形,对金属粉末质量要求较严,粉末熔点低于1100℃	适用于修复较小的零件,如气门、油泵凸轮等
电镀	镀铬	镀层强度高,耐磨性好,结合强度较高,质量好,无热影响	工艺复杂,成本高,沉积速度较慢,镀层厚度有限制,污染严重,安全保护要求严	适用于修复质量较高、耐磨损和修复尺寸不大的精密零件,如轴承、柱塞、活塞销等
	镀铁	镀层沉积速度高,电流效率高,耐磨性好,结合强度较高,无热影响	工艺较复杂,对合金钢零件结合强度不稳定,镀层的耐腐蚀、耐高温性能差	适于修复各种过盈配合零件和一般的轴颈用内孔,如曲轴等
刷镀		基体金属性质不受影响,不变形,不用镀槽,设备简单、零件尺寸不受限制,工艺灵活,操作方便,镀后不需加工	不适宜大面积、大厚度、低性能的镀层,更不适于大批量生产	适用于小面积、薄厚度、高性能镀层,局部不解体,现场维修,修补槽镀产品的缺陷,各种轴类、机体、模具、轴承、键槽、密封表面等修复
粘接		工艺简单,不需复杂设备,适用性强,修复质量好,无热影响,节约金属,成本低,易推广	粘接强度和耐高温性能尚不够理想,工艺严格,工艺过程复杂	适用于粘补壳体零件的裂纹,离合器片,密封堵漏,代替过盈配合,防松紧固,应用范围广

三、修复工艺的选择原则

合理选择修复工艺是维修中的一个重要问题,特别是对于一种零件存在多种损坏形式或一种损坏形式可用几种修复工艺维修的情况下,选择最佳修复工艺显得更加必要。在选择和确定合理的修复工艺时,要保证质量,降低成本,缩短周期,从技术经济观点出发,结合本单位的实际生产条件,需考虑以下原则。

(一) 工艺合理

采用的修复工艺应能满足待修零件的修复要求,并能充分发挥该工艺的特点。

1. 工作条件

载荷、速度、温度、润滑、配合、工作面间介质等不同,采用的修复工艺也应不一样。例如,气缸气门口间的裂纹,一般用粘接;而后桥和变速箱壳体、轴承座孔间的裂纹,就不能用粘接修复；缸盖气门口间的裂纹，因工作温度高，也不能用一般的粘接法修复，而需要用栽丝和打孔灌注无机粘接剂相结合，或用焊补法修复。滑动配合的零部件表面，承受的接触应力较高，只有镀铬、喷焊、堆焊等工艺可满足；承受冲击载荷的零件，宜采用喷焊、堆焊工艺。

2. 磨损程度

各种零件由于磨损程度不同，修复时要补偿的修复层厚度也各有所异。因此，必须掌握各种修复工艺所能达到的修复层厚度。表 2-10 是几种常用修复工艺能达到的修复层厚度。当零件的直径磨损量超过 1mm 时，用镀铬修复显然是不合适的。

表 2-10　常用修复工艺能达到的修复层厚度

修复工艺	修复层厚度/mm	修复工艺	修复层厚度/mm
镀铬	0.05～1.0	手工电弧堆焊	0.1～3.0
低温镀铁	0.1～5.0	振动堆焊	0.5～3.0
镀铜	0.1～5.0	埋弧堆焊	0.5～20.0
刷镀	0.001～2.0	等离子弧堆焊	0.5～5.0
氧-乙炔焰喷涂	0.05～2.0	氧-乙炔火焰喷焊	0.5～5.0
金属喷涂	0.1～3.0	钎焊	0.03～5.0
粘接	0.05～3.0		

3. 零件特征

它包括零件材料、尺寸、结构、形状及热处理等。几种修复工艺对常用材料的适用范围见表 2-11。

表 2-11　修复工艺对常用材料的适用范围

修复工艺	低碳钢	中碳钢	高碳钢	合金结构钢	不锈钢	灰铸钢	铜合金	铝
镀铬	＋	＋	－	－		＋		
镀铁	＋	＋	＋	＋	－	＋		
镀铜	＋	＋	＋	＋	＋			
气焊	＋	＋	＋	＋	＋			
手工电弧堆焊	＋	＋	－	＋	＋			
振动堆焊	＋	＋	＋	－	＋	－		
埋弧堆焊	＋	＋	＋	＋				
等离子弧堆焊	＋	＋	＋	＋	－			
金属喷涂	＋	＋	＋	＋	＋	＋	＋	＋
氧-乙炔火焰喷焊	＋	＋	－	＋	＋			
钎焊	＋	＋	＋	＋	＋	＋	＋	
粘接	＋	＋	＋	＋	＋	＋	＋	＋
金属扣合			＋			＋		
塑性变形	＋	＋					＋	＋

注："＋"表示修复效果良好；"－"表示能修复，但需要采取一些特殊措施；空格表示不适用。

例如：喷涂工艺在零件材质上的适用范围较宽，对绝大部分黑色金属及合金均适用；对少数有色金属及合金（紫铜、钨合金、钼合金等）喷涂则较困难，主要是这些材料的热导率很大，喷涂材料不适用于喷焊。球墨铸铁曲轴的可焊性较差，用堆焊修复就不如用等离子喷涂或低温镀铁效果好。

零件本身的尺寸结构和热处理特性限制了某些工艺的采用。例如：直径较小的零件用埋弧堆焊和金属喷涂修复就不合适；平面用喷涂法修复其结合强度更低；用堆焊法修复零件，不可避免地会破坏零件的热处理状态；轴上螺纹车小时，要考虑螺母的拧入是否受到附近轴径尺寸较大部位的限制；电动机端盖轴承孔磨损，不宜用镶套法修复。

4. 精度和性能

修复工艺对零件的精度及力学性能均有不同程度的影响，选择修复工艺就应考虑修复层的硬度、加工性、耐磨性、密实性、精度等。例如，要保持磨合面的润滑性能，提高零件的耐磨性，可采用多孔镀铬、镀铁、喷涂、振动堆焊等工艺；电镀、喷涂、粘接等工艺对零件的组织几乎没有影响，受热变形也很小；而电弧焊、气焊、堆焊等工艺，由于高温使热影响区的金属组织及力学性能要发生变化，所以只适用于焊修后需要加工整形的零件、未淬硬及焊后要进行热处理的零件。

(二) 经济合算

所谓经济合算，是指不只单纯考虑工艺的直接消耗，即修复费用低，同时还要考虑零件的使用寿命。通常用下式比较：

$$S_修/T_修 \leqslant S_新/T_新$$

式中　$S_修$——修复旧件的费用，元；

　　　$T_修$——零件修复后的使用期，h 或 km；

　　　$S_新$——新件的制造费用，元；

　　　$T_新$——新件的使用期，h 或 km。

上式说明，若修复件的单位使用寿命所需用的修复费用低于新制造件的单位使用寿命所需用的制造费用，则可认为选用的修复工艺是经济的。但是，还要注意考虑因缺乏备品配件而停机停产造成的经济损失情况。这时即使所采用的修复费用较高，若从整体的经济方面分析还可取，则应不受上式限制。有的工艺虽然修复成本很高，但其使用寿命却高出新件很多，则也应认为是经济合算的工艺。

(三) 效率提高

修复工艺的生产效率可用自始至终各道工序时间的总和表示。总时间越长，工艺效率就越低。以车轮轮缘修复工艺为例，镶焊或锻焊成的钢圈，从制圈到装配焊成需要多道工序、多种设备，生产效率低；而用堆焊法修复，省略气割和焊接钢圈两道工序，直接将金属丝熔化在轮缘上，不仅效率提高了，而且车轮的力学性能也得到改善。

(四) 生产可能

选择修复工艺时，还要注意本单位现有的生产条件、修复技术水平、协作环境，考虑修复工艺的可行性。同时，努力创造条件，不断更新现有的修复技术，推广和采用先进的修复工艺。

总之，选择修复工艺时，不能只从一个方面考虑问题，而应综合分析比较，从中确定最优方案，直至做到工艺上合理、经济上合算、生产上可能。

四、修复工艺规程的制订

(一) 调查研究

① 查明零件存在缺陷的部位、性质、损坏程度。

② 分析零件的工作条件、材料、结构和热处理等情况。

③ 明确修复技术要求。

④ 根据本单位的具体情况，比较各种修复工艺的特点。

(二) 确定修复方案

在调查研究的基础上，根据零件各损坏部位的情况和修复工艺的适用范围以及工艺选择原则，确定合理的修复方案。

（三）制订修复工艺规程

修复方案确定后，按一定原则拟订先后顺序，形成修复工艺规程，并注意以下问题。

1. 合理编排顺序

① 变形较大的工序应排在前面，电镀、喷涂等工艺一般在压力加工和堆焊修复后进行。

② 零件各部位修复工艺相同时，应安排在同一工序中进行，减少被加工零件在同一车间多次往返。

③ 精度和表面质量要求高的工序应排在最后。

2. 保证精度要求

① 尽量使用零件在设计和制造时的基准。

② 原设计和制造的基准被破坏，必须安排对基准面进行检查和修正的工序。

③ 当零件有重要的精加工表面不修复，且在修复过程中不会变形，可选该表面为基准。

3. 保证足够强度

① 零件的内部缺陷会降低疲劳强度，因此对重要零件在修复前后都要安排探伤工序。

② 对重要零件要提出新的技术要求，如加大过渡圆角半径、提高表面质量、进行表面强化等，防止出现疲劳断裂。

4. 安排平衡试验工序

为保证高速运动零部件的平衡，必须严格规定平衡试验工序。例如曲轴修复后应做动平衡试验。

5. 保证适当硬度

必须保证零部件的配合表面具有适当的硬度，绝对不能为便于加工而降低修复表面的硬度；也要考虑某些热加工修复工艺会破坏不加工表面的热处理性能而降低硬度。

① 保护不加工表面热处理部分。

② 最好选用不需热处理就能得到高硬度的工艺，如镀铬、镀铁、等离子弧喷焊、氧-乙炔火焰喷焊等。

③ 当修复加工后必须进行热处理时，尽量采用高频淬火。

复习思考题 ◀◀◀

1. 内燃机拆卸的一般原则是什么？拆卸的注意事项有哪些？

2. 简述 4135 柴油发电机组的拆卸步骤。

3. 零件检验的方法有哪几种？

4. 简述壳体类零件检验的基本方法。

5. 轴类零件是怎样检验的？

6. 怎样检验内燃机上的滚动轴承？

7. 机械零件的主要修复方法有哪些？

8. 零件机械加工的方法有哪些？

9. 对零件修复的基本要求是什么？

10. 零件修复工艺的选择原则有哪些？

第三章
曲柄连杆机构的检验与修理

曲柄连杆机构的功用是：将燃料燃烧所释放的热能转化为机械能，将活塞的往复直线运动转变成曲轴的旋转运动，并向输出装置输出动力。其组成部件包括气缸体、气缸盖、气缸（套）、活塞连杆组和曲轴飞轮组等。这些零件都是内燃机的主体机件，其大部分零件运动速度高，受力大，而且这些力的大小和方向时刻变化，润滑条件也较差，在工作时零件容易受磨损。因此，在长期工作中，就不可避免地产生这样或那样的故障，尤其在使用维护和修理不当时，产生故障的机会就更多。鉴于上述原因，本章着重讲述曲轴连杆机构各零件的磨损原因、规律及检修技能。其中，以气缸（套）磨损的检验与修理、活塞销与活塞销座孔的修配、活塞销与连杆衬套的修配以及轴瓦的选配与刮削为重点。

第一节　气缸体与气缸盖的检验与修理

气缸体和气缸盖的常见失效形式有不同位置的裂纹、平面变形、水道口腐蚀和螺孔损坏等。本节将分别讨论这几种失效形式产生的原因、检验及修理方法。

一、气缸体和气缸盖裂纹的检验与修理

气缸体和气缸盖裂纹会导致冷却液或机油泄漏，影响内燃机的工作，甚至造成气缸体或气缸盖报废。

（一）裂纹产生的原因

气缸体与气缸盖产生裂纹的部位往往与它们的结构有关，不同形式的发动机出现裂纹的部位有它一定的规律性。总体说来，裂纹产生的原因不外乎三个方面。

1. 设计和制造方面的缺陷

① 一些改进型发动机是强化机型，其转速和功率较原发动机显著提高。在高转速下，发动机受到的惯性力和应力也增大，易出现裂纹。

② 气缸体结构复杂，各处壁厚不均匀，在一些薄弱部位刚度低，易出现裂纹。

③ 加工部位与未加工部位、壁厚不同部位过渡处都将产生应力集中，当这些应力与铸造时的残余应力叠加时，也易产生裂纹。

2. 使用不当

① 在寒冷的冬季，没有使用防冻液或停机后没有及时放出冷却水，致使水套内的冷却水结冰而发生冻裂；或在严寒的冬季，骤加高温热水而炸裂。

② 在内燃机处于高温工作状况下突然加入冷水，造成气缸体和气缸盖热应力过大，致使气缸体和气缸盖产生裂纹。

③ 在拆装或搬运中不慎，使气缸体或气缸盖严重受震或碰撞而产生裂纹。

④ 机器运转中，材料受到过高的热应力。

比如，内燃机长时间超负荷工作，造成缸体内应力增大；水套中的水垢过厚，减少了冷却水的通过面积，而且水垢的传热性差，降低了发动机的散热性能，特别是气缸之间、气门座之间以及进、排气孔附近的水道被阻塞后，严重影响它的散热，使局部工作温度升高，热应力过大，以致产生裂纹。

⑤ 在未充分暖机的情况下，迅速增加负荷，致使气缸体和气缸盖冷热变化剧烈且不均匀，以致产生裂纹。

3. 修理质量不高

在维修中，未能严格执行工艺要求，如气缸盖螺母未能按规定顺序和力矩拧紧、拧紧力不均匀，用不符合规定的气缸盖螺母等；在镶配气门座圈时，没有根据气门座的材料及加工精度等选用适当的压入过盈量等，也会使其产生裂纹。

拧紧气缸盖螺母要用读数准确的扭力扳手，按先中间后两边，分2～3次（如135系列柴油机气缸盖螺母的规定力矩为245～265N·m，第一次可拧到10N·m；第二次可拧到20N·m；第三次可拧到规定力矩）对称地拧紧到规定的力矩（图3-1）。对重装气缸盖的发动机在第一次走热后，还须按上述要求再拧一次气缸盖螺母以达到规定的力矩，待发动机冷却后重新调整一次气门间隙。

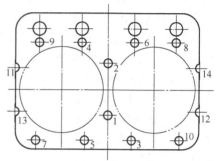

图 3-1 气缸盖螺母拧紧顺序

拆卸气缸盖螺母的顺序与上述顺序刚好相反，按先两边后中间的顺序，分2～3次对称地拧松。千万不要为了方便，一次性地把螺母卸掉。

（二）裂纹的检验方法

气缸体和气缸盖是不允许有裂纹存在的，否则就会使内燃机不能正常工作，气缸体和气缸盖的严重裂纹一般容易发现，但细小裂纹是不容易观察的。通常，气缸体和气缸盖裂纹的检验方法有三种。

1. 水压法

水压法如图3-2所示。把气缸盖和气缸垫按技术要求装在气缸体上，将水压机出水管接头与气缸前端连接好，并封闭所有水道口，然后将水压入气缸体和气缸盖内（有条件时，可用80～90℃的热水），在0.3～0.5MPa的压力下保持5min，应没有任何渗漏现象。如果有水珠渗出，就表明该处有裂纹。内燃机修补过气缸体，更换过气缸套、气门座圈及气门导管后，均应进行一次水压检验。

2. 气压法

在没有水压机的情况下，可用自来水、气泵或打气筒。将水注入气缸体和气缸盖水套内，然后用气泵或打气筒向注水的水套内充气，借助气体压力检查有无液体渗漏，即可确定裂纹所在的部位。为防止水和气倒流，应在充气管与气缸体水管接头间装一单向阀门。

3. 浸油锤击显示法

在以上两种检查方法的条件都不具备时，可用浸油锤击显示法。检验时，先将零件浸入柴油或煤油中一定时间，取出后将表面擦干，撒上一层白粉，然后用小锤轻轻敲击零件的非工作表面，如果零件有裂纹，由于振动，使浸入裂纹的柴油或煤油渗出，使裂纹处的白粉呈

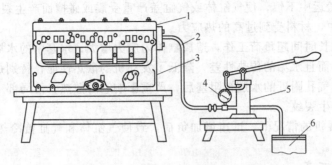

图 3-2　气缸体与气缸盖的水压试验
1—气缸盖；2—软管；3—气缸体；4—水压表；5—水压机；6—储水槽

现黄色线痕。一旦检验出气缸体或气缸盖有裂纹，就必须进行修理。

（三）裂纹的修理方法

气缸体和气缸盖裂纹的修理，应根据其破裂的程度、损伤的部位及自己工作单位的修理条件和设备状况，确定其修理方法，常用的修理方法有五种。

1. 环氧树脂胶粘接

环氧树脂粘接具有粘接力强、收缩小、耐疲劳等优点，同时工艺简单、操作方便、成本低。其主要缺点是不耐高温、不耐冲击等，而且在下一次修理时，经热碱水煮洗后会产生脱落现象，需要重新粘接。所以，气缸体和气缸盖除燃烧室、气门座等高温区域外，其余部位均可采用这种方法进行修复。

2. 螺钉填补

这种方法适用于某些受力不大、强度要求小和裂纹范围较短（一般在 50mm 以下）的平面部位，其修理质量较高，但较费工时。具体的填补工艺如下。

① 在裂纹两端各钻一个限制孔，如图 3-3 所示中的 1 和 2，以防止裂纹的继续延伸。

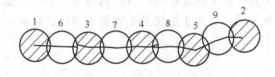

图 3-3　螺钉填补的钻孔顺序

② 沿裂纹钻孔 3、4、5，孔的直径视螺纹的直径而定，并保证孔与孔之间重叠 1/3 孔径（比如：第 3 孔应与 6、7 孔各重叠 1/3 孔径）。

③ 在上述 1、2、3、4、5 孔中攻出螺纹。

④ 在攻好的螺纹中，拧入预先铰好螺纹的紫铜杆（拧入部分漆以白漆），拧好后切断铜杆，使切断处高出裂纹表面 1~1.5mm（图 3-4）。

⑤ 在已经切断的螺杆之间钻孔 6、7、8、9，按照上述方法攻丝并拧入螺杆，使之填满裂纹，形成一条螺钉链。

⑥ 为使填满紧密起见，应用手锤在已切断的螺杆之间轻轻敲打，最后用锉刀修平，必要时可用锡焊，以防渗漏。

3. 补板封补

在气缸体、气缸盖受力不大的部位上，如裂纹较长或有破洞时，在破损处的四周采用补板封补。补板封补工艺如图 3-5 所示。

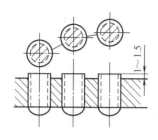

图 3-4 螺钉填补裂纹拧入紫铜杆的方法

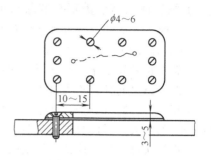

图 3-5 补板封补工艺

① 在各裂纹端部钻孔，限制其延伸。

② 用 3～5mm 厚的紫铜板或 1.5～2mm 厚的铁板，截成与破口轮廓相似，四周大于破口 15～20mm 的补板。如破裂的表面有凸起部分，须在补板上敲出同样凸起形状，使整个补板能与封补部位的表面贴合。

③ 在补板四周每隔 10～15mm，钻直径 4～6mm 的孔，其位置离补板边沿 10mm 左右。

④ 将补板按在破口上，从补板孔中用划针在气缸体上做出钻孔的记号，移去补板，然后在记号中钻出深度约 10mm 左右的孔，并攻出所需直径的螺纹。

⑤ 在气缸体与补板之间，填入涂有白漆的石棉衬垫，然后用平头螺栓将补板紧固在气缸体上，必要时将补板四周用小锤敲击，并进一步拧紧螺栓，以增加其密封性。

4. 焊补

气缸体与气缸盖的裂纹，如发生在受力较大或温度较高的部位以及用以上几种方法不易操作的部位，多采用焊补法修复。其焊补工艺如下。

① 在裂纹两端各钻一个 3～5mm 的孔，防止裂纹的延伸。

② 按具体情况，将裂纹凿成 60°～90°的 V 形槽，并清理干净，露出光泽。

③ 采用电焊时，应使用直流电焊；采用乙炔焊时，应将缸体或缸盖垫平，将焊区缓慢预热至 500℃左右，焊补后加热至 500～550℃保持 1h，然后在不少于 16h 内缓冷至常温。

5. 堵漏剂堵漏

堵漏剂通常是由水玻璃、无机聚沉剂、有机絮凝剂、无机填充剂和粘接剂等组成的胶状液体，适用于铸铁或铝缸体所出现的细小裂纹、砂眼等缺陷的堵漏。

采用堵漏剂进行修复裂纹时，应先找出漏水的部位，确定裂纹的长度、宽度或砂眼的孔径。如裂纹长度超过 40～50mm 时，可在裂纹两端钻 3～4mm 的限制孔，并点焊或攻丝拧上螺钉，防止裂纹的延伸。同时，每隔 30～40mm 钻孔（不钻通）点焊或攻丝拧上螺钉，避免工作中的振动使裂纹扩展。若裂纹宽度、砂眼孔径超过 0.3mm 时最好不用这种方法修复。堵漏剂堵漏仅适用于小裂纹或有微量渗漏时采用。

最后，需要强调的是：若裂纹发生在关键部位，如缸孔边、主轴承座等受力较大的部位时，一般无法修复，应更换气缸体或气缸盖。需特别注意的是：凡经过修补的气缸体和气缸盖都应进行水压试验，以检查其是否有渗漏现象。

二、气缸体和气缸盖平面变形的检验与修理

气缸体与气缸盖在使用中发生变形是普遍存在的现象。气缸体和气缸盖的接触平面往往产生翘曲变形。气缸体的变形严重地影响内燃机的装配质量。由于气缸体的变形，将造成气

缸密封不严、漏气、漏水和漏油，甚至使燃气冲坏气缸垫，导致内燃机动力不足。

（一）气缸体与气缸盖平面变形的原因

① 制造时，未进行时效处理或时效处理不充分，因此，零件内应力很大，在发动机工作过程中受高温作用，内应力重新分配，达到新的平衡，结果造成零件的变形。

② 内燃机长时间工作，螺孔周围在拉伸应力作用下产生变形。

③ 气缸盖螺母的拧紧扭力过大、拧力不均或未按规定次序拧紧，使平面翘曲。

④ 在高温下拆卸气缸盖，使平面不平。

⑤ 新机器或大修后的机器走热后，气缸盖螺母未重新进行紧固。

⑥ 用焊补法修理气缸体或气缸盖时，使其受热而变形。

（二）气缸体与气缸盖平面变形的检验方法

通常的检验方法有两种。

1. 显示剂法

在平台上涂一层显示剂，把被检验的气缸盖或气缸体放在平台上进行对磨，如果显示剂均匀分布在平面上，则说明平面平整。否则，说明平面不平。

2. 测量法

检验时，将直尺侧立在被测平面上，再用厚薄规测量直尺与平面间的间隙（在不同位置进行多次测量），如图 3-6 所示。有条件时，可用平面度检测仪进行测量。

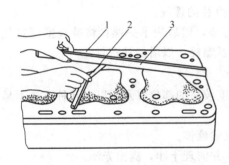

图 3-6　气缸盖平面变形的检验
1—气缸盖；2—厚薄规；3—直尺（钢板尺）

其检验标准是：对于气缸体上平面的平面度误差，在任意 50mm×50mm 内不得大于 0.05mm；六缸发动机在整个平面上不得大于 0.25mm；四缸发动机在整个平面上不得大于 0.15mm。对于侧置气门式发动机气缸盖下平面的平面度误差，在任意 50mm×50mm 内不得大于 0.05mm；六缸发动机在整个平面上不得大于 0.35mm（铸铁缸盖）或 0.25mm（铝合金缸盖）；四缸发动机在整个平面上不得大于 0.25mm（铸铁缸盖）或 0.15mm（铝合金缸盖）。若气缸体上平面和气缸盖下平面的平面度误差超过上述范围，应予以修整。

（三）气缸体与气缸盖平面变形的修理

因气缸体与气缸盖的变形部位及程度不同，其修理方法也有所不同，其常见方法如下。

① 气缸体平面螺孔附近的凸起，可用油石磨平或用细锉修平。

② 气缸体和气缸盖的不平，可用铣、磨的加工方法修复。

气缸体的上平面采用铣、磨方法修理时，要始终以主轴承孔和气缸孔中心线为加工定位基准。每个缸体上平面最多允许修理 2 次，每次修理量应小于 0.25mm，其修磨总量不能超过 0.50mm。

气缸体上平面经过修磨后，应检查气缸体的高度 H（即曲轴主轴承孔中心至气缸体上平面的距离），其值应在允许范围内，测量位置如图 3-7 所示。不同的发动机，其数值是有所不同的，在修理时要详细阅读说明书。

与此同时，当气缸体平面进行铣、磨后，为了保持活塞与气门间的正常间隙和气缸原有压缩比，应选用加厚的气缸垫。

③ 气缸体和气缸盖的不平也可用铲刀铲平或涂上研磨膏，把缸盖放在气缸体上扣合研磨，如图 3-8 所示。

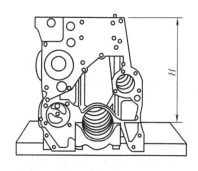

图 3-7　气缸体高度的测量位置

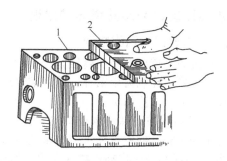

图 3-8　气缸体与气缸盖结合平面的研磨
1—气缸体；2—气缸盖

④ 气缸盖的翘曲，可用敲压法校正。图 3-9 为敲压法修复内燃机气缸盖的方法：先将厚度约为气缸盖变形量 4 倍的钢片垫放在气缸盖与平板之间。把压板压在气缸盖中部，拧紧螺栓，使气缸盖中部的平面贴在平板面上，用小铁锤沿气缸盖筋上敲击 2～3 遍，以减小受压变形时产生的内应力，停留 5min 后，将压板移装到全长 1/3 处敲击，最后再移到另一端 1/3 处进行压校敲击。

若气缸盖在对角方向翘曲，则压板应斜压在气缸盖上。若压校过量，可以把气缸盖放在锻工的烘炉旁烘热片刻即可消除。

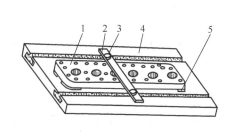

图 3-9　气缸盖校正
1—气缸盖；2—铁压板；3—压板螺栓；4—工作平台；5—垫片

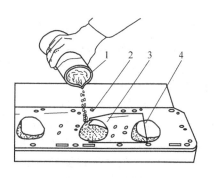

图 3-10　燃烧室容积测量
1—量杯；2—气缸盖；3—玻璃板；4—燃烧室

⑤ 气缸盖平面翘曲后，也可用磨削法来修整。

气缸盖磨削后，会使缸盖厚度有所变薄，燃烧室容积变小，压缩比增大，从而引起内燃机的爆震。因此，当气缸盖的厚度比标准厚度小 2mm 时，应更换新气缸盖，或在强度影响不大的情况下，多加一个气缸垫继续使用。

气缸盖变形经过磨削后易出现燃烧室容积不等的现象，其容积变化差值，一般不应大于同一内燃机各燃烧室平均值的 4％。对于一般内燃机燃烧室容积不应小于原厂规定的 95％，否则会出现爆燃倾向。所以，气缸盖修整后，应对燃烧室容积加以测量。

燃烧室容积的测量方法如图 3-10 所示。彻底清除燃烧室内的积炭和污垢，将铣平的气缸盖放置在工作台上找好水平，将量好的柴油注入被测的燃烧室内，待液面上升与上盖的玻璃板刚接触时停止浇注，再观察量杯减少的容积，即为被测燃烧室的容积。之后，应与该型燃烧室公称容积比较，若不符合容积，应进行修整。

三、水道口腐蚀和螺孔损坏的修理

(一) 水道口腐蚀的修理

气缸盖的水道口容易被腐蚀，严重时会出现漏水现象，尤其是铝合金气缸盖更是如此。修理时，可采用环氧树脂粘补，或者堆焊后重新开水道口，也可采用补板镶补。

补板镶补的方法如下。

① 用台阶将被腐蚀的水道口加工成台阶形的圆孔或椭圆孔，其深度一般为 3mm。

② 用 4mm 厚的铝板加工成与水道口形状相同的补板，并留适当的过盈量。

③ 用手锤和平铣将补板镶入孔内，然后进行修整，并钻出水道口。补板除过盈压合外，也可用胶接法粘接。

(二) 螺孔损坏的修理

螺孔损坏，一般是由于冲击磨损和金属腐蚀引起的，最常见的是滑扣。螺柱安装不当或扭紧力过大，会使螺孔胀裂。

螺孔的螺纹损坏，超过 2 牙以上时，可用镶套法修复。将已损坏的螺纹孔，按一定的尺寸扩大并攻出新的丝扣，拧入有外螺纹的螺套，螺套的内螺纹必须与原螺孔的螺纹规格相同。必要时，可在螺套外径上加止动螺钉，防止螺套松动。也可将原损坏的螺孔扩大，再配用台阶形的螺柱。

第二节　气缸的检验与修理

气缸所处的工作环境十分恶劣，具体来说，具有以下几个特点。

① 内表面直接受到高温、高压燃烧气体的作用。

② 工作过程中温度变化剧烈。燃烧过程中燃气最高温度可达 2000℃ 左右，而进气过程中冷空气温度只有几十摄氏度。

③ 气缸外壁受到冷却水的作用，产生严重的腐蚀。

④ 活塞往复运动，产生交变应力，造成气缸严重磨损。

由于气缸处在上述十分恶劣的条件下工作，可以说气缸在工作时真正地处在"水深火热"之中，而气缸的磨损程度是内燃机大修的主要依据，决定着内燃机的使用寿命。因此，设法降低气缸的磨损便显得十分重要，但是降低气缸磨损，延长气缸使用寿命的正确措施，依赖于对气缸常见失效形式的掌握及其失效原因的分析。

一、气缸常见的失效形式

气缸常见的失效形式有五种。

(一) 气缸套外壁沉积水垢

水垢的主要成分是 $CaCO_3$、$MgCO_3$、$CaSO_4$ 和 $MgSO_4$ 等不溶于水的物质。

1. 水垢产生的主要原因

冷却水中含有矿物质，在高温作用下沉积下来，牢固地附着在气缸套的外表面上。

2. 气缸套外壁沉积水垢的危害

① 水套容积变小，循环阻力增加。

② 水套的冷却效果下降。经测定水垢的传热系数仅为钢铁传热系数的 1/25。

3. 水垢的处理

在检修内燃机时，应仔细地将附着在气缸套外壁的水垢清理干净。为了减小其影响，内燃机应使用含矿物质少的冷却水或将硬水软化，尽量不用硬水（含矿物质多的水）。有关水垢的清除方法及硬水的软化步骤，将在"冷却系统的检验与修理"一章中详细讲解。

（二）湿式缸套的穴蚀

1. 穴蚀的概念

所谓湿式缸套的穴蚀，是指内燃机使用一段时间（情况严重时，往往在高负荷下运转几十小时）后，在气缸套外表面沿连杆摆动方向两侧出现的蜂窝状的孔群（通常其直径为1～5mm，深度达2～3mm），如图3-11所示。有时，内燃机的气缸内壁尚未使用到磨损极限，即被穴蚀所击穿。

2. 穴蚀产生的原因

① 气缸套材料内，存在微观小孔、裂纹和沟槽。

② 机器运转时，缸套振动。

图3-11　湿式缸套的穴蚀

机器运转时，由于燃烧爆发的冲击以及活塞上下运动时的敲击，引起缸套振动，使缸套外壁上的冷却水附层产生局部的高压和高真空，在高真空作用下，冷却水蒸发成气泡，有的真空泡和气泡受振动挤入或直接发生在缸套外壁微小的针孔内；当它们受高压冲击而破裂时，就在破裂区附近产生压力冲击波，其压力可达数十个大气压，它以极短的时间冲击气缸外壁，对气缸产生强烈的破坏力。这样经常不断地反复作用，使金属表面出现急速的疲劳破坏，而产生穴蚀现象。

如果气缸套被穴蚀击穿，就会产生比较大的危害：水进入气缸、机器摇不动。当前，对气缸套的穴蚀还缺少行之有效的解决方法，只能采取一些方法或措施来预防或减少穴蚀对气缸套的破坏作用。

3. 预防或减少穴蚀的措施

① 减小气缸套的振动　尽量减小活塞与气缸及气缸套与气缸体之间的配合间隙；减轻活塞重量；在重量和结构允许的情况下，适当选用厚壁缸套以及改善曲轴平衡效果等来减小气缸套的振动。

② 提高气缸套的抗穴蚀能力　采用较致密的材料以及在气缸外壁涂保护层、镀铬和渗氮等方法来提高气缸套的抗穴蚀能力。

③ 在冷却水中加抗蚀剂。

④ 保持适当的冷却水温　水温低，穴蚀倾向严重。水温在90℃左右为宜，因为水温高时，水中产生气泡，能起到气垫缓冲作用，减轻穴蚀。

尽管有以上这么多预防穴蚀的措施，但是，气缸套的穴蚀现象往往是不可避免的，在拆卸气缸套时应注意检查穴蚀情况，若不严重可将气缸套安装方向调转90°（即将穴蚀表面转到与连杆摆动面的垂直方向上）继续使用，否则，应更换气缸套。

（三）拉缸

1. 什么是拉缸

所谓拉缸是指在气缸套内壁上，沿活塞移动方向出现一些深浅不同的沟纹。

2. 拉缸产生的原因

① 内燃机磨合时没有严格按照其磨合工艺进行。内燃机的磨合工艺，将在第九章中详细讲解。

② 活塞与气缸套间的配合间隙过小。

③ 活塞环开口间隙过小，以致刮坏气缸壁。

④ 机器在过低温度下启动，以致润滑油膜不能形成，产生干摩擦或半干摩擦。

⑤ 机器在工作过程中产生过热现象，使缸壁上的油膜遭到破坏。

⑥ 空气、燃油、机油没有很好过滤，将固体颗粒带入气缸。

内燃机产生拉缸后，其危害必然是影响气缸的密封。

3. 防止拉缸的措施

① 正确装配　比如活塞与气缸套间的配合间隙以及活塞环的开口间隙等，各种机器都有明确的规定，在装配时就应特别注意。

② 严格按照操作规程使用机器。

因此，只要按照规定正确装配机器，严格按照操作规程使用内燃机，拉缸现象是完全可以避免的。

（四）裂纹

1. 裂纹产生的原因

① 制造或材料质量不合格，也就是通常说的伪劣产品。

② 使用操作不当，比如：柴油机在运转过程中，发生水量不足，甚至断水现象时，使柴油机过热，在这种情况下，若突然加入冷水，使缸套骤冷收缩，就会产生裂纹；或者，当柴油机长时间超负荷运转，机械负荷与热负荷急剧增大，也会造成气缸套产生裂纹。

2. 气缸产生裂纹的危害

气缸产生裂纹后，往往会带来比较严重的后果。

① 若裂纹处漏水，冷却水进入气缸内，将在气缸内产生"水垫"现象，造成"顶缸"事故（水的压缩性极小，当其被活塞推动上移时，会产生很大压力），使连杆顶弯或损坏内燃机的其他零件。

② 水漏到曲轴箱内，混入机油中，破坏机油润滑性能，造成烧瓦等严重事故。

3. 防止缸套裂纹产生的措施

① 严格按照操作规程管理机器。

② 保证机器正常冷却，严禁长时间超负荷运行。

（五）磨损

磨损是气缸最主要的失效形式，判断内燃机是否需要大修，主要取决于气缸的磨损程度。因此，研究气缸磨损原因，掌握其磨损规律，不仅对检验气缸磨损程度有一定意义，更重要的是为了针对气缸磨损的原因与规律，在内燃机维修、管理和使用中采取有效措施，减少气缸的磨损，延长发动机的使用寿命。

1. 气缸的磨损规律

人们通过广泛的理论研究和实践，发现气缸的磨损主要有以下规律。

① 沿长度方向成"锥形"　图 3-12 是气缸沿长度方向磨损示意，图中的阴影部分表示磨损量，由图可知：在活塞环运动区域内磨损较大；这种磨损是不均匀的，上面重，下面轻，使气缸沿长度方向成"锥形"；其最大磨损发生在活塞处于上止点时，与第一道活塞环相对的气缸壁稍下处；最小的磨损发生在气缸的最下部，即活塞行程以外的气缸壁。

② 沿圆周方向"失圆"　气缸沿圆周方向的磨损规律如图 3-13 所示，由图可知，气缸体在正常工作情况下，从气缸的平面看，沿圆周方向的磨损也是不均匀的，有的方向磨损较大，有的方向磨损较小，使气缸横断面呈失圆状态。在通常情况下，气缸横断面磨损最大部

位是与进气门相对的气缸壁附近以及沿连杆摆动方向的气缸壁两侧。

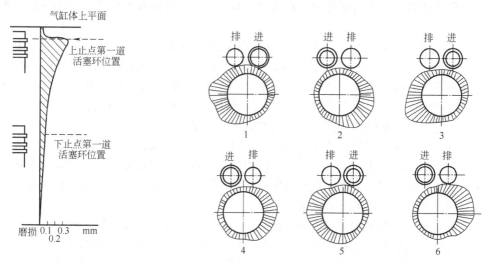

图 3-12 气缸沿长度方向的磨损

图 3-13 气缸沿圆周方向的磨损规律

③ 在活塞环不接触的上面，几乎没有磨损而形成"缸肩" 在气缸的最上沿，不与活塞接触的部位，几乎没有磨损。内燃机经长时间工作后，在第一道活塞环的上方，形成明显的台阶，这一台阶俗称为"缸肩"。

④ 对多缸机而言，各缸磨损不一致 这主要是由各缸的工作性能、冷却强度、装配等不可能完全一致而造成的。

以上四条气缸的磨损规律，严重影响内燃机工作性能的是前两者，即锥形度和失圆度，当其超过一定的范围后，将破坏活塞、活塞环同气缸的正常配合，使活塞环不能严密地紧压在气缸壁上，造成漏气和窜机油，严重时还会产生"敲缸"，使内燃机耗油量增加，功率显著下降，以致不能正常工作，甚至造成事故。

2. 气缸磨损的原因

（1）气缸锥形磨损的原因 活塞、活塞环和气缸是在高温、高压和润滑不足的条件下工作的，由于活塞、活塞环在气缸内高速往复运动，使气缸工作表面发生磨损。

① 活塞环的背压力 内燃机在压缩和做功冲程中，气体窜入活塞环后面，因而剧烈地增加了活塞环在气缸壁上的单位压力，图 3-14 所示为化油器式汽油机在燃烧过程中各道活塞环背面压力分布情况，当气缸内的燃烧压力为 4MPa（40kgf/cm²）时，第一道活塞环的背压力为 3MPa（30kgf/cm²），第二道活塞环的背压力为 0.75MPa（7.5kgf/cm²），第三道活塞环的背压力为 0.3MPa（3kgf/cm²），而柴油机活塞环的背压更大，可达 75 个大气压（7.5MPa）。由于在第一道活塞环处，气缸壁的单位压力最大，将润滑油挤出，润滑不良；同时，活塞环对气缸壁的压力也是上大下小，因此，气缸的磨损也是上大下小，形成"锥形"，而且气缸磨损最大处应在活塞处于上止点时与第一道活塞环相对应的位置，但在高速

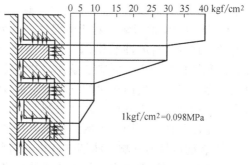

图 3-14 活塞环背面气体压力示意

内燃机中，由于活塞环背面最高压力的产生落后于气缸内最高压力的产生，所以气缸沿长度方向的最大磨损发生在活塞处于上止点时，与第一道活塞环相对的气缸壁稍下处（距气缸体顶平面 10mm 左右）。

② 润滑油的影响　气缸上部由于靠近燃烧室，温度很高，润滑油在燃烧气体作用下有一部分被燃烧掉。同时，气缸上部形成油膜的条件差，受高温影响，润滑油变稀，黏度下降，油膜不易保持，再者，可燃混合气进入气缸时，混合气中所含的细小油滴不断冲刷缸壁，使油膜强度减弱，从而使活塞与气缸间形成半干摩擦、边界摩擦甚至干摩擦条件下工作，从而使气缸上部的磨损较大，沿长度方向成"锥形"。

此外，活塞与活塞环运动速度的变化，也使气缸工作表面不能形成稳定的润滑油膜。活塞工作时，在上、下止点的速度为零，而中间速度很大，另外发动机在启动、怠速和正常工作时，速度变化范围也很大，这有可能使润滑油膜遭到破坏，加速气缸工作表面的磨损。而气缸上部润滑油不易达到，所以磨损更大。

③ 腐蚀磨损　气缸内可燃混合气燃烧后，产生的水蒸气与酸性氧化物 CO_2、SO_2 和 NO_2 等发生化学反应生成矿物酸，此外燃烧过程中还生成有机酸如蚁酸、醋酸等，它们对气缸工作表面产生腐蚀作用，气缸表面经腐蚀后形成松散的组织，在摩擦中逐步被活塞环刮掉。

矿物酸的生成及对磨损的影响与其工作温度有直接关系。当冷却水温低于 80℃ 时，在气缸壁表面易形成水珠，酸性氧化物溶于水而生成酸，对气缸壁产生腐蚀作用，温度越低，酸性物质越容易生成，腐蚀作用也就越大。

再者，当供油量过大，没有燃烧完的燃油转变成气体时，使气缸内的温度降低很多，同时，对气缸壁油膜的冲刷作用也较大，造成气缸的磨损。

由于越靠近气缸上部，上面所讲的三个因素的影响作用也越大，所以造成了气缸上部的磨损比下部大，沿长度方向呈"锥形"。

④ 磨料磨损　若空气滤清器和机油滤清器保养不当，空气中的灰尘便进入气缸或曲轴箱，形成有害磨料；与此同时，发动机在工作过程中，自身也要产生一些磨屑，这些磨料大都黏附在气缸壁上，而且在气缸上部空气带入的磨料多，其棱角也锋利，造成气缸上部磨损比较严重，使气缸沿长度方向呈"锥形"。

（2）气缸失圆磨损的原因　在气缸横断面圆周方向的"失圆"磨损，往往是不规则的椭圆形，它与发动机的结构和工作条件等因素有关。

① 活塞侧压力的影响　无论是压缩或膨胀行程，由于活塞侧压力作用于气缸壁的左方或右方（其方向均与曲轴轴线垂直），破坏了润滑油膜，加快了气缸两侧的磨损，从而使气缸沿圆周方向"失圆"。有些发动机为减少这一磨损，加强了对它的喷溅润滑。

② 结构因素的影响　对于侧置气门式发动机，由于进入气缸内的新鲜混合气对进气门相对的气缸壁附近的冲刷作用，使其温度降低，再加之混合气中细小油滴对润滑油膜的破坏，给酸性物质的产生创造了条件，并且使酸性物质有可能直接腐蚀气缸壁，加速了该处的磨损，因此，与进气门相对的气缸壁附近以及在冷却水套与冷却效率最大的气缸壁附近磨损最大，从而使气缸沿圆周方向"失圆"。图 3-13 是侧置气门式发动机各气缸横断面磨损情况示意。正因如此，不同结构的内燃机，气缸"失圆"的长短轴是不一样的。

③ 装配质量的影响　曲柄连杆机构组装时不符合装配技术要求，如连杆的弯曲、扭曲过量；连杆轴颈锥形过大；气缸或主轴承中心线与曲轴中心线不垂直；气缸套安装不正；曲轴轴向间隙过大等都会造成气缸的偏磨现象。

3. 减少气缸磨损的方法

由以上分析可以看出：气缸磨损在内燃机使用过程中是客观存在、不可避免的，但在实际工作中，应尽量想办法来减少其磨损。

① 冷机启动前，先手摇曲轴使润滑油进入润滑机件表面，启动后，先低速运转，温度升高后，再加负载；工作中，使机器保持正常温度。

② 及时清洗空气滤清器，经常检查机油的数量和质量。

③ 保证修理质量及正常的配合间隙，在修理和装配过程中，应做到以下几点。

a. 气缸中心线与曲轴中心线垂直。

b. 曲轴和连杆不能弯曲和扭曲。

c. 活塞销、连杆筒套、连杆瓦应装正，保证曲轴中心线与气缸中心线垂直。

d. 气缸要有一定的精度和光洁度。

如果在修理或装配时做不到以上几点，将造成活塞在气缸中形成不正常运动，使气缸加速磨损。因此，在修理过程中，必须以精益求精、一丝不苟的精神认真修理，确保修理质量。一旦气缸磨损比较严重，就应对气缸进行检验和不同程度的修理。

二、气缸的检验

（一）气缸的检查及测量

1. 外观检查

将气缸套擦洗干净，检查其是否有拉缸、裂纹、穴蚀和锈斑等失效形式。

2. 气缸的测量

测量气缸的目的在于量出气缸的失圆度与锥形度（亦称圆度与圆柱度），弄清气缸的磨损程度，以确定其是否继续使用；需要修理的，确定其修理范围和修理等级。

测量气缸通常用量缸表，其测量步骤如下。

（1）确定气缸原有尺寸　方法是查阅资料记载或用量缸表结合外径千分尺测量来确定。若是用测量法才能得出原有尺寸，就要测量气缸的上缘（即活塞在上止点时，第一道活塞环的上端）或缸套的最下部，才能正确得出原有的气缸直径，因为这两个部位通常不发生磨损，在一定的程度上可以代表气缸的原有直径。

（2）测量气缸的失圆度　为了保证测量的准确性，一般测量三个部位（图 3-15）。

第 1 个部位：气缸上部，即气缸磨损最大的位置，在活塞处于上止点时，第一道活塞环相对应的稍下方（5～10mm 左右），约距顶部边缘 20mm 处；第 2 个部位：气缸中部，即活塞处于上止点时，第一道油环附近，约距顶部边缘 40～60mm 处；第 3 个部位：气缸下部，即活塞处于下止点时，第二道油环附近，约距气缸底边 20～40mm 处。

其测量方法是：在上述三个部位中，分别测出前后（垂直于曲轴中心线方向）、左右（平行于曲轴中心线方向）的气缸直径数值，两个方向测量尺寸的差值，就是气缸的失圆度，但测量后，要以三个中最大数值为依据，作为该缸的失圆度。

气缸的磨损量＝最大直径－标准尺寸（气缸原有尺寸）。

（3）测量气缸的锥形度　在上述三个部位分别测出前后、左右的气缸直径数值，上下两部位最大与最小数值之差就是气缸的锥形度。由于气缸是内燃机的核心部件，其磨损量、失圆度和锥形度是决定内燃机修理类别的主要依据。当其磨损量、失圆度和锥形度超过一定范围后，就会对内燃机的工作性能造成严重的影响。

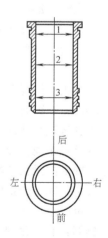

图 3-15　气缸的
测量位置

(二) 气缸过度磨损对内燃机工作性能的影响

① 气缸与活塞裙部的配合间隙增大,致使压缩不良,启动困难,功率下降。

② 燃油漏入机油盆,破坏气缸壁的润滑,冲稀机油,降低机油质量。

③ 机油窜入燃烧室被烧掉,机油消耗量增加,燃烧室产生积炭,气缸磨损加剧,可能咬住活塞环(因机油在活塞环处烧焦)。

④ 当失圆度、锥形度过大时,活塞环与缸壁的密封性降低,使环的工作稳定性丧失。

因此,各种内燃机气缸的失圆度和锥形度都有明确的技术要求。

(三) 气缸套的技术要求

1. 一般修理的技术要求

气缸磨损到下列情况之一者,必须修理或更换:

① 缸壁有裂纹;

② 缸壁的划痕深度大于 0.25mm;

③ 气缸的磨损量大于 0.35mm 或活塞裙部与缸壁间隙大于 0.50mm;

④ 气缸的失圆度和锥形度大于 0.15mm。

2. 生产厂或大修厂的技术要求

① 气缸的尺寸达到说明书上的要求。

② 气缸的失圆度、锥形度在 0.03mm 内。

③ 气缸内表面粗糙度不高于 $0.32\sim0.63\mu m$。

④ 局部凹痕深度不大于 0.03mm。

根据测量结果,当气缸的磨损量、失圆度和锥形度超过各种机器的规定值时,均应对气缸进行修理,恢复气缸的正常技术要求。

三、气缸的修理

一般来说,气缸的修理程序是搪缸和磨缸。当气缸搪削到不能再搪削时,或是不具备搪缸条件时,则更换或镶配气缸套。

(一) 气缸的搪削

1. 合理选择修理尺寸

气缸的修理尺寸通常分为六级,它是在气缸直径标准尺寸的基础上,每加大 0.25mm 为一级,逐级递增到 1.50mm(如 +0.25mm、+0.50mm、+0.75mm、+1.00mm、+1.25mm、+1.50mm)。从气缸磨损允许限度($0.35\sim0.40$mm)和修理尺寸等级中可以看出,在正常情况下进行搪缸,一般都要超过一级修理尺寸,因此 +0.50mm、+1.00mm、+1.50mm 三级最为常用,而 +0.25mm、+0.75mm、+1.25mm 三级为辅助级。

气缸修理尺寸的选择方法,是先算出磨损最大的气缸的最大磨损直径加上加工余量的数值(以直径来说,加工余量一般为 $0.10\sim0.20$mm),然后选取与此数值相适应的一级修理尺寸,即磨损最大气缸的最大磨损直径+加工余量。

其中,加工余量的大小是由设备和技术水平决定的。在保证搪磨质量的前提下,加工余量要尽可能小。

例如:有一台内燃机,标准缸径为 81.88mm,磨损最大的一个气缸的最大直径为 82.49mm,加工余量选 0.20mm,则

$$82.49+0.20=82.69mm$$

82.69mm 已超过第三级修理尺寸($82.69-81.88=0.81>0.75$),因此,搪缸修理尺寸

应选定第四级修理尺寸＋1.00mm 这一级，经搪削后达到第四级修理尺寸 82.88mm。

修理尺寸确定后，各缸的搪削必须按同一级修理尺寸进行。

2. 正确选配活塞及活塞环

气缸的修理尺寸确定后，即可选用同级的活塞及活塞环。各种机器的备份活塞都根据气缸的修理加大尺寸，备有不同的加大活塞，共分为六级（＋0.25mm、＋0.50mm、＋0.75mm、＋1.00mm、＋1.25mm、＋1.50mm），每加大 0.25mm 为一级，活塞环也如此。

选配活塞时应注意以下几点。

① 一台机器只能选用同一级活塞。

② 选用一个厂（公司）生产的成套活塞，以便使材料、性能、质量和尺寸一致；活塞直径小于 85mm 的，各活塞质量差小于 9g；活塞直径大于 85mm 的，各活塞质量差小于 15g。

③ 活塞顶直径小于裙部直径 0.6～0.9mm。

3. 准确计算搪削量

目前，一般采用按选定的活塞搪磨气缸，也就是说，先测量按修理尺寸所选定的活塞裙部外径，再结合必要的裙部间隙和预留磨量，决定各缸的搪削尺寸，根据活塞和气缸的实际尺寸计算搪削量：

$$搪削量＝活塞裙部最大直径－气缸最小直径＋配合间隙－磨缸余量$$

活塞与气缸配合间隙的大小与气缸的直径、活塞的材料和活塞的构造有关。各机型内燃机都有具体规定。

磨缸余量是根据磨缸设备的精度和操作工艺技术水平来选择的，不能过大或过小。过大则浪费时间，而且还容易使气缸的失圆度和锥形度超过公差；过小则精度和光洁度很难达到要求，质量不能保证，一般为 0.03～0.06mm。

例如，前述内燃机经检验气缸磨损的最小直径为 82.30mm（采用第四级修理尺寸＋1.00mm，这一级活塞裙部的最大直径为 82.88mm），取 0.03mm 的配合间隙和 0.06mm 的磨缸余量，则搪削量＝82.88－82.30＋0.03－0.06＝0.55mm。

4. 上机搪削

上机搪削时，要根据每次吃刀量的允许限度考虑搪削次数。一般铸铁气缸，第一刀因气缸表面有硬化皮层和气缸失圆造成搪削负荷不均匀，最后一刀为了保证气缸的表面粗糙度，所以吃刀量均应小一些，一般为 0.05mm 左右，中间几次可大一些，一般以 0.20mm 为限，但不得超过搪缸机规定的吃刀量。

气缸的搪削，由专用的搪缸机来进行，一般有立式搪床和移动式搪缸机两类。搪缸机的结构不同，其使用方法也不一样。现以国产 T-8014A 型移动式搪缸机为例介绍搪缸机的使用方法，其外形和外部结构如图 3-16 所示。

T-8014 型移动式搪缸机的主要性能如下。

搪孔直径：65～140mm。

最大搪孔深度：300mm。

主轴转速：250r/min、380r/min。

主轴进给量（走刀量）：0.11mm/r。

最大切削深度：$t \leqslant 0.5$mm。

其具体使用步骤如下。

① 在将要搪缸的相邻气缸内安装搪缸机固定装置，如图 3-17 所示。

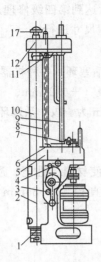
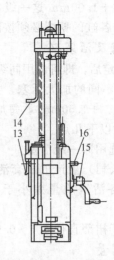

图 3-16 T-8014 型移动式搪缸机

1—搪头；2—机体；3—放油孔；4—油标；5—变速器盖；6—注油孔；7—磨刀轮；8—升降丝杆；
9—光杆；10—搪杆；11—张紧轮装置；12—皮带轮箱；13—开关；14—停刀装置；15—升降把手；
16—走刀量变换杆；17—定心爪控制按钮

② 清洁气缸平面和搪缸机底部。气缸体顶平面与搪缸机之间若夹有杂物，会造成搪缸机倾斜，使搪出的气缸轴线与气缸平面不垂直，影响修理质量。

③ 将搪缸机放在气缸体上，使搪杆对准需要搪削的气缸，利用搪缸机的固定装置将搪缸机初步固定。

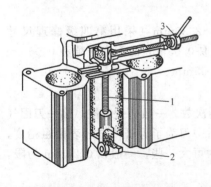

图 3-17 搪缸机的固定装置

1—拉杆；2—横杆；3—固定螺母

④ 根据气缸直径选择一套相应的定心指，转动定心指旋钮使定心指内缩。

⑤ 用升降手把将搪杆降至气缸下部（活塞环不能到达的地方），旋转定心指旋钮，使定心指外伸抵紧气缸壁，借此推动搪杆，使搪杆处于气缸中心。为了更准确地定心，再松开定心旋钮，转动搪杆到另一角度，再进行一次定心，并轻轻转动搪缸机，待搪缸机确实定好中心后，再将其完全固定，收回定心指，将搪杆升起。

如果是镶套的气缸，也可在磨损最大处定中心。这种方法的优点是搪削量最小；缺点是经搪削后，气缸的中心线发生偏移，在一定程度上影响内燃机机件的装配精度。

搪削气缸时，上述准备工作十分重要。但由于操作简单往往容易被忽视，致使固定不牢，在搪削中，搪刀有负荷，使搪缸机移动，把缸搪坏。因此，在平时的工作中要加强责任心，认真细致地做好上述工作。

⑥ 根据气缸直径，选择合适的搪刀架，并将搪刀装在搪刀架上。然后将刀架与搪刀架孔擦拭干净，把刀架装入刀架孔内。

⑦ 用搪缸机上的测微器调整搪刀，如图 3-18 所示。调整搪刀是搪缸工作中最重要的一环，有时由于调整错误，把气缸搪到超过了所选择的修理尺寸，因而不得不加大修理尺寸或对搪大的气缸重新镶套。因此，在调整时，必须以认真负责的态度和一丝不苟的精神，耐心仔细，反复查对，特别是最后一刀，一定要十分准确。

调整的方法是：将测微器正确地装在搪缸头上，先测量搪刀的实际尺寸，然后退出测微器。若搪刀的实际尺寸小于需搪的尺寸，按顺时针方向转动调整螺钉将刀架顶出；若搪刀的实际尺寸大于需搪尺寸，先按反时针方向转动调整螺钉，较多的将刀架退回，而后再将刀架顶出，以免刀架退回时有间隙在搪削中改变尺寸。调整过程中要用测微器反复测量。调整正确后，将搪刀锁紧螺钉锁紧，为防止搪刀又有移动，在搪刀的锁紧螺钉拧紧后，要再测量一次搪刀，如无移动，方可取下测微器。

⑧ 选择走刀量和搪头转速。搪头的转速是指搪头每分钟旋转的圈数；走刀量是指搪头每转一圈下行的距离。T-8014 型搪缸机变换搪头转速需换齿轮，比较麻烦，因而搪头转速一般不变，通常采用快走刀，以提高修理速度，最后一刀为了提高光洁度，而采用慢走刀。走刀由走刀量变换杆调整，面对搪缸机，向右推是快走刀，向左拉是慢走刀。

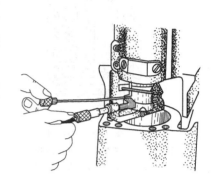

图 3-18　调整搪刀

⑨ 根据气缸的长度，校正自动停刀装置，接通电源进行搪削。在接通电源前，要仔细检查。把搪杆摇至缸口，转动搪头，检查进刀量是否太大，搪杆是否在气缸中心，即搪刀在圆周各方的进刀量是否一致，及时发现问题加以纠正，以免弄错。

⑩ 及时研磨搪刀，保证搪缸质量。搪刀经使用后要变钝，使搪削面粗糙，因此在搪削最后一刀时，应将搪刀磨利。

⑪ 气缸搪好后，换一种特制搪刀，在气缸口上搪出约 1.00mm 宽，75°的倒角，以便于活塞连杆组的安装。

气缸搪削后的质量要求如下：

① 失圆度、锥形度不得超过 0.015mm；

② 留有适当的磨缸余量；

③ 缸壁的表面粗糙度达到 0.32～0.63μm。

（二）气缸的光磨（磨缸）

磨缸的目的在于降低气缸的表面粗糙度。

气缸经搪削后，它的表面有螺旋形的细小刀痕，必须将这些刀痕磨掉，才能达到应有的表面粗糙度，使活塞、活塞环与气缸有良好的配合面。

磨缸是气缸修理的最后一环，质量的好坏直接影响到内燃机能否正常工作和使用寿命。因此，必须认真地进行操作。

气缸的光磨，是利用磨缸头（图 3-19）在气缸内转动和上下移动来实现的。

磨缸时通常用电动机功率为 0.3～0.5kW，转速为 280r/min 的电钻作动力，带动磨缸头转动。为了减轻劳动强度，一般用简易磨缸架，将电钻吊装在支架上（图 3-20）。

1. 磨缸步骤

① 彻底清洗气缸里的铁屑，然后将磨缸架装在气缸体上。

② 根据需要选择合适的油石（砂条）装在磨缸头上。砂条一般采用绿色或黑色碳化硅（代号为 TL 的为绿色，代号为 TH 的为黑色），硬度为中软（ZR1、ZR2），粒度为 180～320。一般开始时选用粗砂条，粒度为 180～240；细磨时选用细砂条，粒度为 240～320。

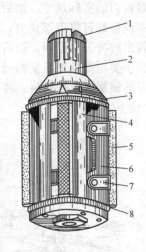

图 3-19　磨缸头
1—连接套；2—调整盘；3,8—箍簧；4—磨头体；
5—油石；6—油石导板；7—油石压片

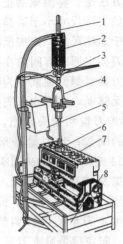

图 3-20　简易磨缸架
1—支架；2—弹簧；3—把手；4—电钻；5—冷却
油箱；6—磨缸头；7—气缸体；8—储油池

③ 调整砂条对气缸壁的压力。砂条对气缸的阻力，是决定气缸表面粗糙度的重要因素之一。检查压力的经验方法是：将磨缸头放入气缸内，旋转调整盘，使砂条向外扩张，直到砂条贴紧气缸壁。松手后，磨缸头不能自由下落；上下移动时，又没有很大的阻力为合适。

④ 打开冷却液开关，使冷却液注入磨缸头与气缸壁之间。打开电钻开关，使磨缸头同时作旋转和上、下运动。磨缸头的旋转速度和上、下运动的速度，是决定气缸壁表面粗糙度的又一重要因素。磨缸头的转速由电钻速度决定，上、下运动的速度最好控制在 $10\sim15\text{m/min}$，这可根据气缸的长度，在操作中加以注意和掌握。

⑤ 当磨到将活塞倒置放入气缸内，用手推拉活塞，能随手上下移动而有轻微阻力时，此时磨缸余量大约还有 0.01mm 左右，应改用细砂条。当活塞与气缸配合间隙合适后，为了降低气缸的表面粗糙度，可用"00"号砂布条包在磨缸头上，并使其压紧气缸，再用上述同样的方法操作，将气缸磨光。

在磨缸过程中，必须始终保持清洁和足够的冷却液（柴油或煤油）。磨缸头在往返运动中，必须保持正直，砂条不应露出气缸上下太多。如果砂条在上下运动中露出太多，会磨成喇叭口，如图 3-21（c）所示；如果砂条重叠，又会磨成腰鼓形，如图 3-21（b）所示；砂条在气缸上下运动的正确位置应根据砂条长度（一般 100mm）和气缸高度来决定。经验的检查方法是：上、下露出 15～20mm 左右为宜，如图 3-21（a）所示。

在磨缸过程中，要随时检查磨缸情况，经常用量缸表测量或用活塞试配，及时发现不正常现象，改进操作方法加以纠正。

2. 气缸光磨后的质量要求

① 表面粗糙度达到 $0.32\sim0.63\mu\text{m}$。

② 失圆度和锥形度不超过 0.015mm。

③ 活塞与缸壁间隙达到各机所规定的技术要求。

检查活塞与气缸的配合间隙时，首先将活塞与气缸壁擦拭干净，再将活塞倒置在气缸内，在活塞裙部未开槽的一面插一规定的厚薄规，用手握住活塞，用弹簧秤拉出厚薄规，其拉力为 2～2.5kgf，即证明间隙合适，如图 3-22 所示。若没有弹簧秤时，可用手握住活塞进行推拉，此时以没有过大的阻力并能顺利地运动为合适。

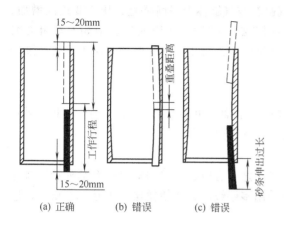

(a) 正确　　(b) 错误　　(c) 错误

图 3-21　磨缸时砂条在气缸内上下运动的位置

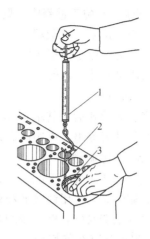

图 3-22　检查活塞与气缸配合间隙
1—弹簧秤；2—厚薄规；3—活塞

四、气缸套的更换

当气缸超过最后一级修理尺寸，或者当气缸壁上具有较深的沟痕和小裂纹时，如果再采用修理气缸的办法就达不到目的，或者当不具备搪缸条件时，就只能采用镶换气缸套的方法来解决。镶换气缸套的工艺如下。

（一）干式气缸套的镶配

1. 选择气缸套

气缸第一次镶套时，应选用标准尺寸的气缸套，以便于以后进行多次镶套修理。气缸套外表面粗糙度应不超过 $0.80\mu m$；圆柱度公差不得超过 $0.02mm$，缸套下端外缘应有相应的锥度或倒角。

2. 搪承孔

根据选用的气缸套外径，将气缸搪至所需要的修理尺寸和应有的表面粗糙度，要求承孔表面粗糙度不超过 $1.60\mu m$，圆柱度公差不大于 $0.01mm$。如果原气缸镶有缸套，可用专用工具将旧缸套拉出，或用搪缸机将其搪掉。拉压缸套的工具常用的有油压式和机械式两种，图 3-23 所示为机械式拉压气缸套的工具。旧缸套取出后，

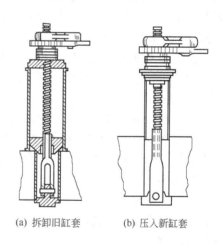

(a) 拆卸旧缸套　　(b) 压入新缸套

图 3-23　拆装气缸套

应检查气缸套承孔是否符合要求。气缸套与承孔的配合应有适当的过盈，一般上端有凸缘的气缸套，其配合过盈量为 $0.05\sim0.07mm$，无凸缘的气缸套其配合过盈量为 $0.07\sim0.10mm$。凸缘与承孔的配合间隙：一般铸铁气缸套为 $0.25\sim0.40mm$。旧承孔与新选的气缸套的配合，如不符合要求时，应把承孔重新搪至需要的尺寸。

3. 新气缸套的压入

清洁气缸和气缸套后，在缸套的外壁上涂以适量的机油，将气缸套插入气缸一部分，用直角尺找正，在气缸套上端口应放一硬木或软金属平整垫板，然后用 5～10t 的压床将气缸套徐徐压入，如无压力机时，可用液压式或机械式拉压气缸套的专用工具将其压入，如图

3-23（b）所示。在施压过程中，要始终保持气缸套与气缸体上平面垂直，压力要逐渐增加。当压入 30～50mm 后，应放松一下，使其自然调整缸套位置。在压入过程中如发现阻力突然增大时，应立即停止，查明原因，以防挤坏气缸壁。为防止气缸体变形，压入干式气缸套时，应采用隔缸顺序压入的方法。

4．修整平面

气缸套压入承孔后，其端面不得低于气缸体上平面，也不得高出 0.10mm 以上。遇有高出时，可用锉刀修整，或用固定式搪缸机把高出的部分搪平。

5．气缸套的刷镀

当气缸套承孔扩大，选配不到合适的气缸套与之配合时，可采用对气缸套的外壁刷镀的办法修复。刷镀时，可用镍镀液和铜镀液。当采用多层镀时，能使镀层厚度达 0.20mm，这就可以满足气缸套与气缸壁过盈配合的需要。

（二）湿式气缸套的换修

1．取出旧缸套

拆除旧缸套时，可敲击缸套底部，用专用拉器取出。如无专用工具，可将缸体侧放，用硬木垫在缸套下端，然后用圆木或铁管顶住硬木板，利用铁锤敲出圆木，把气缸套打出。拆去旧缸套后，刮去气缸体内承孔处的金属锈、污垢及其他杂物，并用砂布砂磨缸体与缸套的结合处，使其露出金属光泽，防止挤压使缸套变形。特别是密封圈接触的气缸体孔壁必须光滑，防止因凹凸不平而使橡胶密封圈损坏造成漏水。如在气缸套下凸肩有硬质沉积物，由于四周不均匀，造成气缸套安装倾斜，使上凸肩处出现空隙，压紧气缸盖后出现回正力矩，使气缸套发生变形，容易发生早期磨损、活塞环折断、活塞偏磨、窜油等故障。

2．换配新气缸套

湿式缸套支承肩与气缸体承孔结合端面的表面粗糙度均不得超过 1.60μm，并且不得有斑点、沟槽。气缸体上下承孔的圆柱度公差不能超过 0.015mm，承孔与气缸的配合间隙为 0.05～0.15mm。

在安装前，应先将未装密封圈的气缸套放入承孔内，把气缸套压紧时，气缸套端面应高出气缸体平面 0.03～0.24mm，各缸高出差应不大于 0.03mm。如果过高，可用刮刀修理气缸体上口凹槽的底面，或锉修气缸套上平面；如果过低，可用在气缸套凸缘下压垫紫铜丝的方法加以调整。

3．新缸套的压入

湿式气缸套在压入前，应装上新的涂有白漆的橡胶密封圈，以防漏水。其压入方法同干式气缸套的安装。

4．注意事项

湿式气缸套因压入时用力不大，气缸套内径未受影响，因而通常不进行光磨加工。如经过测量，气缸的圆度或圆柱度误差过大时，应拉出缸套，检查和修整承孔的锈蚀部位，并将缸套旋转 90°再压入，但密封圈需更换。缸套压入后，密封圈不得变形，应密封良好，必要时，应进行水压试验，以不渗漏为合适。

第三节　活塞连杆组的检验与修理

活塞连杆组是内燃机产生动力的重要部件。它在工作中承受着高温、高压，并作高速运动，由于往复运动，磨损程度也较严重，它的正常磨损要比曲轴、气缸等机件的磨损来得更快，再加上使用不当或修理质量不高造成的事故损伤，使活塞连杆组的修理不仅是大修的必然项目，而且也是小修中经常性的工作。

活塞连杆组各零件修理质量的好坏，不但对其本身的使用寿命有影响，而且对整个内燃机技术状况的影响也特别明显，因此，对活塞连杆组各零件的修理，是内燃机修理过程中一直被重视的工作。

一、活塞组的常见故障

(一) 活塞的常见故障

活塞的常见故障包括三个方面。

1. 活塞裙部的磨损

（1）原因　活塞在正常工作时，它的裙部与活塞销座孔成垂直方向的工作面，由于侧压力的作用，与气缸壁直接摩擦，其表面产生有规律的缕丝状的磨痕。在一般情况下，这种磨损并不影响活塞与气缸壁的正常配合。活塞在工作中，因装有活塞环，其头部很少与气缸壁接触（头部直径一般比下部要小些，相差约为 0.6～0.9mm），顶部因受热较强而金属也较厚，热起来会膨胀。裙部虽与气缸壁接触，但其单位压力不大，而润滑条件又较好，所以，磨损也较小。由于活塞与连杆高速运转时产生侧压力，活塞将形成径向磨损。因此，衡量活塞是否可用，取决于活塞与气缸壁之间增大的间隙程度。

（2）活塞与气缸壁之间间隙增大的后果

① 出现金属敲击声（俗称敲缸）。

② 加剧活塞与缸壁的磨损。

③ 漏气，启动性差。

④ 转速不稳，功率下降。

⑤ 机油消耗量增加，排气冒蓝烟。

2. 活塞环槽的磨损

（1）原因　活塞环在环槽内运动，使活塞环槽在高度方向受到最大磨损，由于磨损的结果，使之变成阶梯形或梯形（外大内小），同时，使环槽磨损变宽，第一道环槽的磨损大于其他环槽。活塞环在槽壁上的单位压力及高温的影响是磨损的主要原因，环槽磨损的速度在很大程度上取决于活塞环平面的粗糙度和活塞的构造情况。

（2）后果

① 活塞环的侧隙及背隙增大。

② 窜油（柴油或汽油漏入机油盆）、泵油作用上升（机油参与燃烧，排气冒蓝烟）。

③ 机油消耗量增加；功率、经济性下降。

3. 活塞销座孔的磨损

（1）原因　活塞销座孔的磨损，一般小于活塞环槽的磨损，它的磨损速度在很大程度上取决于活塞销座孔的粗糙度和它们之间的配合情况。由于气体压力和惯性力的作用，活塞销座孔的磨损是不圆的，而最大的磨损则发生在垂直于活塞顶的方向上（即活塞销座孔的上下方）。

（2）后果　销孔的配合松旷；销子响；销子窜出来拉坏气缸。

另外，活塞还会产生周壁裂纹和刮伤等故障。如发现有以上损伤，则不能再使用。

(二) 活塞环的常见故障

1. 上下环面磨损

（1）原因　这是因为活塞在气缸里做往复变速运动，因而环的运动方向也随着频繁地改变着，结果使环的上下面在环槽内不断撞击，这样就造成了环的上下面磨损。和环槽的磨损情况相似，也是越靠近活塞顶，环的磨损越大。

（2）后果　活塞环的侧隙增大。

2. 弹力减弱

（1）原因　磨损和高温作用。

（2）后果

① 侧隙、背隙、端隙增大。

② 密封作用下降。

③ 漏气、窜机油，机油消耗量增加。

④ 功率、经济性下降。

3. 断裂

（1）原因

① 安装方法不当，卡伤撞断活塞环。

② 侧隙、端隙过小，使环卡断。

③ 承受大负荷的撞击（如内燃机突爆时）。

④ 修理时缸肩未刮除，将第一道活塞环撞断。

（2）后果　拉伤活塞及缸壁。

（三）活塞销的常见故障

1. 活塞销的磨损

（1）原因　承受较大的交变负荷。

（2）后果

① 活塞销、销孔及连杆衬套配合处相对磨损。

② 配合间隙增大。

③ 产生敲击声（销子响）。

2. 断裂

（1）原因　活塞销质量不好，有裂纹。

（2）后果　打坏气缸体，造成事故。

二、活塞组的检验与修理

（一）活塞的检验、选配与修理

1. 活塞外观检验

（1）目测法　用肉眼或放大镜观察。

① 有无裂纹。

② 有无拉毛和划痕。

③ 裙部颜色（白色的好，其他色差）。

（2）敲击法　用手锤轻轻敲击活塞裙部，根据声音判断好坏，如果声音嘶哑，无尾声，则表示有裂纹，应予以更换；若声音清脆，则表示活塞没有裂纹。

2. 活塞裙部的测量

活塞裙部的最大磨损量、锥形度和失圆度可用外径千分尺（图 3-24）或千分表（图 3-25）进行测量。

值得注意的是：测量活塞时，应在活塞裙部的上、中、下三处分别测出前后和左右的数值来（图 3-26），测得活塞纵向直径最大值与最小值之差为锥形度，横断面直径最大值与最小值之差为失圆度，然后按照说明书技术要求进行对照，看是否可继续使用。

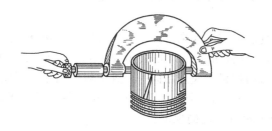

图 3-24 用外径千分尺测量活塞的锥形度和失圆度

图 3-25 用千分表测量活塞的
锥形度和失圆度

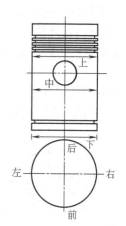

图 3-26 活塞测量的位置

3. 活塞裙部与气缸壁径向间隙的检查

活塞裙部与气缸壁径向间隙各机均有明确规定。检查方法是：选择适当长度、厚度与所测定间隙大小相等的厚薄规，活塞倒过来顶朝下，厚薄规放在活塞裙部，同时装入气缸（此时，活塞不装活塞环。若是使用过的旧活塞和旧气缸，应放在磨损量最大的地方），到位后拉出厚薄规，用手拉出，稍有一定阻力为合适。

4. 压缩室高度的检查与调整

（1）压缩室高度的定义 所谓压缩室高度，是指活塞到达上止点时，活塞顶与气缸盖之间的距离（间隙），也称压缩室余隙。

在修理内燃机时，若更换或修理过气缸套、连杆、连杆瓦、活塞销衬套、气缸垫等机件，均应对压缩室高度进行检查与调整。

（2）压缩室高度的检查 方法是：把铅块或铅丝（选用的铅块厚度或铅丝直径不能小于规定的压缩室高度，但也不能太大，一般比规定的压缩室高度大 1.5～2 倍左右）放在活塞顶上（注意避开气门），并将气缸盖按规定力矩拧紧，然后慢慢转动曲轴，使活塞经过上止点，最后将铅块（或铅丝）取出，用千分尺测量其厚度，此厚度就是压缩室的高度。

注意：检查压缩室高度一定要在连杆轴瓦检修完以后进行，测得的压缩室高度不能超过原机规定数值的 5%。

（3）压缩室高度的调整 一般而言，汽油机是利用气缸垫的厚度来调整，缸垫加厚，压缩室高度上升；缸垫减薄，压缩室高度下降。柴油机是利用连杆轴瓦间的垫片厚度来调整，垫片加厚，压缩室高度下降；垫片减薄，压缩室高度上升。

5. 活塞的选配

活塞的选配应按气缸的修理尺寸来决定，由于气缸有六级修理尺寸，所以活塞也有与之相对应的六级修理尺寸：0.25mm、0.50mm、0.75mm、1.00mm、1.25mm、1.50mm。在选配活塞时应注意：一台内燃机上应选用同一厂牌成组的活塞，以便使材料、性能、重量和尺寸一致。同一组活塞的直径差，不得大于 0.025mm；各个活塞的重量差不得超过活塞自重的 1%～1.5%。各机型都有明确的规定。

6. 活塞的修理

① 活塞裙部的磨损、活塞裙部的失圆度与锥形度大于规定值时应更换。

② 活塞环槽磨损加宽，使活塞环的侧隙大于规定允许值时，可按照加大尺寸的活塞环在车床上车削活塞环槽。

③ 活塞销座孔磨损超过规定值时，要将销孔用铰刀铰到修理尺寸，并配上加大尺寸的活塞销。

④ 活塞脱顶，裙部拉伤严重时应予以更换。

（二）活塞环的检验与修理

图 3-27　测量活塞环侧隙
1—活塞环；2—活塞；3—厚薄规

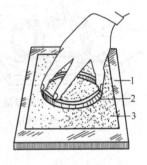

图 3-28　活塞环磨薄的方法
1—平板；2—活塞环；3—砂布

1. 活塞环间隙的检查与修理

（1）侧隙检查　侧隙（也叫边隙）是指活塞环与槽平面间（槽内的上下平面间）的间隙。侧隙过大，将影响活塞的密封作用；侧隙过小，将会使活塞环卡死在环槽内。

侧隙的测量是把活塞环放在各自的环槽内，围绕着环槽滚行一周，应能自由滚动，而且既不松动又不涩滞，用厚薄规按规定间隙大小测量（图 3-27）。

如活塞环侧隙过小，可采用下列方法。

① 将活塞环放在极细的（00 号）砂布上研磨。研磨时，砂布应放在平板上，稍涂机油，使环贴紧砂布，细心、均匀地做回转运动（图 3-28）。

② 用平板玻璃涂以磨料（金刚砂）及机油，将活塞环平放细磨。如侧隙过大，活塞环将不能使用，要采用加厚的活塞环。但更普遍的方法是更换活塞。

（2）背隙检查　背隙（也叫槽隙）是指活塞与活塞环装入气缸后，在活塞环背部与活塞环槽之间的间隙。为了测量方便，通常以槽深与环厚之差来表示（可用带深度尺的游标卡尺测量）。活塞环一般应低于环岸 0.2～0.35mm，以免在气缸内卡住。如果背隙过小，可将活塞环槽车深。

（3）开口间隙检查 开口间隙（也叫端隙）是指活塞环装入气缸后，在活塞环的开口处两端之间的间隙。开口间隙的大小与气缸直径有关，第一道环最大，然后依次减小。若开口间隙过大，气缸密封不好；若开口间隙过小，活塞环受热膨胀后将卡在气缸内。

检查活塞环的开口间隙，是先把活塞环平正地放在待配的气缸内，用活塞头部将活塞环推至气缸的未磨损处（或新气缸的任何一处），使活塞环平行于气缸体平面，然后用厚薄规测量其开口处两端之间的间隙（图3-29）。

如果其开口间隙超过规定值过大，则不能使用，须更换活塞环；若开口间隙过小，可用细锉刀锉环口一端，加以调整（图3-30）。锉时要注意：环口端面要平整，锉后要留有倒角，以防止环外口的锋利边拉坏气缸，并且要边锉边检查，以防止造成开口间隙过大。

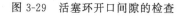

图3-29 活塞环开口间隙的检查

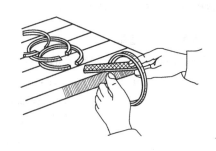

图3-30 锉削活塞环

2. 活塞环漏光度的检查

活塞环必须与气缸壁处处贴合，以便有效地起到密封作用，为此，在选配活塞环时，应进行漏光度的检查。

检查的方法，通常是将活塞环平放在气缸内，在活塞环下边放一个灯泡，上面放一个盖板盖住环的内圆，观察环与缸壁之间的漏光缝隙（图3-31）。

一般要求如下。

① 活塞环漏光间隙不得超过0.03mm。

② 漏光弧长在圆周上任一处不得大于30°。

③ 同一环上的漏光处不超过2处，总弧长不超过60°。

④ 在环端开口处左右30°范围内不允许漏光。

3. 活塞环弹性的检查

为了保证活塞环与气缸的紧密配合，活塞环应有一定的弹性。弹性过大，对气缸壁产生过大的压力，增加摩擦损失，气缸壁容易早期磨损；弹性过小，则活塞环在气缸内就不能起到很好的密封作用，容易使气缸漏气窜油。

活塞环的弹性可在弹性检验器上检验，如图3-32所示。检验时，将活塞环放在检验器的凹槽内，环的开口向外，然后移动杠杆上的重锤，按规定所需的力，使活塞环的开口间隙压紧至规定尺寸。如果荷重符合技术规定的数据，活塞环的弹力便认为合格。

如果没有检验器，就用新旧对比法，将被检验的旧活塞环与新环上下直立放在一起，在环上施加一定压力，如图3-33所示。如果被检验的旧活塞环开口相碰，而新活塞环口还有相当间隙时，即表示旧环弹性不够，应予以更换。

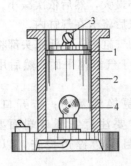

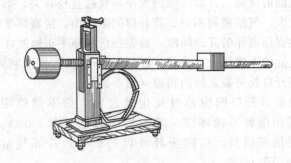

图 3-31 活塞环漏光度的检查   图 3-32 用弹性检验器检查活塞环的弹性
1—活塞环；2—气缸；3—盖板；4—灯泡

4. 活塞环的选配

内燃机大修时，应按照气缸的修理尺寸，选用与气缸、活塞相适应的同级活塞环，不可用大尺寸的活塞环锉小使用，因为，如果选用了较大的活塞环，虽然可将开口处锉去一部分，勉强装入气缸内，但这样会使活塞环失圆，使活塞环与气缸壁接触不严密而造成漏气，影响机器的正常工作性能。

活塞环除标准尺寸外，为了适应气缸修理的需要，其修理加大尺寸与气缸修理加大尺寸相同，即共有六级加大尺寸，每级加大 0.25mm，直至 1.5mm，在活塞环端面上都印有活塞环的修理尺寸。

也有生产厂家将活塞环开口间隙做小一些，以便装配时有一个调整的范围。

图 3-33 用新旧对
比法检查活塞环

5. 活塞环的装配及注意事项

(1) 装配 安装活塞环一般采用专用工具——活塞环钳，在没有专用工具的条件下，也可用三块铁片或平口旋具安装（图 3-34）。

(2) 注意事项 为了改善活塞环的工作条件，使活塞环与气缸更好地走合，有些活塞环采用了不同的断面，在安装时要特别注意。

气环的基本断面形状是矩形 [图 3-35 (a)]。矩形环易于制造，应用广泛，但磨合性较差，不能满足内燃机强化的要求。这种普通的压缩环可随意安装在气环槽内。

有的内燃机采用锥面环结构 [图 3-35 (b) 及图 3-35 (c)]。这种环的工作表面制成 0.5°~1.5° 的锥角，以使环的工作表面与缸壁的接触面小，因而可以较快地磨合。锥角还兼有刮油的作用。但锥面环的磨损较快，影响使用寿命。安装时有棱角的一面朝下。

有些内燃机采用扭曲环 [图 3-35 (d) 及图 3-35 (e)]。扭曲环的内圆上边缘或外圆下边缘切去一部分，形成台阶形断面。这种断面内外不对称，环装入

(a) 用环钳拆装
活塞环

(b) 用薄铁片拆装
活塞环

图 3-34 活塞环的拆装方法

气缸受到压缩后，在不对称内力的作用下产生明显的断面倾斜，使环的外表面形成上小下大的锥面，这就减小了环与缸壁的接触面积，使环易于磨合，并具有向下刮油的作用。而且环的上下端面与环槽的上下端面在相应的地方接触，既增加密封性，又可防止活塞环在槽内上下窜动而造成的泵油和磨损。这种环目前使用较广泛。安装扭曲环时，必须注意它的上下方向，不能装反，内切口要朝上，外切口要朝下。

在一些热负荷较大的内燃机上，为了提高气环的抗结焦能力，常采用梯形环［图 3-35（f）］。这种环的端面与环槽的配合间隙随活塞在侧向力作用下做横向摆动而改变，能将环槽中的积炭挤碎，防止活塞环结焦卡住。这种环同普通的压缩环，可随意安装在气环槽内。

还有一种桶面环［图 3-35（g）］，它的工作表面呈凸圆弧形，其上下方向均与气缸壁呈楔形，易于磨合，润滑性能好，密封性强。这种环已普遍用于强化内燃机上。这种环同普通的压缩环，可随意安装在气环槽内。

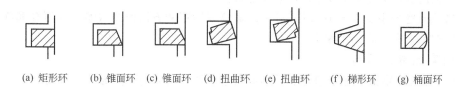

(a) 矩形环 (b) 锥面环 (c) 锥面环 (d) 扭曲环 (e) 扭曲环 (f) 梯形环 (g) 桶面环

图 3-35　气环的断面形状

图 3-36 所示为普通油环的断面形状。一般内燃机的油环多采用如图 3-36（f）所示的结构，这种环可任意安装。有些内燃机的油环，在工作表面的单向或双向、同向或反向倒出锥角［图 3-36（a）、（b）、（c）］，以提高刮油能力。安装时图 3-36（a）、（c）可以任意安装，图 3-36（b）要使有圆角的一面朝上。有的内燃机将油环工作表面加工成鼻形［图 3-36（d）］，其刮油能力更好。也有的内燃机将两片单独的油环装在同一环槽内［图 3-36（e）］，其作用不仅能使回油通道增大，而且由于两个环片彼此独立运动，较能适应气缸的不均匀磨损和活塞摆动。在安装时，以上两种环都要使有圆角的一面朝上。

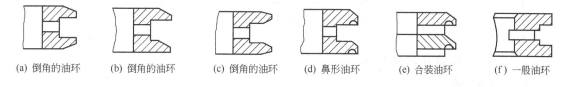

(a) 倒角的油环   (b) 倒角的油环   (c) 倒角的油环   (d) 鼻形油环   (e) 合装油环   (f) 一般油环

图 3-36　普通油环的断面形状

活塞环与活塞同时装入气缸时，各环的开口位置应与活塞销的位置成 45°以上，相邻两环的开口应错开 120°～180°，最好错开 180°。

（三）活塞销的检验及修理

1. 活塞销磨损的测量与修复

（1）磨损的测量　内燃机的活塞销，应用千分尺测量（图 3-37）。测量时要测三个部位（图 3-38）：两头和中间。每一部位所测得的任意两相互垂直直径之差即为该部位的失圆度；三个部位上所测得的最大直径与最小直径之差即为锥形度；其失圆度及锥形度一般不应大于 0.005mm。

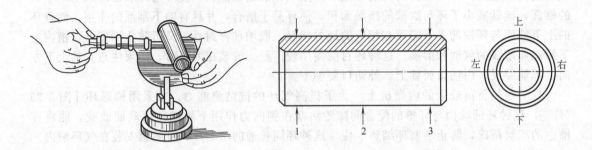

图 3-37 活塞销的测量　　　　　　　图 3-38 活塞销测量的部位

（2）修复

① 当径向磨损大于 0.5mm 时，必须更换。

② 当径向磨损小于 0.5mm 时，可采用镀铬或镦粗的方法修复（镦：冲压金属板使其变形，不加热叫冷镦，加热叫热镦）。

2. 活塞销裂纹检验

方法是先将活塞销清洗干净，然后用放大镜观察，必要时可用磁力探伤法检查。如有裂纹、表面脱落或锈蚀严重等均应更换。

（四）活塞销与销座孔的修配

1. 活塞销的选配

① 活塞销除标准尺寸外，还有四级加大修理尺寸：＋0.08mm、＋0.12mm、＋0.25mm、＋0.20mm。

② 选配时应根据销孔磨损以后的内径，选用近似于内径的加大活塞销（一般比销孔的内径大 0.025～0.05mm）。如选用最大一级的加大活塞销配合时仍感松旷，则应重选活塞。

③ 内燃机大修时，因选配的活塞是新的，因此活塞销应选配标准的，以便给小修时留有更换的余地。

④ 新选配的活塞销锥形度和失圆度应不超过 0.005mm，表面粗糙度不低于 0.16～0.32μm，对多缸内燃机而言，各缸的活塞销质量相差不得超过 10g。

⑤ 活塞销与销座孔，在常温（15～25℃）下，应有 0.025～0.04mm 的过盈量。

2. 活塞销与销座孔的修配

（1）技术要求

① 在常温下应有微量过盈（一般为 0.0025～0.04mm），加温到 75～85℃时又有微量间隙，使活塞销能在销座孔内转动，而冷却后，活塞裙部椭圆变形，即长轴缩短（与活塞销轴线相垂直方向）、短轴伸长（活塞销轴线方向），其变化均不应超过 0.04mm。这一点，是活塞销与销座孔修配的关键。若配合太紧，机油进不去，使活塞销的润滑变坏，加剧磨损，甚至会产生卡缸现象；若配合太松，会使活塞销在活塞往复运动中撞击活塞和连杆衬套，磨损加剧，严重时会出现活塞销折断或窜出，造成事故。

② 接触面积不小于 75％。这是因为接触面积太小，单位面积承受载荷上升，加速磨损，影响松紧度，机器寿命下降。

活塞销与销座孔的配合，是通过对活塞销座孔的搪削或铰削完成的。铰削销座孔时，应选用长刃铰刀，使两个销座孔能同时进行铰削，以保证两孔的同心度。

（2）活塞销座孔的铰配

① 选择铰刀　根据销座孔的实际尺寸选择铰刀，并将铰刀夹在虎钳上，使其与钳口的平面保持垂直。

② 调整铰刀　铰刀向上调整尺寸缩小，向下调整尺寸扩大。由于第一刀是先做试验性的微量铰削，销座孔铰削量很小，一般是调整到刀片上端露出销座孔即可，以后各刀的调整量也不应过大，一般是旋转调整螺母为60°～90°为宜。当铰削量过小时，可再旋转调整螺母30°～60°。

③ 铰削　铰削时，两手握住活塞稳妥轻压，轻压的力要均匀，掌握要平正，按顺时针方向旋转铰削（图3-39）。为了使销座孔铰削正直，每调整一次铰刀，要从销座孔的两个方向铰一下。当转到某个位置很紧时，可稍倒转一下，再继续顺时针方向旋转，绝不能在转不动时硬转，这样对刀片和销孔表面均有影响。而且要一直铰到底，将活塞从铰刀的另一端取出，中途是不能倒转回来的，因为这样会使活塞销孔内圆表面出现与活络铰刀刀片数目相同的阶梯，以致在工作过程中，活塞销和孔的配合间隙会迅速增大。为了提高光洁度，接近铰好时，铰刀的铰削量应尽量调小一些。

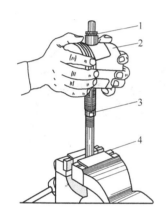

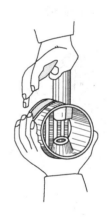

图 3-39　活塞销座孔的铰削
1—导向套；2—活塞；3—可调铰刀；4—虎钳

图 3-40　活塞销与销座孔的试配

④ 试配　铰削过程中应随时用活塞销试配，防止把活塞销座孔铰大。当铰削到用手掌的力量将活塞销推入一个销座孔的1/3左右时，应停止铰削。然后用木锤或垫以铜冲用手锤轻轻将活塞销打入一个销座孔，试配一两次检查接触情况后，再继续打入另一个座孔。打压时，活塞销要放正，以防销子倾斜损伤销座孔的工作面。最后将活塞销冲出，查看接触面情况，适当进行修刮。

⑤ 刮配　修刮不仅能增加活塞销与销座孔的接触面积，而且还可以获得合适的配合紧度。修刮时刀刃应与销座孔的轴线成30°～40°，以避免修刮面积过大，刮伤未接触的部位。修刮时应按从里到外、刮重留轻、刮大留小的原则进行，两端边缘处最好开始少刮或不刮，以防止刮成喇叭口形，待活塞销与销座孔的松紧度和接触面接近合适时，再稍修刮两端，修刮后，使松紧度和接触面都达到要求。

松紧度的要求：常温下，汽油机能用手掌的力量，把活塞销推进一个座孔的1/2～2/3为宜（图3-40）；柴油机要求活塞在水中加温到75～85℃时，在活塞销上涂以机油，用手掌稍用力将其推入销座孔为合适。接触面的要求：接触面75%以上，在销座孔工作面上的印痕应呈点分布均匀，轻重一致。

（五）活塞销与连杆衬套的修配

1. 连杆衬套的选配

更换活塞销时，应选配连杆衬套，如衬套磨损过薄，则应更换新衬套。衬套与连杆小头内径的配合，应有 0.04～0.10mm 的过盈量。

新选配的衬套应有一定的加工余量，不宜过大或过小，因为若加工余量过大，则铰削的次数太多，容易把内孔铰偏；若加工余量太小，则不容易保证修配质量。

经验的判断方法是：在衬套压入连杆小头之前，与选配好的新活塞销试套，如果能勉强套上，则为合适。

拆连杆衬套，用冲子冲出即可。安装连杆衬套时，用冲子冲入或用台钳压入（图3-41），有条件的地方，可在压床上进行。安装时，应注意使衬套的油孔与连杆小头上的油孔对准。若新衬套上无油孔时，应在压入前先将油孔钻好。

2. 活塞销与连杆衬套的修配

（1）技术要求

① 配合间隙　汽油机，在常温下有 0.003～0.010mm 的微量间隙；柴油机，在常温下有 0.02～0.12mm 的间隙。

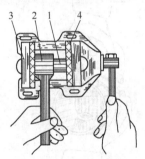

图 3-41　压配连杆衬套

1—连杆衬套；2—连杆；3—台钳；4—垫板

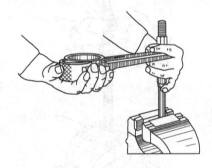

图 3-42　连杆衬套的铰削

② 接触面积　不小于75%。其间隙过大、过小，接触面积过小的危害与活塞销、销座孔间间隙过大、过小，接触面积过小的危害相同。活塞销与连杆衬套的正确配合，是通过铰削来实现的。

（2）连杆衬套的铰配　连杆衬套的铰配步骤与活塞销座孔的铰配步骤相似。

① 选择铰刀　根据活塞销实际尺寸选择铰刀，将铰刀夹入虎钳与钳口平面垂直。

② 调整铰刀　把连杆小端套入铰刀内，一手托住连杆的大端，一手压小端，以刀刃能露出衬套上平面3～5mm 为第一刀的铰削量。铰刀的调整量，以旋转螺母60°～90°为宜。如铰削量过大或过小，都会使连杆在铰削过程中摆动，铰出棱坎或喇叭口。

③ 铰削　铰削时，一手把住连杆大端，并均匀用力拨转，一手把持小端，并向下施压力进行铰削。铰削中应保持连杆与铰刀成直角，以免铰偏（图3-42）。调一次刀铰到底后，再将连杆翻面铰一次，以免铰成锥形。当衬套下平面与刀刃下方向平齐时，应下压连杆小头，使衬套从铰刀下方脱出，以免起棱。

④ 试配　在铰削时应经常用活塞销试配，以防铰大。当铰削到用手掌的力能将销子推入衬套1/3～2/3时，应停止铰削，此时，可将销子压入或用木锤打入衬套内（打时要防止销子倾斜），并夹持在虎钳上左右往复拨转连杆，然后压出销子，查看衬套的接触情况。

⑤ 刮配　根据活塞销与连杆衬套的接触面和松紧情况，用刮刀加以修刮。修刮后，应达到各机说明书上的要求。

对柴油机而言，一般的检验方法是：将活塞销涂以机油，能用手掌的力量把活塞销推入连杆衬套，并且没有间隙的感觉，则认为松紧度为合适［图 3-43（a）］。对汽油机而言，一般的检验方法是：将活塞销涂以机油，能用大拇指的力量把活塞销推入连杆衬套，并且没有间隙的感觉，则认为松紧度为合适［图 3-43(b)］；接触面积在 75％ 以上，并且接触点分布均匀，轻重一致，则认为接触面符合要求。

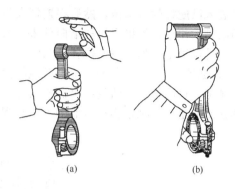

(a)　　　　　(b)

图 3-43　活塞销与连杆衬套配合紧度的检验

三、连杆的检验与校正

（一）连杆的常见故障

连杆是内燃机动力传递的主要机件，在工作中受力复杂，经长期工作，可能产生以下几种常见故障。

（1）裂纹　报废。

（2）侧向弯曲［图 3-44（a）］　侧向弯曲容易导致以下缺陷。

① 连杆大小头孔的中心线不平行。

② 活塞在气缸中产生偏斜，摩擦力和功率损耗增加。

③ 活塞和活塞环磨损加剧。

④ 漏入曲轴箱废气增多，窜机油。

⑤ 连杆衬套和轴瓦在整个工作表面受载不均，引起连杆衬套和轴瓦发热，磨损加剧。

（3）扭曲［图 3-44（b）］　连杆扭曲容易导致连杆和活塞销、活塞销与活塞憋住，使其转动不灵，严重时将产生强烈的活塞敲缸。

（4）连杆在平面方向的弯曲［图 3-44(c)］。

（5）连杆大小端孔产生失圆和锥形度。

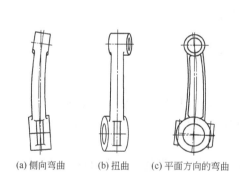

(a) 侧向弯曲　　(b) 扭曲　　(c) 平面方向的弯曲

图 3-44　连杆常见的几种变形

（6）连杆螺栓、螺母损伤。

连杆的弯曲和扭曲，往往是由于内燃机超负荷和突爆等原因造成的，从以上它们产生的后果知道，连杆有了弯曲和扭曲，不仅降低了它本身的强度，而且还使活塞组与气缸的配合失常，给活塞组和气缸带来不正常的纵向磨损。因此，在修理时必须认真、准确地对连杆进行检验和校正。

连杆弯曲和扭曲的检验在连杆校验器上进行。连杆校验器的结构如图 3-45 所示，是由槽块座、固定螺钉、平板、调整螺母及扩张块五部分组成。另外，还附有校正连杆弯曲和扭曲的专用工具。

（二）连杆弯曲度的检验与校正

1. 弯曲度的检验

连杆弯曲度的检验在连杆校正器上进行。根据连杆轴承的孔径，选择合适的扩张块一副装入心轴，将连杆大头的轴承盖装好，此时，不装轴承（连杆瓦），按规定的扭力拧紧，同时装入已配好的活塞销，然后将连杆大头套入校正器的心轴上，旋动调整螺母，借心轴上斜面凸轴的作用，使扩张块渐渐向外张，与连杆大头孔配至适当的紧度为止，并使连杆固定在适当的位置上。如槽块座位置不当时，可进行调整，使活塞销紧贴槽块座的上平面（或下平面）。如图 3-45（a）所示，检查两边间隙，若两边间隙不一样，说明连杆弯曲，两边间隙相差越大，说明连杆弯曲越厉害。当两边间隙的误差超过 0.05~0.1mm 时，应进行校正。根据检查的结果，确定连杆弯曲的方向和程度，然后进行校正。

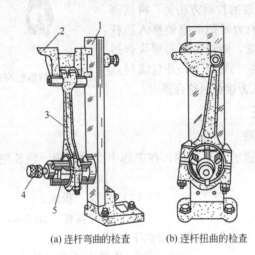

(a) 连杆弯曲的检查　　　　　(b) 连杆扭曲的检查

图 3-45　连杆弯扭的检查
1—垂直板；2—槽块座（小角铁）；3—连杆；
4—横轴调整螺栓；5—扩张块（定心块）

2. 弯曲度的校正

连杆弯曲度的校正，一般是利用连杆校正器上的附属工具进行，如图 3-46 所示，根据连杆弯曲的方向，把校正的专用工具夹在虎钳上，对连杆进行压正。注意：要边压边检查，直至连杆校正为止。

由于连杆弯曲或扭曲后有残余应力的存在，虽然在当时是压好的，但有可能发生重复变形。为了解决这个问题，连杆经校正后，可放在机油中加温到 150~200℃，以消除或减小连杆弯曲和扭曲的残余应力。当连杆的弯曲和扭曲程度很小时，校正后可不做此项工作。在没有连杆校正器的情况下，也可以利用其他简单的工具（如虎钳）进行校正，如图 3-47 所示。

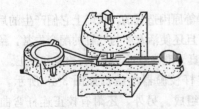

图 3-46　用连杆校正器校正连杆的弯曲

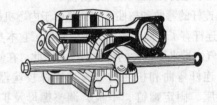

图 3-47　在虎钳上校正连杆的弯曲

（三）连杆扭曲度的检验与校正

1. 扭曲度的检验

检查连杆的扭曲时，应使活塞销紧靠槽块座的侧面，如图 3-45（b）所示，观察两边的间隙，若间隙不一样，说明连杆发生扭曲。其两边间隙差应在 0.05～0.1mm 范围内，如果超出此值，应进行校正。

2. 扭曲的校正

校正连杆扭曲的方法，如图 3-48 所示，将校扭曲的两根杠杆夹住连杆两边，不带螺孔的一根杠杆应放在间隙大的一边，逐渐旋紧压力螺钉，迫使两根杠杆向两边分开，渐渐将连杆反扭，边校正边检查，直至连杆校正为止。

在没有连杆校正器时，可用管子钳进行校正。其方法是：将连杆的大头夹紧在虎钳上，根据扭曲的方向利用管子钳扳正，如图 3-49 所示，边校正边检查，直至校正为止。

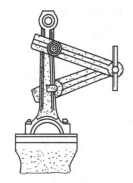

图 3-48　杠杆夹校正连杆的扭曲

图 3-49　在虎钳上校正连杆的扭曲

（四）连杆螺栓和螺母的损伤、检验与更换

1. 连杆螺栓螺母的常见故障

① 裂纹。

② 伸长。

③ 螺纹松旷。

④ 丝扣损伤。

2. 产生原因

① 螺栓螺母的质量不好。

② 更换连杆螺栓螺母时，未成套更换。

③ 螺栓螺母与连杆大端的螺栓孔靠合不紧密，松旷间隙大。

④ 扭紧螺母时，用力过大；或在同一连杆上，两个螺母的扭力不一致。

⑤ 螺栓头和螺母与连杆的支承表面贴附得不平整，在螺栓和螺母装紧后有歪斜现象。

⑥ 连杆轴瓦的间隙大或连杆轴颈的失圆度过大。

在通常情况下，连杆螺栓螺母不是一下子损坏的，而是由于以上某些原因长期存在而未及时发现，引起材料疲劳而产生的。因此，修理时应仔细检验，并进行合理装配，以免因螺栓和螺母的损伤而发生严重事故。

3. 检验方法

① 用 5～10 倍的放大镜，在螺栓的圆角处和螺纹附近，仔细检查有无损伤现象。

② 利用电磁探伤器，检查有无裂纹。

③ 用量尺检查螺栓长度有无拉伸现象，用螺纹规检查螺纹有无损伤。

4. 螺栓螺母的更换

在检验时，如发现螺栓螺母有下列情况之一者，必须予以更换：

① 螺纹有损坏现象或拉纹在两扣以上；

② 螺栓有裂纹或有明显的凹痕；

③ 螺栓伸长超过原长的 0.3%；

④ 螺母装在螺栓上有明显的松旷现象。

四、活塞连杆组的装配与检验

活塞与活塞销、活塞销与连杆衬套、连杆等分别修配好后，还要进行装配与检验。

（一）连杆组的装配

具有分开式连杆盖的连杆，大头的孔是在连杆轴承盖、杆身和连杆螺栓装配好了才进行加工的。在盖和身分开面的一外侧刻有一个号码（图3-50），例如6，两个"6"字应装在同一侧，如果装错了，孔可能变成锥形，或者盖和杆身的分开面会错开。

一般情况下，连杆上刻有号码的一边朝向凸轮轴，修刮连杆轴瓦和装配时不要弄错。与此同时，某些凸轮轴机构是依靠通过连杆大端的喷油孔（图3-51）喷出的润滑油来润滑的，所以油孔应朝向凸轮轴方向。

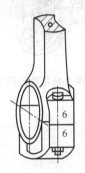

图 3-50 连杆盖与杆身的安装

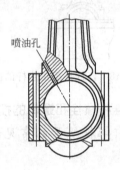

图 3-51 连杆大端上的喷油孔

（二）活塞与连杆的装配与检验

1. 将活塞上所标记的装配方向认定准确

（1）有膨胀槽的活塞　应朝向连杆喷油孔的相对面。

（2）活塞顶上的箭头　指向排气管。

（3）活塞顶上的凹槽　按相关位置装配。

（4）活塞平顶无记号　任意装配（但不能装错缸）。

2. 活塞、活塞销及连杆小头的装配

将铝制活塞（全浮式）放入水中加热到 75～85℃，取出活塞后迅速擦净销孔，将活塞销推入孔的一端，立即在衬套内涂以少许机油，把连杆伸入活塞内与活塞销对正（注意方向：一般大头上有油匙的一边应朝向工作时的转动方向），继续用手的腕力将活塞销推入另一销孔（或用木锤敲进）。尤其用木锤往里敲时，活塞销一定要装正，否则对销孔内表面有损坏。装好后继续放入水中加温，当温度达到 90℃ 左右时，再从水中取出。当活塞销处于垂直地面位置时，活塞销在孔中应不能自动下移，如果下移就证明配合松。另外，应摇动连杆，看活塞销是否在孔中转动，如能转动，证明配合正常；如活塞销在孔中不转动，则证明配合过紧，此时应把销子打出来，适当修刮。

3. 活塞销与连杆衬套装配检验

在常温下，检查活塞销与衬套的配合情况时，（汽油机）可以手扶住活塞，另一手持连杆大头部分摆动，如果活塞销和衬套配合正常，摆动时应有一定的阻力；或用手握住活塞，使连杆大头部分稍向上，如图 3-52 所示中的虚线位置，若衬套与活塞销配合正常，则连杆能借本身的重量徐徐下降。若配合松时，则下降很快；若配合紧了，则连杆不下降。若配合稍松，可用合适的工具在衬套两边轻轻敲击数下，这样可以使衬套内径稍变小；若紧得不多，则不必用刮刀修刮，卡环端部回缩，不易跑出槽外，同时，开口朝上，还可以保存润滑油。可将活塞销装进衬套，然后将活塞销夹在虎钳上，来回搬动连杆，使衬套内表面磨得光滑些即可。

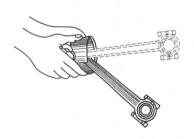

图 3-52 检查活塞销与衬套的配合情况

4. 活塞连杆装好后，在活塞销两端装入卡环

一定要把卡环装在槽内，并使开口朝向活塞的上边（活塞顶端方向），这是因为活塞销端部受热膨胀的系数大，卡环长期受高温而失去弹力，开口朝上时，卡环有两种（钢丝和钢片）。如卡环为钢片时，其卡环槽深度为 0.6～0.7mm；卡环为钢丝时，槽的深度为钢丝直径的1/2～2/3，卡环装入槽内与槽的四周应接触严密。卡环与活塞销间的间隙均应不小于0.10mm。保留此间隙的目的在于使活塞销受热后有膨胀的余地。若没有此间隙，活塞销膨胀会使活塞的变形加大，甚至顶出卡环，易造成"拉缸"事故。间隙过小或没有时，可将活塞销磨短少许。

5. 检查活塞连杆组的弯扭

在连杆校验器上检查整套活塞连杆组是否有弯扭现象（检查时不装活塞环），检查方法如图 3-53 所示。按要求将活塞连杆组装在连杆校验器上，使活塞的底部与槽块的顶部接触，通过左右间隙的测量来确定活塞连杆组的扭曲，不得超过 0.10mm；通过测量活塞裙部上下与平块之间的间隙来确定活塞连杆组的弯曲，不得超过 0.10mm。若超过规定就要重新对轴承、活塞销孔、连杆衬套、连杆的弯曲与扭曲进行校验。

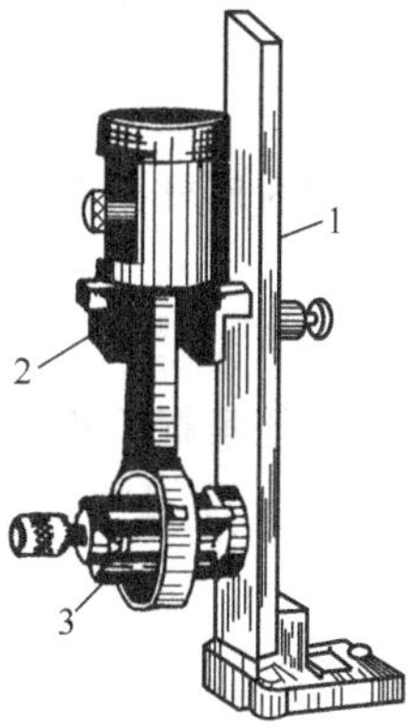

图 3-53 活塞连杆组的检验
1—平板；2—槽块座；3—扩张块

6. 活塞连杆组的质量规定

机器的型号不同，要求也不一样，各机器说明书均有具体规定，例如：135 系列柴油机，新机器时，在同一台柴油机中各活塞质量差不得大于 5g，在同一台柴油机中各连杆组件（包括连杆体、连杆盖、大小头轴承、连杆螺钉）质量差不得大于 30g。一般修理时要求略低一些，例如铸铁活塞直径在 150mm 左右的，各缸质量差不能超过 15g，连杆不能超过 30～40g，活塞连杆组不超过 60～80g，气缸直径在 100mm 左右的铝活塞各缸质量差不超过 10g，连杆不能超过 25～30g，活塞连杆组不能超过 40～50g。

五、偏缸检查

前面讲的连杆校正器是检验连杆弯曲和扭曲的专用工具，在维修工作中用它既方便又能较好地保证质量，但根据工作条件和使用环境的不同，有的单位就不一定具备，在这种情况下，可以采用偏缸检查的方法检查活塞连杆组的弯曲与偏斜现象。

（一）偏缸的检验方法

将不带活塞环的活塞连杆组，按规定装入气缸中，连接连杆轴颈，按规定扭力拧紧螺栓螺母，转动曲轴使活塞处于上（下）止点；然后用厚薄规测量活塞头部各方向与气缸壁的间隙（图3-54），如间隙相同，即表示装配合适，活塞偏缸间隙最大不得超过0.10mm。如相对间隙相差很大，甚至某一方向没有间隙时，即表示有偏缸存在，应予以调整，再行配合。根据经验方法，也可从气缸下端看其漏光情况，来判断其是否有偏缸现象存在。

（二）产生偏缸的原因

1. 气缸方面

活塞在气缸上、中、下部位向同一方向歪斜，可能是因搪缸不当，发生气缸轴线与曲轴轴线不相垂直（向发动机前后倾斜），气缸轴线向前后位移等。

2. 曲轴方面

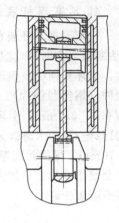

活塞在气缸上（下）部位有不同方向的歪斜，可能因连杆轴颈锥形与主轴线不平行，或因曲轴箱变形和曲轴轴承配合不当，使曲轴轴线与气缸轴线不相垂直，以及曲轴弯曲等。活塞在气缸中部位置改变歪斜方向，是因为连杆轴颈轴线与曲轴轴线不在同一平面内。

图 3-54　偏缸的检查

3. 连杆方面

个别活塞在气缸上、中、下部位向同一方向歪斜，歪斜方向就是连杆小端的弯曲方向。在中部歪斜严重，上行和下行偏缸方向有改变，则为连杆扭曲。

4. 活塞方面

可能因活塞销座孔铰偏不正。

总之，偏缸不一定是单一零件的问题，影响它的因素很多，因此，必须根据检查情况多方分析，找出原因，加以修整。

第四节　曲轴的检验与修理

一、曲轴的工作条件及常见故障

（一）曲轴的工作条件

① 承受燃烧气体的压力、活塞连杆组往复运动的惯性力和旋转质量的离心力。

② 燃烧气体的压力、活塞连杆组往复运动的惯性力和旋转质量的离心力产生的力矩。

③ 油膜脉动的挤压应力。

④ 旋转运动速度高。

⑤ 润滑条件较好，但受到较多杂质的冲刷作用。

（二）曲轴的常见故障

① 曲轴弯、扭。

② 轴颈磨损。

③ 裂纹、折断。

二、曲轴弯扭的原因、检验与校正

（一）曲轴弯扭的原因

① 内燃机工作不平稳，各轴颈受力不均衡。

② 内燃机突然超负荷工作，使曲轴过分受振。

③ 内燃机经常发生"突爆"燃烧。

④ 曲轴轴承和连杆轴承间隙过大，工作时受到冲击。

⑤ 曲轴轴承松紧不一，中心线不在一条直线上。

⑥ 汽油机点火时间过早或火花塞经常有一二只不跳火。

⑦ 各缸活塞质量不一致。

⑧ 曲轴端隙过大，运转时前后移动。

当曲轴弯扭超过一定值后，将加速曲轴和轴承的磨损，严重时会使曲轴出现裂纹甚至折断，同时还会加速活塞连杆组和气缸的磨损。

（二）曲轴弯扭的检验

1. 曲轴弯曲的检验

将曲轴的两端放在检验平板上的 V 形架上，如图 3-55 所示，以前后端未发生磨损部分为基面（前端以正时齿轮轴颈，后端以装飞轮的凸缘）校对中心水平后，用百分表进行测量。测量时，百分表的量头对准曲轴中间的一道（被检验曲轴的主轴颈个数为单数时）或两道（被检验曲轴的主轴颈个数为双数时）曲轴轴颈，用手慢慢转动曲轴一圈后，百分表上所指的最大和最小的两个读数之差的 1/2，即为曲轴的弯曲度。

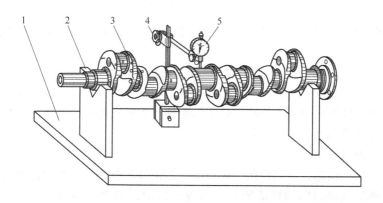

图 3-55　曲轴弯曲和扭曲的检验
1—检验平台；2—V形铁块；3—曲轴；4—百分表架；5—百分表

测量时，不可将百分表的量头放在轴颈的中间，而应放在曲颈的一端，否则，由于轴颈不同圆，而对曲轴的弯曲量作出不正确的结论。必须指出，这样测出的结果，因为牵涉到两端轴颈失圆所增加的误差，故为一近似值。因为失圆和弯曲的方向往往并不重合。

弯曲度多用弯曲摆差来表示，弯曲摆差为弯曲度的 2 倍，其摆差一般不超过 0.10mm。曲轴中间轴颈中心弯曲，如不超过 0.05mm 时，可不加修整；如超过 0.05~0.10mm 时，可以结合轴颈磨削一并予以修正；如超过 0.10mm 时，则须加以校正。

2. 曲轴扭转的检验

曲轴弯曲检验以后，将连杆轴颈（如 1、6 或 2、5 或 3、4）转到水平位置，用百分表测出相对应的两个连杆轴颈的高度差，即为扭转度。曲轴扭转一般很微小，可在修磨曲轴轴颈时予以修正。

（三）曲轴弯曲的校正

1. 冷压校正

一般是在压力机上进行，如图 3-56 所示。校正时，先将曲轴放置在压力机工作平板的 V 形块上，并在压力机的压杆与曲轴之间垫以铜皮或铅皮，以免压伤曲轴与压杆的接触面。压力作用的方向要与曲轴弯曲的方向相反，压力要分段缓缓地增加，曲轴在校正后往往会发生"弹性变形"和"后效"，所以在校正时的反向压弯量一般要比弯曲量大。如锻制中碳钢曲轴弯曲变形在 0.10mm 左右时，压校弯曲度大约为 3~4mm（即为原弯曲度的 30~40 倍），在 1~2min 之内即可校正；而对同样弯曲的球墨铸铁曲轴，压校时，大约为原弯曲度的 10~15 倍即可基本校正。

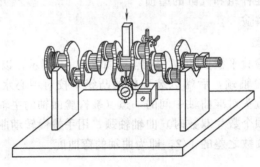

图 3-56　曲轴冷压校正

① 当曲轴弯曲度较大时，应分多次进行，以防压弯度过大而使曲轴折断，尤其是球墨铸铁更容易折断。

② 校正后加热至 180~220℃，保持 5~6h，以防发生弹性变形和后效。

操作时，再将所压轴颈的另一面放上百分表，借以观察校正时的反向压弯量。校正后的曲轴，允许有微量的反向弯曲。经冷压校正的曲轴，还应在曲轴臂处用手锤轻轻敲击后，再进行检查，以减小冷压所产生的应力。

2. 表面敲击校正

对弯曲度不大的曲轴，可以采用"表面敲击"法进行校正。可根据曲轴弯曲的方向和程度，用球形手锤或气锤沿曲轴臂部的左右侧进行敲击。如图 3-57 所示，使曲轴臂部变形，从而使曲轴轴线发生位移，达到校正曲轴的目的。

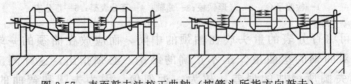

图 3-57　表面敲击法校正曲轴（按箭头所指方向敲击）

3. 就机校正

把气缸体倒放在工作平台上，使其平正，在前后两轴承座上仍装上旧轴承（瓦），中间轴承则拿去。在轴承上加注少许润滑油，然后将曲轴放上，在缸体边沿装置百分表，用手轻轻转动曲轴，在中间轴颈测出弯曲的最大位置，用粉笔做上记号，将轴承盖衬垫软铝或其他软质物品垫实，卡住轴颈，慢慢扭紧曲轴轴承盖螺栓，等大约 1h 的时间，把螺栓松开，用百分表测验是否校正，如未达到允许标准，继续再校，直至符合要求为止。

三、轴颈磨损的检验与修理

（一）轴颈磨损的原因

曲轴经长时间使用后，由于作用在连杆轴颈和曲轴轴颈的力的大小和方向周期变化而产生不均匀的磨损，这是自然磨损的必然结果，是正常现象，但由于使用不当、润滑不良、轴承间隙过大或过小，都会加速轴颈的磨损和轴颈磨损不匀度，磨损后的主要表现是轴颈的不圆（失圆）和不圆柱形（锥形）。

曲轴轴颈（又称主轴颈）和连杆轴颈的磨损，是由于磨损不均匀而形成沿圆周的轴径不圆和沿长度的不圆柱形磨损。连杆轴颈的磨损往往比曲轴轴颈的磨损约大 1～2 倍。曲轴轴颈的磨损因两端活塞连杆组相互作用的结果，所受合力一般小于连杆轴颈，因此，它的磨损也小于连杆轴颈。其磨损规律如图 3-58 所示。

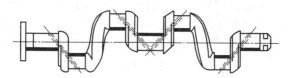

图 3-58　曲轴轴颈的磨损规律

（1）不圆　连杆轴颈磨损不圆，主要是由于内燃机工作时的气体压力、活塞连杆组运动的惯性力以及连杆大端的离心力所形成的合力，作用在轴颈的内侧面上。因此，连杆轴颈最大磨损发生在各轴颈的内侧面（即靠曲轴中心的一侧）。

曲轴轴颈的不圆比连杆轴颈小，也是由于在连杆轴颈离心力的牵制下各点载荷的不均匀性和连续时间的不同而造成的。其最大部位是靠近连杆轴颈的一侧。

（2）不圆柱形　连杆轴颈的不圆柱形（斜削）磨损，主要是油道中机械杂质的偏积。因为通向连杆轴颈的油道是倾斜的，在曲轴旋转离心力的作用下，使润滑油中的机械杂质随着润滑油沿油道的上斜面流入连杆轴颈的一侧，如图 3-59 所示，由于杂质的偏积，造成同一轴颈的不均匀磨损，磨损的最大部位是杂质偏积的一侧。另外，由于某些内燃机为了缩短连杆长度，将连杆大端做成不对称，因而造成连杆轴颈沿轴线方向所受的载荷分布不均匀，形成连杆轴颈长度方向沿轴线方向的磨损不均匀。

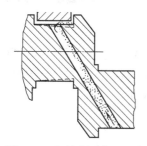

图 3-59　机械杂质偏积示意

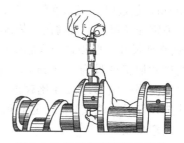

图 3-60　曲轴轴颈磨损的测量

（二）轴颈圆度及圆柱度误差的检验

曲轴轴颈和连杆轴颈圆度及圆柱度误差的检验，一般用外径千分尺在轴颈的同一横断面上进行多点测量（先在轴颈油孔的两侧测量，旋转90°，再测量），最大直径与最小直径之差，即为圆度误差；两侧端测得的直径差即为圆柱度误差（图3-60）。

轴颈的圆度及圆柱度公差，直径在80mm以下的为0.025mm，直径在80mm以上的为0.040mm，如超过了，均应按规定修理尺寸进行修磨。此外，还可用眼看、手摸来发现轴颈的擦伤、起槽、毛糙、疤痕和烧蚀等损伤。

（三）轴颈的磨损、圆度及圆柱度超差的修理和磨削

1. 轴颈磨损伤痕的修理

如果曲轴各道轴颈的圆度和圆柱度均未超过规定限度，而仅有轻微的擦伤、起槽、毛糙、疤痕和烧蚀等情况，可用与轴颈宽度相同的细砂布长条缠绕在轴颈上，再用麻绳或布条在砂布上绕二三圈，用手往复拉动绳索的两端，进行光磨，或用特别的磨光夹具进行光磨，如图3-61所示。

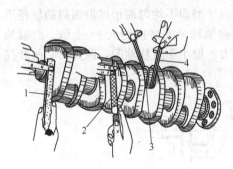

图 3-61　曲轴的锉、磨
1—平面细油石；2—细平板
锉刀；3—细砂布；4—布带

轴颈的伤痕磨去后，为了降低轴颈的表面粗糙度，可将轴颈和磨夹上的磨料清洗干净，涂上一层润滑油，再进行最后的抛光。

2. 轴颈圆度及圆柱度超差的修理

曲轴轴颈和连杆轴颈的圆度及圆柱度超过0.025mm或0.04mm时，即需按次一级的修理尺寸进行磨削修整，或进行振动堆焊，镀铬后再磨削至规定尺寸。

曲轴的磨削一般是在专用的曲轴磨床或用普通车床改制的设备上进行。在一般小型修配单位，有的用细锉刀将轴颈仔细地锉圆，仔细检验，反复进行，再用绳索或磨夹按上述方法进行光磨，如图3-61所示。运用这种方法修理需要有较熟练的钳工技术，才能保证一定的修理质量。一般修理人员不可效仿。

3. 轴颈的车磨

轴颈的修理尺寸，柴油机有6级，每缩小0.25mm为一级（0.25mm、0.50mm、0.75mm、1.00mm、1.25mm、1.50mm），汽油机有16级，每缩小0.125mm为一级（0.125mm、0.250mm、0.375mm、0.500mm、0.625mm、0.750mm、0.875mm、1.000mm、1.125mm、1.250mm、1.375mm、1.500mm、1.625mm、1.750mm、1.875mm、2.000mm）。轴颈的最大缩小量不得超过2mm，超过时，应用堆焊、镀铬和喷镀等方法修复。

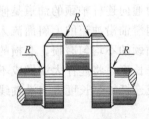

图 3-62　轴颈和曲柄
过渡处的圆角

（1）确定修理尺寸上机磨削　修理尺寸是这样确定的：

曲轴轴颈修理尺寸＝磨损最严重轴颈的最小直径－加工余量×2

一般尺寸加工余量为0.05mm。所得之值对照修理尺寸表，看这个数值同哪一级修理尺寸比较近，就选择哪一级修理尺寸。修理尺寸选择好后，就在磨床上进行磨削。

（2）注意事项

① 修理时要以磨损最厉害的轴颈为标准，把各个轴颈车磨成一样大小。由于主轴颈和连杆轴颈的磨损程度不一样，所以，它们的修理尺寸不一定是同一级的，而各道主轴颈或连杆轴颈的修理尺寸，在一般情况下应采用同一级的。

② 曲轴的圆根处应保留完善，千万不能磨小圆角的弧度，一般圆角的半径为 4～6mm，如图 3-62 所示。

（3）车磨后的要求 其失圆度和锥形度应在规定的范围内。一般而言，当 $D <$ 80mm 时，主轴颈和连杆轴颈的失圆度和锥形度允许范围分别为 0.015mm 和 0.02mm；当 $D >$ 80mm，主轴颈和连杆轴颈的失圆度和锥形度允许范围分别为 0.02mm 和 0.03mm。

四、曲轴裂纹和折断的原因、检验与修理

（一）原因

其原因除与曲轴弯扭大致相同外，还有以下几个方面。

① 光磨轴颈时，没有使轴颈与曲轴臂（曲柄）连接处保持一定的内圆角（一般要求轴颈的内圆角为 1～3mm 之间），引起应力集中而使曲轴断裂。

② 轴承的间隙过大或合金脱落，引起冲击载荷的增大。

③ 曲轴长期工作后发生疲劳损伤。

④ 曲轴经常在临界转速运转。

⑤ 气缸体变形，曲轴轴承座不正，修配曲轴轴承时，各曲轴轴承座孔不在一轴线上。

⑥ 润滑油道不畅通，曲轴处于半干摩擦状态，导致曲轴断裂。

⑦ 曲轴材质不佳或制造时存有缺陷。

⑧ 曲轴平衡遭到破坏，曲轴受到很大的惯性冲击，使曲轴疲劳而断裂。

（二）曲轴裂纹与折断的检查

曲轴裂纹多发生在连杆轴颈端部或曲轴臂与曲轴轴颈的结合处。其检查方法如下。

1. 磁力探伤法

用磁力探伤器进行检查，先把曲轴用磁力探伤器磁化，再用铁粉末撒在需要检查的部位，同时用小手锤轻轻敲击曲轴。这时注意观察，如有裂纹，在铁粉末聚积的中间就会发现有清楚的裂纹线条。

2. 锤击法

先清除黏附在曲轴表面上的油污，再用煤油或柴油浸洗整个曲轴，取出抹拭干净，然后将曲轴的两端支撑在木架上，用小手锤轻轻敲击每道曲轴臂。如发出"锵、锵"（连贯的尖锐金属声），则表示无裂纹；如发出"波、波"（不连贯，短促的哑金属声），则表示有裂纹。然后在这附近容易产生裂纹的部位，用眼看或用放大镜仔细观察，如发现油渍冒出或成一黑线的地方，就是裂纹之所在。

3. 粉渍法

将曲轴用煤油或柴油洗净抹干后，在曲轴表面均匀涂上一层滑石粉，然后用小手锤轻敲曲轴臂，曲轴如有裂纹，油渍就由裂纹内部渗出而使曲轴表面的滑石粉变成黄褐色。

4. 石灰乳法

将曲轴洗净浸在热油（机油）中约 2h，让油进入裂缝，取出抹干后，用喷枪把"石灰乳液"喷到曲轴上使其干燥 [石灰乳液是清洁的白垩和酒精的混合液，其比例为（1：10）～（1：12）]。或用气焊火焰将曲轴上的喷层加热至 70～80℃。这时，白垩便吸收储存在裂缝中的油液，这部分白垩变成暗色，显示出裂纹的形状。

（三）曲轴裂纹、折断的修理

曲轴有了裂纹或折断，可用"焊修"的方法进行修复，其工艺要点简述如下。

1. 焊修前的准备

先将曲轴放在碱水中煮洗清洁，除去油污，再用凿刀沿着裂纹表面凿成 U 形槽。槽深以不见裂纹为好。槽的底部呈圆弧形，槽口的宽需根据裂纹的深度、长度和形状等情况来决定。然后进行校正，使曲轴的弯曲摆差不超过规定范围。最后，将曲轴装在专制的焊架上，或装在气缸体上，并在曲轴与焊架或气缸体之间垫以铁质衬瓦。再将轴承盖用螺栓紧固，避免曲轴在焊接过程中弯曲变形。如果焊接折断的曲轴，需按曲轴折断的原痕找出中心缝，用电焊在断缝两侧先点焊几点，再在裂缝未电焊的两面开槽而后焊接。

2. 焊修

焊修前，先用气焊火焰在焊补部位加温至 350～450℃，再用直径 3～4mm 的低碳钢电焊条进行电焊焊接。焊接时，应采用对向焊接（与裂纹垂直方向移动焊条）的方法，而且每焊完一层后，应立即清除焊渣，再焊下一层。

3. 焊后整理

焊后，应先将焊修处凿修平整，并钻通油道，检验焊接处有无裂纹，曲轴有没有弯曲变形。然后用磨床在焊接处进行磨削加工，使表面光洁平整，并可在曲轴的工作表面进行热处理，以增加工作表面的抗磨性能。

第五节　轴承的检验与修理

一、轴承的工作条件与常见故障

(一) 工作条件

① 连杆轴承在工作时受到气体爆发压力和连杆组往复惯性力的交变冲击作用。

② 轴瓦的单位面积负荷大 [达 30MPa（300kgf/cm²）以上]。

③ 轴瓦表面与轴颈间相对速度高（>10m/s）。

④ 轴承受脉动油膜压力冲击。

⑤ 由于高速运转，轴承易发热，其温度一般在 100～150℃，易使润滑油变质，轴承表面产生腐蚀磨损。

⑥ 高温作用，燃油进入，不完全燃烧物熔入，使润滑油变质。

(二) 常见故障

1. 轴承烧蚀

(1) 原因

① 润滑不良　润滑不良，使曲轴与轴瓦之间发生干摩擦，产生很高的温度，由于轴瓦合金层的熔点很低（铜铅锡合金的熔点为 240℃左右），要求它的正常工作温度为 60～70℃，决不能在超过 100℃的情况下工作，随着润滑条件的恶化，温度升高到 100℃时，轴瓦合金开始变软，当温度继续升高到轴承合金的熔点时，轴瓦合金就会烧坏。

② 装配间隙过小　如果轴瓦与曲轴装配间隙过小，则润滑油不易进入，也容易产生烧瓦现象。

(2) 措施

① 保证正常的机油压力和温度。

② 保证合适的装配间隙。

2. 轴瓦拉伤

(1) 原因　润滑油中有机械杂质。

（2）措施　加强润滑油的滤清工作。

3. 合金脱落

（1）原因

① 合金质量不好。

② 浇铸质量不高。

③ 装配间隙不当。

④ 瓦片变形。

（2）措施

① 在维护保养时，注意观察轴承的质量。

② 装配时保证合适的装配间隙。

二、轴承的选配与检验

（一）选配

1. 旧轴承的鉴定

若轴承质量良好，尺寸合适，修刮方法正确，使用情况良好，可以用几个中修期，但在内燃机大修中，必须更换轴承。

在内燃机小修或中修时，如发现轴承有下列情况之一者，则不能继续使用：

① 轴和轴承的配合间隙过大，且无法调整者；

② 轴承表面有裂纹，合金脱落或有严重拉痕，甚至烧瓦者；

③ 轴承合金层薄于 0.2mm；

④ 弹性显著失效，失圆度超过正常范围者（柴油机＜0.07mm，汽油机＜0.05mm）。

2. 新轴承的质量要求

① 轴承两端应高出轴承座 0.05mm（图 3-63）。

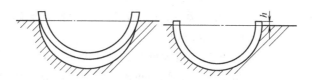

图 3-63　瓦片装入座孔的情况

② 轴承没有砂眼、哑声、裂纹及背面毛糙。

③ 定位点定位良好。

④ 轴承油孔尽量对正，其误差不得超过 0.5mm。

⑤ 同一副轴承的两片厚度差不得超过 0.05mm。

3. 新轴承尺寸的选配

经检查确定要更换新轴承时，应首先将主轴颈及连杆轴颈的表面、失圆度和锥形度等恢复正常，然后按曲轴轴颈和连杆轴颈的实有尺寸来选用与之相适应的新轴承。

一般曲轴主轴颈和连杆轴颈的修理尺寸有标准的和缩小尺寸的。柴油机有 6 级：0.25mm、0.50mm、0.75mm、1.00mm、1.25mm、1.50mm，每缩小 0.25mm 为一级。汽油机有 16 级：0.125mm、0.250mm、0.375mm、0.500mm、0.625mm、0.750mm、0.875mm、1.000mm、1.125mm、1.250mm、1.375mm、1.500mm、1.625mm、1.750mm、1.875mm、2.000mm，每缩小 0.125mm 为一级。所以，在更换新轴瓦时，要按主轴颈和连杆轴颈的现有尺寸来选

配相应的轴瓦。即轴颈是标准尺寸的，就要选用标准尺寸的轴瓦，轴颈是缩小的，就应根据轴颈的修理尺寸选用同级的轴瓦。

（二）轴瓦的检验

1. 外观检查

① 合金层烧熔，应报废。

② 表面磨损起线严重，发生咬伤者，应报废。

③ 铅青铜合金有剥落现象，应报废；若白合金层中有小片剥落，则可焊补修复。

④ 轴瓦表面有裂纹，且裂纹较深较宽者，应报废。

⑤ 轴瓦定位块或定位销与孔有损伤者，不能使用。

⑥ 轴瓦外圆磨损或用锉刀锉过应报废。

2. 测量轴瓦

测量轴瓦主要是测量合金层的厚度，测量方法如图 3-64 所示。柴油机轴瓦有两种类型：厚壁轴瓦和薄壁轴瓦。厚壁轴瓦浇铸的合金层厚度为 5～10mm，薄壁轴瓦又有两种：壁厚为 0.90～2.30mm 的，浇铸的合金层厚度为 0.4～1.0mm；壁厚为 1.0～3.0mm 的，浇铸的合金层厚度为 0.6～1.5mm。一般轴瓦的浇铸厚度各机型说明书都有具体说明。在维修过程中，可参看相关说明书，这里不多讲述。

测量合金层厚度的方法有两种。

① 新旧比较法，新旧两轴瓦厚度之差，就是磨损量。（合金层的）标准尺寸－磨损量＝合金层的厚度。

② 在全套轴瓦中找出磨损后最薄的一片，先测出总厚度，再测出底板厚度，两者之差即为合金层厚度。

内燃机大修时，无论是主轴瓦或连杆轴瓦，若其中有一片因磨损过薄或损坏而不能继续使用时，应予以成套更换；小修和中修时则允许更换个别轴瓦。

3. 对轴瓦座孔的失圆度和锥形度的检查

（1）技术要求

① 生产厂或大修时，失圆度和锥形度均不超过 0.02mm。

② 使用时，汽油机不超过 0.05mm，柴油机不超过 0.07mm。

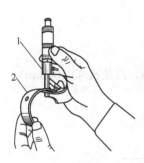

图 3-64　轴承厚度的测量
1—千分尺；2—轴承

（2）轴瓦座孔的失圆度和锥形度超过允许值的后果　使轴瓦座与瓦片贴合不严，造成轴承散热不良，瓦背漏油，轴瓦变形。

（3）检查方法　按规定力矩上好瓦盖，然后用量缸表测量其失圆度及锥形度。

瓦片装入座孔时，瓦片的两端应高出座孔平面 0.05mm（图 3-63）。如果过高，则拧足扭力时会引起瓦片变形（图 3-65）。解决的办法是：在无定位块的一端锉去少许。如果过低，则瓦片在座孔内窜动。解决的办法是：在瓦的背面垫一张与瓦片尺寸相等的薄铜皮，但应保证刮配后有一定的合金层，同时还要注意留出油孔，绝不允许在瓦的背面垫纸和导热不良的物质，以免影响轴承散热。并且这种方法只能在小修和中修时使用，大修时绝对不允许。当拧足扭力后，瓦片不得在座内有任何窜动，同时，瓦的背面与座孔接触面积不应小于 75%。否则，同样会造成润滑与散热不良等后果。

图 3-65　瓦片过高的缺点

三、轴瓦的修配

轴瓦的修配必须在气缸体和曲轴经过详细检查并恢复全部故障后进行。

（一）修刮轴瓦前的准备工作

① 准备好各种工具，如套筒扳手、刮刀等。

② 准备好清洁用的油料和擦机布。

③ 准备好主轴瓦和连杆轴瓦的调整垫片（0.05～0.2mm 厚的铜垫片）。

④ 清洗曲轴、连杆轴承座、轴承盖和轴瓦并堵住轴承座上的油孔。堵住油孔的目的在于：防止刮瓦时，将杂质漏入轴承座上的油孔而堵塞润滑油道。

（二）连杆瓦的修配

1. 修配方法

① 将曲轴抬上专用架或立于飞轮上。

② 擦净连杆轴颈和轴瓦。若轴颈上有毛糙、疤痕，可将 00 号砂布剪成与轴颈同宽并蘸上少许机油把毛糙打磨光。

③ 将选好的轴瓦和连杆装在轴颈上，扭紧螺钉到转动有阻力为止，然后往复转动 3～4 圈，再拆下连杆轴瓦，查看与轴颈的接触情况并进行修刮。

开始修刮时，轴瓦与轴颈的接触一般都是在每片瓦的两端，经几次修刮后应注意以下问题。

① 当接触面扩大到轴瓦长度的 1/3 时，应在轴瓦座两端面接触处垫以厚度为 0.05mm 的薄铜皮 2～3 片（注意不要将它垫在轴瓦两端的接合处），这样可以减少轴瓦的修刮量，缩短修刮时间。

② 在修刮时，必须根据接触情况，以左手托连杆或瓦盖，右手将刮刀持平，以手腕运动，使刮刀由外向内修刮，起刀和落刀要稳，要始终保持刮刀的锋利。

③ 开始修刮时，要求重者多刮，轻者少刮或不刮，以便迅速刮出均匀的接触面。接合面附近，开始适当重刮，刮到中途少刮或者不刮。

④ 当修刮到轴瓦接触面接近全面时，应以调整为主，刮重留轻，刮大留小，直至扭力上够，松紧度合适，接触面达到 75％以上为止。

⑤ 在修刮中，如松紧度合适，但接触面未达到要求，可适当减少垫片后继续修刮。

⑥ 在一般情况下，轴瓦刮好后要保留 1～2 个垫片，以便机器工作一段时间后对轴瓦的松紧度进行调整。

⑦ 在特殊情况下，如轴瓦的修刮量太小，可以在轴瓦的背面加上适当厚度的铜垫片，但这种方法只能在中、小修时使用，在大修时一律不得使用。

2. 对轴瓦孔失圆度、锥形度的检查

其测量方法是：按规定力矩拧紧瓦盖螺钉，然后用量缸表测量其失圆度与锥形度。

在同一横截面两互相垂直的直径之差即为失圆度；在同一纵截面最大直径与最小直径之差即为锥形度。其失圆度与锥形度均应在 0.02～0.04mm 以内。

3. 松紧度（轴瓦与轴颈的径向间隙）的检查

（1）测量法 将装、刮配好轴瓦的连杆夹稳在虎钳上，且按规定力矩上好连杆螺钉，用量缸表配合外径千分尺测量出瓦孔直径。瓦孔直径－轴颈直径＝径向间隙。其中要考虑失圆度在内，而各机型轴瓦与轴颈的径向间隙均有具体规定。

（2）铅丝、铜皮法

① 铅丝法　在轴承与轴颈间，放一根直径为轴承标准间隙约 2 倍的铅丝，按规定力矩旋紧轴承盖后，再取出铅丝，用千分尺测量其厚度，这个厚度即是轴承间的间隙。

② 铜皮法　用长约 30mm，宽约 10mm，厚度与标准间隙相同（取最小值）的铜皮（四周角应做成圆口，使用时应涂上一薄层机油）放于轴承和轴颈之间，按照规定扭力旋紧轴承盖螺栓。用手扳动曲轴或飞轮，若扳不动，表示轴瓦与轴颈的径向间隙过小；若感觉有阻力不能轻易扳动，但取出铜片后又能以轻微力量即可转动，即表示合适；若无阻力或转动过松，即表示轴瓦与轴颈的径向间隙过大。如果间隙过大或过小，可以用增减垫片的方法加以调整。

（3）经验检查法　在轴瓦上涂一薄层机油，然后装在轴颈上，按规定力矩拧紧连杆螺栓，用手使劲甩动连杆，如图 3-66 所示，如轴瓦合金为巴氏合金即镍基合金，可依靠连杆本身的惯性转动 1/2～1 圈；若轴瓦合金为铜铅合金（俗称铜瓦），能转动 1～2 圈；若轴瓦合金为铝基合金（俗称铝瓦），能转动 2～3 圈，同时再握住连杆小端，沿曲轴轴线方向移动，没有松旷感觉即为合适。

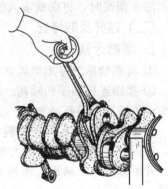

图 3-66　连杆轴承松紧度的检查

4. 连杆大端端隙的检查

当连杆轴瓦全部刮配好以后，还要对连杆大端的端隙进行检查，连杆大端的侧面与曲轴臂之间的间隙不能过大，一般为 0.1～0.35mm。如果超过 0.5mm 时，应在连杆大端的侧面堆焊铜或挂一层轴瓦合金予以修复。

（三）主轴瓦的修配

主轴瓦（曲轴轴承）修配的基本工艺与轴颈接触面积的要求，以及松紧度与接触面积之间关系的处理等，同连杆瓦（连杆轴承）基本一致。但连杆轴承是单个配合的，而曲轴轴承是几道曲轴轴承支持着一根曲轴，这就要求修配后的各道曲轴轴承中心线必须一致，因此，首先应进行水平线的校正，而后再研合各轴承。

1. 水平线的校正

在修刮前，首先检查当轴瓦装入座孔时，各道轴瓦是否在一条水平线上。

检查方法：在曲轴轴颈上涂上一层红丹油，并把曲轴放在装有轴瓦的气缸体上，装上轴瓦盖，适当拧紧螺栓（用约 60cm 长的撬棍能以臂力撬动曲轴为宜），撬动曲轴数圈，然后取下瓦盖，抬下曲轴，查看各道轴瓦的接触情况。

若各道轴瓦接触面积相差很大或个别轴瓦根本不接触，一般应另行选配轴瓦。若各道轴瓦虽然不一致，但相差不多，可把下瓦接触重的部分刮去，直至达到接触面积为 75% 以上为止，此时，下轴瓦的水平线即校好（曲轴箱有三种结构形式：底座式、隧道式和悬挂式。在校正水平线时，前两者校下瓦，后者校上瓦）。在校正水平线的过程中，因各道轴瓦的水平线是很不相同的，并且它们之间相互影响，因此，要经常而准确地观察和分析各道轴瓦的变化情况及其原因。并注意以下两点。

① 在水平线未校正好前，最好不要刮削上瓦，否则可能会造成当水平线尚未校好时，扭力已达到规定值，而上瓦接触仍很差，松紧度也过松等不良现象。

② 当水平线校好后，除下瓦的个别较重部分适当刮去外，最好不用刮削下瓦的方法来达到松紧度适当的目的，否则，可能使校好的水平线又遭到破坏。

2. 刮配各道轴瓦

水平线校好后，抬上曲轴，并按记号装上主轴瓦盖，以一定次序逐道拧紧螺栓，每拧紧一道，转动曲轴数圈，松开该道螺栓，再拧紧另一道，全部这样做完后，取下主轴瓦盖，根据接触面情况修刮轴瓦合金。

修刮方法同连杆瓦的修刮方法。

拧瓦盖的顺序　　3 道轴瓦：2、1、3；

4 道轴瓦：2、3、1、4；

5 道轴瓦：3、2、4、1、5；

7 道轴瓦：4、2、6、3、7、1、5。

3. 刮配好的标准

（1）接触面积　最后一道 95％以上；其他各道 75％以上，而且接触点分布均匀，无较重的接触痕迹。

（2）间隙适当（松紧度）　检查方法如下。

① 经验法　在轴瓦表面加入一薄层机油，并将瓦盖按规定力矩拧紧（拧紧顺序同上），用双手的腕力扳动曲轴臂，能使曲轴转动一圈左右为合适。

② 公斤扳手法（比较可靠的方法）　用扭力扳手在曲轴后端装飞轮的螺栓处转动，其转动力矩为 3 道瓦：2～3kgf·m；4 道瓦：3～4kgf·m；5 道瓦：4～5kgf·m；6 道瓦：6～7kgf·m；7 道瓦：7～8kgf·m 即为合适。

③ 测量法

④ 铅丝、铜皮法

③和④两种方法已在前面讲过，在这里就不再重述。

经过检查，若配合间隙过小，应进行适当修刮；若配合间隙过大，可将轴瓦两端的调整垫片减少，或在轴瓦背面垫适当厚度的铜皮（大修时不允许），必要时可更换轴瓦。切不可用锉刀锉削轴瓦盖或座孔的两端。

关于轴瓦与轴颈的径向间隙，每种机型都有明确的规定。配合间隙大小与轴瓦合金层的材料、轴颈直径、内燃机转速及轴瓦单位面积上承受的载荷有关，但起决定性作用的还是轴瓦合金层的材料。一般而言：巴氏合金轴瓦＜铜合金轴瓦＜铝合金轴瓦＜镍合金轴瓦。

4. 轴瓦松紧度不当的后果

（1）配合间隙过大的后果

① 机油流失。

② 油压减小。

③ 油膜形成困难。

④ 轴瓦承受的冲击负荷加剧。

⑤ 产生敲击声。

（2）配合间隙过小的后果

① 油膜形成困难。

② 产生半干摩擦。

③ 轴承的工作温度上升。

④ 轴瓦磨损加剧。

⑤ 烧瓦或"抱轴"。

（四）曲轴轴向间隙的检查

曲轴轴向间隙也称曲轴的端隙，是指轴承承推端面与轴颈定位轴肩之间的轴向间隙。

它是为了适应内燃机在工作中机件热膨胀时的需要而定的。间隙过小，会使机件膨胀而卡死；间隙过大，前后窜动，则给活塞连杆组的机件带来不正常的磨损，止推垫圈表面逐渐磨损，使间隙改变，形成轴向位移，因此，在装配曲轴时，应进行曲轴轴向间隙的检查。其检验方法如图 3-67 所示。

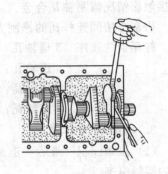

检查时，先将曲轴定位轴肩和轴承的承推端面的一边靠合，用撬棍撬挤曲轴后端，然后用厚薄规在第一道曲轴臂与止推垫圈之间测量。曲轴轴向间隙一般为 0.05～0.25mm。如轴向间隙过大或过小，则应更换或修整止推垫圈进行调整。

图 3-67 曲轴轴向间隙的检查

第六节 曲柄连杆机构异响的诊断与处理

内燃机曲柄连杆机构常见的异常响声有活塞敲缸响、活塞环响、活塞销响、连杆轴承响、曲轴轴承响和拉缸响等。下面以柴油机为例讲述内燃机曲柄连杆机构常见异常响声产生的原因及诊断与处理方法。

一、活塞敲缸响

活塞敲缸会导致柴油机燃油和机油消耗量增加，窜机油。当活塞敲缸严重时，还会打碎活塞，敲坏气缸，甚至使连杆断裂，打坏缸体。

通常，活塞敲缸异响发生的部位在柴油机气缸的上部，一般是在活塞做功冲程开始的瞬间，活塞在气缸内摆动或窜动，其头部或裙部与缸壁、缸盖相碰撞产生的，其响声有以下特点：柴油机在急速运转时，响声类似小锤敲击，是有节奏的"嗒嗒嗒"声，明显而清晰。敲击声随柴油机温度的变化而变化，低温条件下声音比较明显；温度升高后，其响声减弱或消失。当突然提高转速时，就发出"嘎嘎嘎"的连续金属敲击声。如果多缸活塞敲缸，当转速升高后，响声嘈杂而无序。

（一）原因

① 活塞与气缸壁配合间隙过大。

② 气缸套、活塞及活塞环的质量较差，润滑不良，柴油机运行一段时间后，使气缸与活塞的磨损严重，活塞和气缸的间隙增大，同时在气缸套对应第一道气环略上位置处出现较严重的台阶（俗称缸肩），使活塞敲击气缸发出异响声。

③ 活塞裙部与气缸磨损严重，造成失圆而敲缸。

④ 活塞受热变形，由于不规则磨损形成的圆度和圆柱度误差超过规定。

⑤ 连杆弯曲或扭曲变形等使活塞在气缸内偏斜不正，造成不正常磨损，使活塞敲击。

⑥ 连杆轴瓦与连杆轴颈或活塞销与连杆衬套配合过紧。

（二）诊断与处理方法

① 打开加机油加注口端盖，将柴油机转速调整在异响声最明显、最清晰的范围内，观察加机油口处是否冒烟，排气管是否冒蓝烟。用旋具抵在不设气门推杆一侧的缸体上部，如所触处活塞敲击，就可能听到像用小锤敲水泥地一样的有振动的敲击声。

② 逐缸断油，若断到某个缸时声音明显减小或者消失，而当恢复其供油时又能听到敲击声，说明是该缸出现的活塞敲击，应及时修理。

③ 如发现可疑缸活塞敲击，可将该缸喷油器卸下来，向气缸内加入少量机油，转动几圈曲轴，再装回喷油器后启动柴油机。若敲击声消失或减弱，运转一会儿敲击声再度出现，则可确认是该缸有敲缸。

④ 若敲缸声仅发生在冷机启动运行时，柴油机温度正常后声音消失，可以暂不维修继续使用，等到适当时机再行修理。

⑤ 若柴油机低温时响声不清晰，当温度升高后，怠速运转有"嘎嘎"声，并伴有机体抖动，而且温度越高，响声越大，则说明活塞变形或润滑不良，应及时修理。

⑥ 因润滑不良而出现的敲缸，还应找出润滑系统故障原因予以检修。

⑦ 在拆下气缸盖，抽出活塞检查时，若发现气缸严重失圆、拉伤、连杆弯曲变形、活塞销与连杆衬套配合过紧、连杆轴瓦与连杆轴颈配合间隙过小、活塞顶积炭过多等，应进行相应处理或换件修理。

二、活塞环响

活塞环的敲击声是钝哑的"啪啪"声。响声的变化特点是随转速升高而随之增大，并且变成较杂乱的声音。

（一）原因

① 活塞环断裂。

② 活塞环槽积炭过多或环的端隙过小，当温度升高后没有膨胀的余地，使活塞环卡死在气缸内或环槽内。

③ 活塞环与环槽磨损严重，侧隙、背隙和端隙过大。

④ 气缸磨损后，在气缸上口形成凸肩（俗称缸肩），若修理不规范，活塞上移使活塞环与缸肩相碰，出现异常声音。

（二）诊断与处理方法

① 柴油机运行时，打开加机油口盖观察冒烟情况，若有冒烟现象，则逐缸断油，若发现冒烟减轻或消失，响声也消失，则说明是活塞环槽磨损过甚或活塞环断裂，应及时维修。

② 若断油试验响声没有变化，而用一字旋具抵着缸盖部位，感觉有明显的振动，则是活塞环碰撞气缸磨损处的缸肩而发出的响声。此时应重新修整气缸，以免活塞环断裂。

③ 在热机检查时，可从喷油器安装口处注入少量机油，转动曲轴，再装回喷油器发动柴油机，若短时间内响声减弱或消失，则是活塞环与气缸壁密封不良。若注入机油后，仍从加机油口冒烟或更甚，则可确诊为活塞环对口（各道活塞环的开口间隙安装在同一方向上，安装时，相邻两活塞环的开口间隙应错开 $120°\sim180°$）或活塞环卡在环槽内失去弹性，对此应进行维护，彻底清除积炭。

三、活塞销响

柴油机在同样转速下，活塞销的响声比活塞敲缸的声音更尖锐清脆而且连续，是"托托托"的金属敲击声，而且是上下双响。怠速运转时加速，响声最清楚。

（一）原因

① 活塞销与销座孔配合松旷。

② 活塞销与连杆衬套磨损过甚，使其配合间隙过大。

③ 机油压力过低，润滑不良引起活塞销严重烧蚀。

④ 活塞销卡环脱落，使活塞销自由窜动。

（二）诊断与处理方法

① 柴油机由怠速运转升到中速时，调节供油手柄，响声随之变化，并且每调节一次供油手柄，都能听到明显而清脆的连续响声，则可认为是活塞销响。

② 在较高转速下发出的响声比较严重。在响声最大的转速下进行断油试验，倘若响声不仅未减弱，反而变得杂乱，说明是活塞销与连杆衬套配合松旷。当活塞销响声较明显时，必须进行修理，以免打碎活塞，甚至损坏气缸套、缸盖或缸体。

四、连杆轴承响

连杆轴承响的特点与负荷、转速变化密切相关，当转速和负荷增大时，响声也增大，当突然加速时，连续发出"哐哐哐"的响声尤为明显，但响声不随温度变化。另外，在发动机油底壳侧面处的响声较大且机油压力表的指示压力下降。

（一）原因

① 连杆轴承与轴颈磨损严重或轴承盖螺栓松动，破坏了原来的配合间隙，柴油机在做功时受到强大的压力而产生响声。

② 柴油机在超负荷下工作时间过长，轴承的工作温度过高而烧蚀合金。

③ 连杆轴承与轴颈的配合间隙过小，机油难以进入摩擦表面或机油不易形成油膜，造成轴颈与轴承干摩擦或半干摩擦而烧毁轴承。

④ 连杆轴瓦过长或过短，在工作中变形而转动。

⑤ 连杆轴颈失圆。

（二）诊断与处理方法

① 查看机油表压力，若过低并伴随有"哐哐哐"的声音，则应进一步检查。

② 将加机油口盖打开，有听诊器时将听诊器插入加机油口内，可听到敲击声，严重时在柴油机附近便可听清，当突然加速时，响声更为突出。

③ 将柴油机转速稍提高，避开怠速工作时的粗暴声，逐缸断油细听，若断油后的声音减轻，再迅速供油的瞬间发出"哐"的响声，则说明该缸连杆轴承响。

④ 若发动机转速提高到中速时响声大，机油压力表指示压力下降时，则应停机检查，待发动机降温后，放出曲轴箱机油，拆下油底壳，用手上下左右推动连杆轴承，逐缸检查轴承有无松旷。拆开松旷的连杆轴承盖，查看轴承是否有缺油、烧损、油孔堵塞、机油集滤器阻塞以及油管破裂等现象，应视情况分别进行处理。

⑤ 若轴承烧坏，应更换新件，更换时注意用油石修磨曲轴轴颈，再用细砂布拉磨光；若曲轴油管堵塞，可拆下轴承盖，用细铁丝捅除污物；若机油集滤器阻塞，可拆下清洗；若连杆轴瓦过长或过短，一般是由于修理时没有按要求更换相同规格的连杆轴瓦所致。

五、曲轴轴承响

曲轴轴承的响声较连杆轴承的响声沉重而有力，突然加速时发出沉闷的"喹喹"声，严重时还伴有机体振动。响声部位发生在气缸体的下部。响声随转速、负荷的增大而增大，如发动机满载时，响声尤为显著。

（一）原因

① 曲轴轴承与轴颈磨损严重或轴承盖螺栓拧紧力矩不足而松旷，造成径向间隙过大，使曲轴上下跳动而发出撞击声。

② 曲轴轴承在装配时间隙过小，使表面摩擦过热而烧毁轴承合金。

③ 轴承与座孔的配合出现松动现象，使润滑油孔错位，造成润滑油供应不足。或润滑

油质量太差，使润滑油膜难以形成，造成摩擦表面出现半干摩擦或干摩擦。

④ 曲轴推力垫片过薄，形成曲轴轴向位移。

⑤ 轴瓦过长或过短，在工作中变形而转动。

（二）诊断与处理方法

曲轴轴承响声大是极为严重的故障之一，发现轴承响声后应立即停机检修，以防出现重大事故。其检修方法是：待发动机冷却至常温后，放出机油，拆下油底壳，检视曲轴轴承有无松旷、烧毁，如松旷或烧毁，应予以更换；如因松旷而使润滑油孔错位时，应在轴瓦背面垫薄铜片，并留出油孔位置；如螺栓松动应加固；如缺润滑油应补充到规定要求；如曲轴轴向位移，则是曲轴端隙过大，应按要求更换推力垫片，使曲轴端隙达到规定值。一般曲轴端隙值要求在 0.05~0.25mm，最大间隙值不超过 0.30mm。

六、拉缸响

拉缸响是指在气缸壁上沿活塞移动方向，出现一些深浅不同的沟纹使气缸漏气而产生的敲击声。拉缸响使柴油机的动力性和经济性变差，严重时活塞会卡死在气缸内，使发动机不能正常工作。气缸被活塞拉伤会使机油窜入燃烧室，致使燃烧室积炭，同时会使燃油漏至油底壳冲淡机油，有时候可从机油口处看见有燃油味的油烟和喘气现象。

（一）原因

① 使用不规范，在发电机组的磨合期未按规定操作，甚至使柴油机超负荷运转，温度过高，破坏了气缸与活塞（环）间的润滑油膜，引起活塞环与气缸壁间拉伤。严重时活塞膨胀过大，与缸壁咬住而拉伤。

② 保养不规范，未及时清除活塞环上的积炭，使活塞环卡在环槽内失去弹性。

③ 刮除积炭时未清除干净，使极硬的积炭颗粒落入缸隙，形成磨料拉伤。

④ 维修后装配时，活塞与气缸壁的间隙过小，活塞环的端隙过小。

⑤ 活塞环断裂出现刀角或活塞销卡簧脱落，使活塞销窜出拉伤气缸。

⑥ 冷却系统或润滑系统故障，使气缸散热和润滑不良。

⑦ 冷启动或低温下突然加大负荷，燃油雾化不良，致使过多燃油进入气缸，冲洗缸壁上的润滑油膜，引起拉缸。

⑧ 连杆变形导致活塞在缸内歪斜。

（二）诊断与处理方法

（1）柴油机运转中，出现类似敲缸的声音，但响声不随柴油机的温度升高而减弱，即可初步断定为拉缸响。

（2）拆卸气缸盖，检查缸壁的拉伤情况，一般可分为初期、中期和后期三个阶段。

① 初期拉缸的柴油机响声不很清晰，但有机油窜入燃烧室，使积炭增多。压缩时燃气漏到曲轴箱，使机油变质。加速时，从加机油口处及曲轴箱通风管处窜油烟。此时可确诊为初期拉缸。此时，应对活塞连杆组清洗检查，并更换机油和机油滤芯，清洗油底壳。装复后经磨合可再使用一段时间，气缸的密封性会有所改善，但动力性不如拉缸前。

② 中期拉缸的柴油机漏气严重，类似敲缸的异响声较为清楚，打开加机油口盖，大量油烟有节奏地冒出，排气管排浓蓝烟，同时怠速不良。当用断油法检查时，异响声减弱。若中期拉缸发生于多缸，用断油法检查时，异响声虽能减弱，但不能消失。对于中期拉缸，若气缸壁的拉痕不深，可用油石磨光，换上同型号、同质量的活塞和同规格的活塞环即可继续使用，异响声也会大大减小。

③ 后期拉缸有明显的敲缸和窜气声，动力性能也明显下降。当转速增加时响声也随之

加重，声音杂乱，柴油机出现抖动。严重时会使活塞在缸内打碎或损坏缸体。对于这种状况必须更换气缸套、活塞和活塞环。

七、着火敲击声

着火敲击声是由于柴油机着火滞后期过长，压力升高率过大，致使发动机工作粗暴而形成的。急加速时，发出尖锐、清脆而连续的类似金属的敲击声；在急速或小负荷工况下尤为明显，同时伴有机体振动；大负荷高转速时响声相对减小，运转也相对平稳。

(一) 原因

① 喷油提前角过大。

② 柴油的标号不符合标准，十六烷值太低。

③ 喷油量过大或各缸供油间隔角不均。

④ 喷油器的雾化质量太差。

⑤ 柴油机工作温度过低。

(二) 诊断与处理方法

① 若根据故障现象初步判定为柴油机的着火敲击声，可首先检查柴油机的工作温度，然后检查供油时间（喷油提前角）和柴油的品质。

② 采用半断油试验，即拧松喷油器高压油管接头，使部分油喷在外面，以减少向缸内的供油量。如果响声和排烟消失，则说明是该缸供给量过大而产生的着火敲击声。

③ 如果采用半断油试验，响声只减弱而不消失，必须完全断油后响声才能消失，则说明是该缸供油时间过早或喷油器雾化质量差引起的着火敲击响声。应注意检查该缸的供油时间（与第一缸的供油间隔）和该缸喷油器的喷雾情况。

④ 因个别缸供油量过大引起的着火敲击声，还可采用冷启动后，用手摸对应缸的排气歧管，大负荷有敲击声；用手摸喷油器下部及其附近的温度比其他缸热，则说明是该缸供油量过大。还可以用手握高压油管，感觉脉动较大的则是该缸供油量过大。

⑤ 个别缸供油量过大和供油时间过早，应拆下喷油泵在试验台上调试该缸的供油量和供油提前角，并对其他各缸的供油量、供油提前角和供油间隔角进行检查。

复习思考题 ◀◀◀

1. 气缸体和气缸盖产生裂纹的原因有哪些？

2. 气缸体和气缸盖裂纹的检验和修理方法有哪些？

3. 气缸体和气缸盖不平的原因是什么？怎样进行检验和修理？

4. 气缸常见的失效形式有哪些？

5. 简述气缸的磨损规律。减少气缸磨损的方法有哪些？

6. 简述气缸失圆和锥形的原因。

7. 如何拆装气缸套？简述拆装气缸套的注意事项。

8. 怎样检查活塞环的侧隙、背隙和开口间隙？

9. 简述安装活塞环的注意事项。

10. 简述活塞销与活塞销座孔、活塞销与连杆衬套的铰配步骤。

11. 活塞销与销孔、活塞销与连杆衬套的配合间隙如何察觉是否合适？

12. 偏缸的检验方法是什么？

13. 怎样刮配连杆轴瓦和曲轴主轴瓦？

第四章
配气机构的检验与修理

配气机构各机件的技术状况在工作过程中是不断变化的，如气门、气门座和凸轮轴等主要机件，在高温高压和冲击负荷的作用下，会产生机械磨损和化学腐蚀，这样就破坏了气门与座的密封性和配气定时，从而使内燃机功率下降以及燃油消耗量增加。因此，本着恢复气门与座的密封性和配气定时为目的，本章主要介绍气门及气门导管的检验与修理、气门座的检验与铰削以及气门的研磨方法。

第一节　气门组零件的检验与修理

一、气门的检验与修理

（一）气门的工作情况（条件）

① 受交变（应力）的冲击负荷作用（气门频繁在高温下进行冲击性的打开和关闭，气门和气门座相互撞击）。

② 受高温高压燃气冲刷和燃烧产物的腐蚀，热应力高。

③ 润滑条件差。

④ 气门与气门导管摩擦频繁。

（二）常见故障

1. 气门接触面的磨损

① 空气中的尘埃或燃烧杂质渗入或滞留在接触面间。

② 内燃机在工作过程中，气门将不停地开启和关闭，由于气门与气门座的撞击、敲打，引起工作面的起槽和变宽。

③ 进气门直径较大，在燃气爆发压力作用下产生变形。

④ 光磨后气门边缘厚度下降。

⑤ 排气门受高温气体的冲击，使工作面溶蚀，出现斑点和凹陷。

2. 气门头部偏磨

气门杆在气门导管内不断摩擦，使配合间隙增大，而在管内晃动，引起气门头部的偏磨。

3. 气门杆的磨损与弯曲变形

气缸内的气体压力以及凸轮通过挺柱对气门的撞击。

所有这些故障，均可造成进排气门关闭不严而漏气。

(三) 气门的检验

1. 外部检验

进排气门接触面的磨损及气门头部的偏磨等，均可通过一般检视即可发现。

2. 气门顶边缘厚度的测量

各种内燃机气门顶的边缘厚度均不得小于0.5mm（图4-1）。正常的气门顶厚度要求是：汽油机不小于1mm，柴油机不小于1.5mm。在生产厂或大修时，决不能使用不合要求的气门，若在中、小修时，气门顶厚度大于0.5mm可继续使用。

3. 气门顶及气门杆弯曲的检验

气门杆的弯曲和因气门杆弯曲而造成气门顶部的歪曲偏摆，可用百分表来测定（图4-2），将气门杆全部置于V形铁块上，用手转动气门杆，并以百分表测量杆部与头部，若气门杆弯曲度超过0.03mm或气门头部的摆差超过0.05mm时，均应进行校正或修整。

图4-1　气门边缘厚度

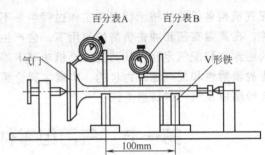

图4-2　气门顶及气门杆弯曲度的检验

4. 气门杆失圆度和锥形度的检验

测量方法很简单，用外径千分尺测量，同一横截面两互相垂直直径之差即为失圆度；同一纵截面最大直径与最小直径之差即为锥形度。其失圆度和锥形度均不得大于0.03mm。

5. 气门杆磨损量的测量

用外径千分尺测量，测量得出最小直径，标准直径与最小直径之差即为磨损量。其磨损量不得大于0.075mm。

(四) 气门的鉴定与修理

从上面对气门的测量要求，可把它归纳为以下几点，即气门的鉴定。

① 气门顶及颈部有裂纹、严重爆皮及其头部边缘厚度小于0.5mm时应作报废处理。

② 气门弯曲度大于0.03mm或气门头部摆差（径向跳动）大于0.05mm，应进行冷压校正或用软质锤进行敲击校正，无法校正时应更换新件。

③ 气门杆失圆度、锥形度大于0.03mm时作报废处理。

④ 气门杆磨损量大于0.075mm，应更换或镀铬修复。

⑤ 气门锥形工作面烧蚀、斑点及凹陷轻微时，经研磨修复后可继续使用。

⑥ 气门锥形工作面烧蚀、斑点及凹陷严重时，必经进行光磨修复。

(五) 气门的光磨

气门工作面的光磨，根据设备条件，可采用光磨和锉磨两种办法修复。光磨可在气门光磨机上进行；锉磨可在台钻或车床上用锉刀进行，也可直接用锉刀进行锉磨。

1. 用气门光磨机光磨气门工作面

气门光磨机的结构如图4-3所示，其底座上装有纵拖板和横拖板，纵拖板能用手柄作纵向移动，上面安装的有电动机和左右两个砂轮；横拖板可用手柄作横向移动，上面安装的有气门夹架，由电动机带动旋转。横拖板上附有刻度，当松开夹架上的固定螺钉时，即可调整所需角度的位置。气门光磨步骤如下。

① 检查砂轮面情况，如不平整，应用金刚砂修整。

② 根据气门杆外径选择适当夹心，将气门端正而稳妥地紧固在夹架上（气门头伸出夹心的长度以 40mm 左右为宜），并使气门先不要和砂轮接触。

③ 调整气门夹架，使气门的角度与砂轮工作面的角度（30°或 45°）相符，并将紧固螺母旋紧。

④ 光磨。先开动夹架上的电动机，察看气门是否有摇摆现象，气门无摇摆时，再开动砂轮电动机进行光磨。

光磨时，一手转动横向手柄，使气门慢慢向右移动，一手转动纵向手柄，使砂轮渐渐移近气门工作面。在磨的过程中，不要使光磨量过大，并来回转动横向手柄，使气门工作面在砂轮面上左右慢慢移动，以保持砂轮平整。但须注意：气门移动不能超过砂轮面，以防打坏砂轮和气门。光磨后摇退砂轮，关闭电动机。

在光磨时，还应注意：砂轮与气门是在不同的转速下旋转；应打开冷却液开关，湿磨用以降低热量及气门工作面的粗糙度。

⑤ 用 00 号砂布磨光气门工作面。

图 4-3　气门光磨机

1—刻度盘；2—横向手柄；3—夹架；4—冷却液开关；5,6—砂轮；
7—纵向手柄；8—夹架固定螺钉；9—夹架电动机开关；
10—砂轮电动机开关

图 4-4　用台钻锉磨气门

2. 用台钻或车床锉磨气门工作面

先将气门夹在台钻夹头（图 4-4）或车床的卡盘上，开动电动机，用细平锉刀沿气门原来的工作面角度，将麻点、凹陷、斑痕等缺陷锉去，最后在锉刀上包一层细砂布将气门工作面进行光磨。修磨时，应尽量减少金属的磨削量，以免影响斜面的光洁度，速度也不宜过快，以免出现击打锉刀的现象。锉磨时，如气门头斜面有明显的跳动现象，可能是由于气门固定不当或气门杆弯曲所造成，应重新夹持或校正气门杆。

3. 用锉刀锉磨气门工作面

这种方法是在没有上述设备的情况下进行的。其方法是：用左手拿气门并保持一定的角度，右手拿锉刀进行锉削，边锉边转动气门，使气门四周锉得均匀，最后在锉刀上包一层砂布将气门打光。

由以上气门的光磨工艺可以看出，气门经过光磨，解决了因磨损、烧蚀等使气门关闭不严而漏气的矛盾。但是经多次光磨后，气门头边缘的厚度会逐渐减少，若气门头边缘的厚度过薄时，在工作中容易产生翘曲现象。因此，当汽油机的气门头边缘的厚度小于0.5mm，柴油机的气门头边缘厚度小于1mm时，应更换气门。

二、气门导管的检验与修理

（一）常见故障

气门导管的工作条件与气门的工作条件基本相同，其常见故障如下。

① 内径磨损，这主要是因为气门与气门导管摩擦频繁的结果。

② 外径过盈量消失。

但更常见的故障是前者，它会使气门杆与导管之间的配合间隙过大，加速气门杆与导管的磨损，对气门散热也造成困难。所以，在内燃机大中修时，必须对气门杆与气门导管的配合间隙进行检验与修理。

（二）气门杆与气门导管配合间隙的检验

1. 测量法

其方法是：将气门置于气门导管孔内，使气门顶高出座口约10mm左右，并在气缸体的适当位置安装百分表，使其量头触点抵住气门头的边缘，然后将气门头部沿百分表触点方向往复推动（图4-5）。百分表上测得的摆差的一半，即是气门杆与导管孔间的近似间隙。进气门为0.04～0.08mm，排气门为0.05～0.10mm。

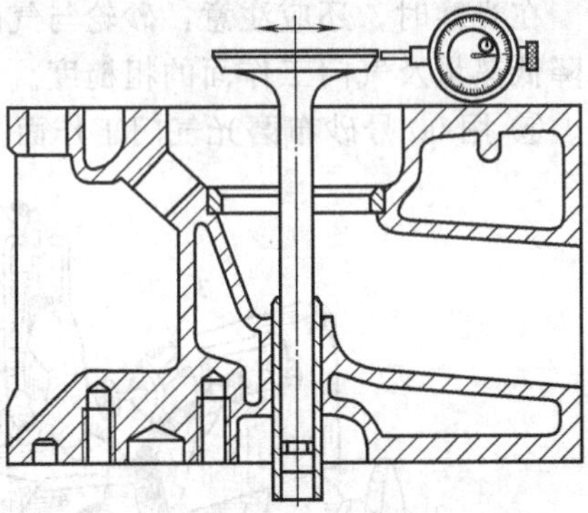

图4-5 气门杆与导管配合间隙的检查

2. 经验法

① 在气门杆上涂上少量机油，插在导管中，如气门能以本身重量缓缓下降，则间隙为合适。

② 在不涂机油的情况下，用手堵住导管下端，迅速拔起气门，感觉有吸力，则配合间隙合适。

（三）气门导管的更换

1. 更换原则

① 气门杆磨损未超过极限，但配合间隙过大，应更换导管。

② 气门导管外圆磨损，配合松动，应更换导管。

③ 气门杆磨损量超过极限应更换气门，同时应对导管进行修配。

④ 新导管的选择，要求导管的内径与气门杆尺寸相适应，其外径与导管座孔的配合应有一定的公盈量。公盈量一般为0.025～0.075mm，各机型均有具体规定。

2. 导管的更换

（1）冲出旧导管　更换导管时，选用与导管内径合适的铳子，把铳子的一端装于导管内，用压床压出，或用手锤铳出旧导管，如图4-6所示。

（2）清洗导管及座孔

（3）压入新导管

① 压入前，应在导管外壁涂一层机油，锥面朝上（气门头一端），正直地放在导管座孔上，压入或铳入。铳出旧导管或压入新导管时，不能使铳子摆动，避免损坏导管。

② 压入后，应测量导管上端与缸体（盖）平面的距离，一般为22～24.5mm，如图4-7所示。简单的办法就是与拆卸前的导管上端和缸体（盖）平面的距离一致，因此，在拆旧导

管时应注意这一点。如是倒立式气门，也可测量气门脚一端的导管至缸盖平面的距离，因为气门导管装的深度过深或过浅都不好。装得过深会增加进排气阻力，同时气门升起时气门弹簧或气门锁夹就容易碰到导管下端。当运转时，此处往往易发出一种类似于气门间隙过大的敲击声。严重时常导致零件早期损坏。装得过浅会影响气门和导管的散热效果。过深或过浅都会使气门降不到最低位置，造成气门漏气。

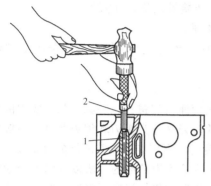

图 4-6　气门导管的拆装方法
1—气门导管；2—铣子

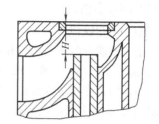

图 4-7　气门导管与气缸体上面的距离

③ 导管更换后，若导管与气门杆间隙过小，可用气门导管铰刀铰削导管内孔（气门导管铰刀如图 4-8 所示）。

铰削时，应根据气门杆直径大小选择和调整好铰刀，吃刀量不能过大，铰刀要保持平正，边铰削边试配，直至达到合适的配合间隙。在没有气门铰刀的情况下，也可在气门杆上涂细气门砂，插入导管进行研磨，直至符合要求。

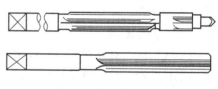

图 4-8　气门导管铰刀

3. 气门杆的修理

在更换导管的同时，还应修理气门杆。

① 镀铬或镀铁加粗到修理尺寸。

② 当气门杆直径已减小到使用极限，则应更换气门。

③ 当气门杆磨损量超过 0.075mm，而又无修理条件时，应更换气门。

在修理中，有时采用更换气门并同时更换气门导管的方法来恢复规定的配合间隙。经配合好的气门与导管，应在气门头上做出记号，以免错乱。

三、气门座的检验与修理

（一）气门座的常见故障

① 锥形工作面磨损变宽或产生沟槽　这主要是因为内燃机在工作过程中，气门座反复受到气门的冲击。

② 锥形工作面产生斑点、烧蚀或裂纹　这主要是因为气门座受高温气体的冲刷（特别是排气门）及化学腐蚀作用。

这些故障所产生的后果是气门关闭不严。

（二）气门座的技术鉴定

① 气门座有裂纹或气门座磨损较大，铰削后锥形工作面太低（低于缸盖平面 2mm），均应作报废处理，更换新气门座圈。

② 气门座锥形工作面磨损起槽、麻点或烧蚀轻微，可研磨修复，严重时采用铰削、光磨等方法修复。

(三) 气门座的检验

① 检验气门座与气门的接触面宽度。这个宽度，大型低速内燃机要求为 3～4mm，高速柴油机要求以 1.5～2.5mm 为合适。宽度过小，则气门与气门座接触差、导热差，甚至漏气；宽度过大，则容易堆积炭渣和气门关闭不严，使接触面烧蚀而漏气。

② 检查气门座工作面有无烧蚀、斑点、裂纹和沟槽。

气门座锥形工作面经磨损变宽或锥形工作面烧蚀较严重，出现较深的凹陷沟槽和斑点时，应进行铰削或磨削。

(四) 气门座的铰削

铰削适用于软质气门座，通常用如图 4-9 所示的气门座铰刀进行。一副气门座铰刀的角度一般为 15°、30°、45°、75°（或 60°）四种。30°和 45°的铰刀又分为粗刃和细刃两种。一般粗刀刃上带有齿形，用它作初步的铰削，当铰削到一定程度时，再用细刃铰刀进行精细加工。

在铰削之前还应注意：因为铰气门座时，是以气门导管为基准的，所以气门导管如需要更换或铰配时，应在气门座的铰削之前进行。否则，若先铰削气门座再更换或铰配导管，就可能使座和管的中心偏移，而造成气门无法和座进行配合的后果。

气门座的一般铰削工艺程序如下。

1. 选择铰刀导杆

根据气门导管的内径，选择相适应的铰刀导杆，并插入气门导管内，使导杆与气门导管内孔表面相贴合。

2. 砂磨硬化层

由于气门座存有硬化层，在铰削时，往往使铰刀打滑。遇此情况时，可用粗砂布垫在铰刀下面进行砂磨，然后再进行铰削。

3. 初铰

先将 45°铰刀（用粗、细刀视情况而定）套在导杆上，使铰刀的键槽对准铰刀把下端面的凸缘，即可进行铰削。铰削时，铰刀应正直，两手用力要均匀、平稳，按顺时针方向旋转铰削。若反时针回刀时，勿用力，以防刀刃磨钝，直至将气门座上的烧蚀、斑点和凹陷等缺陷铰去为止。

4. 试配与修整接触面

初铰后，应用光磨过的相配气门进行试配。其试配方法是：在气门座锥形工作面上涂以红丹油，放入导管中转动 2～3 圈（勿拍），然后拿出气门观察其接触情况。正常要求是：接触面应在气门工作斜面的中下部，进气门宽度约 1.0～2.0mm，排气门约 1.5～2.5mm，接触面过窄，影响密封和散热，过宽容易积炭，而且不能紧密吻合。气门与气门座的正确接触位置如图 4-10 所示。在气门锥形工作面的中下部，宽度为 1.5～2mm。初铰后的试配，如果接触面偏上，应用 15°铰刀铰削上口，使接触面下移，如接触面偏下，应用 75°铰刀铰削下口，使接触面上移，初铰时应尽量使气门接触面在中下部，应边铰边试配。为了延长气门座与气门的使用寿命，当接触面距气门下边缘 1mm 时，即可停止铰配。

5. 精铰

最后用 45°（或 30°）的细刃铰刀或在铰刀上垫以细砂布精细地修铰（磨）气门座工作面，以提高接触面的光洁度。最后再用红丹油进行检查，气门与气门座的接触面应是一条不间断的环形带。

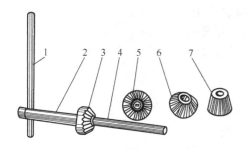

图 4-9　气门座铰刀
1—铰柄；2—刀杆；3,5~7—分别为 30°、
15°、45°、75°铰刀；4—导杆

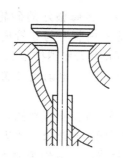

图 4-10　气门与气门座
的正确接触位置

需要指出的是：以上方法和要求仅仅是基本的，在铰削中要根据气门座的具体情况灵活处理。在修理中，有时会遇到气门座宽度已铰合适，但接触面太靠上，这时如果用 15°铰刀铰上口时，将会产生接触面变窄的新矛盾。如果为了解决这一新矛盾，再用 45°（或 30°）铰刀进行铰削时，则气门座的口径将会扩大，这将导致接触面向上移。因此，在这种情况下，虽然接触面太靠上，但只要接触面距气门工作面还有 1mm 以上，则允许使用，否则就要更换气门或重新镶配气门座圈。

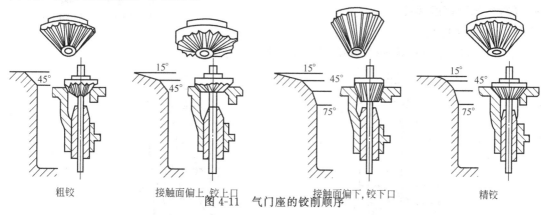

粗铰　　　接触面偏上，铰上口　　　接触面偏下，铰下口　　　精铰
图 4-11　气门座的铰削顺序

按要求接触面最好在中间稍靠下为好，但在修理中，有时因受座和气门技术条件的限制或考虑今后的再次修理，就不一定强求，一般靠上在 1mm 和靠下在 0.5mm 以内也是可以工作的。这里还要说明的一点是，气门的锥形工作面的角度，虽然大部分机型的进、排气门是 45°，但也有的是 30°的，所以在铰削气门座时一定不能弄错。

气门座的铰削顺序如图 4-11 所示。

（五）气门座的磨削

磨削适用于硬质气门座。磨削时使用的是电动光磨机。用光磨机光磨气门座的顺序与铰削气门座的顺序基本相同，不同的是：光磨机用不同角度的砂轮代替了铰刀，用手电钻式的电动机代替了手铰削（或以压缩空气为动力的风动砂轮机来修磨气门座），用光磨机修理气门座速度快、光洁度好、质量高，特别是用于修磨硬质度高的气门座，效果更好。因此现在很多修理单位采用了电动光磨机进行光磨气门座，如图4-12所示。

气门座磨削的操作要点如下。

（1）选择和修整砂轮　根据气门座工作面的角度，选择合适的砂轮，并在砂轮修整器上按工作面角度的要求修整砂轮工作面。

（2）安装　将修整好的砂轮安装在磨光机的端头上，然后在气门导管内装上与导管内径相适应的导杆，用导杆手柄旋动导杆使弹簧胀圈扩张加以固定，并滴上少许机油。

（3）光磨　打开电动机开关进行光磨，光磨时应注意以下几点。

① 电动机要保持正直平稳，向下施以轻微的压力。

② 光磨时间不宜过长，要边磨、边检查、边试配。

③ 停止操作时，应先关闭电动机开关，待砂轮停止转动后再取出，检视其接触面情况。

气门座圈经多次的铰、磨削后，其口径会逐渐扩大，使工作面下陷，到一定程度后，则会影响充气效率和降低弹簧的张力，同时将会产生气门与气门座接触面过于偏上而无法下移的矛盾。当气门座的工作面低于气缸体平面1.5mm（指配气机构装置是下置式的机器，如汽油机一般都是气门座圈装在气缸体上的），或合要求的气门头装入气门座内下沉量超过允许值时，以及气门座严重烧蚀等，应重新镶配新的气门座圈。

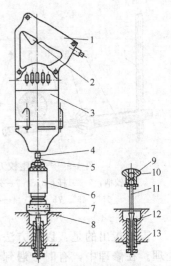

图 4-12　磨削气门座示意

1—电动机手柄；2—电动机开关；
3—电动机；4—套圈；5—六角头；
6—磨头；7—砂轮；8—气门座；
9—螺钉及螺母；10—导杆手柄；
11—导杆；12—气门导杆；
13—弹簧胀圈

（六）气门座的镶配

1. 拉出旧座圈

如图 4-13 所示，可用锥形弹簧圈或拉爪拉出原气门座圈。

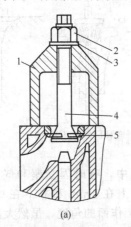 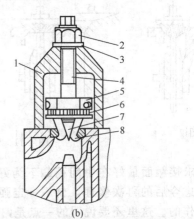

(a)　　　　　　　　　　　(b)

1—拉器罩；2—螺母；3—垫圈；　　　1—拉器罩；2—螺母；3—垫圈；4—螺杆；
4—拉杆；5—弹簧圈　　　　　　5—装拉爪的螺母；6—弹簧；7—锥体；8—拉爪

图 4-13　气门座圈拉钳

2. 选用新的气门座圈

选用新的气门座圈时，先用平面铰刀修整座孔，底座应平整；失圆度和锥形度均不超过0.015mm，内壁应光滑，气门座圈与缸体的配合过盈量一般为 0.07～0.17mm，以保证较好的传热性和稳固性。

3. 将座圈压入座孔内

（1）冷缩座圈法　将座圈放入冷却箱中，从盛有压缩 CO_2 的储气瓶内放出 CO_2 气体，使座圈温度降低到零下 70℃ 左右。或将气门座圈用冰箱冷缩，然后将座圈涂以甘油与黄丹粉混合的密封剂，垫以软金属，将座圈迅速地压入。

（2）**热膨胀座圈孔法** 一般多采用将座孔加温到100℃左右，然后将座圈涂以甘油与黄丹粉混合的密封剂，垫以软金属，将座圈迅速地压入。

座圈镶入后，应检查、修正座圈高出的部分，使其与气缸体上平面取齐。座圈与气门导管轴心线应一致，其偏差不得超过0.05mm，然后经铰削或光磨，与气门配合。

四、气门的研磨

（一）研磨时机

① 气门漏气或有轻微的斑点和烧蚀时。

② 更换了气门、气门座和气门导管时。

由此可知，在维修中气门的研磨工作是经常遇到的，作为维修人员来讲，必须掌握这一工序的操作技能。

（二）研磨方法

气门的研磨方法有机动研磨和手工研磨两种。机动研磨法主要适用于内燃机生产厂和大的维修机械厂。其原因有二：一是气门研磨机价格较高，二是生产厂和大的维修机械厂研磨的气门数量多，用研磨机研磨气门，可提高生产效率，而手工研磨主要适用于小的维修和使用单位。所以对一般的使用维修者而言，主要是掌握手工研磨法。

手工研磨气门的步骤如下。

① 清洁气门、气门座及气门导管。

② 在气门斜面上涂一层薄薄的粗研磨砂（不宜过多，以免流入导管内），同时，在气门杆上涂润滑油，将气门杆插入导管内。若气门与气门座均经过光磨，可直接用细砂。

③ 用橡皮碗吸住气门头，使气门往复旋转进行研磨，如图4-14（a）所示；若没有橡皮碗，气门顶有凹槽的，可在气门杆上套一根软弹簧，用旋具进行研磨，如图4-14（b）所示。

研磨气门时应注意：在研磨中要使气门在气门座内朝一个方向转动，应不时提起和转动气门，变换气门与座的相对位置，以保证研磨均匀；研磨时不应过分用力，也不要提起气门用力在气门座上撞击敲打，否则会将气门工作面磨宽或磨成凹形槽痕。

④ 当气门工作面与气门座工作面磨出一条较整齐而无斑痕、麻点的接触环带时，将粗研磨砂洗去，再换用细研磨砂研磨。

在研磨过程中，要注意检查气门的接触情况：若接触面太靠上，砂要点在接触面的上面，将接触面往中间赶；如果接触面太靠下，砂要点在下面，将接触面往中间赶；如果接触面在中间并基本适合要求时，可在接

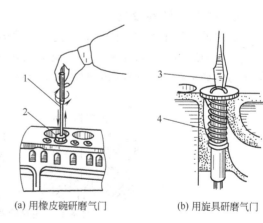

(a) 用橡皮碗研磨气门　　　(b) 用旋具研磨气门

图4-14　研磨气门

1—木柄；2—橡皮碗；3—旋具；4—弹簧

触面的上下两处点砂，以便能迅速磨出接触面来；如果接触面宽度太窄，砂要点在中间，以增大接触面。

⑤ 当气门头部工作面磨出一条封闭的光环时，再洗去细研磨砂，涂上润滑油，继续研磨几分钟即可。

气门工作面的宽度应按原厂规定，无原厂规定时，一般进气门为 1.00～2.00mm；排气门为 1.50～2.50mm。

（三）气门与气门座密封性的检验

检验气门与气门座密封性通常有以下四种方法。

1. 凭眼睛观察研磨的程度

磨好的气门，接触面应呈现出一条均匀封闭的光环。接触面宽度，一般进气门为 1.5～3mm，排气门为 2～3mm。

2. 铅笔划线法

用软铅笔在气门工作面上均匀地（约每隔 4mm 划一条线）划上若干道线条，与相配气门座工作面接触，并转动气门 1/8～1/4 圈，然后取出气门检查铅笔线条，如图 4-15 所示。如铅笔线条均被切断，则表示密封良好，若有的线条未断，则表示密封不严，需重新研磨。

3. 注油法

将磨好的气门装入座内，加入少许汽油或柴油，如图 4-16 所示。若 5min 内气门与座之间没有渗漏现象，则表示气门密封良好。

 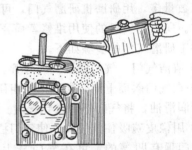

图 4-15　划线法检查气门密封性　　　　图 4-16　用注油法检查气门的研磨质量

4. 用专用仪器检查

即用带有气压表的专门检验气门密封性的检验器检查。检查时，先将空气容筒紧密地压在气门座的缸体上，再捏橡皮球，使空气容筒内具有 0.06～0.07MPa（0.6～0.7kgf/cm²）的压力，如果在 30s 内气压表的读数不下降，则表示气门与座的密封性良好（图 4-17）。

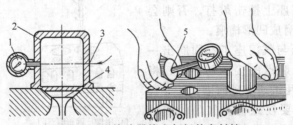

图 4-17　用检验器检查气门的密封性
1—气压表；2—空气室；3—进气孔；4—气门；5—橡皮球

五、气门弹簧的检验与修理

（一）气门弹簧的常见失效形式及其原因

气门弹簧的常见失效形式有四种。

① 自由长度缩短。

② 弹力不足。

③ 簧身歪斜变形。

④ 折断。

所有这些失效形式，主要是因为气门弹簧经过长期使用后，由于受力压缩产生塑性变形，促使弹性疲劳而造成的。

气门弹簧自由长度缩短和弹力不足都将影响配气的正确性和气门关闭的密封性。歪斜变形或折断，不仅影响内燃机的正常运转，而且在顶置式的气门装置中，还会发生气门掉入气缸，造成机器损坏等严重事故。

尤其是气门弹簧的折断，平时更应注意，它除了由弹性疲劳而造成的原因外，还与弹簧的质量和曲轴箱的通风有关。另外，不等距的弹簧如果装颠倒了，惯性力和振动会大大增加，也能很快使弹簧折断。

（二）气门弹簧的检验

① 气门弹簧不允许有任何裂纹或折断。

② 气门弹簧的自由长度及在规定长度内的相应压力，应符合原生产厂的规定。当气门弹簧的弹性减弱而钢丝直径尚未磨损减少时，允许整理长度后经热处理修复。

③ 一般自由长度的缩短不得超过 3mm，弹力减弱不得超过原规定的 1/10，弹簧端面与中心线的垂直度不得超过 2°。

至于气门弹簧的弯曲和扭曲变形的检验方法如图 4-18 所示，将弹簧放在平板上以 90°直尺检查，如果超过 2°，就应更换。当有不明显的变形而钢丝直径尚未磨损减小时，允许整理长度后热处理修复。

气门弹簧的自由长度可用钢板尺测量或者与新弹簧比较，看其是否合乎规定。

气门弹簧的自由长度和弹力的大小，可用气门弹簧试验器检验，如图 4-19 所示，按规定把弹簧压至一定长度，观察其压力是否合乎规定。如果将弹簧压缩至适当长度后，其压力较规定值显著减低，表示弹簧已经失去正常弹性，应根据情况更换新弹簧。

若没有气门弹簧试验器，也可采用一种简便方法进行检验。如图 4-20 所示，取一标准弹力的弹簧与要检查的弹簧各一只，在中间垫一块铁片，一起夹在虎钳上，在虎钳上压缩，比较长短，正常情况下，$a=b$，但如果 b 远远小于 a，就表示弹性太差，应更换新的。

图 4-18　气门弹簧端面与中心线的垂直度
及其长度的检查

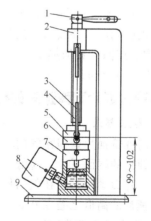

图 4-19　GT-80 气门弹簧检验仪
1—手柄；2—支架；3—标尺；4—丝杠；5—上工作台面；
6—下工作台面；7—油缸；8—压力表；9—底座

在缺乏器材的情况下，若气门弹簧因弹性减弱，自由长度缩短而无新件更换时，也可以用加垫圈的方法，使之达到应有的弹性，但在加垫圈后必须进行检查。当凸轮顶起挺杆压缩弹簧至最高点时，要求弹簧的圈与圈之间仍有一定的间隙，否则会顶坏凸轮、挺杆等，造成不应有的损失。所以，规定所加垫圈的厚度不得超过 2mm。

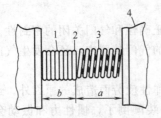

图 4-20　新旧弹簧比较法检查弹簧弹力
1—试验弹簧；2—隔板；3—标准弹簧；4—虎钳

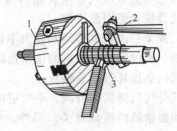

图 4-21　冷作法修复气门弹簧
1—卡盘；2—手锤；3—弹簧

弹力减弱或自由长度缩短的气门弹簧可采用适当的方法进行修理。

（三）气门弹簧的修理

气门弹簧的修理，常用的有两种方法：冷作法和热处理法。

1. 冷作法

其方法如图 4-21 所示，把弹簧套在圆轴上，圆轴的外径要与弹簧的内径相适应，再将弹簧的一端与圆轴一起夹在车床卡盘上，在车床的刀架上固定一个移动杆，在移动杆头部锉出较弹簧钢丝直径稍大的凹槽，使弹簧嵌入槽内，借刀架将其压紧，慢慢转动卡盘，每转一圈，移动杆移动的距离，要比弹簧圈距大 1～2mm。在转动弹簧的同时，用小手锤轻轻地连续敲击弹簧，使弹簧金属表面硬化，从而增加其弹性。不过，使用这种方法修复的弹簧，使用的时间较短，因此，在不得已的情况下才使用。一般来说，还是更换新弹簧。

2. 热处理法

热处理法的维修方法是：将气门弹簧放在四周塞满铸铁铁屑的厚铁皮箱内（铸铁屑可以防止弹簧表面氧化），在炉内加热至 925℃ 左右，保温约 1h 后，将铁皮箱取出，在空气中冷却，然后将气门弹簧取出套在修复夹具的心轴上，连同心轴装入夹具的柜架内。柜架是由 6mm 厚铸铁板制成，并按新气门弹簧的螺距切成槽穴。将套有气门弹簧的心轴压入槽穴内，再将气门弹簧连同夹具加热至 810℃ 左右，然后油淬，再加热至 310℃ 后在空气中冷却，此时硬度应为 RC41～42。

六、气门弹簧锁片和弹簧座的检验与修理

（一）技术要求

① 气门弹簧锁片紧固在气门杆上时，其外圆锥面与座的锥孔应紧密接触。

② 两锁片的端面平面，应低于座圈 2.5mm。

③ 气门弹簧锁片紧固在气门杆上，分开面每边应有 0.5mm 以上的间隙。

④ 两锁片的高低之差在 0.3mm 以内。

（二）检验（技术鉴定）

① 检查两锁片内外表面及座锥孔有无明显磨痕及损伤，有则更换。

② 测量或对比，若两锁片高低之差超过 0.3mm，应更换一致的。

③ 若两锁片分开面间隙已经消失，应更换。

④ 若锁片只有一头和座接触，机器工作时，锁片因单头张开使它和气门杆都磨坏，甚至使锁片跳出，因此应更换。

⑤ 若锁片片面凸筋有磨损，应更换。

（三）修理

① 若两锁片分开面间隙过小或消失以及两片高低不一致，可用锉刀锉，但内、外表面要完好，外锥面与座要配合好。

② 若接触面不严密或有毛刺，应打掉磨光。

③ 其他情况，一般应更换新件。

第二节　气门传动组零件的检验与修理

一、气门挺杆和导孔的检验与修理

工作中，由于气门挺杆不仅做上下的直线运动，而且还做旋转运动，因此，气门挺杆的杆身和球面（或平面）必然要产生自然磨损。气门挺杆在工作中，虽然因受到压缩而产生压缩应力，但由于杆身粗而短，所以一般不容易产生弯曲变形。不过，由于长期工作，磨损仍然是不可避免的。

（一）常见失效形式

① 气门挺杆与导管或导孔发生摩擦面磨损（柱面磨损），使之配合间隙上升。

② 柱底面磨损、拉伤或疲劳剥落。

（二）检验与修理

① 气门挺杆与导孔的配合间隙一般为 0.03～0.10mm，最大不得超过 0.15mm。经验的检查方法是：用拇指将挺杆向导孔推入时应稍有阻力，再提起少许用手摇晃时，无旷动的感觉。如果配合间隙超过 0.10mm 时，可用电镀加粗并铰孔以恢复其配合尺寸。

② 挺柱底面磨损不平或球面有磨痕时，可用细砂布、研磨砂或油石研磨，也可以用磨光机消除平面不平，恢复其原有形状。

二、推杆和摇臂的检验与修理

（一）推杆

推杆的常见失效形式有两种。

① 杆身弯曲　用铁锤打直。

② 上端凹坑及下端球头磨损　一般采用堆焊或更换的方法修复。

（二）摇臂

摇臂的常见失效形式也有两种。

1. 摇臂压头磨损成凹坑形状

一般而言，气门摇臂的撞击表面应凸出 4.2mm，磨损后，最低也不得低于 3.2mm，如果过低，则应进行堆焊，并对其进行必要的表面热处理。

2. 摇臂孔衬套及轴磨损

摇臂孔衬套和摇臂轴的配合间隙一般为 0.025～0.065mm。如果磨损过大，配合间隙超过使用极限，则应将轴镀铬加粗，并磨至标准尺寸，然后重新配衬套。若轴颈没有明显磨损而衬套磨损较严重时，可以不磨轴颈，而更换新衬套，然后按轴的尺寸搪孔或铰孔至相应尺寸，得到合适的配合间隙。

三、凸轮轴和正时齿轮的检验与修理

（一）凸轮轴和正时齿轮的常见失效形式

1. 凸轮轴的常见失效形式

① 凸轮的磨损。

② 轴颈及轴承的磨损。

③ 轴线弯曲。

2. 正时齿轮的常见失效形式

① 牙齿磨损。

② 牙齿断裂。

（二）凸轮轴和正时齿轮失效的原因分析

凸轮轴的结构特点（长而细）和工作特点（周期性地承受不均匀的负荷），促使它在工作中发生轴颈和轴承的磨损、失圆和整个轴线的弯曲；凸轮与配气机件的相对运动，使凸轮外形和高度受到磨损。由于轴承磨损松旷，将加剧轴线的弯曲。轴线的弯曲又将促使油泵齿轮、正时齿轮及轴颈和轴承的磨损，甚至会造成齿轮工作时的噪声和牙齿断裂，气门挺柱球面转动不灵活；加速凸轮的磨损，使轴颈的失圆度和锥形度超过公差等。

但一般说来，由于凸轮轴的受力不大，它的磨损速度是缓慢的，通常在内燃机二三个大修周期（甚至更长时间）才达到允许使用极限。但是，这些磨损会影响配气机构工作的准确性，并给气门杆端和挺柱间的间隙调整带来困难，因此，在内燃机大修时，应对凸轮轴、凸轮、凸轮轴承、正时齿轮等进行认真的检验。

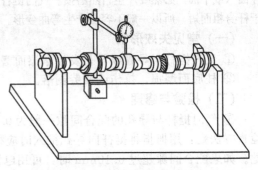

图 4-22　凸轮轴弯曲的检验

（三）凸轮轴的检验

1. 凸轮轴弯曲的检验

其检验方法如图 4-22 所示，是将凸轮轴安装于车床顶针间或以 V 形铁块安放于平板上，以两端轴颈作为支点，用百分表检查各中间轴颈的摆差。如最大弯曲度超过 0.025mm（即百分表读数总值为 0.05mm）时，应进行冷压校正。当轴有单数个（如 3 个）支承轴颈时，测中间轴颈；当轴有双数个（如 4 个）支承轴颈时，则测中间两个轴颈。

2. 凸轮的检验

凸轮的检验，可用标准样板或外径千分尺测量，凸轮顶部的磨损超过 1mm 时，应予堆焊修复。而且，凸轮尖端的圆弧磨损不应超过允许限度。

3. 凸轮轴颈的检验

凸轮轴颈的失圆度及锥形度误差应不大于 0.03mm，轴颈磨损量应不大于 1mm。

（四）凸轮轴的修理

1. 凸轮轴轴颈的修理

凸轮轴轴颈磨损有两种修理方法。一种是压入在气缸体承孔内可拆换的凸轮轴承，而且这种凸轮轴比较普遍，可用磨小轴颈尺寸和配用相应尺寸的凸轮轴承。其修理尺寸一般分为四级，每级缩小 0.25mm（0.25mm、0.50mm、0.75mm、1.00mm），通常在磨床上进行。另一种是凸轮轴直接在气缸体承孔内旋转，则修理轴颈时，应用镀铬加粗，然后磨削至标准尺寸或修理尺寸再配合。

2. 凸轮的修理

凸轮的表面如有击痕、毛糙及不均匀的磨损时，应用凸轮轴专用磨床进行修整，或根据标准样板予以细致的修理。凸轮高度因磨损减少至一定限度时（它的允许限度决定于凸轮渗碳层的厚度，一般不超过 0.50～0.80mm），应在专用的靠模车床或凸轮轴专用磨床上进行光磨。如果磨损过大，可进行合金焊条堆焊（如系采用普通焊条时，焊后需进行渗碳并经热处理），然后按样板进行光磨，恢复原来的几何形状。在堆焊时为了避免受热变形，可将凸轮轴置于水中，仅将施焊部分露出水面。凸轮顶端具有锥度的，如锥度消失或不符合规定时，应予以修复。

3. 其他部位的修理

凸轮轴装正时齿轮固定螺母的螺纹如有损伤，应堆焊修复或更换新件。正时齿轮键与键槽需吻合，如有磨损应换新键。机油泵驱动齿轮的轮齿磨损，其齿损超过 0.50mm 时，应予堆焊修复。偏心轮表面磨损超过 0.50mm 时，应予修复。驱动齿轮及凸轮因磨损过大或有断裂等情况时，则应更换凸轮轴。

（五）凸轮轴轴承的修配

凸轮轴轴承与轴颈的配合间隙，一般为 0.03～0.07mm，最大不得超过 0.15mm。超过 0.15mm 时，则应修理或更换。

在大修内燃机时，凸轮轴轴承一般都要重新修配。轴承的修配方法和曲轴轴承一样，常用的有搪配和刮配两种方法。由于刮配的方法不需要专用设备，因此在一般修理单位普遍采用。其刮配的具体步骤如下。

① 根据凸轮轴轴颈的修理尺寸，选择同级修理尺寸的轴承。

② 刮配。刮配后轴承内径的尺寸应相当于：轴颈尺寸＋轴承与轴颈的配合间隙（一般为 0.03～0.07mm)＋轴承与座孔的公盈量（一般为 0.015～0.02mm)。

刮配轴承时，其刮削厚度应尽量均匀，保证刮削后的轴承与座孔以及各轴承的中心线重合，在轴承未压入座孔前，应与轴颈试配，其配合应稍有松动；而当在轴承与轴颈之间加以厚薄规（其厚度等于轴承与座孔的公盈量＋轴承与轴颈的配合间隙），拉动轴承应稍有阻力为合适。因为将轴承压入座孔后，由于轴承变形，内径缩小，一般来说内径的缩小尺寸相当于轴承与座孔的过盈量，所以这样可以基本达到所需的配合间隙。

③ 将轴承压入座孔内，压入时应对准轴承，防止把轴承打毛。

④ 将凸轮轴装入轴承内，转动数圈，试看接触情况，并加以适当修刮，要求其接触面较好。检验其配合紧度的经验方法是：用手扳动正时齿轮，凸轮轴能转动灵活，沿径向移动凸轮轴时，应没有明显的间隙感觉。

（六）正时齿轮的检验与修理

凸轮轴上的正时齿轮工作过久会磨损，使齿隙变大，因而在工作中会产生噪声。当它们的配合间隙，胶木的大于 0.20mm（钢铁的大于 0.15mm）时，需更换齿轮。其最小齿隙，以装配时能用手推进，并转动轻便为宜。经验证明：有些齿轮更换后，虽配合间隙符合要求，但由于啮合不好，往往噪声很大，须走合一段时间才能消除。因此，如果原来正时齿轮的间隙稍大，只要噪声不大，还可继续使用。

正时齿轮的齿面应光洁，无刻痕和毛刺。沿节圆弦上规定齿高处的齿厚磨损不应超过 0.25mm。齿轮内孔磨损应在规定允许限度内，如无规定，一般应不超过 0.05mm。键槽宽度应在规定的允许限度内，如无规定一般应不超过标准宽度的 0.08mm。当超过上述各项允许限度后，除键槽允许在与旧键槽成 120°位置另开新键槽外，其余均不应使用。

（七）凸轮轴轴向间隙的检查

凸轮轴轴向间隙，一般是以止推凸缘与隔圈的厚度差来决定。

凸轮轴的轴向间隙：汽油机一般为 0.05～0.20mm，不得超过 0.25mm；柴油机一般为

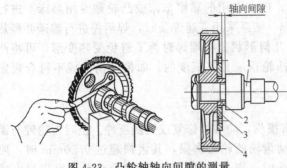

图 4-23 凸轮轴轴向间隙的测量
1—凸轮轴；2—隔圈；3—止推凸缘；4—正时齿轮

0.10～0.40mm，不得超过 0.50mm。

凸轮轴颈长期工作后，因磨损会使其间隙增大，造成凸轮轴的轴向移动，这不仅影响配气机构的正常工作，同时还会影响凸轮轴带动机件的正常工作。所以，在维修机器中，不能忽视这一间隙的检查与调整。

检查方法如图 4-23 所示。用厚薄规进行测量，若间隙超过规定值，应更换止推凸缘，或在止推凸缘端面重新浇铸一层锡基轴承合金，以达到正常间隙。

第三节 废气涡轮增压器的检验与修理

废气涡轮增压器能有效地利用柴油机排出的废气脉冲能量驱动径流式涡轮，带动与涡轮同轴的离心式压气机叶轮高速旋转，使空气压力升高，并由柴油机进气管进入气缸，提高柴油机的充气量，可供更多的柴油燃烧，从而提高柴油机的输出功率与经济性。例如，国产 135 系列增压柴油机与非增压柴油机相比，功率一般可提高 50%～60%，燃油耗率降低5%～6%，并可用于废气净化和高原功率补偿。

由于废气涡轮增压器转子的转速很高，零件比较精密，在使用和保养增压器时，应熟悉增压器的结构特点，掌握增压器拆卸、清洗、检查和装配技术。

一、废气涡轮增压器结构简介

废气涡轮增压器按涡轮中的气流方向可分为轴流式和径流式两种，分别适用于大功率和中小功率柴油机。图 4-24 所示为径流式废气涡轮增压器结构，它由径流式涡轮、离心式压气机及带有支承装置、密封装置、润滑和冷却装置的中间壳等组成。

国产 135 增压柴油机 J11 系列废气涡轮增压器的结构如图 4-25 所示。涡轮部分包括径流式涡轮转子轴、无叶涡壳等；压气机部分包括压气机壳、压气机叶轮等。这两个部分分别设在中间壳的两端。压气机叶轮用自锁螺母固定在涡轮转子轴上，转子轴由设在中间壳两端的浮动轴承支承。两叶轮产生的推力由设在中间壳压气机端的推力轴承承受。压气机壳、涡轮壳分别与柴油机的进、排气管连接。中间壳内还设有润滑和冷却浮动轴承及推力轴承的润滑油路。润滑油来自柴油机的润滑系统，经过专门滤清后进入中间壳体上的进油孔，通过增压器轴承，经中间壳的回油腔流回柴油机的油底壳。在涡轮和压气机叶轮内侧设有弹力密封环，起封油封气作用。下面以国产 135 增压柴油机 J11 系列废气涡轮增压器为例讲述其拆卸、清洗、检查和装配的具体方法。

二、废气涡轮增压器的拆卸

在拆卸前可将压气机壳 1、中间壳 2 及涡轮壳 3 三者的相互位置做好标记，以便在装配时安装到原始位置。拆卸过程按如下步骤进行。

① 分别松开压气机壳 1、涡轮壳 3 与中间壳 2 上的紧固件，取下两只壳体。若两只壳体与中间壳配合较紧时，可用橡胶或木质槌沿壳体四周轻轻敲打，取下壳体时要细心，不能使壳体在轴线方向上产生倾斜，以免碰上压气机及涡轮叶片的顶尖部分或碰毛壳体相应的内侧表面。

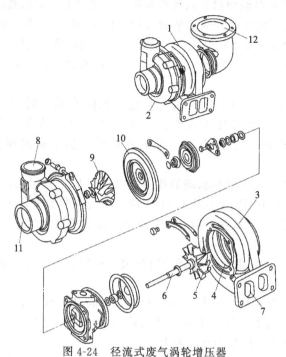

图 4-24 径流式废气涡轮增压器

1—废气涡轮；2—压气机；3—涡轮壳；4—喷嘴环；5—工作叶轮；6—传动轴；
7—废气进口；8—空气进口；9—压气机叶轮；10—扩压机；
11—空气出口；12—排烟口

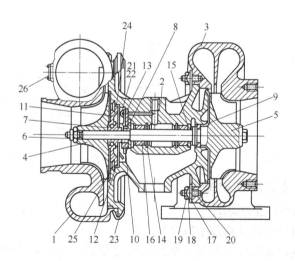

图 4-25 J11 系列废气涡轮增压器纵剖面

1—压气机壳；2—中间壳；3—涡轮壳；4—压气机叶轮；5—涡轮转子轴；6—自锁螺母；
7—轴封；8—推力片；9—弹力密封环；10—隔圈；11—气封板；12—挡油板；
13—推力轴承；14—弹簧卡环；15—推力环；16—浮动轴承；17—涡轮端
压板；18—止动垫片；19—螺母；20—双头螺栓；21—止动垫片；
22—螺栓；23—V 形夹箍；24—O 形橡胶密封圈；
25—孔用弹性挡圈；26—铭牌

② 将涡轮转子轴 5 和叶轮出口处六角凸台夹在台虎钳上，识别或做好自锁螺母 6、涡轮转子轴 5 及压气机叶轮 4 相互位置的动平衡标记（图 4-26）。松开自锁螺母 6 并将其拧下，将压气机叶轮 4 从涡轮转子轴上轻轻拔出。若拔不出，则可将附有转子的中间壳从台虎钳上取下后，倒置过来，将压气机叶轮部分浸没在装有沸水的盆内，稍待片刻后即可将叶轮从转子轴上顺利取下。

③ 取出压气机叶轮后，用手托住涡轮叶轮，把附有涡轮转子轴的中间壳从台虎钳上取下置于工作台上。用手轻轻压涡轮转子轴在压气机端的螺纹中心孔端面，取出涡轮转子轴。取出转子轴时应十分小心，切不可将转子轴上螺纹碰及浮动轴承 16 内孔表面。

④ 用圆头钳取下中间壳内压气机端的孔用弹性挡圈 25，并用两把旋具取下压气机端气封板 11（图 4-27），并从中间壳上取出挡油板 12、压气机端推力片 8 和隔圈 10，再从压气机端气封板中压出轴封 7，然后在手指上套上两个用细铁丝做成的圆环，取出轴封上的两个弹力密封环 9。

⑤ 用平口旋具压平推力轴承 13 上锁片的翻边，先拧下 4 只六角螺栓，然后取出推力轴承及另一片推力片。

⑥ 用尖头钳取出压气机端轴承孔中弹簧卡环 14，再从轴承孔中取出推力环 15 及浮动轴承 16，然后仍在压气机端方向用尖头钳从轴承孔中取出该浮动轴承另一端的弹簧卡环。但要特别注意不要使弹簧卡环擦伤轴承孔的表面。

⑦ 用尖头钳取出中间壳在涡轮端轴承孔中的弹簧卡环 14，然后取出推力环 15 和浮动轴承 16。再在涡轮端方向用尖头钳取出设在浮动轴承另一端的弹簧卡环，但要特别注意，在取出上述两个弹簧卡环时不要擦伤轴承孔及弹性密封环座孔的表面。

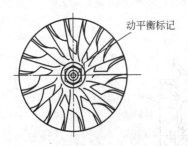

图 4-26 动平衡标记部位

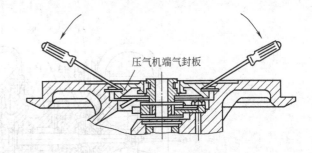

图 4-27 气封板拆卸

三、废气涡轮增压器的清洗和检查

（一）废气涡轮增压器的清洗

① 不允许用有腐蚀性的清洗液来清洗各零部件。

② 在清洗液内浸泡零部件上积炭及沉淀物使之松软。其中，中间壳回油腔内在涡轮端侧壁的较厚积炭层必须彻底铲除。

③ 只能用塑料刮刀或鬃毛刷清洗或铲刮铝质和铜质零部件上的积污。

④ 若用蒸汽冲击清洗时应将轴颈和其他轴承表面保护起来。

⑤ 应用压缩空气来清洁所有零部件上润滑油通道。

（二）废气涡轮增压器的检查

外观检查前各零件不要清洗，以便分析损坏原因。下面列出所要检查的主要零部件。

（1）浮动轴承 16 观察浮环端面和内外表面的磨损情况。一般情况下，经长期运转后内外表面上所镀的铅锡层仍存在，而外圆表面磨损较内圆表面大，开有油槽的端面上稍有磨损痕迹，这些均属正常状况。浮环工作表面上划出的沟槽是因润滑油不干净所引起的，如果表面刻痕较为严重或经测量超过磨损极限时建议更换新的浮环。

（2）中间壳 2　观察与压气机叶轮背部以及与涡轮叶轮背部相邻的表面有否碰擦痕迹与积炭程度。若有碰擦现象、浮动轴承 16 有较大磨损及轴承内孔座表面遭到破坏，则需用相应的研磨棒研磨内孔或用金相砂皮轻轻擦拭内孔表面，除去黏附在内孔表面上的铜铅物质的痕迹，经测量合格后才能继续使用，并应分析引起上述不良情况的原因。

（3）涡轮转子轴 5　在转子工作轴颈上，用手指摸其工作表面，应该感觉不出有明显的沟槽；观察涡轮端密封环槽处积炭和环槽侧壁的磨损情况；观察涡轮叶片进出口边缘有否弯曲和断裂；叶片出口边缘有无裂纹和叶片顶尖部位有否因碰擦引起的卷边毛刺；涡轮叶背有否碰擦伤现象等。

（4）压气机叶轮 4　检查叶轮背部及叶片顶尖部分有无碰擦现象；检查叶片有无弯曲和断裂；叶片进出口边缘有无裂纹及被异物碰伤现象等。

（5）涡轮壳 3 及压气机壳 1　检查各壳体上圆弧部分的碰擦情况或有否被异物擦伤的现象。注意观察各流道表面上油污沉积程度并分析引起上述不良情况的原因。

（6）弹力密封环 9　检查密封环工作两侧面磨损和积炭情况，测量环的厚度及自由状态时开口间隙应不小于 2mm，若小于上述数值及环的厚度超过规定的磨损极限时应更换。

（7）推力片 8 及推力轴承 13　在工作面上不应有手指感觉得出来的明显沟槽，同时检查推力轴承上进油孔有否阻塞，并测量各件的轴向厚度应符合规定的尺寸范围。若推力片工作表面有明显磨损痕迹但又未超过磨损极限值时，则可在重装时分别将两片推力片的另一未磨损的面作为工作面依次装入。

（8）压气机端气封板 11 及中间壳 2 在涡轮端的弹力密封环座孔　检查弹力密封环与座孔接触部位有无磨损现象。

四、废气涡轮增压器的装配

装配前所有零件应仔细清洗（包括装配用的各种工具），要用不起毛的软质布料擦拭各零件，并放置在清洁的场所，同时在装配前各零件均应检查合格，必要时涡轮转子压气机叶轮及其组合部件应复校动平衡，然后进行重装。

装配过程（图 4-25）及注意点如下。

① 把中间壳 2 的压气机端朝上，将弹簧卡环 14 装进压气机端轴承座孔内侧环槽中，注意不要碰伤轴孔。然后放入抹上清洁机油的浮动轴承 16，推力环 15 再装入另一只弹簧卡环。在装浮动轴承时，要注意把侧面有油槽的一端向上。在每个弹簧卡环装入后，均要检查卡环是否完全进入环槽内。

② 把中间壳的涡轮端朝上如同步骤①中所述次序，将弹簧卡环、浮动轴承、推力环依次装入涡轮端轴承孔中，在装浮动轴承时要注意把侧面有油槽的一端向上。

③ 把用细铁丝制作的两个圆环套在手指上，将两个弹力密封环 9 张开，套入涡轮转子轴 5 密封环槽中，注意不能用力过猛，以免导致弹力密封环永久变形或断裂。

④ 在安装涡轮转子轴上两只弹力密封环时开口位置应错开 180°，然后在密封环上抹上清洁机油，小心地将转子插到中间壳中去，套装时注意不要使轴上台阶及螺纹碰伤浮动轴承内孔表面。为防止套装时环从一边滑出或断裂，弹力密封环相对于转子轴的位置要居中，并依靠中间壳座孔上锥面作引导，如图 4-28 所示，使之能顺利滑入密封环座孔中。

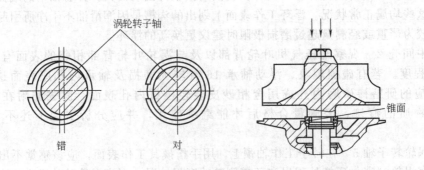

图 4-28 弹力密封环的安装

⑤ 用手托住已装入中间壳的涡轮叶轮，将涡轮叶轮出口处六角形台肩夹在台虎钳上，并用手轻轻扶住中间壳不使产生意外的倾侧，注意要防止涡轮转子轴 5 从中间壳中滑出。

⑥ 将推力片 8 和隔圈 10 套在轴上，再放入抹上清洁机油的推力轴承 13，注意推力轴承平面上方的进油孔要向下对准中间壳上的进油孔，然后放上止动垫片 21，拧紧 4 个螺栓 22 后，将止动垫片 21 翻边保险，锁住 4 个螺栓。然后再将另一块推力片套在轴上及装入挡油板 12，注意挡油板上的导油舌，必须伸入回油腔。

⑦ 将已装有弹力密封环的轴封 7 抹上清洁机油后装入压气机端气封板 11 上相应的座孔中去，装入前将两个环的开口位置错开，使之相隔 180°。另将 O 形胶密封圈套入压气机气封板 11 外圆的环槽中，为了便于压入中间壳，橡胶密封圈外圆表面上适当抹上一些薄机油，再压入中间壳机体中去。

⑧ 在对准转子及压气机叶轮 4 上动平衡标记后套上压气机叶轮，将自锁螺母 6 拧上并拧紧至与轴端面上的动平衡记号对准为止 [此时拧紧扭矩为 39～44N·m（4～4.5kgf·m）]，在拧紧时不允许压气机叶轮相对于轴有转动（若压气机叶轮不能顺利套入轴上时，可将压气机叶轮浸入沸水加热后再套入）。

⑨ 从台虎钳上取下已装好的组合件，按原来标记装入涡轮壳 3 中，注意在装配时不要歪斜，以免碰伤涡轮叶片顶尖部分，然后再装上涡轮端压板 17 及止动垫片 18，拧紧六角螺母 [拧紧扭矩为 39N·m（4kgf·m）] 后，将止动垫片翻边锁住 8 个螺母。

⑩ 将压气机壳对准标记装到中间壳中去，装配前先将 V 形夹箍 23 套入中间壳，并注意装配时不要歪斜，以免压气机壳圆弧部分碰伤压气机叶轮叶片顶尖部分。装上 V 形夹箍并拧紧螺栓 [拧紧扭矩为 14.7N·m（1.5kgf·m）]。

⑪ 在中间壳进油孔中注入清洁机油后，用手转动叶轮应灵活旋转，并细心测听，检查有无碰擦声。

⑫ 总装完后，应对下列两项进行测量。

a. 涡轮压气机转子轴向移动量的测量如图 4-29 所示，把有千分表的吸铁表座放在涡轮壳出口法兰平面上，将千分表的测量棒末端顶在涡轮叶轮出口处的六角形台肩平面上，再用手推拉转子轴即测得最大轴向移动量，其值应小于 0.25mm，若超过此值，则应进一步检查止推轴承及推力片等各组合件。此法可用于增压器已装在机组情况下的测定。

b. 压气机径向间隙如图 4-30 所示，用手指从径向压转子轴上自锁螺母后，用厚薄规测量压气机叶轮叶片与压气机壳之间最小间隙，此间隙应大于 0.15mm，小于此值时应予拆卸检查。检查时小心不要损坏叶轮上叶片，此法亦可在已安装增压器的机组上进行。

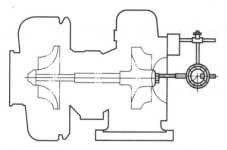

图 4-29　涡轮压气机转子轴向移动量测量

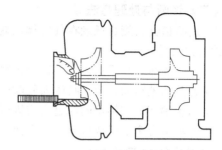

图 4-30　压气机径向间隙测量

第四节　配气机构常见异响的诊断与处理

内燃机配气机构常见的异常响声有气门脚响、凸轮轴轴承响、正时齿轮响、气门弹簧响、气门座圈响和挺杆的异常响声等。下面以柴油机为例讲述内燃机配气机构常见异常响声产生的原因及诊断与处理方法。

柴油机配气机构的异常响声与曲柄连杆机构的异常响声规律大多数是相同的，其最大区别是配气机构的异常响声不随柴油机负荷的变化而变化。

一、气门脚响

气门脚响是指推杆顶端与摇臂调整螺钉在工作中互相敲击出的响声。

（一）现象

当发动机运转时，有明显的连续不断的"嗒嗒嗒"的金属敲击声；低速运转时，响声清晰均匀，响声随着转速的增加而增大；响声与发动机的温度变化无关，停止某缸供油或调整供油时间，响声不能消除；当多缸气门脚响时，响声嘈杂。

（二）原因

气门间隙过大，工作中使推杆顶端与摇臂调整螺钉撞击而发出响声；有的气门接触端头平面磨损成凹形时，用厚薄规检查间隙是合适的，但实际间隙却大于厚薄规测试厚度；摇臂调整螺钉的固定螺母松动也会造成间隙过大。

（三）特点与诊断

气门脚响的轻微响声是允许存在的。响声严重（即间隙过大）时，会缩短气门的升程和气门的开启时间，应及时调整。如气门脚间隙过大或其锁紧螺母松动，应重新调整气门间隙至规定值，然后紧固锁紧螺母。如气门间隙调整适当后，气门脚仍有不正常的响声，则可能是气门机构磨损过甚，找出磨损部位，更换新件。

二、凸轮轴轴承响

凸轮轴轴承的敲击声是一种发闷的、有节奏的"嗒嗒"声，比曲轴轴承的异响声稍尖锐一些。在发响的同时凸轮轴轴承附近的缸体上有振动现象，反复变换发动机转速，响声及振动较为明显。

（一）原因

① 轴承与凸轮轴配合间隙过大或磨损过甚。

② 推力垫片磨损过甚或调整不当，使凸轮轴轴向间隙过大，产生轴向窜动。

③ 凸轮轴弯曲或变形。

④ 轴承合金烧毁或脱落。

（二）诊断与处理方法

① 用听诊器或旋具抵触在气缸体凸轮轴轴承附近听诊，若有振动响声，则可确诊为凸轮轴轴承发响。

② 响声规律一般是怠速、中速时较清晰，高速时声音杂乱或减弱。

③ 若凸轮轴窜动，应进行轴向间隙调整，更换或调整推力垫片。

④ 凸轮轴变形或轴承间隙过大应进行修理。

⑤ 若轴承合金烧毁或脱落，应更换。

三、正时齿轮的异常响声

发动机怠速运转时，发出轻微的"嘎啦嘎啦"声，中速时响声明显，高速时响声较杂乱，正时齿轮盖处响声较为明显，不受断缸及发动机温度变化的影响。

（一）判断方法

在怠速到中速以前，不断改变柴油机转速，在发动机的前面和凸轮轴一侧听，响声明显即可能是正时齿轮响，而后将柴油机转速定在响声较大位置，用金属棒等在正时齿轮盖一侧导音听，如响声反应较强，可断定是正时齿轮响。正时齿轮的异常响声必须及时排除，这是因为柴油机的缸盖下部大多是平面，由于正时齿轮响会使配气相位改变，可能引起气门与活塞相撞而造成严重的机械事故。

（二）原因及处理方法

① 正时齿轮处缸体前端的喷油嘴堵塞或喷油口过小，造成正时齿轮缺油而磨损加剧，产生不正常的响声，此时应停机检查，排除喷油嘴杂质及油污。

② 正时齿轮轴窜动发响，多因凸轮轴轴向限位装置失效，或因正时齿轮固定螺钉松动而脱出所致。此时应更换凸轮轴轴向限位装置或正时齿轮固定螺钉。

③ 正时齿轮个别牙齿损伤发响。在怠速运转时，可听到一种周期性的双响声，并随发动机转速的升高，响声越来越剧烈且周期缩短。此时应更换损坏的正时齿轮。

④ 更换正时齿轮后，齿轮的啮合较差，此时会有一定的异常响声。这种情况若磨合一段时间后，响声会自行消除；有的是因齿隙过大或过小而发出的噪声，如果响声长期存在，则应检查或更换正时齿轮。

⑤ 曲轴、凸轮轴的正时齿轮经更换或安装后不平整，致使啮合失常，应调整、修复或更换正时齿轮。

四、气门弹簧响

柴油机在怠速时，可清楚地在气门室罩盖处听到"喀哒喀哒"的响声且有时带"嘶"声。严重时发动机的加速性能下降，伴有启动困难和个别缸工作不良的现象。

（一）原因

① 气门弹簧质量差，弹力过弱或歪斜。

② 气门弹簧断裂。

（二）诊断与处理方法

① 气门弹簧响声主要是由于弹簧断裂引起的，它的声音没有气门脚响的余音干净。气门弹簧是否断裂，拆开气门室罩盖就可以看出。

② 在响声不很明显的情况下可改变转速，当柴油机转速改变时，气门弹簧会发出明显的无节奏的异响。

③ 在静态下，可打开气门室罩盖，用旋具撬动弹簧检查，也可用旋具滑动敲击弹簧，若声音不同于其他弹簧，有沙哑声，则说明该弹簧有裂纹或折断，应及时更换。

五、气门座圈松动响

响声比气门脚响的声音破碎，随转速变化时大时小，冷机运转时响声易出现。

（一）原因

① 气门座圈的材质和加工精度不符合要求，受温度变化的影响而松动。

② 装配过盈量不足，座圈与孔配合不紧。

（二）诊断与处理方法

在气缸处于压缩冲程，进、排气门均关闭的状态下，利用高压空气从喷油器安装孔处充气，用纸点着火放在排气管出口处或进气口处。若火苗向外吹动，说明排气门座圈或进气门座圈松动，应予以更换或重新安装。

复习思考题 ◀◀◀

1. 如何检验气门？
2. 气门杆与气门导管的配合间隙怎样检查？
3. 气门导管安装的深度有什么要求？为什么？
4. 怎样铰削气门座？气门座与气门接触面宽度过宽或过窄有什么危害？
5. 简述研磨气门的步骤。怎样检验气门与气门座的密封情况？
6. 怎样检验气门弹簧的弹力？
7. 简述废气涡轮增压器的拆卸步骤。
8. 气门脚响的原因有哪些？如何排除此故障？
9. 简述正时齿轮异响的原因及处理方法。

第五章
燃油供给系统的检验与修理

　　柴油机燃油供给系统是由输油泵、燃油滤清器、喷油泵（高压油泵）、调速器、喷油器（喷油嘴）及燃油管路等组成，图 5-1 为 135 系列 6 缸（B 系列泵）直列型柴油机燃油供给系。本章将以 135 系列为例讲述柴油机燃油供给系统的检验与修理。

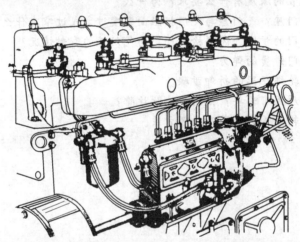

图 5-1　6 缸（B 系列泵）直列型柴油机燃油供给系统

　　柴油机工作时，输油泵从燃油箱吸取燃油，送至燃油滤清器，经滤清后进入喷油泵。燃油压力在喷油泵内被提高，按不同工况所需的供油量，经高压油管输送到喷油器，最后经喷油孔形成雾状喷入燃烧室内。输油泵供应的多余燃油，经燃油滤清器的回油管返回燃油箱中，喷油器顶部回油管中流出的少量燃油亦流回至燃油箱中。

　　135 基本型柴油机采用 B 系列和 B 系列强化型喷油泵。两种泵的结构基本相同，B 系列喷油泵的出油阀直径均为 6mm，柱塞直径有 9mm 和 10mm 两种。而 B 系列强化喷油泵的出油阀直径为 7mm，柱塞直径有 11mm、11.5mm 和 12mm 等多种。

第一节　柴油机燃油供给系统的拆装与检查

一、喷油泵和调速器

（一）B 系列和 B 系列强化喷油泵的结构和工作原理

　　4、6、12 缸喷油泵，它们除缸数不同外，其主要结构基本相同，均为多缸合成式。它由喷油泵体、分泵、传动机构及油量控制机构等组成。每一分泵主要由出油阀紧座、出油阀弹簧、出油阀偶件、柱塞偶件、弹簧上座、弹簧下座、柱塞弹簧、油量控制套筒、调节齿轮和滚轮体部件等零部件组成，如图5-2所示。

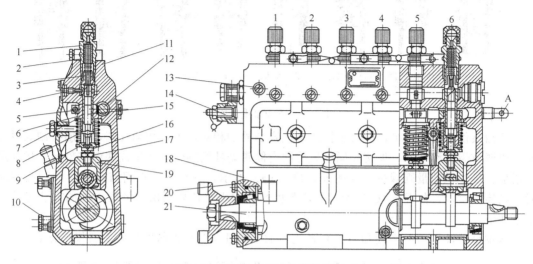

图5-2　6缸B系列喷油泵装配剖面

1—出油阀紧座；2—出油阀弹簧；3—出油阀偶件；4—套筒定位钉；5—锁紧螺钉；6—油量控制套筒；7—弹簧上座；8—柱塞弹簧；9—弹簧下座；10—油面螺钉；11—油泵体；12—调节齿杆；13—放气螺钉；14—油量限制螺钉；15—柱塞偶件；16—定时调节螺钉；17—定时调节螺母；18—调整垫片；19—滚轮体部件；20—轴盖板部件；21—凸轮轴

柱塞偶件由柱塞与柱塞套研配组成。柱塞外圆上起控制油量作用的斜槽均为右向螺旋槽。柱塞中段法兰凸块嵌在油量控制套下端的导向槽中，柱塞套小外圆与油量控制套筒配合，油量控制套筒外圆装有调节齿圈，并用螺钉紧固，调节齿圈又与调节齿杆相啮合，构成齿条式油量控制机构（图5-3）。

出油阀偶件为卸压式出油阀。柱塞偶件及出油阀偶件均经互研成对，在修理拆装及更换偶件时绝对不许单件调换。

喷油泵供油原理如图5-4所示。当柱塞处于下止点时，柱塞套上的两个油孔开放，阻塞上部的空间与油泵体内的油道相通，柱塞套内腔充满燃油，如图5-4（a）所示。当柱塞向上移动的初期，一部分燃油被挤压倒流入油道中，这一过程一直延续到柱塞的顶面越过油孔的上缘为止，如图5-4（b）所示，此后阻塞继续向上移动，内腔燃油压力急剧增高，出油阀即行开启，燃油经过出油阀紧座而被压入高压油管中。由于柱塞继续上移，使高压油管及喷油器燃油压力大为增加，当压力超过喷油器开启压力时，喷油器针阀即自行开启，高压燃油开始喷射到燃烧室内，如图5-4（c）所示。柱塞供油一直延续到柱塞的螺旋形斜槽刃缘到达柱塞套油孔的下缘为止，如图5-4（d）所

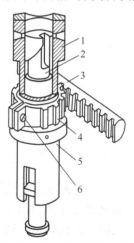

图5-3　齿条式油量控制机构

1—柱塞套；2—柱塞；3—调节齿杆；4—调节齿圈；5—油量控制套筒；6—螺钉

示。当柱塞套的油孔打开以后，喷油器喷油即行停止。高压燃油经过柱塞的直槽和柱塞套上的油孔回流到油泵体的低压腔中，如图5-4（e）所示，阻塞上面的空间和油管中的压力降低，出油阀在弹簧的作用下又落到阀座上。当柱塞在弹簧的作用下向下移动时，柱塞套中柱塞上面的空间又重新为燃油所充满，准备下一工作循环。

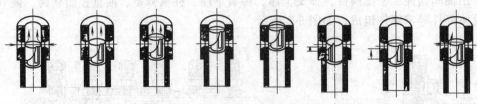

(a)下止点,充油　(b)充油结束,开始供油　(c)供油过程　(d)供油结束,开始回油　(e)上止点,回油　(f)部分供油　(g)最大供油　(h)停止供油

图 5-4　喷油泵供油原理

喷油泵供油量的多少,取决于柱塞与柱塞套筒的相对位置,转动柱塞,即能控制其供油量。当调节齿杆移动时,齿圈连同油量控制套筒带动柱塞旋转,如果柱塞向右旋转,供油量便增加,反之供油量则减少,如图 5-4(f)、(g)所示。一旦柱塞直槽与柱塞套的油孔相通时,则停止供油,如图 5-4(h)所示。调节供油量大小及各分泵供油量均匀性的方法详见本章第四节。

基本型柴油机用 B 系列和 B 系列强化喷油泵的柱塞和出油阀偶件的主要规格见表 5-1。

表 5-1　基本型柴油机用 B 系列和 B 系列强化喷油泵的柱塞和出油阀偶件的主要规格

柴油机型号	组件 / 喷油泵代号	柱　塞				出　油　阀			导向外圆形式
		编号	型号	每毫米行程几何排量/mm³	螺旋导程/mm	编号	型号	卸载容积/mm³	
4135G	233G	2126	XY9B3a	63.62		8026	F6B/26	53.7	
6135G	229G	2126	XY9B3a	63.62		8026	F6B/26	53.7	
6135G-1	228C	2178	XY11B3	95.03		8039	F7P/39	73.1	
12V135	237G	2126	XY9B3a	63.62		8026	F6B/26	53.7	
4135AG	233B	2135	XY10B3	78.54		8026	F6B/26	53.7	
6135AG	229C	2135	XY10B3	78.54	20	8026	F6B/26	53.7	十字形槽
12V135AG	252B	2135	XY10B3	78.54		8026B	F6B/26B	53.7	
12V135AG-1	252C	2135	XY10B3	78.54		8026B	F6B/26B	53.7	
6135JZ	228G	2193	XY115B3	103.87		8039	F7P/39	73.1	
6135AZG	228B	2179	XY12B3	113.1		8026B	F6B/26B	53.7	
12V135JZ	252A	2135	XY10B3	78.54		8026B	F6B/26B	53.7	

(二) B 系列和 B 系列强化喷油泵用调速器的结构及工作原理

调速器是保证柴油机可靠运行和转速稳定性的机构。根据柴油机负荷的变化,调节供油量可保持所需的转速。调速器与喷油泵连成一体,目前 135 基本型柴油机上所用的调速器都是全程机械离心式。

B 系列和 B 系列强化喷油泵所用调速器的结构如图 5-5 所示。调速器是由装在喷油泵凸轮轴末端的调速齿轮部件驱动的。调速齿轮部件内装有三片弹簧片,它对突然改变转速能起缓冲作用。由于提高了调速飞铁的转速,使飞铁的外形尺寸可以小些。两个质量相等的飞铁由飞铁销装在飞铁座架上。伸缩轴抵住调速杠杆部件中的滚轮,调速杠杆与喷油泵齿杆相连,调速弹簧的一端挂在调速杠杆上,另一端挂在调速弹簧摇杆上,摆动摇杆则可调节调速弹簧的拉力。调速器操纵手柄按柴油机用途不同有三种形式,如图 5-6 所示。其中微量调节操纵手柄如图 5-6(a)所示,用于要求转速较准确的直列式基本型柴油机和发电机组等。操纵机构上有高速限制螺钉,用来限制柴油机

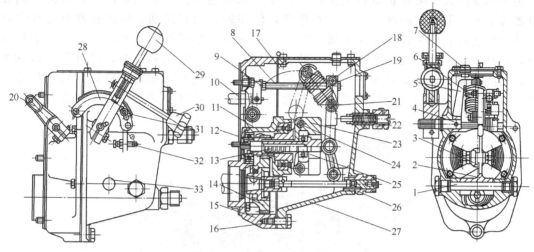

图 5-5　B 系列喷油泵用调速器

1—杠杆轴；2—调速杠杆；3—滚轮；4—操纵轴；5—内摇臂；6—调速弹簧；7—螺塞；8—调速拉杆；
9—拉杆接头；10—调速齿杆；11—托架；12—离心块（飞铁）座架；13—伸缩轴；14—调速齿轮；
15—调速器前壳；16—放油螺钉；17—拉杆弹簧；18—拉杆销钉；19—拉杆支撑螺钉；20—停车
手柄；21—滑轮销；22—低速稳定器；23—离心块（飞铁）；24—离心块（飞铁）销；25—推
力轴承；26—转速表接头；27—调速器后壳；28—扇形齿轮；29—调速手柄；30—微调手轮；
31—低速限制螺钉；32—高速限制螺钉；33—机油平面螺钉

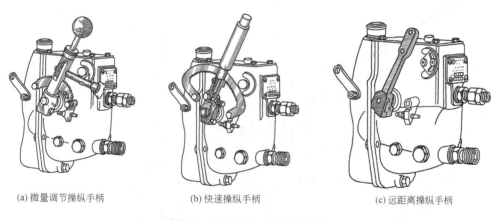

(a) 微量调节操纵手柄　　　　(b) 快速操纵手柄　　　　(c) 远距离操纵手柄

图 5-6　调速器的三种操纵手柄

的最高转速，即限制调速弹簧最大拉力时的手柄位置。在柴油机出厂时该螺钉已调整好，并加铅封，用户不得随便变动。

调速器后壳端装有低速稳定器，可用以调节柴油机在低转速时的不稳定性，其方法见本章第四节。由于安装地位的关系，只有在六缸直列型柴油机的调速器后壳上才设有转速表传动装置接头。调速器前壳上装有停车手柄，当柴油机工作结束或需要紧急停车时，向右扳动停车手柄即可紧急停车。调速器润滑油与喷油泵不相通，加油时，由调速器上盖板的加油口注入，油加到从机油平面螺钉孔口有油溢出为止。

调速器工作原理：当柴油机在某一稳定工况工作时，飞铁的离心力与调速弹簧拉力及整套运转机构的摩擦力相平衡，于是飞铁、调速杠杆及各机件间的相互位置保持不变，则喷油泵的供油量不变，柴油机在某一转速下稳定运转；当柴油机负荷减低时，喷油泵供油量大于柴油机的需要量，于是柴油机转速增高，则飞铁的离心力大于调速弹簧的拉力，平衡被破坏，飞铁向外张开，使伸缩轴向右移动，从而使调速杠杆绕杠杆轴向右摆动。此时调速弹簧即被拉伸，喷油泵的调节齿杆向右移动，于是供油量减少，转速降低，直至飞铁的离心力与调速弹簧的拉力再次达到平衡，这时柴油机就稳定在比负荷减小前略高的某一转速下运转；当柴油机负荷增加时，喷油泵供油量小于柴油机的需要量而引起转速降低，飞铁的离心力小于调速弹簧的拉力，调速弹簧即行

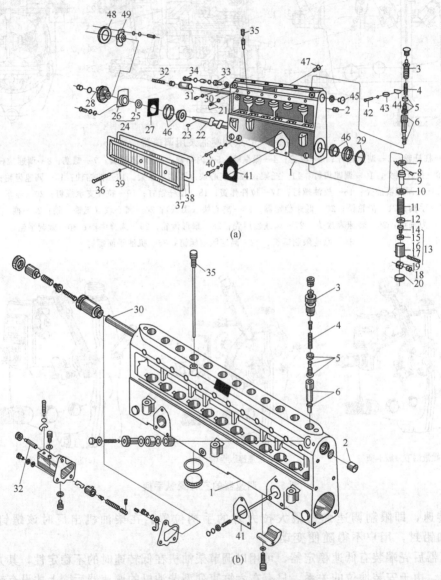

图 5-7　6 缸 B 系列喷油泵零件分解

1—油泵体；2—齿杆套筒；3—出油阀紧座；4—出油阀弹簧；5—出油阀偶件；6—柱塞偶件；7—调节齿轮；8—锁紧螺钉；9—油量控制套筒；10—柱塞弹簧上座；11—柱塞弹簧；12—柱塞弹簧下座；13—滚轮部件；14—定时调节螺钉；15—定时调节螺母；16—滚轮体；17—滚轮销；18—滚轮套筒；19—滚轮；20—闷头；21—套筒定位螺钉；22—凸轮轴；23—半圆键；24—轴盖板部件；25—封油圈；26—轴盖板；27—轴盖板垫片；28—接合器；29—调整垫片；30—调节齿杆；31—调节螺套；32—油量限制螺钉；33—进油管接头；34—接头螺钉；35—机油标尺；36—检验板支持螺钉；37—检验板；38—检验板垫片；39—钢丝挡圈；40—接头螺钉；41—输油泵垫片；42—头部带孔螺钉；43—紧固夹板（前）；44—紧固夹板（后）；45—油道闷头；46—单列圆锥滚子轴承；47—齿条定位螺钉；48—中间接盘；49—调节盘

收缩，调速杠杆使调节齿杆向左移动，供油量增加，转速回到飞铁的离心力与调速弹簧的拉力再次达到平衡时为止。此时柴油机稳定在比负荷增加前略低的某一转速运转（柴油机调速器操纵手柄位置不变，负荷变化后新的稳定运转点的转速取决于所用调速器的调速率，而不同型号柴油机的调速率是根据不同的使用要求确定的），若要严格回到原来的转速，则需调整调速器操纵手柄。

　　用于电站的135柴油机调速器，在其壳体右上方一般还装有一块扇形板的微调机构，如图5-6（c）所示。当多台柴油发电机组并联工作时，可用此扇形板来调节柴油机调速率。调节时可旋松扇形板腰形孔上的螺母，慢慢转动扇形板至所需调速率的位置并加以固定。

（三）B系列和B系列强化喷油泵、调速器的拆装及检查

　　喷油泵、调速器的拆装除普通工具外尚须用专用工具，并保持工作场地、工作台、工具和零件的整洁。

　　喷油泵零件的分解可按如图5-7所示进行。首先拆除紧固夹板铅封，按顺序拆下出油阀紧座及出油阀弹簧。拆卸出油阀偶件时，由于出油阀尼龙垫圈使用后变形卡紧在泵体上，必须使用专用工具才能拆出（图5-8）。然后，再用旋具撬起柱塞弹簧，即可取出弹簧下座，如图5-9所示。松出柱塞套定位螺钉，用细铁棒向上顶出柱塞，就可以从上面连同阻塞套一起拉出柱塞偶件，如图5-10所示。柱塞偶件及出油阀偶件不能碰毛，更不能拆散互换，必须成对地放在清洁的柴油中。

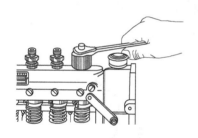  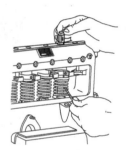

图 5-8　出油阀偶件的拆卸　　　图 5-9　弹簧下座的拆卸　　　图 5-10　柱塞偶件的拆卸

　　若仅需拆卸喷油泵凸轮轴时，可以先用槽形板插在定时调节螺钉与螺母之间，架起滚轮体部件，使它和凸轮轴脱离接触，从前端就可拉出凸轮轴，如图5-11所示。凸轮轴两端的滚动轴承，可用专用工具拉出和敲出，如图5-12所示。

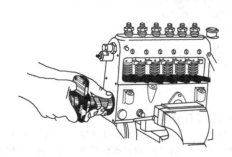 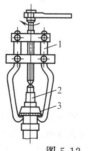 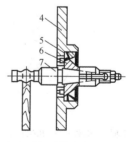

图 5-11　喷油泵凸轮轴的拆卸

图 5-12　滚动轴承的拆卸
1—拆卸工具；2—喷油泵凸轮轴；3—滚动轴承
内圈；4—轴盖板；5—滚动轴承外圈；
6,7—拆卸工具

调速器的零件分解可按图5-13所示进行。先将操纵手柄放松，取出调速弹簧，松开拉

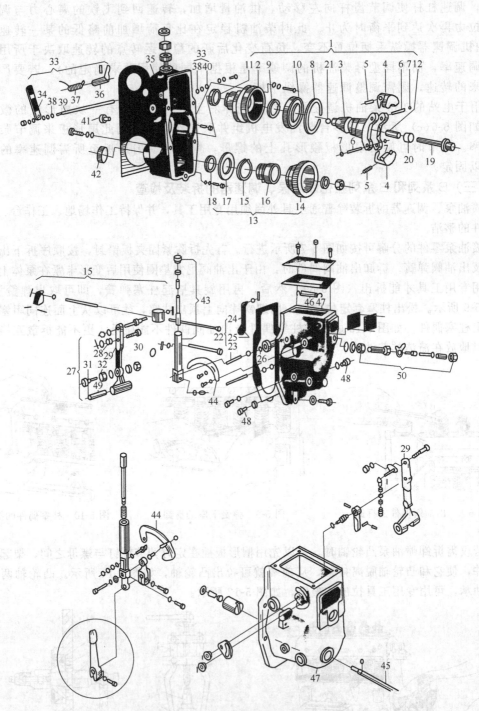

图 5-13　B 系列喷油泵用调速器零件分解

1—调速转子部件；2—托架；3—飞铁座架；4—飞铁；5—飞铁衬套；6—飞铁销；7—飞铁销锁环；8—孔用弹性挡圈；9—轴用弹性挡圈；10—108 向心球轴承；11—104 向心球轴承；12—衬套；13—调速齿杆部件；14—调速齿轮；15—缓冲弹簧；16—齿轮轴套；17—挡片；18—轴用弹性挡圈；19—伸缩轴；20—单向推力球轴承；21—封油圈；22—调速操纵杆部件；23—操纵轴；24—调速弹簧摇杆；25—圆锥销；26—封油圈；27—调速杠杆部件；28—滑轮；29—调速杠杆；30—滑轮销；31—滚轮销钉；32—滚轮；33—前壳部件；34—停机手柄；35—调速器前壳；36—停车摇臂；37—扭力弹簧；38—封油圈；39—停机轴；40—开口挡圈；41—油路导管；42—封油圈；43—调节手柄部件；44—扇形齿板；45—拉杆螺钉部件；46—传动轴；47—转速螺套；48—调速弹簧；49—调速器后壳；50—螺塞

杆销钉上的螺母及后壳紧固螺钉，使调速杠杆部件与拉杆螺钉部件分离，整个调速器后壳连同杠杆部件就可拆下。拆卸拉杆螺钉时应先拆掉齿杆连接销。旋出调速杠杆轴两端的螺塞，推出杠杆轴，调速杠杆即可拆下。

喷油泵和调速器拆卸后，全部零件须清洗并进行检查，其内容及方法如下。

① 对柱塞偶件进行滑动性和径部密封性试验。所谓滑动性试验是将柱塞偶件倾斜45°，抽出柱塞配合的圆柱面约 1/3，并将柱塞旋转一下，放手后柱塞能无阻滞地自行滑下即为合格，如图 5-14 所示。柱塞偶件径部密封性试验应在密封试验台上进行。为方便起见，用户也可用简易密封比较法，首先使柱塞斜槽使用段对准回油孔位置，再用手指堵住柱塞套大端面孔及另一只进油孔，然后慢慢地将柱塞推进，当柱塞端面到达回油孔上边缘（即盖没油孔）时观察回油孔，不应有油沫及气泡冒出，如图 5-15 所示，不符合要求为不合格。柱塞偶件长期使用后，表面有严重磨损。斜槽及直槽剥落或锈蚀时应更换。柱塞套上端面如有锈斑出现，可用氧化铬研磨膏在平板上轻轻地研磨修复。

图 5-14　柱塞偶件滑动性试验

图 5-15　柱塞偶件径部密封性试验

② 检查出油阀及出油阀座密封锥面是否有伤痕、下凹及磨损，轻微者可修复，修复方法如图 5-16 所示。先在锥面上涂以氧化铝研磨膏来回旋转研磨，直至达到良好的密封为止。严重者应更换。出油阀偶件尼龙垫圈严重变形时也应更换。

③ 检查喷油泵体安装柱塞偶件的肩胛平面是否有凹陷变形，如有不平整，将会影响柱塞套安装的垂直度及肩胛贴合面的密封性，引起柱塞滑动不良和燃油渗漏。

④ 检查喷油泵体的滚轮体孔及凸轮轴凸轮的磨损情况，视严重程度决定是否继续使用或更换。

⑤ 飞铁角及飞铁销孔磨损严重应更换，更换后，两只飞铁的质量相差不应超过1g。

⑥ 其余零件如磨损严重、缺损、断裂等应予更换。

图 5-16　出油阀偶件密封锥面的修复

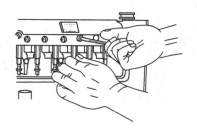

图 5-17　柱塞套的安装

喷油泵、调速器装配前各零部件要清洗干净，并检查柱塞偶件、出油阀偶件型号是否与喷油泵型号对应。装配过程中注意事项如下。

① 装配柱塞偶件时，柱塞的拉出和插入应小心、准确、不可碰毛，柱塞法兰凸块上的

"XY"字样应朝外安装。装上柱塞套以后，将定位螺钉对准柱塞套定位螺钉拧紧，此时拉动柱塞套应能上下移动，但不可左右转动，如图5-17所示。

② 安装出油阀紧座时，其拧紧力矩为39～68N·m（4～7kgf·m）。过大会使柱塞套变形，柱塞偶件的滑动性受到影响，故拧紧时应拉动柱塞做上下滑动和左右转动试验。如有阻滞现象可回松出油阀紧座几次，再拧紧到滑动自如为止，如图5-18所示。

③ 柱塞偶件、出油阀偶件和出油阀紧座等装好后，应进行油泵体上部密封性试验。试验方法是将各出油口堵塞，用工具板托住柱塞以免滑下。在进油口处通入压力为3.9MPa（40kgf/cm²）以上的柴油，保持1min，压力表指针不得有显著下降，此时各接头螺纹处、柱塞套肩胛面及泵体表面不得有柴油渗漏。

④ 安装喷油泵凸轮轴后，应检查凸轮轴的轴向间隙，其值为0.03～0.15mm，检查方法如图5-19所示。如达不到可用垫片调整，但两端加入垫片之厚度要求相等，以保证凸轮轴置于中间位置。间隙调整好后，转动凸轮轴，逐次使每缸凸轮在上止点时拉动喷油泵齿杆应活动无阻滞现象，如图5-20所示。

⑤ 装配调速器的两飞铁时，注意飞铁销两端的锁环装上后，应用鲤鱼钳紧夹一下（图5-21），避免产生飞铁销脱落而飞出的危险。装好后旋转时，飞铁能借其自身的离心力绕飞铁销摆动，不准有任何卡住阻滞现象。

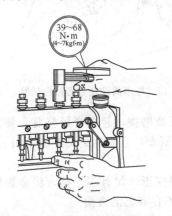

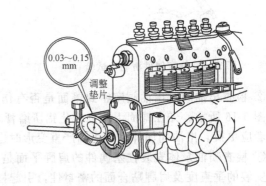

图 5-18　出油阀紧座的安装　　　　　图 5-19　凸轮轴轴向间隙的检查

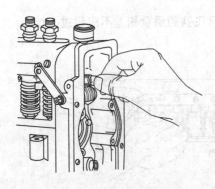

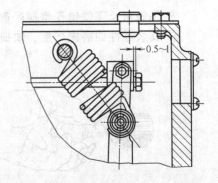

图 5-20　喷油泵齿杆活动性的检查　　图 5-21　飞铁销锁环安装　　图 5-22　拉杆螺钉与拉杆支承块距离

⑥ 喷油泵和调速器总成安装好后，推动调速手柄拉伸弹簧，将调节齿杆置于最大供油位置，使拉杆螺钉与拉杆支承块之间有0.5～1mm的距离，如图5-22所示。目的是便于检查调节齿杆，使其在最大供油位置时能确保与油量限制螺钉相碰，同时也为

了必要时旋出油量限制螺钉，适当增加供油量。但此距离不宜太大，否则调速器起作用的转速将增高。

二、喷油器

（一）喷油器的结构和作用

135 系列柴油机所用的喷油器，除喷油嘴结构及喷油开启压力有差异外，其他零件均可通用。喷油嘴偶件技术规格见表 5-2。

表 5-2　喷油器和喷油嘴的技术规格

喷油器图号	针阀偶件代号	针阀升程/mm	喷孔数×孔径	喷射压力/MPa(kgf/cm²)	喷射夹角	备　注
761-28-000b	3127-10	0.45 ± 0.05	4×0.35	$17.2+0.98(175+10)$		
761-28D-000	3127D-10	$0.30^{+0.05}_{-0.03}$	4×0.37	$20.6+0.98(210+10)$		
761-28E-000	3127D-10	$0.30^{+0.05}_{-0.03}$	4×0.37	$18.6+0.98(191+10)$	150°	根据柴油机的型号不同，配用不同规格的喷油器
761-28F-000	3127D-10	$0.30^{+0.05}_{-0.03}$	4×0.37	$17.2+0.98(175+10)$		
761-28G-000	3127E-10	$0.30^{+0.05}_{-0.03}$	4×0.35	$17.2+0.98(175+10)$		
761-28H-000	3127E-10	$0.30^{+0.05}_{-0.03}$	4×0.35	$20.6+0.98(210+10)$		
761-28I-000	3127E-10	$0.30^{+0.05}_{-0.03}$	4×0.35	$18.6+0.98(190+10)$		

喷油嘴偶件经选配研磨成对并经液压密封检验。使用时要保持高度清洁并不许单件调换。柴油机工作时，喷油嘴若有故障，柴油机就会产生冒黑烟、功率不足和油耗上升等弊病。喷油嘴的检查，可按下述方法进行：先让柴油机怠转，分别松开各缸高压油管，使喷油器轮换停止喷油，同时观察排气烟色，当有故障的喷油器停止喷油后，排气烟色就会出现明显好转，柴油机的转速变化很小或不变。如是正常的喷油器停止喷油，排气烟色无明显变化，而转速明显下降。对已损坏的喷油嘴，必须根据柴油机型号选装相应的新喷油嘴，否则将影响柴油机的正常工作。

喷油器的喷射开启压力是靠顶杆部件上方的调压弹簧的压力大小来控制的。使用过程中应定期检查喷油压力，调整方法见本章第四节。此压力过高或过低都将直接影响柴油机的性能。为了保证进入喷油嘴的燃油清洁，在喷油器进油管接头内装有滤油芯子，它与进油管接头的配合间隙为 0.025～0.055mm，发现燃油不清洁或长期使用后应进行清洗。

（二）喷油器的拆装和检查

使用时间较长的喷油器，可在试验台上进行喷雾试验，如发现有下列不正常的现象应进行拆检。

① 喷油开启压力低于规定值。

② 喷出燃油不雾化，切断不明显或有滴油现象。

③ 喷孔堵塞、4 个喷孔喷出油雾束不均匀，长短不一。

④ 喷油嘴头部严重积炭。

喷油器的零件分解可按如图 5-23 所示进行。先松开调压螺母，旋出调压螺钉，再将喷油器倒夹在台虎钳中，松开喷油器紧母，如图 5-24 所示。然后，拆出其余零件，在清洁的柴油或汽油中清洗。喷油嘴头部积炭可以用铜丝刷除去，如图 5-25 所示。如针阀咬住时，用钢丝钳衬垫软布夹住针阀尾端，稍加转动用力拉出，如图 5-26 所示。针阀锥面污物按图 5-27 所示方向沿铜丝刷表面清除，并用相应大小的钻头或钢丝疏通油路及喷油孔，如图 5-28 和图 5-29 所示。最后将喷油嘴偶件放在柴油中来回拉动针阀清洗（图 5-30），使针阀能自由滑动为止。

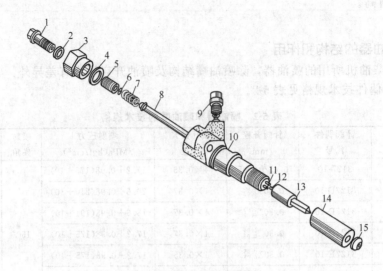

图 5-23　喷油器零件分解

1—回油管接头螺钉；2—垫片；3—调压螺钉紧固螺套；4—垫片；5—调压螺钉；

6—弹簧上座；7—调压弹簧；8—顶杆；9—进油管接头；

10—喷油器体；11—定位销；12—针阀；13—针阀体；

14—喷油器螺母；15—锥形垫圈

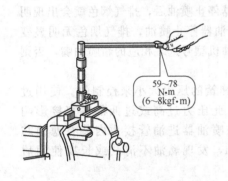

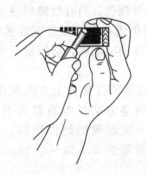

| 图 5-24　喷油器紧母的拆装 | 图 5-25　清除喷油嘴头部积炭 | 图 5-26　拉出喷油嘴针阀 |

| 图 5-27　清除针阀污物 | 图 5-28　疏通喷油嘴油路 | 图 5-29　疏通喷油孔 |

图 5-30 喷油嘴   图 5-31 喷油器体接合面   图 5-32 针阀与针阀体座面
偶件的清洗   的研磨修复   的研磨修复

喷油器零件清洗后如发现有下列不正常的情况应进行修理或更换。

① 与针阀体结合的喷油器体端面有较小损伤时，可在拔出两只定位销后，在研磨平板上研磨，如图 5-31 所示。在拔定位销时注意不要碰毛端面。

② 喷油器调压弹簧表面擦伤、出现麻点或永久变形时应更换。

③ 喷油器孔壁积炭应彻底清除。

④ 喷油嘴偶件径部磨损，严重漏油的应更换。

⑤ 喷孔有磨损和增大等缺陷时，影响喷雾质量的应更换。

⑥ 针阀和针阀体密封座面磨损不太严重时，可用氧化铝研磨膏互研修复，如图 5-32 所示。互研时，不要用力过猛，密封面达到研出一条均匀的不太宽的密封带即可。

⑦ 由于柴油机气缸内燃气回窜或细小杂质侵入喷油嘴中，造成针阀变黑或卡死，经清洗和互研后视情况的严重程度复用或更换。

（三）喷油器装配时应注意的事项

① 在整个装配过程中，必须保证零件清洁，特别是喷油嘴偶件本身和喷油器体端面等密封处，即使细小杂物尘埃也会造成偶件的滑动性阻滞和接触面的密封性不良。喷油器紧母和喷油嘴接触的肩胛面要求光洁平整，不许留有积炭或毛刺，否则会影响喷油嘴偶件安装的同轴度和垂直度，从而引起喷油嘴的滑动性不良。

② 装配时，先旋进有滤芯的进油管接头，紧压铜垫圈达到密封不漏油。然后将调压弹簧和顶杆放进喷油器体中，旋入调压螺钉，直到刚接触调压弹簧为止，再旋上调节螺母。

③ 把喷油器倒夹在台虎钳上，拧紧紧母，其拧紧力矩为 59～78N·m（6～8kgf·m）。扭矩过大会引起针阀体的变形，影响针阀的滑动性；过小又会造成漏油。

④ 装配好的喷油器总成应在试验台上进行密封和喷雾试验，并进行喷油开启压力的调整，其方法见本章第四节。

三、输油泵

（一）输油泵的结构及工作原理

输油泵是单作用活塞式，装在喷油泵的侧面，由喷油泵轴上的偏心轮驱动。其作用是从油箱吸入燃油，并以一定的压力供给喷油泵足够的燃油。柴油机启动前，用输油泵上的手泵进行泵油并排出油路中的空气，它能顺利地把低于输油泵中心 1m 内的燃油在 0.5min 内吸上，泵油后需旋紧手柄螺母。输油泵的技术规格见表 5-3。

4、6 缸 B 系列和 B 系列强化喷油泵采用滚轮式输油泵，如图 5-33 所示。输油泵的活塞与壳体的配合间隙为 0.005～0.02mm。间隙太大，供油率将下降。滚轮式输油泵的顶杆与顶杆套也是经配对互研的偶件，间隙太大同样也存在着漏油的弊病。手泵活塞与手泵体之间有橡胶密封装置，除非手泵中的橡胶圈损坏，一般不宜拆动。

表 5-3 输油泵的技术规格

型 号	输油泵结构特征	配用喷油泵	额 定 工 况		
			转速 /(r/min)	出油压力 /kPa(kgf/cm²)	供油量 /(mL/min)
SB2221	滚轮式	4、6缸B系列喷油泵	750	78.4(0.8)	>2500
SB2214 SB2215	滚轮式	12缸B系列喷油泵	750	78.4(0.8)	>2500

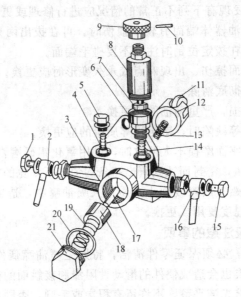

图 5-33 滚轮式输油泵结构

1—出油管螺钉；2—出油管接头；3—泵体；4—出油阀；5—出油阀罩帽；6—进油阀罩帽；7—手油泵柱塞；8—柱塞套；9—手油泵按钮；10—销子；11—滚轮；12—挺杆；13—挺杆弹簧；14—进油阀；15—进油管螺钉；16—进油管接头；17—推杆；18—活塞；19—活塞弹簧；20—密封垫；21—螺塞

输油泵的工作原理如图 5-34 所示。当输油泵滚轮和顶杆处于喷油泵偏心轮的最低位置前，由于弹簧的作用推动活塞向上运动，活塞上腔燃油被排挤出去，这时出油侧单向阀关闭，燃油被送至燃油滤清器，而在活塞下腔形成一空间，进油侧的单向阀被打开，吸入燃油，如图 5-34（a）所示。偏心轮继续转动，活塞开始向下移动，直至滚轮和顶杆与偏心轮最高点接触，燃油被挤压，打开出油侧的单向阀而进入活塞上空腔，如图 5-34（b）所示。如此循环不断，将燃油吸入和排送出去。当出油管路阻力加大至活塞两端的油压相等时，活塞不再随顶杆移动而维持平衡，输油泵停止工作，如图 5-34（c）所示。

（二）输油泵的拆装及检查

输油泵经长期使用后，零件应进行检查，注意事项如下。

① 单向阀平面如有磨损、凹陷、麻点等现象，应用研磨膏在平板上研磨（图 5-35），严重者应换新的。

② 壳体上的单向阀座表面磨损严重或不平整时应更换。

③ 顶杆与顶杆套磨损严重以致间隙增大，密封性变差，柴油泄漏太甚，则须连同壳体

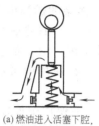

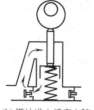

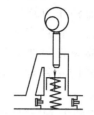

(a) 燃油进入活塞下腔，
活塞上腔排油
(b) 燃油进入活塞上腔，
活塞下腔排油
(c) 活塞上下腔油压相等，
活塞处于平衡位置，
上下腔均不排油

图 5-34 输油泵工作原理

更换或选配加大尺寸的顶杆，但须经过互研。

④ 进油管接头内的粗滤网芯子，极容易被棉絮状杂物堵塞，影响供油，故应经常注意燃油的清洁及清除滤网芯上的污物。

⑤ 手泵活塞的橡胶圈损坏时，应及时更换。

输油泵重新装配后，要求输油泵的活塞和顶杆等运动零件在整个行程中应活动良好，不准有阻滞及卡死现象，压动手泵应轻便灵活。安装单向阀弹簧时要注意，单向阀弹簧必须准确地嵌在弹簧槽中。

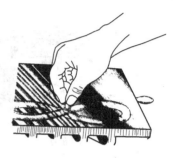

图 5-35 单向阀平面研磨修复

四、燃油滤清器

燃油滤清器主要由滤芯、外壳及滤清器座三部分组成（图 5-36），各机型均通用，只有溢流阀 8 有两种结构，根据不同机型选用 C0810A 或 C0810B 滤清器。

A—A
1
2
3
4
5
6
7
8
9
10
11
A
A
12
13
14
15
16
17
18

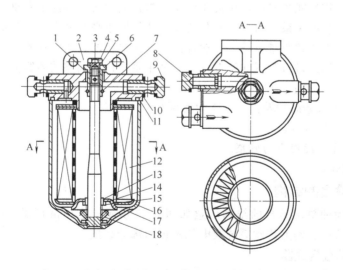

图 5-36 燃油滤清器装配剖面

1，5—垫圈；2—滤清器座；3—拉杆；4—放气螺钉；6—拉杆螺母；7—卡簧；8—溢流阀；9—油管接头；10，13，17—密封圈；11—密封垫圈；12—滤芯；14—托盘；15—弹簧座；16—壳体；18—弹簧

燃油由输油泵送入燃油滤清器，通过纸质滤芯清除燃油中的杂质后进入滤油筒内

腔，再通过滤清器座上的集油腔通向喷油泵。滤清器座上设有回油接头，内装溢流阀，当燃油滤清器内燃油压力超过 78kPa（0.8kgf/cm²）时，多余的燃油由回油接头回至燃油箱。连接低压燃油管路应按座上箭头所指方向，不可接错。滤芯底部的密封垫圈装在弹簧座内，弹簧将密封垫圈紧贴在螺母的底面起密封作用。滤清器座和外壳之间靠拉杆连接，并有橡胶圈密封，滤清器座上端有放气螺钉，在使用中可以松开放气螺钉清除燃油滤清器的空气。

燃油滤清器用两个 M8-6H 螺钉固定在机体或支架上，在使用中如发现供油不通畅，则有滤芯堵塞的可能。此时，应停车放掉燃油，可直接在柴油机上松开拉杆螺母，卸下外壳，取出滤芯（图 5-37），然后将滤芯浸在汽或柴油中，用毛刷轻轻地洗掉污物（图 5-38）。如果滤芯破裂或难以清洗，则必须换新的，然后按图 5-36 装好，并注入清洁的燃油。

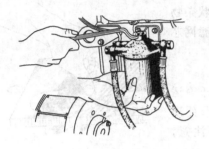 

图 5-37　燃油滤清器拆除　　　　　　图 5-38　燃油滤芯的清洗

第二节　喷油泵试验台的使用与维护

柴油发动机工作性能的好坏，在很大程度上与其喷油泵的供油量和供油均匀性、调速器的工作性能有着密切的关系。由于喷油泵的柱塞偶件属于高精密零件，喷油泵工作性能好坏仅凭个人经验和人工调整是难以满足发动机正常工作要求的。通常在检修柴油发动机时，用喷油泵试验台对喷油泵进行测试和调整。喷油泵主要测试和调整的内容如下。

① 喷油泵各缸供油量和供油均匀性调整。
② 喷油泵供油起始时刻及供油间隔角度调整。
③ 喷油泵密封性检查。
④ 调速器工作性能检查与调整。
⑤ 输油泵试验。

一、喷油泵试验台的结构

柴油发动机喷油泵试验台的结构示意如图 5-39 所示。它由液压无级变速器、变速箱、燃烧系统、量油机构、动力传动系统及电气系统六部分组成。

（一）液压无级变速器

液压无级变速器的结构示意如图 5-40 所示，主要由油泵、油马达、油管、吸油阀、偏心调节螺杆等部分组成。油泵和油马达的结构相同，都为变量叶片泵。

液压油泵在电动机带动下，从液压油箱和油马达中吸入压力油，经管路、限压阀送入油马达，驱动油马达克服负载的阻力而工作，然后经管路流回液压油泵，油泵重新将液压油泵入油马达，从而形成一个封闭的循环系统，如图 5-41 所示。

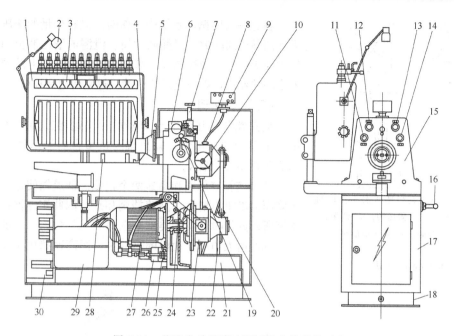

图 5-39 柴油发动机喷油泵试验台的结构示意

1—集油箱；2—照明灯；3—标准喷油泵；4—万向节；5—刻度盘；6—变速箱；7—调压阀；8—油马达；9—转速计数器；10—增速手轮；11—传动油油温表；12—高压压力表；13—低压压力表；14—燃油油温表；15—试验台上壳体；16—调速手柄；17—试验台下壳体；18—试验台底座；19—换挡手柄；20—传动油管；21—传动油箱；22—出油阀；23—液压无级变速器油泵；24—联轴器；25—加温阀；26—燃油泵；27—电动机；28—垫块；29—燃油箱；30—电气箱

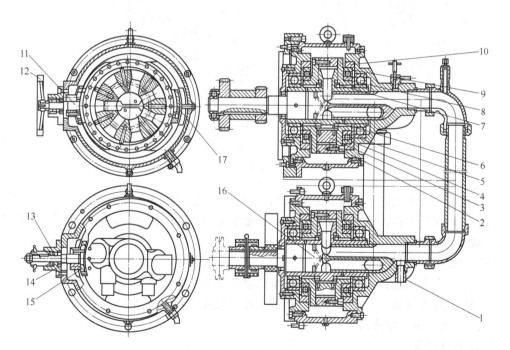

图 5-40 液压无级变速器的结构示意

1—吸油盘；2,5—外、内滑柱；3—叶片；4—叶片弹簧；6—转子；7—滑环；8—侧圈；9—中圈；10—滑动板；11—马达调速螺钉；12—手轮；13—油泵调速螺钉；14—链轮；15—前固定板；16—分配轴；17—后固定板

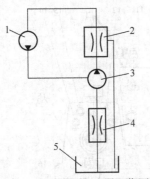

图 5-41 液压无级变速器工作原理
1—油马达；2—限压阀；3—油泵；
4—吸油阀；5—液压油油箱

小功率发动机的喷油泵。

在这一封闭循环系统中工作时，只有少量的液压油从油泵和油马达的间隙处泄漏回油箱。泄漏的液压油由油泵从油箱中经吸油管、吸油阀吸入来补偿。输油管路上的限压阀起安全阀的作用，以防止系统因油压过高而遭到损坏。

（二）变速箱

变速箱与液压无级变速器的油马达相连接，其输入轴即是油马达的输出轴，输出轴为试验台的输出轴，其结构示意如图 5-42 所示。

该变速箱有低速和高速两个挡位。低速挡使输出轴转速下降而输出扭矩增大，高速挡则相反。因此实际操作时，应根据所调试的喷油泵的类型来选择变速挡位。一般低速挡用于调试低速大功率发动机的喷油泵，而高速挡用于调试高速

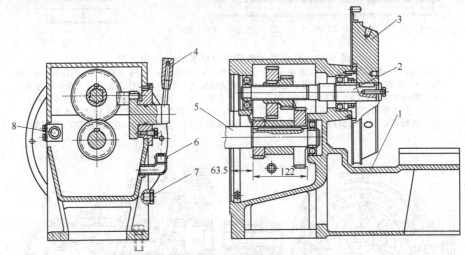

图 5-42 变速箱结构示意
1—变速箱工作台；2—试验台输出轴；3—刻度盘；4—换挡手柄；5—马达输出轴；
6—注油弯头；7—放油螺塞；8—传感器

试验台输出轴上装有一刻度盘，用以确定和调整喷油泵喷油起始时刻和各缸喷油间隔角度，同时，利用其惯性以稳定输出轴转速。刻度盘上装有无间隙弹片联轴器，用它来连接并驱动被测试的喷油泵。

（三）燃油系统

燃油系统的作用是提供一定压力和温度的燃油，其燃油流程如图 5-43 所示。

燃油的工作循环如下：燃油油箱→粗滤清器→精滤清器→油泵

→① 吸油接头→燃油箱

② 真空接头

③ 燃油回油箱

④ 调压阀→a. 压力表（0～0.4MPa）

b. 压力表（0～4MPa）

c. 油温表（0～100℃）

d. 溢流加热→油箱

e. 回油至油箱

f. 供油接头（快速接头）→附件油管→被测试的喷油泵→标准喷油器→回油至油箱。

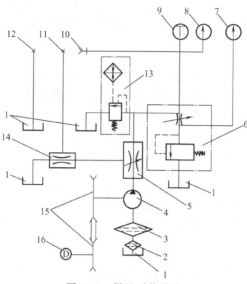

图 5-43　燃油系统流程

1—油箱；2—粗滤清器；3—精滤清器；4—油泵；5—调压阀；6—溢流阀；

7,8—0～4MPa压力表；9—油温表；10—供油接头；

11—真空接头；12—吸油接头；13—燃油加热器；

14—真空阀；15—皮带轮；16—电动机

（四）量油机构

量油机构是测量被测试喷油泵各缸供油量的机构。它由集油箱体、立柱、旋转臂、标准喷油器、量油筒板及量油筒、量油自动切断装置等组成，其结构示意如图 5-44 所示。

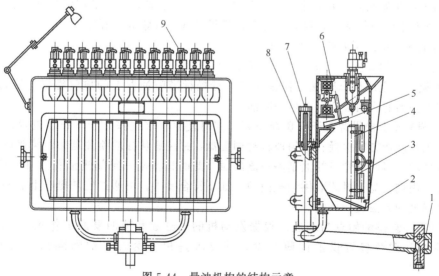

图 5-44　量油机构的结构示意

1—旋转臂；2—集油箱体；3—量油筒板；4—量油筒；5—断油盘；6—电磁铁；

7—升降螺杆；8—立柱；9—标准喷油器

（五）动力传动系统

试验台的动力传动系统的构成如图 5-45 所示。

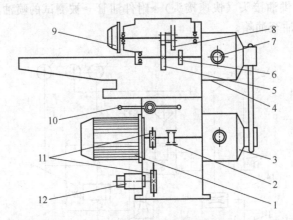

图 5-45　动力传动系统的构成

1—电动机；2—联轴器；3—液压无级变速器油泵；4—油马达；5—高速挡主动齿轮；
6—低速挡主动齿轮；7—增速手轮；8—双联齿轮；9—刻度盘；
10—调速手柄；11—带轮；12—燃油泵

动力传动系统的传递过程：电动机通过带轮带动燃油泵，使燃油系统工作；同时电动机经过联轴器带动液压无级变速器中的液压油泵转动，将液压油送入油马达，从而使油马达旋转；调速手柄和增速手轮分别调节油泵和油马达的进出油量，以改变各自的转速；油马达输出轴带动变速箱，最终是带有刻度盘的输出轴转动，通过该轴来带动被测试的喷油泵，从而对喷油泵进行检测；刻度盘后面有计数槽，通过转速传感器将转速信号送入计数器，并显示出转速。

二、喷油泵试验台的使用

（一）喷油泵供油时间的检测与调整

① 将喷油泵安装到试验台上，封住回油口，连接进油管，将供油齿杆固定在供油位置上，拧松油泵上的放气螺钉，启动试验台，排尽空气，拧紧放气螺钉。

② 将试验台供油压力调至 2.5MPa。

③ 调整量油筒高度，连接标准喷油器的高压油管。

④ 将调速器上的操纵臂置于停油位置，拧松标准喷油器上的放气螺钉，启动试验台，此时标准喷油器的回油管应有大量的回油。

⑤ 将调速器上操纵臂置于全负荷位置，同时使第一缸柱塞处于下止点位置，用专用扳手按油泵工作旋转方向缓慢、均匀地转动刻度盘，并注意从标准喷油器回油管接口中流出的燃油流动情况。当回油管口的油刚停止流出时（此时柱塞刚好封闭进油孔），即为第一缸的供油始点，由刻度盘上可读取供油提前角。如不符合要求，可通过旋转挺杆上的调节螺钉或增减垫片厚度的方法进行调整。

⑥ 以第一缸供油始点为基准，根据发动机的气缸数和喷油泵的工作顺序，按照以上的方法检查和调整各缸供油间隔角度。其要求是相邻两缸供油间隔角度偏差不大于±0.5°。

（二）喷油泵各缸供油量检测与调整

喷油泵各缸的调整项目：额定转速供油量、怠速供油量、启动供油量。由于喷油泵各缸供油量的均匀程度与柴油机的工作平稳性有着密切的关系，因此喷油泵试验时，要对各缸供油量的均匀度进行测算，其计算公式如下：

$$各缸供油不均匀度＝[(最大供油量－最小供油量)/平均供油量]×100％$$
$$平均供油量＝[(最大供油量＋最小供油量)/2]×100％$$

各缸平均供油量误差不得大于5％。调整供油量前，要求调节齿杆与齿圈、齿圈与控制套筒（或调节拉杆与拨叉）的安装位置，保证其正确无误。

1. 额定转速供油量的调整

① 将喷油泵转速提高到额定转速，使油门操纵臂处于最大供油位置。

② 在转速表上预置供油次数为200次，量油筒口对准集油杯下口。

③ 按下转速表上计数按钮，开始供油并计数，供油停止后读取各量油筒中的油量。

④ 各缸供油不均匀度应小于3％，不符合规定时应进行调整。具体方法是：松开齿圈（或拨叉）紧固螺钉，将柱塞控制套筒相对于齿圈转动一个角度，以改变柱塞与柱塞套筒之间的相互位置，从而实现供油量的调整。对于采用拉杆拨叉式的，则是改变拨叉与拉杆的距离来进行调整。

2. 怠速供油量的调整

① 调整好额定转速供油量与供油不均匀度之后，使喷油泵在怠速转速下运转。

② 在转速表上预置供油次数为200次，量油筒口对准集油杯下口。

③ 缓慢向增加供油方向扳动旋转臂，当标准喷油器开始滴油时，固定旋转臂，按下计数钮，供油开始并计数，停止供油后读取各量油筒中的油量。

④ 各缸怠速供油不均匀度一般不大于20％～30％，如不符，可按上述方法进行调整。

3. 启动供油量的调整

① 将试验台转速调整至180r/min。

② 将喷油泵操纵臂置于最大供油位置。

③ 按照上述的方法，测量出各缸的供油量。

④ 启动供油量一般为额定供油量的150％以上，不符合时，按上述方法调整。

注意：每次倒空量油筒中的燃油时，应停留30s以上。在调整喷油泵供油量时，应以保证额定转速供油量均匀度为主。

（三）调速器的调整

调速器的作用是控制柴油发动机因喷油泵的速度特性而产生的工作不稳或"飞车"等现象。其工作性能不良时，会导致柴油发动机熄火或工作不稳，严重时会产生"飞车"，从而发生严重的机械故障。因此在调试喷油泵时，对调速器也要进行调整。柴油发动机调速器调整的具体内容如下。

1. 高速启动作用点的调试

启动试验台，使喷油泵转速由低到高逐渐接近额定转速，并将喷油泵操纵臂推至最大供油位置（推到底），然后缓慢增加喷油泵转速，同时注意观察供油调节齿杆位置的变化情况。在供油调节齿杆开始向减小供油量方向移动时的转速，即为调速器高速启动作用点的转速。为保证获得规定的额定转速，而又不致过多地超过规定值，一般是将高速启动作用点的转速调至较额定转速高出10r/min为好（指凸轮轴的转速）。调整方法是改变调速弹簧预紧力。

2. 低速启动作用点的调试

启动试验台，使喷油泵在低于怠速转速下运转，然后缓慢转动操纵臂，当喷油泵刚刚开始供油时，固定操纵臂，并逐渐提高喷油泵转速，同时注意观察供油调节齿杆位置变化情况。当供油调节齿杆开始向减少供油方向移动时的转速，即为低速启动作用点的转速，其值不得高于急速转速规定值。

3. 全负荷限位螺钉的调整

旋松全负荷限位螺钉，并使喷油泵以额定转速运转，然后将操纵臂缓慢向增加供油量方向移动，当供油调节齿杆达到最大行程时，停止移动操纵臂，这时拧入全负荷限位螺钉，使其与操纵臂上的扇形挡块相接触即可。

4. 急速稳定弹簧的调整

由于柴油发动机急速运转时，调速器的飞块离心力很小，不能立刻将供油调节齿杆推向增加供油量方向。而急速稳定弹簧的作用就是协助调整急速的灵敏度。通常在稳定急速工况时，急速稳定弹簧应能够将供油调节齿杆向增加供油方向推进 0.5mm。不符时，可通过调节急速稳定弹簧的预紧力调整螺钉来达到。

5. 停止供油限位螺钉的调整

在急速稳定弹簧调好后，停止喷油泵的运转，这时供油调节齿杆将向增加供油方向移动一个距离，然后转动操纵臂，使供油调节齿杆处于完全停止供油的位置，此时旋入停止供油限位螺钉，使其与操纵臂轴上的扇形挡块相接触，最后将停止供油限位螺钉的锁紧螺母拧紧。

三、喷油泵试验台的维护

（一）试验台的安装和试车

① 试验台应安装在干燥、不与腐蚀气体接触、不易受到风沙尘土侵袭的房间里。工作台面应保证水平安置，环境温度要求在 $-5\sim40℃$ 之间。

② 试验台所用电源为三相 380V、50Hz 的交流电。为保证电动机转速稳定，输入电压不得低于 350V，且需保持稳定。同时电源的连接应保证燃油泵按规定的转动方向旋转，否则，燃油泵会损坏。

③ 试车前，要仔细清除试验台上的防锈油，并在一切需要注油的地方注入规定的油料。

a. 燃油箱中应注满经 48h 以上沉淀的轻质 0 号柴油。

b. 在试验台传动油箱和液压无级变速器中加入经过一定时间沉淀过滤的 30 号或 46 号汽轮机油。液压无级变速器从传动油管上的油温表接头或放气螺钉处加油。加油时，变速箱挂上挡位，一边用专用扳手正、反方向来回转动刻度盘，一边注油，直到注满时止。最后将油温表接头或放气螺钉拧紧。不可将油直接加入无级变速器内，否则会使试验台损坏。试验台若间隔较长时间再使用时，应先按照上述方法加注液压油。传动油箱内的油面应高于吸油阀体为佳。

c. 变速箱内应加注 40 号或 50 号机械油，油面不低于油弯管。

d. 为了冷却燃油，试验台必须检查各连接部位的紧固可靠性，尤其是万向节螺钉须紧固可靠，罩好防护罩。试验台高速空转时，应拆下万向节，以防出现事故。

e. 喷油泵的进油、回油口要用油管与试验台的供油、回油口连接可靠，以防漏油。

f. 喷油泵的联轴器应用万向节的两只拨块夹紧。夹紧螺栓的扭力为 110N·m。

g. 启动试验台时，应先将调速手柄转到一定的位置，使其零位压板触及行程开关，从而使常开触点闭合，方可按下启动按钮，使电动机运转。

h. 电动机启动后，转动调速手柄，使试验台输出轴转速由低逐渐升高，并检查各部位工作情况。液压无级变速器不得有异响，各管路接头不得有渗漏现象。

i. 停车时，应将调速手柄调回到原位，在输出轴停止转动后，方可按下停止按钮。

图 5-46 所示为试验台操纵手柄及各按钮开关位置示意。

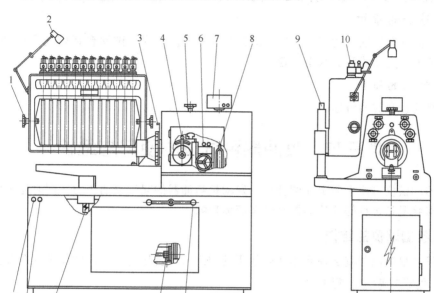

图 5-46　试验台操纵手柄及各按钮开关位置示意

1—手轮；2—照明灯；3—刻度盘；4—换挡手柄；5—调压阀；6—增速手轮；7—转速计数器；
8—放气螺塞；9—升降螺杆；10—标准喷油器；11—启动按钮；12—停止按钮；
13—调速手柄；14—节流阀手轮；15—回油管

（二）试验台的维护

1. 标准喷油器的检查与调整

为保证试验台的测试精度，应经常检查标准喷油器的开启压力。其开启压力为 17.5～17.7MPa。同时检查各标准喷油器出油量的均匀性。其检查方法是：先调整开启压力，然后在试验台上用标准喷油泵的某一只柱塞副在同一个计数次数、同一转速、相同齿条位置的条件下，逐个检查其流量是否均匀。若有差异，可通过调整开启压力来校正，如果无法校正，则更换标准喷油器。

2. 液压无级变速器的维护

① 液压无级变速器内的液压油量要经常检查，其要求和加注方法见前面所述。第一次换油在其工作 200h 后，以后每工作 1200h 更换一次。油箱要密封良好，以防其他油、水和污物渗入到液压无级变速器内。

② 液压油泵和油马达的限位螺钉不可随意转动，否则液压油泵和油马达会损坏。

③ 启动电动机前，最好先用专用扳手旋转刻度盘，直到电动机、燃油泵同时转动时，再启动电动机运转。

3. 燃油系统的维护

① 试验用燃油每工作 400h 或调试 500 只喷油泵后应更换新油，在更换的同时用煤油清洗油箱和滤清器。

② 调压阀和真空阀手轮不论正转、反转，拧到底后不可再用力拧，以防损坏机件。

③ 燃油泵传动带松紧度的调整。松开燃油泵安装板上的 2 颗螺钉，移动安装板，即可调整传动带的松紧度（传动带规格：B-1000）。

④ 燃油泵皮带轮的轴承每隔一年左右加注一次二硫化钼润滑脂。

4. 变速箱的维护

变速箱内的润滑油大约工作 400h 或半年左右更换一次。试验台运转过程中严禁换挡，以防止损坏无级变速器和变速箱齿轮。

5. 集油盘的维护

集油盘要经常放油清理。

第三节 喷油器测试仪的使用与维护

喷油器测试仪可用来测定和调整柴油发动机喷油器的起始喷油压力，同时还可以检查喷油器的喷雾状况是否良好及喷油器是否有滴漏现象。

一、喷油器测试仪的结构

柴油发动机喷油器测试仪有车间内使用的固定式和直接就机使用的便携式两种。

（一）固定式喷油器测试仪

固定式喷油器测试仪如图 5-47 所示。它由压力表、操纵杆、测试仪壳体、活塞、进油管、滤网、出油管、接头和油箱等组成。

这种喷油器测试仪通过螺柱固定在作业台上，摇动操纵杆使燃油产生高压，进入喷油器，从而对喷油器进行检查。

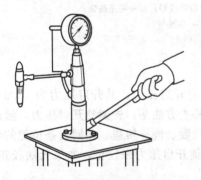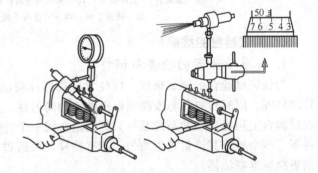

图 5-47 固定式喷油器测试仪   图 5-48 便携式喷油器测试仪

（二）便携式喷油器测试仪

便携式喷油器测试仪如图 5-48 所示。它由压力表、测试仪壳体、接管和接头等组成。这种喷油器测试仪在检测时，将其直接装在喷油泵高压出油管接头上，利用旋具使喷油泵的柱塞副工作以产生高压油，从而对喷油器进行检查。便携式喷油器测试仪的特点是：机构简单、携带使用方便，但受喷油泵性能影响较大，精确度差，因此在实际检测中较少使用。

二、喷油器测试仪的使用

（一）喷油器起始喷油压力的测定和调整

1. 安装

如图 5-47 所示，将喷油器安装到测试仪上（垂直向下），接上回油管，摇动操纵杆数次，将管路内的空气排出干净。

2．测定

摇动操纵杆，待油压开始上升时，慢慢压下操纵杆，同时观察压力表和喷油器的工作状态，记下喷油器刚开始喷油瞬间的压力表数值，此压力值即为喷油器起始喷油压力。将其与原厂的标准值进行比较，如不符合要求，则应进行调整。

3．起始喷油压力的调整

从喷油器测试仪上卸下喷油器，将其固定在台虎钳上，松开喷油器上的盖形螺母和锁止螺母，然后将喷油器装回测试仪上，通过旋转调整螺钉，将起始喷油压力调至正确值。调整完毕后，稍许拧紧锁止螺母，待喷油器从测试仪上卸下后，夹在台虎钳上再拧紧。

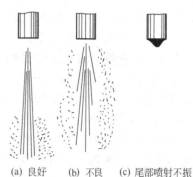

(a) 良好　(b) 不良　(c) 尾部喷射不振

图 5-49　喷油器喷雾质量的检查

（二）喷雾质量的检查

将喷油器安装到测试仪上，以每分钟 60～70 次摇动操纵杆，根据喷油器的喷射状态来判断喷雾质量的好坏，如图 5-49 所示。

喷油器喷雾的具体要求如下。

① 喷出的燃油应呈雾状，分布细微且均匀，不应有明显的飞溅油滴和连续的油珠，不应有局部浓稀不均匀等现象。

② 喷油开始和结束应明显，且应伴有清脆的声音；喷射前后不得有滴油现象；多次喷射后，喷油口附近应保持干燥或稍有湿润。

③ 喷雾锥角，正常情况是以喷口的中心线为中心，约成 4° 的圆锥喷射状。

检查方法：在距喷油器的正下方 100～200mm 处，放置一张白纸，摇动操纵杆使喷油器进行一次喷射，测出白纸上油迹的直径 D 及距喷油器口的距离 H，则喷雾锥角

$$\alpha = 2\arctan(D/2H)$$

若不符合要求，则应清洗喷油器；若清洗后仍达不到要求，则更换喷油器。

（三）喷油器密封性试验

摇动操纵杆，当测试仪上的压力表的压力值比喷油器起始喷油压力低 2MPa 时，慢慢摇动操纵杆，使油压缓慢而均匀地继续上升，同时仔细观察喷油器喷口周围的表面被燃油附着的情况。喷油器密封良好时，允许有轻微湿润的燃油，但不得有油液积聚的现象，否则要清洗、研磨喷油器的出油阀，如仍不能解决，则更换喷油器。

三、喷油器测试仪的维护

① 经常保持测试仪的清洁干净。

② 油箱中的燃油应充分沉淀，并保持清洁，防止灰尘、水分、污物等进入。

③ 避免对测试仪施加过大压力或振动，以防损坏仪器。

④ 定期清理油箱中的过滤网；定期更换燃油（一般半年左右更换一次）。

第四节　柴油机燃油供给系统的试验和调整

一、喷油泵和调速器总成的试验和调整

喷油泵调速器总成的试验一般应在专用的试验台上进行。试验用的柴油为 0 号或 10 号

轻柴油（GB 252），并必须经过滤清或沉淀。

试验台上应使用具有相同流量特性的 ZS12SJ1 型标准喷油嘴，其开启压力为 $17.2^{+0.98}_{0}$ MPa（175^{+10}_{0} kgf/cm²）。

试验用的高压油管，内径为 2mm±0.25mm，长度为 600mm。

试验调整前，先向喷油泵和调速器内注入机油至规定油面高度（即机油平面螺钉的高度）。同时接通进、回低压燃油管路和高压油管，松开泵体上的放气螺钉（图 5-50），开动试验台，放净喷油泵内的空气后，再把放气螺钉拧紧，然后将试验台转速开到标定转速运转 15min，各接头处不应有燃油渗漏现象，各运动件应运转正常。

试验调整内容及步骤如下。

(一) 喷油泵供油时间的调整

① 面对接合器按表 5-4 上规定的凸轮轴转向，慢慢转动凸轮轴，观察与喷油泵第一缸相连接的标准喷油器的回油管孔口，当孔口的油液开始波动的瞬时即停止转动，记录下试验台刻度盘的读数。然后以第一缸为基准，用同样的方法按表 5-4 上的供油顺序测定其他各缸和第一缸开始供油时间相隔的角度，要求与规定角度的偏差不得超过±30′，否则应调整滚轮体的高度。调整时只要旋上或旋下滚轮体上的调节螺钉即可，如图 5-51 所示。在规定范围内调整达到后紧固调节螺钉（注意：滚轮体部件高度有两种，用于不同机型）。

表 5-4 喷油泵各缸开始供油相隔角度

喷油泵	4缸B系列泵	6缸B系列泵	12缸B系列泵（右）	12缸B系列泵（左）
	1/0°	1/0°	1/0°	1/0°
			12/37.5°	4/22.5°
	3/90°	5/60°	9/60°	9/60°
			4/97.5°	8/82.5°
分泵序号/凸轮轴旋转角度	4/180°	3/120°	5/120°	5/120°
			8/157.5°	2/142.5°
	2/270°	6/180°	11/180°	11/180°
			2/217.5°	10/202.5°
		2/240°	3/240°	3/240°
			10/277.5°	6/262.5°
		4/360°	7/300°	7/300°
			6/337.5°	12/322.5°
凸轮轴转向（从接合器端看）	顺时针	顺时针	顺时针	逆时针

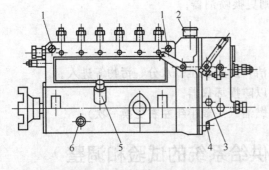

图 5-50 B系列喷油泵总成的放气螺钉及放油螺钉
1—放气螺钉；2,5—加油口；3—调速器机油平面螺钉；
4—放油螺钉；6—喷油泵机油平面螺钉

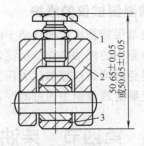

图 5-51 B系列喷油泵滚轮体部件高度
1—调节螺钉；2—滚轮体；3—滚轮

② 调整后检验柱塞与出油阀顶平面的间隙，此间隙应为 0.4～1mm。检验时可用厚薄规插入滚轮体上定时调节螺钉与柱塞底平面之间进行测量。

（二）喷油泵各缸供油量的调整

喷油泵在标定转速和怠速时的供油量，应达到表 5-5 所规定的数值。否则应按下列方法进行调整：将喷油泵调节齿杆向停止供油的方向拉出，用小旋具松开调节齿轮上的锁紧螺钉，用一根细铁棒插入油量控制套筒的小孔中，轻轻敲击，改变调节齿轮与油量控制套筒的相对位置。如果分泵供油量过多，使它向左转（接合器端）；供油量过少则向右转。调整后仍紧固锁紧螺钉。

（三）调速器停止供油转速（即柴油机最高转速）的调整

将操纵手柄固定在标定转速位置上，使高速限制螺钉制操纵手柄相接触，喷油泵调节齿杆与油量限制螺钉相碰，然后慢慢提高喷油泵凸轮轴的转速到喷油泵供油量开始减少，直至停止供油，此时的转速应符合表 5-5 的规定。否则应调整高速限制螺钉位置以达到要求。

表 5-5　135 基本型柴油机用 B 系列喷油泵供油量的调整

柴油机型号	燃油系统代号				标定工况		怠速工况		调速范围	
	喷油泵	调速器	输油泵	喷油器	转速 /(r/min)	供油量 /(mL/200 次)	转速 /(r/min)	供油量 /(mL/200 次)	供油量开始减少转速 /(r/min)	停止供油转速 /(r/min)
4135G	233G	444	521	761-28F	750	21.5±0.5		6～8	≥760	≤800
6135G	229G	436	521	761-28F		20±0.5				
6135G-1	228C	449G	521	761-28I	900	23±0.5			≥910	≤1000
12V135	237G	440	514、515(A)	761-28F		20.5±0.5				
4135AG	233B	444	521	761-28F	750	28±0.5	250	7～10	≥760	≥800
6135AG	229G	436	521	761-28F		25.5±0.5				
12V135AG	252B	440	514、515(A)	761-28		26±0.5				
12V135AG-1	252C	449	514、515(A)	761-28E	900	24±0.5		6～8	≥910	≤1000
6135JZ	228G	436	521	761-28E	750	32±0.5		6～8	≥760	≤800
6135AJZ	228B	436	521	761-28I		35±0.5		7～10		
12V135JZ	252A	440	514、515(A)	761-28E		33±0.5		7～10		

（四）调速器转速稳定性的检查和调整

① 将操纵手柄固定于标定转速位置，慢慢提高凸轮轴转速，当喷油泵供油量开始减少的瞬间（即调速器的开始作用点），立即保持凸轮轴转速不变，然后仔细观察调节齿轮和调节齿杆，不得有游动现象。

② 当凸轮轴转速为 400r/min、250r/min 或其他任意转速时，用改变操纵手柄位置的方法，使调节齿杆处于各种不同供油量的位置，此时检查调节齿轮和调节齿杆，使之不得有游动现象。

③ 当柴油机在低速不稳定时，可将低速稳定器缓慢地旋入，直至转速稳定后再固定。出厂的柴油机已调整好，非必要时，用户不要扳动，只有经拆装修理后，才需进行调整，且注意低速稳定器不能旋入太多，以免最低稳定转速过高。

二、喷油器的试验和调整

喷油器的试验应在专用的试验台上进行，如图 5-52 所示。试验台由手压油泵、压力表、油箱和油管等组成。手压油泵的柱塞直径为 9mm，油管内径为 2mm。

试验调整内容及步骤如下。

（一）喷油开启压力的调整

用旋具旋进或旋出喷油器的调节螺钉以调整弹簧的压紧力，达到各型喷油器规定的喷油开启压力，见表 5-2。旋进调节螺钉，喷油开启压力增高，反之则降低，调整后紧固调压螺母。

（二）喷油嘴座面密封性试验

当试验台上压力表指示值比喷油器喷油开启压力低 2MPa（20kgf/cm²）时，压动手压油泵，使油压缓慢而均匀地上升。在压油过程中，仔细检查喷油嘴喷孔周围表面被燃油附着的情况。正常的情况允许有轻微湿润但不得有油液积聚的现象。否则要清理喷油嘴或研磨密封锥面再行试验。

（三）喷油嘴喷雾试验

以每秒 1～2 次的速度压动手泵进行喷雾试验，其试验结果应符合下列要求。

① 喷出燃油应成雾状，分布均匀且细密，不应有明显的飞溅油粒、连续的油珠或局部浓稀不均匀等现象。

② 喷油开始和终了应明显，并且有特殊清脆的声音。

③ 喷孔口不许有滴油现象，但允许有湿润。

④ 雾束方向的锥角约为 15°～20°。

图 5-52　喷油器试验台

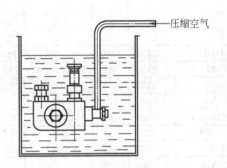

图 5-53　输油泵密封性试验

三、输油泵的试验

试验内容及步骤如下。

（一）密封性试验

拧紧手泵，堵住出油口，把输油泵浸在清洁的柴油中（图 5-53），以 0.3MPa（3kgf/cm²）的压缩空气通入进油口，观察进出油接头处、活塞弹簧紧座、手泵等结合面的密封情况，不许有冒气泡的现象。顶杆偶件处只允许有少量、细小的气泡溢出。

（二）性能试验

① 将输油泵装在高压油泵试验台上，接好进出油管（内径为 6～8mm）。输油泵进油孔中心高出油箱液面的距离为 1m。以每秒 2～3 次的速度上下压动手泵，在 0.5min 内柴油应从出油口处流出。

② 将手泵拧紧固定，当试验台转速为 150r/min 时，在 0.5min 内应能开始供油。标定转速时的供油量应符合表 5-3 规定的范围。

③ 将出油管路关闭，各连接密封处及输油泵外壳不允许有渗漏现象。此时，输油泵出油口压力不能低于 0.17MPa（1.7kgf/cm²）。

第五节 柴油机燃油供给系统常见故障检修

柴油机产生故障的原因较多，但大都集中在燃油供给系统，如果燃油供给系统的零部件失效，可燃混合气的形成与燃烧就会受到影响，柴油机就不可能正常工作，而会出现某些不正常现象，即故障。柴油机燃油供给系统常见的故障形式有启动困难、排气烟色不正常（冒黑烟和白烟）、"敲缸"、转速不稳（俗称"游车"）、"飞车"和在运转中自行熄火等。产生这些故障的原因是多方面的，但以喷油泵与喷油器引起的故障为最多，下面将专门介绍柴油机燃油供给系统常见故障的检修方法。

一、启动困难

（一）现象

发动机以正常启动转速启动，但发动机不能启动，并伴有以下现象：排气管无烟排出，发动机听不到爆发声或发动机有不连续的爆发声音并冒白烟，但不能启动。

（二）原因

1. 低压油路方面的原因

① 油箱内无油，油箱开关没打开或空气孔堵塞。

② 在低压油路中有漏气部位，使油路中进入空气形成气阻。

③ 柴油滤清器或输油泵进油接头内滤网堵塞。

④ 低压油路溢流阀弹簧折断或阀与阀座不密封，使低压油路中不能保持一定的油压。

⑤ 输油泵进出油阀与阀座磨损严重，阀歪斜不平或有污物嵌在阀与阀座间。

⑥ 输油泵活塞咬死或活塞弹簧折断，使输油泵的机械泵油部分不起泵油作用。

⑦ 油路中渗进了水或使用的柴油牌号不对。

2. 高压油路方面的原因

① 喷油嘴与气缸间密封不良，针阀受热后卡死，喷孔积炭或油路因杂质堵塞。

② 喷油嘴针阀与针阀体磨损严重。

③ 喷油嘴针阀开启压力调整得过低或过高。

④ 喷油泵出油阀卡死，出油阀弹簧折断或出油阀与阀座密封不严，造成喷油泵不供油或供油不足。

⑤ 喷油泵油量控制机构阻力过大或齿杆卡死在不供油位置。

⑥ 喷油泵柱塞偶件磨损过甚，造成内泄漏大，使供油量达不到启动时的需要。

3. 装配方面的原因

① 供油时间不正确，过早或过晚。

② 调速器安装不当，调速器的调速手柄抵住最大油量限制螺钉时的转速太低。

（三）检查与排除

发动机启动时，排气管不冒烟，说明柴油没有进入气缸。检查低压油路时，先松开输油泵手动泵油手柄，用手动输油泵泵油，对带有溢流阀控制低压油路油压的，泵油时在回油管处能感觉到回油的脉动声。如果泵油时无脉动声或手动输油泵提拉压下无吸力且压下轻松时，说明低压油路不供油或进入空气。这时可松开喷油泵上的放气螺钉，用手泵泵油，根据放气螺钉处流油的情况，按下述方法检查低压油路的故障。

若柴油夹有气泡流出，则低压油路中已有空气进入，多数是由低压油路的油管接头及衬垫密封不严而引起；若流出的柴油中夹有水珠，则说明油中有水，应将柴油滤清器和油箱的放污螺塞旋出，放出沉淀物和积留的水；若出油不多，则说明低压油路中有堵塞之处，最常见的是柴油滤清器或输油泵进油接头内滤网污物过多导致堵塞，这时应清洗柴油滤清器或输油泵滤网；若泵油多次不出油，则可能是油箱缺油、油开关未打开或手动输油泵活塞与套筒磨损过大、进出油阀与阀座间有污物或阀与阀座磨损；若泵油时来油很流畅，应检查溢流阀密封是否良好。如检查良好，则应检查输油泵机械泵部分是否正常。检查时旋紧手动输油泵手柄，启动发动机。如出油阀压紧螺母没有柴油泵出，应检查柱塞是否咬死或齿杆卡死在不供油位置。当压紧螺母泵出的油无压力或油从压紧螺母涌出，说明出油阀弹簧折断或出油阀与阀座密封不严。

若以上检查均正常，则应检查喷油嘴工作是否良好。检查时松开喷油器固定螺母拆下喷油器，在喷油器试验台上检查其工作性能。若不喷油或喷油不成雾状，说明喷油嘴咬死或磨损严重，应分解检修，重新调试后装机。

最后检查喷油泵，拆下各缸高压油管，若燃油从喷油泵出油阀处自动流出，说明该缸出油阀密封不严，然后启动发动机（不接高压油管），观察各缸供油情况，若某一缸不供油，说明该缸出油阀卡死、出油阀弹簧折断或柱塞偶件磨损过甚。若各缸均不供油，说明喷油泵油量控制机构阻力过大或齿杆卡死在不供油位置。

另外，对于新调整好的喷油泵装回发动机后如启动困难，应检查正时齿轮系和联轴器连接是否正确（供油时间）以及调速器安装是否不当。

二、排气冒烟不正常

当一台技术状态完好、维修和运用得当的柴油机在工作时，排气管排出的废气应为无色透明或接近无色透明的气体。废气颜色和浓淡不均是机器有故障的反映，造成柴油机排气冒烟不正常的原因是多方面的，不正常的冒烟主要有排气冒黑烟、白烟和蓝烟三种，而由供给系引起排气冒烟不正常的是前两种。

（一）排气冒黑烟

燃油是复杂的碳氢化合物，主要化学元素是碳和氢，如果在缺氧条件下燃烧，一部分碳元素燃烧不完全，则形成炭质。这些炭质直径较大，部分悬浮在燃烧气体中，随同废气一起排出就成为黑烟。黑烟是燃油燃烧不完全的表现，排气冒黑烟是复杂的综合性故障，产生因素是多方面的，但其主要原因与排除方法如下。

1. 供油时间不正确

如供油时间过早，气缸中的压力和温度较低，部分燃油燃烧不完全形成炭粒，从排气管排出的废气颜色呈灰黑色。这时应重新调整供油时间。

2. 喷油器雾化不良或滴油

燃油燃烧完全与否很大程度上取决于喷油器的喷雾质量。喷油器雾化不良或滴油，则使燃油不能和空气很好混合，致使混合气的形成条件恶化，燃油燃烧不完全而冒黑烟，这时需拆下喷油器，在喷油器试验台上检查其喷油压力及喷油雾化情况。

3. 喷油泵供油量过大

若调速器最大油量限制螺钉调整不当，会使各缸供油量同时增加，而供油量过大，使进入气缸的油量增多，空气相对不足，造成油多气少燃烧不完全而冒黑烟。这时可适当拧入行程调整螺钉使齿杆进程减少，或适当退出高速限制螺钉使齿杆行程减小。

4. 燃油质量低劣或空气滤清器堵塞

燃油质量低劣、工作温度过低或超负荷运行也会引起冒黑烟。若空气滤清器堵塞，使进气不充分，也会冒黑烟。其现象为柴油机高速和低速都冒黑烟，此时可去掉空气滤清器。如果黑烟消失，说明空气滤清器堵塞，应视情况清洗或更换。

（二）排气冒白烟

柴油机排气冒白烟的主要原因如下。

① 供油时间过迟。

② 喷油雾化不良或喷油压力过低。

③ 燃油中含有水分。

柴油机排气冒白烟分为灰白烟和水汽白烟两种，排除方法如下。

① 若柴油机冷机启动时冒白烟，温度升高后就停止冒白烟，这是正常现象。当喷油压力低、喷油器中的喷油嘴针阀卡在开启位置、喷油雾化不良或供油时间过迟，致使部分燃油在气缸中没有燃烧，会形成灰白色的烟雾从排气管排出，这时应检查喷油器的喷雾状况及喷油压力或调整供油提前角。

② 若燃油中有水，水进入燃烧室受热汽化而使排气冒水汽白烟。

三、"敲缸"

目前，柴油机的喷油泵一般都没有自动改变供油提前角的装置，为使柴油机在高速负载状态下有合理的供油提前角，在低速时有轻微的"敲缸"声是正常的，然而过重的"敲缸"或在中等转速下仍然有明显的"敲缸"，则将加速内燃机零部件的磨损。严重"敲缸"的原因多数是由于供油时间过早和出油阀磨损引起的。

（一）供油时间过早

当供油提前角过大时，则燃油喷入气缸时，燃烧室的压力与温度都较低（与接近压缩终点比较），使着火延迟期延长而产生"敲缸"声。

（二）出油阀磨损

从出油阀结构来看，减压带的作用是当喷油即将结束的瞬间，使高压油管内压力迅速下降（一般降至10～20个大气压），使喷油嘴断油干脆，防止滴油。如果出油阀减压带配合间隙过大，则其减压效果变坏，油管内残余压力过高（可达70～80个大气压），这时喷油泵的供油量显著增加，同时，喷油时间提前，导致柴油机"敲缸"。

如发现柴油机工作时有"敲缸"现象，应首先弄清楚是低速还是高速时，或者在从低速到高速的范围内有"敲缸"声。如果在中等转速下有明显的"敲缸"，就可用"断缸法"来判断是某一缸或多缸"敲缸"。若是某一缸敲缸，一般是由于出油阀磨损所致，或是由于调校喷油泵时，各缸供油间隔没有调整好，导致某一缸的供油时间过早；若多缸敲缸，一般是由于总的供油时间（第一缸的供油时间）调得过早。

四、转速不稳

转速不稳，俗称"游车"，不仅影响发电机组的供电质量，同时使柴油机的功率、经济性下降，影响柴油机主要零部件的使用寿命。严重情况下，由于转速变化频繁，增加冲击载荷，还会引起个别内燃机传动机件的损坏。

（一）原因

① 燃油供给系油路内有空气，使供油不稳定。

② 喷油泵偶件磨损不均，使供油不均。

③ 调速器调整不当，各连接件不灵活或间隙过大。

④ 供油齿杆与齿圈（供油拉杆与拨叉）、柱塞与柱塞套紧滞，使供油齿杆移动阻力增大，引起供油齿杆位移不灵敏。

⑤ 凸轮轴的轴向间隙和径向间隙过大，这样喷油泵泵油时，凸轮轴受脉冲激励，其振动又直接传递到调速器飞球或飞块，引起飞块支架跳动，从而使供油齿杆来回抖动。

（二）检查与排除

"游车"一般是由喷油泵和调速器的故障引起的，先拆下喷油泵侧面的检视口盖，将发动机在"游车"严重的转速下运转，然后用手拨动供油齿圈并带动齿杆移动，如果供油齿杆移动阻力较大，说明柱塞的转动有阻滞或其他运动件有摩擦阻滞，从而使供油齿杆移动的灵敏度降低，调速器不能随时调节供油齿杆而造成"游车"。若发现供油齿杆移动阻力较大，则应逐一检查出油阀紧固螺母拧紧力矩是否过大，泵内是否有水垢或锈蚀的污物引起柱塞生锈后阻滞，齿杆与齿圈啮合处是否嵌有异物，查明后予以排除。

若上述检查结果正常，那么则是调速器工作不正常、喷油泵供油量不均匀或凸轮轴轴向间隙和径向间隙过大，此时应拆下喷油泵总成进行检修调试。

五、"飞车"

柴油机"飞车"，即转速失去控制，大大超过规定最高使用转速。产生"飞车"的常见原因及处理方法如下。

① 扇形齿轮与齿杆安装错误，所有柱塞都处于最大供油位置，此时应重新安装。

② 齿杆卡住在最大供油位置。取下齿杆清洗，重新装正，并检查移动是否灵活。

③ 分泵扇形齿轮固定螺钉松动，柱塞转至最大供油位置。打开检视盖，能拨动油量控制套筒即可证明。使调节齿轮和控制套筒上的记号相互对正，拧紧固定螺钉即可。

④ 调速器失灵或内拉杆连接处脱落及高速限位螺钉被破坏，应检查和重新校正。

⑤ 调速器内的润滑油数量过多、太稠或过脏，使飞块不能甩开。此时应减少润滑油量或更换新的合适牌号的润滑油。

"飞车"的故障在就机使用的发动机上一般很少见，但若喷油泵、调速器调整不当或装机使用时出现这样和那样的问题而盲目调整喷油泵和调速器的重要部位，则有可能发生"飞车"故障。一旦出现"飞车"，首先要采取紧急措施，设法立即熄火（截断喷油泵的进油和空气滤清器的进气），避免发生机器报废或人身伤亡的严重事故。

第六节　PT 燃油系统及其常见故障检修

PT 燃油系统是美国康明斯发动机公司（Cummins Engine Company）的专利产品。与一般柴油机的燃油系统相比，PT 燃油系统在组成、结构及工作原理上都有其独特之处。目前，国内的柴油发电机组、船用柴油机、中型卡车，以及其他工程机械，已经大量采用康明斯发动机和 PT 燃油系统。

一、PT 燃油系统的构造与工作原理

1. PT 燃油系统的基本工作原理

PT 燃油系统通过改变燃油泵的输油压力（pressure）和喷油器的进油时间（time）来改变喷油量，因此，把它命名为"PT 燃油系统"或"压力-时间系统"。

由液压原理可知，液体流过孔道的流量与液体的压力、流通的时间及通道的截面积成正比。PT 燃油系统即根据这一原理来改变喷油量。该系统的喷油器进油口处设有量孔，其尺寸经过选定后不能改变。燃油流经量孔的时间则主要与柴油发动机的转速有关，随转速升降而变化。因此，改变喷油量主要通过改变喷油器进油压力来达到。

2. PT 燃油系统的组成

PT 燃油系统的组成如图 5-54 所示，由齿轮式输油泵 3、稳压器 4、柴油滤清器 5、断油阀 7、节流阀 14 及调速器 6、16 等组成一体，并称此组合体为 PT 燃油泵。一般汽车上只装

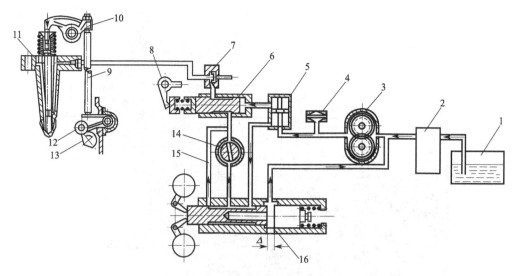

图 5-54 PT 燃油系统的组成

1—柴油箱；2，5—柴油滤清器；3—齿轮式输油泵；4—稳压器；6—MVS 调速器；7—断油阀；
8—调速手柄；9—喷油器推杆；10—喷油器摇臂；11—喷油器；12—摆臂；
13—喷油凸轮；14—节流阀；15—怠速油道；16—PTG 调速器

PTG 两极式调速器 16，而在工程机械（如发电机组）或负荷变化频繁的汽车上加装的有机械可变转速全程式调速器（MVS）、可变转速全程式调速器（VS）或专用全速调速器（SVS）6。当只装 PTG 两极调速器时，节流阀 14 与调速手柄（或汽车加速踏板）连接，调节调速手柄（或踩汽车加速踏板）可以使节流阀旋转，从而改变节流阀通过的截面积。若加装 MVS、VS 或 SVS 全程式调速器，则节流阀保持全开位置不动，MVS、VS 或 SVS 调速器在 PTG 调速器不起作用的转速范围内起调速作用。

当发动机工作时，柴油被齿轮式输油泵 3 从柴油箱 1 中吸出，经柴油滤清器 2 滤除燃油中的杂质，再经稳压器 4 消除燃油压力的脉动后，送入柴油滤清器 5。经过滤清的柴油分成两路，一路进入 PTG 两极式调速器和节流阀，另一路进入 MVS（VS、SVS）全程式调速器。其压力经过调速器和节流阀调节后，经断油阀 7 供给喷油器 11。在喷油器内柴油经计量、增压然后被定时地喷入气缸。多余的柴油经回油管流回柴油箱。喷油器的驱动机构包括喷油凸轮 13、摆臂 12、喷油器推杆 9 和喷油器摇臂 10。喷油凸轮与配气机构凸轮共轴。电磁式断油阀 7 用来切断燃油的供给，使柴油机停转。

3. PT 燃油泵

PT 燃油泵有 PT（G 型）和 PT（H 型）两种形式。后者与前者的区别是流量较大，并附有燃油控制阻尼器以控制燃油压力的周期波动。这里主要介绍 PT（G 型）燃油泵。

PT（G 型）燃油泵主要由以下四部分组成：

① 齿轮式输油泵 从柴油箱中将油抽出并加压通过油泵滤网送往调速器；

② 调速器 调节从齿轮式输油泵流出的燃油压力，并控制柴油机的转速；

③ 节流阀 在各种工况下，自动或手动控制流入喷油器的燃油压力（量）；

④ 断油阀 切断燃油供给，使柴油机熄火。

由此可知：PT 燃油泵在燃油系统中起供油、调压和调速等作用。即在适当压力下将燃油供入喷油器；在柴油机转速或负荷发生变化时及时调节供油压力，以改变供油量满足工况变化的需要；调节并稳定柴油机转速。PTG-MVS 燃油泵的构造如图 5-55 所示。

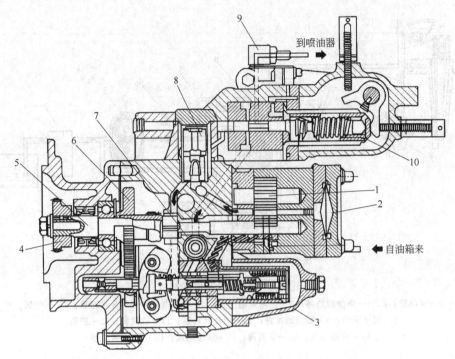

图 5-55 PTG-MVS 燃油泵的构造

1—输油泵；2—稳压器；3—PTG 调速器；4—主轴传动齿轮；5—主轴；6—调速器传动齿轮；

7—节流阀；8—柴油滤清器；9—断油阀；10—MVS 调速器

（1）PTG 两极式调速器

PTG 两极式调速器的工作原理如图 5-56 所示。调速器柱塞 6 可在调速器套筒 5 内作轴向移动，也可通过驱动件和传动销使其旋转。柱塞的左端受到飞块离心力的轴向推力，右端则作用有怠速弹簧 8 与高速弹簧 9 的弹力。

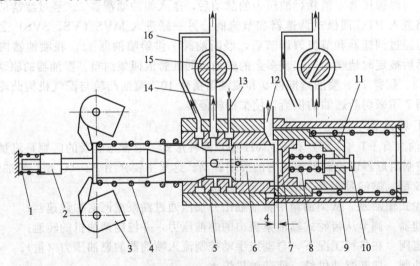

图 5-56 PTG 两极式调速器

1—低速转矩控制弹簧；2—飞块助推柱塞；3—飞块；4—高速转矩控制弹簧；5—调速器套筒；

6—调速器柱塞；7—怠速弹簧柱塞（按钮）；8—怠速弹簧；9—高速弹簧；10—怠速调整螺钉；

11—旁通油道；12—进油口；13—节流阀通道；14—节流阀；15—怠速油道；16—套筒

调速器套筒上有三排油孔，与进油口 12 相通的为进油孔，中间一排孔通往节流阀，左边一排则通怠速油道 15。

在调速器柱塞右端有一轴向油道，并通过径向孔与进油孔相通。柴油机工作时，进入调速器的柴油，少部分经节流阀 14 或怠速油道 15 流向喷油器。大部分则通过调速器柱塞的轴向油道推开怠速弹簧柱塞 7，经旁通油道 11 流回齿轮泵的进油口。在飞块 3 的左端和右端分别设有低速转矩控制弹簧 1 和高速转矩控制弹簧 4。

PTG 两极式调速器的工作原理如下。

① 怠速工况　怠速时，节流阀处于关闭位置（图 5-56 右上角），燃油只经过怠速油道流往喷油器。如果由于某种原因使转速下降，飞块离心力减小，怠速弹簧便推动调速器柱塞向左移动，使通往怠速油道的孔口截面增大，供油量增加。当转速升高时，PTG 调速器柱塞右移，流通截面减小，供油量减少，以此保持怠速稳定。怠速调整螺钉 10 用于改变怠速的稳定转速。

② 高速工况　当柴油机转速升高时，PTG 调速器的柱塞右移，怠速弹簧被压缩，这时主要由高速弹簧起作用，PTG 调速器柱塞凹槽的左边切口已逐渐移至中间通往节流阀的孔口处。当转速处于标定转速时，切口位于孔口左侧。此时，如果柴油机的转速增高，则柱塞继续右移，孔口流通截面减小，使流向喷油器的油量减少。当柴油机的负荷全部卸去时，则孔口的截面关至很小，柱塞右端的十字形径向孔已移出调速器套筒 5 而与旁通油道 11 相通，柴油机处于最高空转转速下工作，从而限制了转速的升高。

③ 高速转矩校正　当柴油机在低速工况工作时，飞块右端的高速转矩校正弹簧处于自由状态。如果发动机的转速升高，则飞块离心力增大，使调速器柱塞右移。当转速超过最大转矩转速时，弹簧开始受到压缩，使调速器柱塞所受到的飞块轴向力减小，因而燃油压力也减小，转矩下降。转速愈高，转矩下降愈多，从而改善了柴油机高速时的转矩适应性。

④ 低速转矩校正　当柴油发动机转速低于最大转矩点转速时，PTG 调速器的柱塞向左移动，压缩低速转矩校正弹簧，调速器柱塞增加了一个向右的推力，使燃油压力相应增大，供油量增加，柴油机转矩上升，从而减缓了柴油机低速时转矩减小的倾向，提高了低速时转矩的适应性。

（2）节流阀　PT 燃油泵中的节流阀是旋转式柱塞阀，除怠速工况外，燃油从 PTG 调速器至喷油器都要流经节流阀。它用来调节除怠速和最高转速以外各转速的 PT 燃油泵的供油量。怠速和最高转速的供油量由 PTG 调速器自动调节。通过操纵手柄（或踩踏加速踏板）来转动节流阀，以改变节流阀通过断面，达到改变供油压力和 PT 燃油泵供油量的目的。

（3）MVS 及 VS 调速器　在工程机械（如发电机组、推土机用）柴油机上，其 PT 燃油系统的 PT 泵内除了 PTG 两极式调速器外，还装有 MVS 或 VS 全程式调速器。它可使柴油机在使用人员选定的任意转速下稳定运转，以适应工程机械工作时的需要。

① MVS 调速器　MVS 调速器在 PT 泵油路中的位置如图 5-54 和图 5-55 所示。图 5-57 为 MVS 调速器的结构示意图。其柱塞的左侧承受来自输油泵并经柴油滤清器柴油的压力作用，此油压随柴油机转速的变化而变化。柱塞的右侧与调速器弹簧柱塞相接触而承受调速弹簧

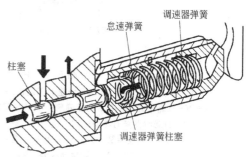

图 5-57　MVS 调速器结构示意图

（包括怠速弹簧和调速器弹簧）的弹力。

当 PT 泵的调速手柄处于某一位置时，其下的双臂杠杆便使 MVS 调速弹簧的弹力与柱塞左侧的油压相平衡，使柴油机在该转速下稳定工作。当柴油机的负荷减少而使其转速上升时，则柱塞左侧的油压随之增大，于是柱塞右移，来自节流阀的柴油通道被关小，使 PT 泵的输出油压下降，喷油泵的循环喷油量也随之减小，以限制柴油机转速的上升；反之，当柴油机的负荷增加而使其转速下降时，则调速弹簧的弹力便大于柱塞左侧的油压，柱塞左移，来自节流阀的柴油通道被开大，使 PT 泵的输出油压上升，喷油泵的循环喷油量也随之增大，以限制柴油机转速的下降。改变调速手柄的位置，即改变了调速弹簧的预紧力，柴油机便在另一转速下稳定运转。

在怠速时，调速器弹簧呈自由状态而不起作用，仅由怠速弹簧维持怠速的稳定运转。MVS 调速器设有高速和低速限制螺钉，用以限制调速手柄的极限位置。

PT 泵在附加了 MVS 调速器后，正常工作时节流阀是用螺钉加以固定的。如需调整，则拧动节流阀以改变通过节流阀流向 MVS 调速器的油压，从而使循环喷油量发生变化。

② VS 调速器 图 5-58 为 PTG-VS 燃油泵结构图。VS 调速器也是一种全程式调速器，它是利用双臂杠杆控制调速弹簧的弹力与飞锤的离心力相平衡来达到全程调速的目的。而前面所讲述的 MVS 调速器是利用是利用双臂杠杆控制调速弹簧的弹力与油压的平衡来实现全程调速的。

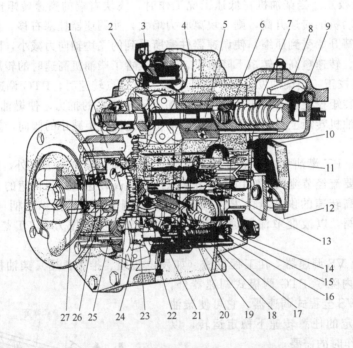

图 5-58 PTG-VS 燃油泵结构示意图

1—传动齿轮及轴；2—VS 调速器飞锤；3—去喷油器的燃油；4—断油阀；5—VS 调速器柱塞；
6—VS 怠速弹簧；7—VS 高速弹簧；8—VS 调速器；9—VS 油门轴；10—齿轮泵；11—脉冲减震器；
12—自滤清器来的燃油；13—压力调节阀；14—PTG 调速器；15—怠速调整螺钉；16—卡环；
17—PTG 高速弹簧；18—PTG 怠速弹簧；19—压力控制钮；20—节流阀；21—滤清器滤网；
22—PTG 调速器柱塞；23—高速扭矩弹簧；24—PTG 调速器飞锤；
25—飞锤柱塞；26—低速扭矩弹簧；27—主轴

（4）断油阀　图5-59所示为电磁式断油阀结构示意图。通电时，阀片3被电磁铁4吸向右边，断油阀开启，燃油从进油口经断油阀供向喷油器。断电时，阀片在复位弹簧2的作用下关闭，停止供油。因此，柴油机启动时需接通断油阀电路，停机时需切断其电路。若断油阀电路失灵，则可旋入螺纹顶杆1将阀片顶开，停机时再将螺纹顶杆旋出即可。

（5）空燃比控制器（AFC）　柴油机增压后，喷油泵的供油量增大，使其在低速、大负荷或加速工况时容易产生冒黑烟的现象。当其在低速、大负荷工况下运行时，废气涡轮在发动机低排气能量下工作，压气机在低效率区内运行，导致提供的空气量不足，引起排气冒黑烟。当负荷突然增加、供油量突然增多时，增压器转速不能立即升高，使进入气缸的空气量跟不上燃油量的迅速增加，导致燃烧不完全、排气冒黑烟。为此，早期生产的康明斯增压型柴油机，在PT泵上还安装了一种真空式空燃比控制器（冒烟限制器），可以随着进入气缸的空气量

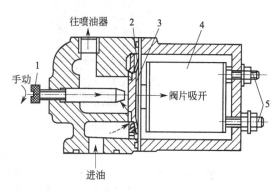

图5-59　断油阀结构示意图
1—螺纹顶杆；2—复位弹簧；3—阀片；
4—电磁铁；5—接线柱

的多少来改变进入气缸的燃油量，并把供给喷油器的多余燃油旁通掉一部分，使其回流至燃油箱，从而很好地控制空燃比，以与进气量相适应，达到降低油耗和排放的目的。

近年来生产的康明斯增压型柴油机，采用了一种新式的空燃比控制器。它可以随时按照进入气缸内空气量的多少来合理供油，从而取代了早期使用的以燃油接通-切断、余油分流的方式来限制排烟的真空式空燃比控制器。

空燃比控制器安装在PT泵内节流阀与断油阀之间（图5-60）。在PTG-AFC燃油泵中，燃油离开节流阀后先经过AFC装置再到达泵体顶部的断油阀。而在PTG燃油泵中，燃油从节流阀经过一条通道直接流向断油阀。

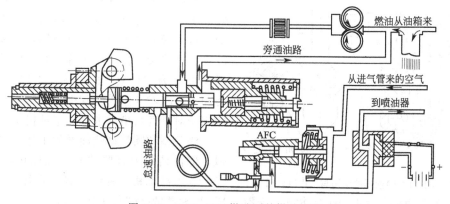

图5-60　PTG-AFC燃油泵的燃油流程

AFC的结构及工作原理如图5-61所示。燃油在流出调速器并经过节流阀后进入AFC。当没有受到涡轮增压器供给的空气压力时，柱塞13处于上端位置，于是柱塞就关闭了主要的燃油流通回路，由无充气时调节阀6位置控制的第二条通路供给燃油，如图5-61（a）所示。无充气时调节阀直接安装在节流阀盖板里的节流阀轴的上边。

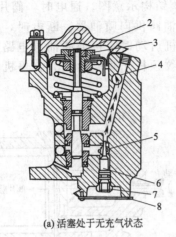
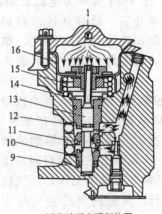

(a) 活塞处于无充气状态　　　　(b) 活塞处于充满气位置

图 5-61　AFC 内的燃油流动

1—进气歧管空气压力；2—锁紧螺母；3—中心螺栓；4—到断油阀的燃油；5—从节流阀来的燃油；
6—无充气时节流阀；7—锁紧螺母；8—节流阀盖板；9—到泵体的通孔；10—柱塞套；11—柱塞套密封；
12—柱塞密封；13—AFC 柱塞；14—垫片；15—弹簧；16—膜片

当进气歧管压力增加或减小时，AFC 柱塞就起作用，使其供给的燃油成比例的增加或减少。当压力增大时，柱塞下降，柱塞与柱塞之间的缝隙增大，燃油流量增加，如图 5-61(b)所示。反之，压力减小则柱塞缝隙变小，燃油流量减少。这样就防止了燃油-空气的混合气变得过浓而引起排气过度冒黑烟。AFC 柱塞的位置由作用于活塞和膜片的进气歧管空气压力与按比例移动的弹簧的相互作用而定。

4. PT 喷油器

PT 喷油器分为法兰型和圆筒型两种。法兰型喷油器是用法兰安装在气缸盖上，每个喷油器都装有进回油管；而圆筒型喷油器的进油与回油通道都设在气缸盖或气缸体内，且没有安装法兰，它是靠安装轮或压板压在气缸盖上的，这样既减少了由于管道损坏或漏泄引起的故障，也使柴油机外形布置简单。圆筒型喷油器又可分为 PT 型、PTB 型、PTC 型、PTD型和 PT-ECON 型等。其中 PT-ECON 型喷油器用于对排气污染要求严的柴油机上。

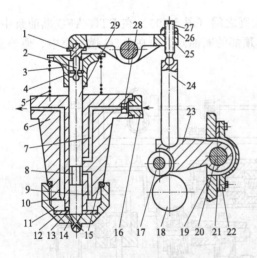

图 5-62　PT 喷油器的结构与工作原理图

1—连接块；2—连接杆；3—弹簧座；4—卡环；5—弹簧；
6—喷油器体；7—进油道；8—环状空间；9—垂直油道；
10—回油量孔；11—储油室；12—计量量孔；13—垫片；
14—油嘴；15—密封圈；16—连接管；17—滚轮；18—喷油凸轮；19—发动机机体；20—滚轮架轴；21—调整垫片；
22—滚轮架座；23—滚轮架；24—推杆；25—摇臂；
26—锁紧螺母；27—调整螺钉；28—进油量孔；29—柱塞

法兰型和圆筒型喷油器的工作原理基本相似，但在结构上有些差异。现以康明斯 NH-220-CI 型柴油机上的法兰型喷油器为例，说明PT 喷油器的构造与工作原理。

法兰型喷油器的构造如图 5-62 所示，主要由喷油器体 6、柱塞 29、油嘴 14、弹簧 5 及弹簧座 3 等组成。油嘴 14 下端有 8 个直径为0.20mm 的喷孔（NH-220-CI 和 N855 型柴油机圆筒型喷油器的孔径为 0.1778mm；NT-

855 和 NTA-855 型柴油机圆筒型喷油器的孔径为 0.2032mm；NH-220-CI 型柴油机法兰型喷油器的孔径为 0.20mm）。在柴油机喷油器体上通常标有记号，如 178-A8-7-17，其各符号按顺序的含义分别为：178—喷油器流量，A—80％流量，8—喷孔数，7—喷孔尺寸为 0.007in（0.1778mm），17—喷油角度为 17°喷雾角。喷油器体 6 的油道中有进油量孔 28、计量量孔 12 和回油量孔 10。

柱塞 29 由喷油凸轮 18（在配气凸轮轴上）通过滚轮 17、滚轮架 23、推杆 24 和摇臂 25 等驱动。喷油凸轮具有特殊的形状（图 5-63），并按逆时针方向旋转（从正时齿轮端方向看），其转速是曲轴转速的一半。

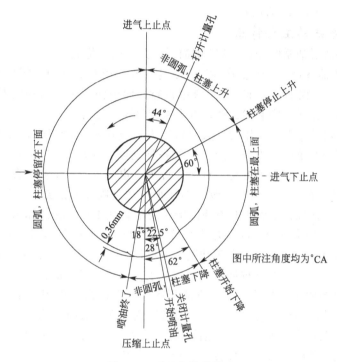

图 5-63 喷油凸轮的外廓

在进气行程中，滚轮在凸轮凹面上滚动并向下移动。当曲轴转到进气行程上止点时，针阀柱塞 29 在回位弹簧 5 的弹力作用下开始上升，针阀柱塞上的环状空间 8 将垂直油道 9 与进油道 7 沟通，此时计量量孔还处于关闭状态。从 PT 泵来的燃油经过进油量孔 28、进油道 7、环状空间 8、垂直油道 9、储油室 11、回油量孔 10 和回油道而流回浮子油箱。燃油的回流可使 PT 喷油器得到冷却和润滑。

曲轴继续转到进气行程上止点后 44°CA 时，柱塞上升到将计量量孔 12 打开的位置。计量量孔打开后，燃油经计量量孔开始进入柱塞下面的锥形空间。

当曲轴转到进气冲程下止点前 60°CA 时，柱塞便停止上升，随后柱塞就停留在最上面的位置，直到压缩冲程上止点前 62°CA 时，滚轮开始沿凸轮曲线上升，柱塞开始下降。到压缩冲程上止点前 28°CA 时，计量量孔关闭。计量量孔的开启时间和 PT 泵的供油压力便确定了喷油器每循环的喷油量。

随后，柱塞继续下行，到压缩上止点前 22.5°CA 时开始喷油，锥形空间的燃油在柱塞的强压下以很高的压力（约 98MPa）呈雾状喷入燃烧室。

柱塞下行到压缩行程上止点后 18°CA 时，喷油终了。此时，柱塞以强力压向油嘴的锥形底部，使燃油完全喷出。这样就可以防止喷油量改变和残留燃油形成碳化物而存积于油嘴底部，柱塞压向锥形底部的压力可用摇臂上的调整螺钉调整，调整时要防止压坏油嘴。

在柱塞下行到最低位置时，凸轮处于最高位置。其后凸轮凹下 0.36mm，柱塞即保持此位置不变直到做功和排气终了。

在滚轮架盖 22（图 5-62）与发动机机体 19 之间装有调整垫片 21，此垫片用以调整开始喷油的时刻。垫片加厚，则滚轮架 23 右移，开始喷油的时刻就提前。反之，垫片减少，滚轮架左移，喷油就滞后。

摇臂上的调整螺钉 27 是用来调整 PT 喷油器柱塞压向锥形底部的压力。在调整过程中采用扭矩法，即用扭力扳手将螺钉的扭矩调整到规定的数值。调整时，要使所调整的缸的活塞处于压缩上止点后 90°CA 的位置。

5. PT 燃油系统的主要特点

与传统的柱塞式燃油系统相比，PT 燃油系统具有以下优点。

① 在柱塞泵燃油系统中，柴油产生高压、定时喷射以及油量调节等均在喷油泵中进行；而在 PT 燃油系统中，仅油量调节在 PT 泵中进行，而柴油产生高压和定时喷射则由 PT 喷油器及其驱动机构来完成。安装 PT 泵时也无需调整喷油定时。

② PT 泵是在较低压力下工作的，其出口压力约为 0.8～1.2MPa，并取消了高压油管，不存在因柱塞泵高压系统的压力波动所产生的各种故障。这样，PT 燃油系统可以实现很高的喷射压力，使喷雾质量和高速性得以改善。此外，也基本避免了高压漏油的弊病。

③ 在柱塞泵燃油系统中，从喷油泵以高压形式送到喷油器的柴油几乎全部喷射，只有微量柴油从喷油器中泄漏；而在 PT 燃油供给系统中，从 PT 喷油器喷射的柴油只占 PT 泵供油量的 20% 左右，绝大部分（80% 左右）柴油经 PT 喷油器回流，这部分柴油可对 PT 喷油器进行冷却和润滑，并把可能存在于油路中的气泡带走。回流的燃油还可把喷油器中的热量直接带回浮子油箱，在气温比较低时，可起到加热油箱中燃油的作用。

④ 由于 PT 泵的调速器及供油量均靠油压调节，因此在磨损到一定程度内可通过减小旁通油量来自动补偿漏油量，使 PT 泵的供油量不致下降，从而可减少检修的次数。

⑤ 在 PT 燃油系统中，所有 PT 喷油器的供油均由一个 PT 泵来完成，而且 PT 喷油器可单独更换，因此不必像柱塞泵那样在试验台上进行供油均匀性的调整。

⑥ PT 燃油系统结构紧凑，管路布置简单，整个系统中只有喷油器中有一副精密偶件，精密偶件数比柱塞泵燃油系统大为减少，这一优点在气缸数较多的柴油机上更为明显。

与传统的柱塞式燃油系统相比，PT 燃油系统存在的不足之处：

① PT 燃油系统装有 PTG 调速器和 MVS 调速器（或 VS 调速器），增压柴油机上还装有 AFC 控制器，故结构上仍比较复杂；

② 由于 PT 喷油器采用扭矩法调整，若调整不当可能引起燃油雾化不良、排气冒黑烟、功率下降，有时甚至出现针阀把喷油嘴头顶坏，导致喷油器油嘴脱落的现象；

③ PT 燃油泵和 PT 喷油器需在各自专用的试验台上进行调试后方可装机，而 PT 喷油器在装配时比较麻烦，在使用过程中仍感不便。

二、PT 燃油系统的拆装与调试

1. PT 燃油系统的拆装

(1) 拆装燃油泵时，可按图 5-64 所示的顺序进行，装配时则按相反顺序进行。

(2) PT 燃油泵拆装时，除遵守柱塞式喷油泵的基本要求外，还有以下注意事项。

① 前盖是用定位销定位安装在泵壳上的，用塑料锤轻轻敲击前盖端部使其松脱即可卸下，不可横向敲击前盖或用力撬开，以免损坏定位销处的配合。安装前盖时需压住调速器飞

锤，防止助推柱塞脱出，并使计时齿轮与驱动齿轮处于啮合状态。

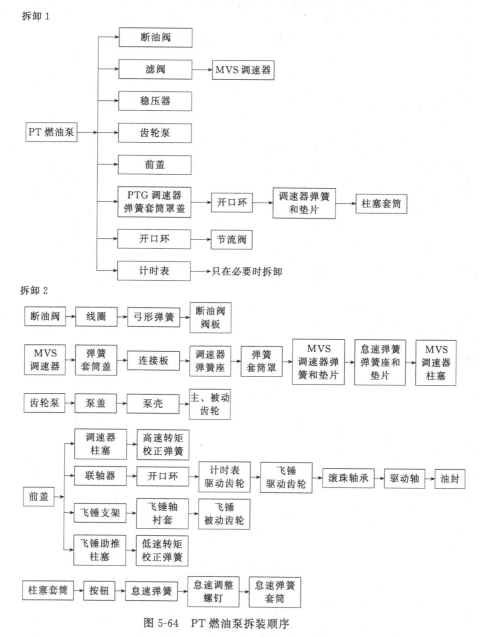

图 5-64 PT 燃油泵拆装顺序

② 组装燃油泵前，应先检查飞锤助推柱塞对前盖平面的凸出量。PTG 调速器柱塞与怠速弹簧柱塞是选配的，不可随意代换或错装。断油阀的弓形弹簧不可装反。

③ 调速弹簧及高、低速转矩校正弹簧应符合技术要求。

④ 安装稳压器时，应先将 O 形密封圈装入槽中，然后在膜片边缘两侧涂上少量机油后，再装在前盖上。

⑤ 安装滤网时，须将细滤网装在上方，并使有孔的一侧朝下。粗滤网装在下方，有磁铁的一面朝上，锥形弹簧小端朝下。

（3）喷油器拆装时应注意的事项

① 拆装喷油器时应使用专用扳手，不可用普通虎钳直接来夹喷油器体。

表 5-6　PT 燃油泵校准数据

序号	泵代号 项目	GR-J053	GR-J028	GR-J012	GR-J021	GR-J048	GR-J045	GR-J069	GR-J077	GR-J036
1	发动机型号	NH-220-CI	NH-220-CI	NH-220-B	NTO-6-B	NRTO-6-B	NRTO-6-B	NTO-6-CI	NTO-6-CI	NH-220-CI
2	标定功率/[(1×735W)/(r/min)]	123/1750 125/1750	165/1800	210/2100	230/2100	230/2100	300/2100	230/2000	210/2000	189/1850
3	最大转矩/[(1×9.8N·m)/(r/min)]	55/1200	76/1100	80/1400	90/1300	90/1500	110/1500	94/1500	85/1500	80/1100
4	真空度/[(1×133Pa)/(r/min)]	203.2/1650	203.2/1700	203.2/2000	203.2/2000	203.2/2000	203.2/2000	203.2/1900	203.2/1900	203.2/1750
5	流量计流量/[(kg/h)/(r/min)]	109/1750	168/1800	193/2100	218/2100	182/2100	218/2100	218/2000	195/2000	173/1850
6	调速器 断开点转速/(r/min)	1770~1790	1810~1840	2110~2130	2110~2130	2130~2160	2120~2150	2020~2040	2040~2060	1860~1880
	调速器 28N/cm²时/(r/min)	1920(最大)	2060(最大)	2335(最大)	2350(最大)	2370(最大)	2350(最大)	2250(最大)	2280(最大)	2080(最大)
7	泄漏量/[(mL/min)/(r/min)]	25~70/1750	25~70/1800	35/2100	35/2100	35/2100	35/2100	25~70/2000	25~70/2000	25~70/1850
8	急速时燃油出口压力/[(1×10N/cm²)/(r/min)]	1.41~1.48/500	1.34~1.55/500	0.70/500	0.70/500	1.05~1.12/500	1.34~1.41/500	1.34~1.41/500	2.11~2.18/500	1.05/500
9	燃油出口压力/[(1×10N/cm²)/(r/min)]	4.71/1750	7.73/1800	9.85/2100	14.76/2100	10.55/2100	12.65/2100	12.65/2000	11.81/2000	8.19/1850
10	检查点燃油出口压力/[(1×10N/cm²)/(r/min)]	2.67~3.09/1200	5.13~5.34/1100	7.56~7.97/1600	8.65~9.20/1300	6.71~7.20/1500	8.44~9.14/1500	9.56~10.12/1500	8.30~8.72/1500	5.04~5.46/1100
11	飞锤助推器 整制压力/[(1×10N/cm²)/(r/min)]	1.27~1.69/800	3.30~3.87/800	2.38~2.80/800	4.04~4.88/800	2.10~2.93/800	2.11~2.81/800	3.37~4.22/800	2.52~3.09/800	3.08~3.64/800
	飞锤助推器 凸出量/mm	21.5~22.0	23.5~24.0	21.08~21.59	21.84~22.36	21.00~21.80	20.57~21.08	21.5~22.0	21.5~22.0	22.8~23.5
	飞锤助推器 弹簧(康明斯零件号,色标)	143874,蓝	143847,蓝	143847,蓝	143847,蓝	143847,蓝	143847,蓝	143874,蓝	143874,蓝	143852,红黄
	飞锤助推器 垫片数	2	6	0	2	0	0	2	2	10
12	齿轮泵尺寸/mm	19.05	19.05	19.05	19.05	19.05	19.05	19.05	19.05	19.05
13	急速弹簧柱塞(康明斯零件号)	141630*67	141632*32	138862*45	141626*12	140418*37	139618*52	141631*25	141631*25	140418*37

续表

序号	泵代号		GR-J053	GR-J028	GR-J012	GR-J021	GR-J048	GR-J045	GR-J069	GR-J077	GR-J036
14	转矩校正弹簧 正弹簧	康明斯零件号		138780	139584	138782	138782	138780	139584	138780	138768
		色标		褐	蓝-褐	红-蓝	红-蓝	褐	蓝-褐	褐	红
		垫片数/mm×数量		0.51×1	0	0.51×3	0.51×3	0	0	0	0
		自由长度/mm	16.26~16.76	16.26~16.76	16.26~16.76	16.26~16.76	16.26~16.76	16.26~16.76	16.26~16.76	16.26~16.76	16.26~16.76
		弹簧钢丝直径/mm		1.12	1.30	1.19	1.19	1.12	1.30	1.12	1.12
15	调速器弹簧	康明斯零件号	143853	143254	143252	153236	153236	143252	143252	143252	143253
		色标	红-黄	红-褐	红	绿-蓝	绿-蓝	红	红	红	红-黄
		垫片数/mm×数量	0.51×6	0.51×5 0.25×1	0.51×4	0.51×6	0.51×6	0.51×9	0.51×3 0.25×2	0.51×7	0.51×4
		自由长度/mm	37.77	37.77	37.77	34.59	37.77	37.77	37.77	37.77	37.77
		弹簧钢丝直径/mm	2.03	1.83	2.03	2.18	2.18	2.03	2.03	2.63	2.03
16	调速器飞锤（康明斯零件号）		146437	146437	146437	146437	146437	146437	146437	146437	146437
17	调速器柱塞（康明斯零件号）		可选择 169660,169661,169662,169663,169664,169665,169666,169667								
18	MVS调速器	调速器弹簧（康明斯零件号）	109686	109686	0	0	0	0	109687	109687	109687
		色标	蓝	蓝	0	0	0	0	黄	黄	黄
		垫片数/mm×数量	0.51×3	0.51×3	0	0	0	0	0.51×6	0.51×6	0.51×3
19	喷油器（康明斯零件号）		BM-68974	BM-68974	BM-68974	BM-68974	BM-51475	BM-68974	BM-68974	BM-68974	BM-68974
20	喷嘴喷孔尺寸（孔数×孔径×角度）		8-0.007×17	8-0.007×17	8-0.007×17	8-0.007×17	7-0.007×21	8-0.007×17	8-0.007×17	8-0.007×17	8-0.007×17
21	喷油量/(mL/次数)		132/1000	132/1000	132/1000	132/1000	153/800	132/1000	132/1000	132/1000	132/1000

② 进油口的进油量孔调节螺塞一般不要拆卸。

③ 喷油器的柱塞与喷油器体是成对选配的，不可随意调换。将其清洗干净并在柴油中浸泡一定时间后，按尺寸和记号将两者组装。在自重作用下，柱塞在喷油器体孔内应能徐徐圆滑落下。筒头拧紧后，柱塞应能被拔出。

④ 所有量孔、调整垫片和密封件均应符合技术要求。

2. PT 燃油泵的调试

为保证柴油机技术性能的正常发挥，燃油泵必须在专用试验台上，按 PT 燃油泵校准数据表（表 5-6）进行调试。目前多采用流量计法，具体试验步骤如下。

① 将燃油泵安装到试验台上　燃油泵与驱动盘连接后，用清洁的试验油从燃油泵顶部的塞孔注满泵壳体及齿轮泵的进油孔。连接进油橡胶软管和冷却排油阀软管；检查稳压器是否稳定，以保证齿轮泵工作稳定；将各测量仪表的指针调在零位。

② 试运转　将试验台上的怠速小孔阀、节流阀、泄漏阀关闭，真空调整阀、断油阀和流量调整阀全开。燃油泵的节流阀处于全开位置，MVS 调速器的双臂杠杆与高速限制螺钉接触。启动电动机使燃油泵以 500r/min 转速试运转。如果燃油泵不吸油，应检查进油管路中的阀是否打开、有无漏气现象，或者燃油泵旋转方向反了；试运转 5min 以上，让空气从油液中排出、油温升高到 32~38℃。

③ 检查燃油泵的密封性　在 500r/min 的转速下，在打开流量调整阀的同时关闭真空调整阀，真空表读数应为 40kPa；将少量轻质润滑脂涂在燃油泵前盖主轴密封装置处的通气孔上，没有被吸入则说明密封良好；检查节流阀的 O 形密封圈、计时表密封圈孔、MVS 调速器双臂杠杆轴及调节螺钉、齿轮泵和壳体之间垫片等处的密封性。观察流量计燃油中有气泡时，则说明上述部分有空气进入燃油泵内。

④ 调节真空度　将试验台上的流量调整阀全开，燃油泵以柴油机的标定转速运转，调节真空调整阀使真空表读数为 27kPa。

⑤ 调整流量计　燃油泵以柴油机标定转速运转，调节流量调整阀使流量计的浮子调到规定的数值。

⑥ 调整调速器的断开点转速　节流阀全开，提高燃油泵的转速至燃油压力刚开始下降时为止，检查燃油泵的断开点转速是否在规定值内。若低于规定值，可在调整弹簧与卡环之间增加垫片；反之应取出垫片。装有 MVS 调速器时，则用高速限制螺钉调整。

⑦ 检查燃油压力点　增加燃油泵转速，当燃油压力下降到 276kPa 时，检查燃油泵的转速是否在规定值范围内。使燃油泵的转速继续升高，其燃油压力应能降低到零点，否则说明燃油泵内的燃油短路。

⑧ 标定转速与最大转矩点转速时的燃油出口压力的调试　从燃油压力为零开始，降低燃油泵转速至标定转速，检查燃油出口压力是否符合规定值。未装 MVS 调速器时用增减垫片调整，装用 MVS 调速器时，用转动节流阀调整螺钉调整；燃油泵转速下降到最大转矩点转速时，检查燃油出口压力是否符合规定值。可用改变助推柱塞伸出量来调整，即增加低速转矩校正弹簧的垫片，使燃油压力上升，反之使燃油压力下降。

⑨ 飞锤助推压力的检查　使燃油泵以 800r/min 的转速运转，检查燃油出口压力是否符合规定值。调整方法也是用增减低速转矩校正弹簧的垫片。应该注意的是，垫片厚度改变后需重新进行上述第④~⑧项内容的调整。

⑩ 怠速转速及其燃油出口压力的调整　关闭 PT 泵试验台上的节流阀、泄漏阀和流量调整阀，打开怠速小孔阀，将燃油泵节流阀轴处于怠速位置，使燃油泵怠速运转，检查燃油出口压力是否符合规定值。可用怠速调整螺钉调整。

⑪ 节流阀泄漏量的检查 使 PT 燃油泵试验台上的流量调节阀和怠速小孔阀处于关闭状态，打开节流阀和泄漏阀，当节流阀处于怠速位置时使燃油流入量杯中，泄漏量应符合规定值。PTG 调速器用拧动节流阀前限位螺钉来调整泄漏量，而 MVS 调速器用增减怠速弹簧座外侧的泄漏垫片进行调整。

重复进行一次上述③～⑪项内容的检查、调整后，对 PT 燃油泵的节流阀限制螺钉、MVS 调速器的高速限制螺钉、计时表等予以铅封。

3. 喷油器的调试

部分 PT（D 型）喷油器的油量数据见表 5-7。

表 5-7 部分 PT（D 型）喷油器的油量数据

序号	喷油器总成号	套筒与柱塞号	套筒参考件号	喷油器嘴头件号	喷油器嘴头（喷孔数-尺寸×角度）	1000 次行程的油量/mL	试验台喷油器座量孔/mm(in)	发动机型号
1	BM-87914	3011964	187370	208423	8-0.007×17	131～132	0.508(0.020)	NH-200
2	73502	40063	187326	178186	7-0.06×3	131～132	0.505(0.020)	V-555
3	73786	40063	187326	555021	7-0.0055×5	99～100	0.508(0.020)	V-504
4	40222	3011965	190190	215808	7-0.008×4	162～163	0.508(0.020)	VT-903
5	40253	40178	205458	206572	8-0.011×10	184～185①	0.660(0.026)	KTA-2300
6	40402	40178	205458	3001314	10-0.0085×10	184～185①	0.660(0.026)	KT-1150 KTA-2300
7	40458	40178	205458	3000908	9-0.0085×10	184～185②	0.660(0.026)	KT-1150 KTA-2300
8	3003937	3011965	190190	3003925	8-0.008×18	113～114	0.508(0.020)	NV-855
9	3003941	3011965	190190	3003925	8-0.008×18	177～178	0.508(0.020)	VTA-1710
10	3003946	3011965	190190	3003926	8-0.007×17	113～114	0.508(0.020)	VT-1710
11	3245421	3245422	187370	208423	8-0.007×17	131～132	0.508(0.020)	NH-220
12	3275275	73665	555729	3275266	7-0.006×5	144～145	0.508(0.020)	VT-555
13	3012288	300107	190190	3003925	8-0.008×18	121～122	0.508(0.020)	NTC-350
14	3003940	3011965	190190	3003925	8-0.008×18	177～178②	0.660(0.026)	NTA-855 VTA-1710

① 这些喷油器的油量是在 ST-790 试验台上以 60% 行程数测量的。

② 这些喷油器的油量是在 ST-790 试验台上以 80% 行程数测量的。

① 把喷油器安装在 PT 喷油器试验台上，首先检查漏油量是否符合规定。可用柱塞与套筒相互研磨予以保证。

② 喷雾形状的检查 在 PT 喷油器试验台上用 343.4kPa 的压力将燃油从喷孔喷出，各油束喷入目标环的相应指示窗口时即表示喷雾角度良好。无专用试验台时可用目测。

③ 喷油量的检查 在 PT 喷油器试验台上检查喷油量是否符合规定值。可更换进油量孔调节塞，使喷油量符合要求。

4. PT 燃油系统的装机调试

（1）燃油泵的调试工作

① 调试前的准备 燃油泵、喷油器已经过试验台调试，柴油机技术状况良好，并已进入热运转状态；燃油泵与驱动装置正确连接，齿轮泵注入清洁燃油；节流阀控制杆与连接杆脱开，以便能自由动作；转速表装到燃油泵计时表驱动轴的连接装置上；检查所用仪表（如压力表、转速表等）是否正常。

② 怠速调整 从 PTG 调速器弹簧组件的盖上拧下螺塞。通过旋转怠速调整螺钉调整柴

油机的怠速转速（600±20）r/min。怠速调整后拧回螺塞；装有 MVS 调速器的燃油泵，怠速调整螺钉位于调速器盖上，怠速调整后应拧紧锁紧螺母，以防空气进入。

③ 高速调整　通常经试验台调试的燃油泵装机时，不需高速调整，若需要调整，则仍用增减高速弹簧垫片的方法；调速器断开点转速应比标定转速高 20～40r/min，以保证调速器在标定转速前不会起限制作用；柴油机的最高空转转速一般高出标定转速的 10%。

（2）喷油器的调试工作

① 调试前的准备　喷油器各零件符合技术要求，并经试验台调试；柴油机技术状况良好，并进入热运转状态。

② 柱塞落座压力调试　此项调试可采用转矩法，冷车时拧入摇臂上的调整螺钉使柱塞下移，在柱塞接触到计量室锥形座后再拧约 15°，将残存在座面上的燃油挤净，然后将调整螺钉拧松一圈，再用扭力扳手拧到规定转矩值，并拧紧锁紧螺母；热车时再按上述方法进行校正性调试。

③ 喷油正时调试　喷油正时调试是根据活塞位置与喷油器推杆位置的相互关系，采用专用的正时仪进行的。喷油正时调试的步骤是，转动带轮使 1、6 缸活塞位于上止点，在活塞行程百分表测量头下面的测杆与正时仪标尺 90°刻度线对齐时，将推杆行程百分表调零；逆时针方向转动皮带轮，在 1、6 缸记号转到距标尺标定点约 10mm 处时移动活塞百分表，使其测量头压缩 5mm 左右，然后将其固定。接着缓慢转动带轮，在活塞行程百分表指针转到最初顺时针转动的位置（上止点）时将百分表调零；继续逆时针转动带轮，当活塞行程百分表测量头下面的测杆与标尺 45°刻度线（相应曲轴位于上止点前 45°）对准时，顺时针转动带轮，直到活塞行程百分表至规定读数，根据测量的差值，调整摆动式挺杆销轴盖垫片的厚度使喷油正时符合要求。

三、PT 燃油系统统常见故障诊断

PT 燃油系统统常见故障的现象、原因及消除方法，分别见表 5-8～表 5-11。

表 5-8　燃油泵在 450r/min 时不能吸油的原因及其排除方法

序号	检查项目	原　因	排　除　方　法
1	开口孔	开口孔未正确密封	封住所有开口孔,必要时换用新的密封垫片
2	进油管路	进油接头密封不严或损坏	拧紧进油接头,如损坏则更换之
3	按钮	(1)按钮脏	消除脏物
		(2)按钮磨损	更换按钮
4	调速器柱塞	(1)柱塞脏	消除脏物
		(2)柱塞磨损	更换柱塞
5	燃油通路	燃油通路堵塞	清洗燃油通路使之畅通
6	调速器组件	组件中零件有故障	检查装配是否正确,各组件是否有故障
7	燃油泵主轴	主轴旋转方向不对	检查并改变主轴旋转方向
8	流量调整阀	阀未开启	打开阀使燃油流入齿轮泵
9	断油阀	阀未开启	打开阀
10	齿轮泵	齿轮泵磨损	更换齿轮泵
11	驱动接盘	未接合上	将驱动接盘接上

表 5-9　燃油泵漏气的原因及其排除方法

序号	检查项目	原　因	排　除　方　法
1	前盖	前盖密封不严	取下前盖更换新的密封圈
2	进油接头	接头密封不严或损坏	拧紧接头,如损坏则更换
3	密封垫	主壳体和弹簧组罩密封不严	更换密封垫
4	计时表	计时表驱动装置密封不严	更换油封
5	节流阀轴	节流阀轴 O 形圈密封不严	更换 O 形圈
6	燃油泵壳体	壳体有气孔	更换壳体

表 5-10 节流阀泄漏量过大的原因及其排除方法

序号	检查项目	原 因	排 除 方 法
1	节流阀	节流阀轴刮坏或在节流阀套筒中配合不当	换用加大节流阀轴,必要时研磨到配合恰当
2	调速器柱塞	柱塞在套筒中配合不当	换用下一级加大尺寸,必要时研磨到配合恰当
3	MVS调速器柱塞	经 MVS 调速器柱塞泄漏	换用下一级加大尺寸,必要时研磨到配合恰当

表 5-11 调速器断开点不能正确调整的原因及其排除方法

序号	检查项目	原 因	排 除 方 法
1	调速器弹簧	调速器弹簧磨损或弹簧型号不对	更换正确的弹簧
2	调速器飞锤	飞锤松或破裂、飞锤插销或支架破裂	更换新件
		飞锤型号不符	用正确型号(质量)的飞锤
3	调速器柱塞	柱塞在套筒中配合不当	重新装配,或研磨或更换
		柱塞传动销折断	更换传动销
4	调速器套筒	套筒在壳中位置不对,油路未对准	将壳体在150℃的炉中加热并取下套筒,再重新正确装配
		套筒没有用销定位好	将油路对准,再装入定位销
5	弹簧组	弹簧组卡环位置不对	卡环应放在槽中
6	密封垫	壳体和齿轮泵之间密封垫泄漏	更换密封垫

复习思考题 ◀◀◀

1. 简述 B 系列喷油泵出油阀偶件和柱塞偶件的拆卸方法。

2. 怎样进行 B 系列喷油泵柱塞偶件的滑动性和密封性试验?

3. 简述喷油器安装时的注意事项。

4. 检查输油泵的注意事项有哪些?

5. 怎样进行输油泵的密封性试验和性能试验?

6. 柴油机燃油供给系统常见的故障有哪些?如何检查与排除柴油机敲缸故障?

7. 简述柴油机飞车故障的检修步骤?

8. 简述 PT 燃油系统的基本构造。

9. 简述 PT 燃油系统的基本工作原理。

10. 简述 PT 燃油系统的拆装步骤。

11. 简述 PT 燃油系统的调试步骤。

12. 简述 PT 燃油系统常见故障诊断。

第六章
润滑系统的检验与修理

通过前面几章的学习，我们知道了内燃机很多机件的早期磨损和轴承烧蚀，在很大程度上是由于润滑不良所引起的。所以，加强对润滑系统的检修与保养，是延长机器使用寿命和保证机器正常工作的重要一环。本章的主要内容有：润滑系统的维护保养；润滑系统主要机件——机油泵的检验与修理；润滑系统常见故障检修。

第一节　润滑系统的维护与保养

一、润滑系统的维护

（一）选择合适的机油

一般而言，每种内燃机说明书上都规定了机器的润滑油使用种类。在使用过程中应注意这一点，如果在使用过程中，没有说明书上规定的润滑油，可选择相近牌号的润滑油使用。切忌不同牌号的机油混合使用。

（二）机油量要合适

每次开机前均应检查机油油面，保证机油油面高度在规定范围内。

（1）油面过低　磨损大，容易烧瓦、拉缸。

（2）油面过高　机油窜入气缸；燃烧室积炭；活塞环黏结；排气冒蓝烟。

因此，当曲轴箱机油不足时，应添加至规定的油平面，并找出其缺油原因；当油面过高时，应检查机油中是否有水和燃油漏入，找出原因，加以排除并更换机油。

在添加机油时，要使用带有滤网的清洁漏斗，以防止杂质进入曲轴箱内，影响发电机组的正常工作。

（三）机油压力调整得当

每种内燃机都有各自规定的机油压力，比如4105型和4135型柴油发电机组，其机油压力均为 $0.15\sim0.3$ MPa（ $1.5\sim3$ kgf/cm^2 ）。

当开机至额定转速或中等转速时，1min内机油压力应上升至规定值。否则，应查明原因，使机油压力调整至规定值范围内。4105型、4135型等发电机组都有调压螺钉，逆时针旋转（向外旋），机油压力下降；顺时针旋转（向里旋），机油压力上升。

（四）使用过程中经常检查机油的质量

1. 机械杂质的检查

检查机油中机械杂质应在热机时进行（此时杂质浮在机油中）。检查时，抽出机油标尺对着光亮处察看，如发现机油标尺上有细小的微粒或不能看清机油标尺上的刻线时，则说明机油内含杂质过多。另外，还可用手捻搓机油看是否有颗粒，来确定机油是否能用。若机油呈现黑色或杂质过多，应更换机油并清洗机油滤清器。

2. 机油黏度的检查

检查机油黏度，准确的方法是用黏度计测定。但平时更常用的方法是：将机油放在手指上捻搓，如有黏性感觉，并有拉长丝现象，说明机油黏度合适，否则，表示机油黏度不够，应查明原因并更换机油。

（五）定期清洗润滑系统和更换机油

1. 清洗时机

机油滤清器定期清洗；机油盆、油道一般在更换机油时进行。

2. 清洗方法

① 在热机时放出机油（此时机油黏度小，杂质漂浮在机油中），以便尽可能地将机油盆、油道、机油滤清器中的杂质清除。

② 在机油盆中加入混合油（在机油中掺入 15％～20％的煤油，或按柴油：机油＝9：1 的比例混合），其数量以润滑系统容量的 60％～70％为宜。

③ 使内燃机低速运转 5～8min，机油压力应在 50kPa（0.5kgf/cm²）以上。

④ 停机，放出混合油。

⑤ 清洗机油滤清器、滤网、机油散热器及曲轴箱，加入新机油。

二、润滑系统的保养

下面以 135 系列柴油机为例，讲述润滑系统及其保养方法。

（一）机油滤清器

135 系列柴油机，根据机型配用两种形式的机油滤清器。两种形式的滤清器，除粗滤器分别采用绕线式和刮片式不同外，所用精滤器相同。通过粗滤器的机油经冷却后直接进入主油道润滑。精滤器为分流式，精滤后的机油直接回归油底壳。

滤清性能的好坏，直接影响柴油机的使用性能和寿命。因此，在使用时对机油滤清器的滤清效果应多加注意。基本型柴油机所用机油滤清器的规格见表 6-1。

表 6-1　机油滤清器的规格

用于柴油机型号	4、6 缸直列型	12 缸 V 型
机油粗滤器		
形式	刮片式或绕线式	刮片式
过滤间隙/mm	0.06～0.10	≤0.10
过滤量/(L/min)	＞45	＞45
进油压力/kPa(kgf/cm²)	294(3)	294(3)
机油精滤器		
形式	反作用离心式	
转子转速/(r/min)	≥5500	
进油压力/kPa(kgf/cm²)	≥294(3)	
过滤量/(L/min)	<10	
增压器机油滤清器		
形式	网格式(仅用于增压柴油机)	
铜丝网规格/(目/in)	300	

注：数据的实验条件为油温 85℃；HCA-11 润滑油。

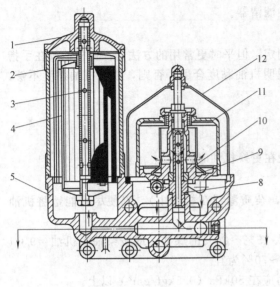

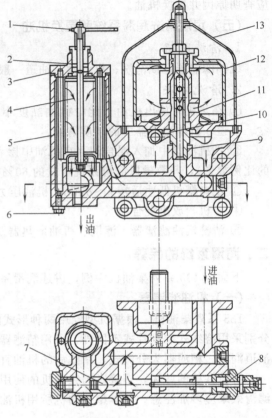

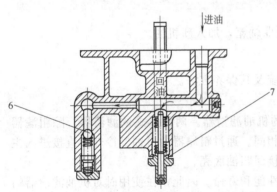

图 6-1　机油滤清器（粗滤器为绕线式）

1—粗滤器盖；2—粗滤器体；3—粗滤器轴；4—绕线式
滤芯；5—底座；6—旁通阀；7—调压阀；8—转子轴；
9—喷嘴；10—转子座；11—转子体；12—转子罩壳

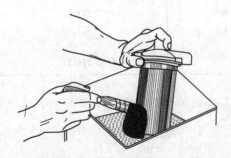

图 6-2　绕线式粗滤器滤芯的清洗

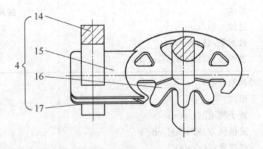

图 6-3　机油滤清器（粗滤器为刮片式）

1—手柄；2—转轴；3—粗滤器盖；4—刮片式滤芯；
5—底座；6—放油螺钉；7—旁通阀；8—调压阀；9—转
子轴；10—喷嘴；11—转子座；12—转子体；13—转
子罩壳；14—定位轴；15—刮片；16—滤片垫；17—滤片

1. 绕线式机油滤清器

绕线式机油滤清器的结构如图 6-1 所示。滤芯上有两层用铜丝绕成的过滤网，其过滤间隙不大于 0.09mm。柴油机每运转 200h 后，应拆洗滤芯。拆洗时，先松开盖子上的 4 个螺母，连盖子一起取出滤芯，再松开底面轴上的螺钉，拿下滤芯放在煤油或柴油内清洗（图 6-2），然后用压缩空气吹净。重装时，内外滤芯两端面须平整，以保证密封，粗滤器轴旋入盖中螺孔应拧到底。

2. 刮片式机油滤清器

刮片式机油滤清器的结构如图 6-3 所示。滤芯由薄钢片冲制的滤片装配而成，滤片之间的过滤间隙为 0.06～0.10mm。

当柴油机启动前或连续工作 4h 后，应顺着滤清器盖上箭头所指的方向转动手柄 2～3 圈。此时由于滤芯的转动，装于定位轴上的刮片即刮下滤片外表面的污垢。在柴油机每工作 200h 后，应拆洗滤芯，将滤芯放在柴油中，转动手柄刮下污垢，如图 6-4 所示。如积垢过多，可以松开त下端的螺母，依次拆出滤片，浸入柴油中逐片清洗，但必须小心保持滤片平整不得碰毛，然后严格按次序及片数装配，否则会影响滤清效果。装好后要注意滤芯两端面的密封性，转动手柄应旋转自如。

3. 机油精滤器

机油精滤器亦称离心式机油滤清器，结构如图 6-1 和图 6-3 所示。在采用 HCA-11 润滑油、油温为 85℃、进油压力为 294kPa（3kgf/cm²）时，精滤器转子的转速应在 5500r/min 以上。由于转子的高速旋转，使机油中的细小杂质因离心力的作用而分离，并汇集到转子体的内壁上，经过滤清的机油通过回油孔直接流回油底壳，以此重复循环，对整个系统的机油达到滤清的目的。

柴油机每运转 200h 后，应拆洗精滤器。先松开转子罩壳上的螺母，取下罩壳，然后卸去转子上端的螺母，取出转子。拆下转子体之后，将所拆零件浸在柴油或煤油中用毛刷即可清除转子内的污物，如图 6-5 所示。两个喷嘴如无必要清洗时，则不要随意拆卸。

图 6-4 刮片式粗滤器的清洗

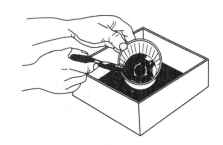

图 6-5 转子的清洗

精滤器的装配按拆卸的相反程序进行，但需注意以下几点。

① 各种零件应清洗干净，喷嘴中的喷孔应畅通。

② 转子上、下两个轴承的配合间隙为 0.045～0.094mm，必要时应进行测量。

③ 转子体与转子座应对准定位企口装配，如图 6-6 所示。

④ 拧紧螺母时，用力必须缓慢、均匀。密封圈要放平整。装好后，转子体在转子轴上应旋转灵活。

4. 增压器用的机油滤清器

增压型柴油机的涡轮增压器是处在高转速下工作的部件，对其润滑精度要求较高。因此，在机油冷却器后加接了一只网格式滤清器，单独作为增压器润滑油的滤清。机油通过的

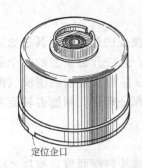

图 6-6 转子体与
转子座的定位企口

网格为每英寸 300 目的铜丝布，可进一步滤清机油中的杂质，以保证涡轮增压器转子轴承等零件的可靠润滑。

柴油机每工作 200h 后，应松开滤清器壳底的紧固螺母，放掉污油和沉淀物，拆下外壳和滤芯，放在柴油或煤油中进行清洗，然后用压缩空气吹净。在滤清器的盖上标有进出油管连接的箭头标记。

5. 调压阀和旁通阀

在机油滤清器底座上均装有调压阀和旁通阀。调压阀的作用是调整机油压力，防止柴油机工作时的机油压力过高或过低。柴油发动机出厂时，机油压力按规定的数据已调整好。如果调压阀经过拆装，则柴油机开车后应立即进行调整，调整方法见第一章。

旁通阀的作用是当机油粗滤器一旦发生阻塞时，机油可不经滤清直接由旁通阀门流至主油道，以保证柴油机仍能工作，此阀不需作任何调整。

调压阀和旁通阀一般不需拆洗。如污物过多而必须拆洗时，应检查调压阀座面接触是否良好，否则由于泄漏机油增加而引起油压下降。如座面接触不良，则应予以研磨修理。

（二）机油冷却器

135 系列柴油机的机油冷却器，有水冷式和风冷式两种，按柴油机用途的不同可分别选用，风冷式机油冷却器只限用于带风扇冷却的柴油机上。

1. 水冷式机油冷却器

水冷式机油冷却器为圆筒形，内部有由黄铜管、散热片和隔片组成的芯子。水在芯子的管内流动；油在芯子与外壳的夹层间流动。其基本结构如图 6-7 所示。

基本型柴油机所用水冷式机油冷却器，现有 5 种不同规格，其主要差别见表 6-2。

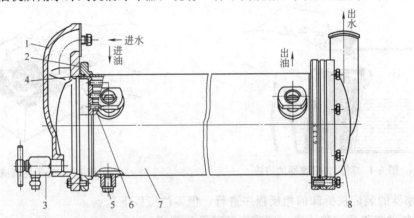

图 6-7 水冷式机油冷却器结构

1—后盖；2—垫片；3—放水阀；4—封油圈；5—螺塞；6—冷却器芯子；7—外壳；8—前盖

表 6-2 水冷式机油冷却器主要技术规格

柴油机型号	4135G 4135AG	6135G, 6135AG 6135G-1	6135JZ 6135AZG	12V135	12V135AG 12V135JZ, 12V135AG-1
形式	管片式				
芯子外径/mm	126	126		154	
冷却管数	120	220		190	
芯子长度/mm	380	470		390	520

续表

柴油机型号	4135G 4135AG	6135G，6135AG 6135G-1	6135JZ 6135AZG	12V135	12V135AG 12V135JZ，12V135AG-1
隔片数		21	9	11	15
散热片数	无	26	无	36	48
总散热面积/m²	1.3	1.62		2.29	3.03

根据机型和功率不同，配用不同规格的水冷式机油冷却器，在购买配件时应注意与使用机型相配。

机油冷却器应定期清洗，在重装时，应使封油圈保持平整和位置正确。老化或发黏的封油圈应换新，否则会造成油水混合，导致柴油机故障。保养时还要检查冷却器芯子有否脱焊、烂穿，必要时可进行焊补或把个别管子两端孔口闷死再继续使用。如果冷却铜管损坏较多，则应更换整个芯子。

在寒冷地区或冬季使用柴油机时，应注意停车后及时放掉其中的冷却水或采用防冻冷却液，以防止冷却器冻裂。

2. 风冷式机油散热器

风冷式机油散热器采用铜制的管片式结构，如图 6-8 所示。它限用于带风扇冷却的柴油机上，安装在冷却水的水散热器后面。柴油机工作时，机油流经铜管将热量传给管壁和散热片，最后借风扇鼓风将热量带走。其维护保养方法同"水散热器"。

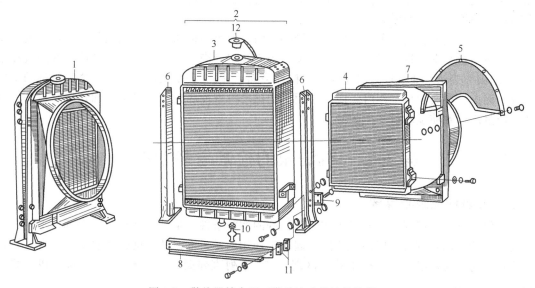

图 6-8 散热器结合组（带风冷式机油散热器）

1—散热器总成；2—水散热器；3—水散热器芯子；4—风冷式机油散热器；5—风扇防护罩；
6—支架；7—导风罩；8—前横挡；9—后横挡；10—放水阀；11—垫板；12—压力盖

用于 4、6 缸直列型柴油机的风冷式机油散热器，有两种规格（表 6-3）。

表 6-3 风冷式机油散热器

柴油机型号	4 缸直列型	6 缸直列型
形式	管片式	管片式
总散热面积/m²	5.51	7.78
机油容量/L	1.41	1.82

(三)油底壳

135 系列柴油机均采用湿式油底壳作储存机油用。在 4、6、12 缸基本型柴油机的油底壳内，均设有油池和挡油板，可满足柴油机在纵倾不大于 15°时正常工作。油底壳的基本结构如图 6-9 所示。

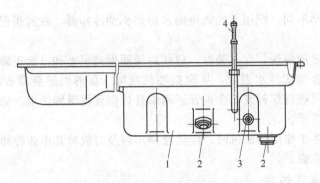

图 6-9　6 缸基本型柴油机油底壳结合组
1—油底壳；2—放油塞；3—油温表接头；4—机油标尺

柴油机工作时，润滑系统工作状况分别用油温表、压力表及机油标尺等进行监视。为此，在油底壳上装有油温表接头和指示机油平面位置图的机油标尺。在油底壳的侧面或底部还装有放油螺塞，以便放去污油。

由于油底壳形状及要求储存机油容量的不同，因此各种油底壳所采用的机油标尺也不相同。在柴油机基本保持水平状态下，标尺上的刻线"静满"表示柴油机启动前应有的机油平面；"动满"表示柴油机运转时应保持的机油平面；"险"表示柴油机应立即添加机油的最低位置。因此，在柴油机工作时，应经常用机油标尺检查油底壳内的机油平面位置，以防油面过低或过高，致使发动机产生故障。

第二节　机油泵的检修与装配试验

一、机油泵的检验与修理

润滑系统是否能保证内燃机工作时有良好的润滑条件，虽然与油道是否畅通、滤清器是否发挥作用等因素有关，但最主要的、起决定作用的是机油泵的性能是否良好。因此，在内燃机维修时，应对机油泵进行检验与修理。135 系列直列型 4135、6135 柴油机的机油泵结构如图 6-10 所示。

(一)机油泵的常见故障

机油泵的常见故障有三种。

① 主、被动齿轮齿面、齿轮轴以及泵体和泵盖的磨损。

② 齿面疲劳剥落，轮齿裂纹、折断。

③ 限压阀弹簧折断，球阀磨损。

(二)主、被动齿轮啮合间隙的检验

齿轮啮合间隙的增大，是由于机油泵齿轮牙齿相互摩擦造成的。

其检查方法是：取下泵盖，用厚薄规在主、被动齿轮啮合互成 120°处分三点进行测量检查两齿之间的间隙。如图 6-11 所示。

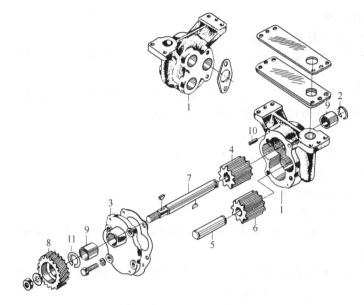

图 6-10　直列型 4135、6135 柴油机机油泵
1—机油泵体；2—钢丝挡圈；3—机油泵盖；4—主动齿轮；5—从动轴；6—从动齿轮
（被动齿轮）；7—主动轴；8—传动齿轮；9—衬套；10—圆柱销；11—推力轴承

　　机油泵主动齿轮与被动齿轮的啮合间隙正常值一般为 0.15～0.35mm，各机型均有明确规定，例如：4135 柴油机为 0.03～0.082mm，最大不超过 0.15mm；2105 柴油机为 0.10～0.20mm，最大不超过 0.30mm。如果齿轮啮合间隙超过最大允许限度，应成对更换新齿轮。

（三）机油泵泵盖工作面的检验与修理

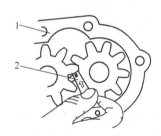

图 6-11　主、被动齿轮
啮合间隙的检查
1—机油泵壳；2—厚薄规

　　机油泵泵盖工作面经磨损后会产生凹陷，此凹陷不能超过 0.05mm，其检查方法是：用厚薄规与钢板尺配合测量，如图6-12(a) 所示。把钢板尺侧立于泵盖工作面上，然后用厚薄规测量泵盖工作面与钢板尺之间的间隙。若超过规定值，将机油泵泵盖放在玻璃板或平板上用气门砂磨平即可。

（四）齿轮端面间隙的检验与修理

　　机油泵主、被动齿轮端面与泵盖的间隙为端面间隙。端面间隙增大主要是因为齿轮在轴向方向上与泵盖产生摩擦造成的。

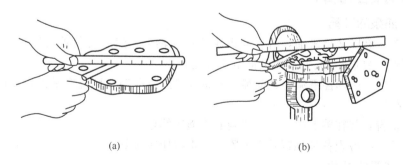

(a)　　　　　　　　　　　　(b)

图 6-12　机油泵泵盖工作面及齿轮端面间隙的检验

其检查方法有两种。

1. 用厚薄规与钢板尺配合测量

如图 6-12 所示。齿轮端面间隙＝泵盖凹陷量＋齿轮端面到泵体结合面的间隙。

2. 保险丝法

将保险丝放在齿轮面上，装上泵盖，旋紧泵盖螺钉后再松开，取出被压扁的保险丝，测量其厚度，此厚度值即为端面间隙。此间隙一般为 0.10～0.15mm，如 4135 柴油机为 0.05～0.11mm，2105 柴油机为 0.05～0.15mm。

如果端面间隙超过了规定值，其修理方法有两种。

① 用较薄的垫片进行调整。

② 研磨泵体结合面和泵盖平面。

（五）齿顶间隙的检验

机油泵齿轮顶端与泵壳内壁的间隙称为齿顶间隙。齿顶间隙增大的原因有二。

① 机油泵轴与轴套的间隙过大。

② 被动齿轮中心孔与轴销间隙过大，致使齿轮顶端与泵盖内壁发生摩擦而造成齿顶间隙过大。

图 6-13　齿顶与泵壳
内壁间隙的检查

其检验方法是：用厚薄规插在齿轮顶面与泵壳内壁之间进行测量，如图 6-13 所示。齿顶间隙一般为 0.05～0.15mm，最大不超过 0.50mm，如 4135 柴油机为 0.15～0.27mm，2105 柴油机为 0.03～0.15mm。

若超过规定允许值，应更换齿轮或泵体。

（六）主动轴与衬套之间间隙的检验与修理

其检验方法是：将泵壳固定，用千分表的触点靠近主动轴测量。一般正常间隙为 0.03～0.15mm，如 4135 为 0.039～0.078mm，最大不得超过 0.15mm。如果超过允许值，应进行修理，其修理方法有两种。

① 衬套与轴的间隙过大，更换衬套，按轴的尺寸铰孔。

② 轴的磨损，其失圆度及锥形度大于 0.02mm 时，应电镀加粗，而后磨至标准尺寸，重新配制衬套。

（七）限压装置的检验与修理

其常见故障有球阀与座磨损，弹簧折断或失去弹性。

球阀与座磨损后，通常是更换新球阀，新球阀装入后再用铜棒轻击数次，使之与座紧密配合。若弹簧折断或失去弹性，则应更换新件。

二、机油泵的装配与试验

（一）机油泵的装配

① 在泵轴上涂以适量机油，将主动齿轮装在泵轴上，然后再装被动齿轮。主、被动齿轮装好后，转动泵轴时，它们应能灵活地啮合旋转。

② 装泵盖时，必须注意调整其间隙，若泵盖已经过研磨，则更要重视垫片厚度的调整，保证其间隙适当。

③ 将传动齿轮装在轴上后，一定要确实将横销铆好。

④ 装好后，应检查各种螺钉是否上紧，并将限压阀装好。

（二）机油泵的试验

其试验方法是：将进、出油孔都浸入机油盆中，待灌满机油后，用拇指堵住出油孔，另一手转动齿轮，以拇指感到有一定压力为好。否则，应查明原因，重新修配。

（三）装入机体

机油泵装入机体时，应注意以下几点。

① 装机前，将机油泵灌满机油，以防泵内有空气，使机油泵不泵油而烧瓦。

② 油泵与机体间的垫片应垫好，以防漏油。

③ 汽油机机油泵与分电器有传动关系时，应正常啮合，以免点火时间错乱。

④ 进行压力试验及调整。

第三节　润滑系统常见故障检修

润滑系统的常见故障有机油压力过低、机油压力过高、机油消耗量过大、机油油面增高以及机油泵噪声等。下面分别加以讲述。

一、机油压力过低

（一）现象

① 机油表无指示或指示低于规定值。一般发电机组机油压力的正常范围为 $0.15\sim 0.4$MPa（$0.15\sim 4$kgf/cm^2）。

② 刚启动机器时机油压力表指示正常，然后下降，甚至为零。

（二）原因

① 机油量不足。

② 机油黏度过小（牌号低、温度高、混入燃油或水）。

③ 限压阀调整不当，弹簧变软。

④ 机油压力表与感压塞失效。

⑤ 机油集滤器滤网及机油管路等处堵塞。

⑥ 润滑油道有漏油处。

⑦ 机油泵泵油能力差。机油泵主、被动齿轮磨损使两者之间的间隙过大，或齿轮与泵盖间隙过大。

⑧ 各轴承间隙过大（曲轴、连杆和凸轮轴等处的轴承）。

（三）排除方法

1. 检查机油的数量与质量

发现机油压力过低时，应首先停止内燃机工作，等待 $3\sim 5$min 后，抽出机油量尺检查机油的数量与质量。

油量不足应添加与机油盆中的机油牌号相同的机油。若机油黏度小，油平面升高，有生油味，则为机油中混入了燃油；若机油颜色呈乳白色，则为机油中渗入了水分，应检查排除漏油或漏水的故障，并按规定更换机油。

由于季节的变化，没有及时更换相应牌号的机油，或添加的机油牌号与机油盆中的机油牌号不一致时，亦会使内燃机的机油压力降低。

在使用过程中，如果内燃机过热，则应考虑机油压力降低可能是机油温度过高致使机油变稀引起的。在这种情况下，排除致使柴油机温度过高的故障，等机油冷却后再启动发电机组，机油压力便可正常。

2. 调整限压阀，查看限压阀弹簧

首先调整限压阀，若能调整至正常压力，则为限压阀调整不当；若调整限压阀无效，则查看限压阀弹簧的弹性是否减弱。

3. 检查机油压力表与感压塞

检查机油压力表可用新旧对比法，将原来的机油压力表拆下，装上一只新机油压力表进行对比判断。

检查感压塞的方法是：将感压塞从缸体上拆下，用破布堵住塞孔，短暂地发动机器，若机油从油道中喷出很足，并没有气泡，则说明感压塞失效。若机油从油道中喷出不足，并有气泡产生，则说明机油压力过低可能是机油管道不畅引起的。

4. 检查机油集滤器、机油泵及各油道

拆下机油滤清器，转动曲轴，观察机油泵出油孔道，出油不多或不出油，则可能是机油泵不泵油或集滤器堵塞，应检查修理机油泵或清洗集滤器。

拆下油底壳，检查机油集滤器是否有油污堵塞，或者机油泵是否磨损过甚而使泵油压力不足。如果从油道中喷出来的润滑油夹有气泡，则说明机油泵及油泵进油连接管接头破裂或者接头松动等。

5. 检查各轴承间隙

若曲轴、连杆和凸轮轴等处的轴承间隙过大，在刚开始发动机器时，由于机油的黏度较大，机油不易流失，机油压力可达到正常值。但是，当机器走热后，机油黏度变稀，机油从轴瓦两侧被挤走，从而使机油压力降低。

二、机油压力过高

（一）现象

机油压力表指示超过规定值，发动机功率下降。

（二）原因

① 机油黏度过大。
② 限压阀调整不当或弹簧太硬。
③ 机油滤清器堵塞而旁通阀顶不开。
④ 各轴承间隙过小。
⑤ 机油压力表以后的机油管道堵塞。

（三）排除方法

1. 检查机油的黏度

将机油标尺从曲轴箱中取出，滴几滴机油在手指上，用手指捻揉感觉机油的黏度是否过大。当黏度过大时，可能是机油的牌号不对，应更换适当牌号的机油。

2. 检查限压阀弹簧和旁通阀弹簧

看是否压得过紧或弹力过强顶不开。对此应及时调整、清洗或更换。

3. 检查各轴承间隙及缸体内各机油管道

对于新维修的发动机，则应检查各轴承是否装配得过紧，缸体内通向曲轴轴承的油道是否有堵塞之处。若有堵塞之处，最容易导致烧瓦事故。

三、机油消耗量过大

机油在正常使用中，为保证活塞、活塞环与气缸壁间有良好的润滑，采用喷溅法使气缸壁上黏附一层机油。由于活塞环刮油有限，残留在气缸壁上的机油在高温燃气作用下，有的被燃烧，有的随废气一并排出或在缸内机件上形成积炭。当发动机工作温度过高时，还有部分机油蒸发汽化而被排到曲轴箱外或被吸入气缸。当发动机技术状况良好时，这些正常的消

耗是比较少的，但是当发动机的技术状况随使用时间的延长而变差时，其机油消耗量随之增加。机油消耗增加量越大，标志着发动机的性能下降得越严重。

（一）现象

① 机油面每天有显著下降。

② 排气冒蓝烟。

（二）原因

① 有漏油之处，如曲轴后轴承油封漏油、正时齿轮盖油封损坏或装置不当而漏油、凸轮轴后端盖密封不严以及其他衬垫损坏或油管接头松动破裂而漏油等。

② 废气涡轮增压器的压气机叶轮轴密封圈失效。

③ 气门导管密封帽损坏或进气门杆部与导管配合间隙过大。

④ 活塞、活塞环与气缸壁磨损过甚，使其相互间的配合间隙增大，导致机油窜入燃烧室参与燃烧。

⑤ 活塞环安装不正确：活塞环对口或卡死在环槽内使其失去弹性；扭曲环或锥形环装反使其向燃烧室泵油。

（三）排除方法

① 查看漏机油处。若有机油从飞轮边缘或油底壳后端向外滴油时，则为曲轴后油封漏油；若机油从凸轮轴后端盖处顺缸体向外流油，说明凸轮轴后端盖处密封不严而漏油；若机油从曲轴皮带轮甩出，说明正时齿轮盖垫片损坏或装置不当而漏油；若其他各衬垫或油管接头松动破裂而漏油时，从外表可以看出有漏油的痕迹，应检查各连接螺钉或油管接头是否松动及衬垫是否破裂等。

② 若排气冒蓝烟，说明机油被吸入气缸燃烧后排出。应首先检查进气管中有无机油，若有机油，则说明废气涡轮增压器的压气机叶轮轴密封圈失效，机油顺轴流入进气道，应更换密封圈；若进气管内干燥、无机油，应检查气门导管密封帽是否完好，进气门杆部与导管配合间隙是否过大，并给予更换检修。

若以上情况均良好，再拆下缸盖和油底壳，对气缸、活塞、活塞环进行全面的检查与测量，查看活塞、活塞环与气缸壁的磨损及其装配间隙是否过大以及活塞环安装是否正确，达到排除故障的目的。

四、机油油面增高

（一）现象

① 排气冒蓝烟。

② 溅油声音大。

③ 内燃机运转无力。

（二）原因

1. 燃油漏入机油盆

柴油机喷油泵柱塞副磨损过大、喷油器针阀关闭不严或针阀卡死在开启位置（汽油机汽油泵泵皮破裂）；活塞、活塞环与气缸之间的配合间隙过大，使燃油沿缸壁下漏到油底壳。

2. 水渗入机油盆

气缸垫冲坏；与水套相通的气缸壁产生裂纹；湿式缸套与缸体间的橡胶密封圈未安装正确或损坏。

（三）排除方法

首先抽出机油标尺检查机油是否过稀。若发现机油油面增高并且很稀时，应进一步查找原因，看是否有水或燃油漏入而冲淡机油，引起过稀。其检查方法如下。

抽出机油标尺，滴几滴机油在纸上观察机油颜色并闻气味，如机油呈黄乳色，且无其他气味，说明是水进入了曲轴箱，应检查气缸垫是否冲坏、缸体水道是否有裂纹、湿式缸套与缸体间的橡胶密封圈是否安装正确或损坏。

如果闻到机油中有燃油味，应启动发动机观察其是否运转良好，若启动柴油机后排气管冒黑烟，则应检查喷油器的针阀是否正常关闭，若有滴漏，应予维修。若发动机在正常工作温度下动力不足，则应检查喷油泵柱塞副是否下漏柴油（对汽油机而言，则应检查汽油泵泵皮是否破裂），活塞、活塞环与气缸之间的配合间隙是否过大，并进行更换或检修。

以上检查维修完毕后，必须将旧机油放出，并清洗润滑系统，再重新加入规定量的合适牌号的新机油。

五、机油泵噪声

（一）现象

内燃机运转时，机油泵装置处有噪声传出。

（二）原因

机油泵主动齿轮和被动齿轮磨损过甚或间隙不当。

（三）检查与排除

机油泵如有噪声，应在内燃机运转到达正常温度后进行检查。用旋具头触在机油泵的附近，木柄贴在耳边，反复变换内燃机转速。若听到特别异响并振动很大，就说明机油泵有噪声。若响声不大且均匀时，则属正常。机油泵经长期使用，齿轮磨损过大，不但有噪声，同时从机油表的读数中可以观察出来，一般而言，这时机油压力表的读数偏低。

复习思考题 ◀◀◀

1. 润滑系统的日常维护包括哪些内容？
2. 如何检查机油泵齿轮端面与泵盖、齿轮顶端与泵壳内壁、齿轮与齿轮间的间隙？这些间隙的一般要求各是多少？
3. 机油压力过高的原因有哪些？如何进行排除？
4. 机油盆的机油面为什么会增高？
5. 机油泵产生噪声的原因是什么？怎样检查与排除？
6. 怎样进行机油泵的试验？

第七章
冷却系统的检验与修理

内燃机工作时，由于燃料的燃烧和运动机件间的摩擦，都将产生大量的热量，促使机件受到强烈的热，温度升得很高。冷却系统的任务就是强制地将零件所吸收的热量及时地散发出去，以保证它们的温度在适当的范围内，从而保证发动机的正常运转。

冷却水温度过高，将会造成气缸和进气道温度过高，使进入的混合气因受热而膨胀，减少充气量，使发动机功率下降，油耗增加，还会引起"自燃"或"突爆"。

冷却系统在使用中，经常出现的情况有：水套和散热器内的水垢增加，散热器破裂漏水，节温器失灵以及水泵机件的损坏等，这些故障都会降低冷却系统的工作效能。因此，必须对冷却系统进行定期维护和检修。本章的主要内容是：冷却系统的维护与保养；冷却系统主要机件的检验与修理；冷却系统常见故障检修。

第一节　冷却系统的维护与保养

一、冷却水的添加

内燃机工作时，散热器内的水面高度会因其中的水分不断蒸发而逐渐降低，因此在开机前和开机时间较长时均应检查散热器内的水面高度，如果低于泄水管较多时，应补充清洁的软水。如果是硬水就应进行软化处理。

二、硬水的软化

用于内燃机的冷却水，应当是清洁的软水。软水是指含矿物质很少的水，如雨水、雪水等。但是平常用的往往是河水、湖水、井水和自来水等，这些水在没有经过软化处理之前，除了含有泥沙和其他杂质外，还含有大量的矿物质，这种水通常叫做"硬水"。硬水在气缸中受热后，矿物质就会在水套壁上结成水垢。水垢的传热能力很差，它的热导率低于黄铜 50 倍，低于铸铁 20～30 倍。因此，气缸和气缸盖的热量就不能顺利传给冷却水，这样就容易使机器过热，甚至烧掉润滑油，加速气缸和活塞连杆组等机件的磨损，从而降低内燃机的功率。另外，水垢过多，还能阻塞水管和气缸水道，使冷却水循环困难。因此，河水、湖水、井水和自来水等最好进行软化处理后再使用。

常见的硬水软化方法有以下几种。

（一）蒸馏法

蒸馏法就是将硬水煮沸，但在燃料缺乏的地区实施起来就有一定的困难。

（二）草木灰软化法

草木灰中的碳酸钾与硬水中的碳酸氢钙起化学反应，产生不溶于水的碳酸氢钾和碳酸钙，而使硬水软化。

$$K_2CO_3 + Ca(HCO_3)_2 \longrightarrow 2KHCO_3\downarrow + CaCO_3\downarrow$$

1. 灰袋法

将过筛的草木灰装入布袋中，通常，放入冷却水池或水箱中的草木灰的数量为：1L 水用 4g 草木灰。

2. 草木灰浸出液法

在木桶中加入一份质量的草木灰和九份质量的水，搅拌数次，每隔 20min 搅拌一次，然后沉淀 15h 即可使用，在硬水软化时，浸出液的用量为：100L 硬水用 4L 浸出液。

(三) 硝酸铵软化法

硝酸铵和硬水中的碳酸氢钙起化学反应，生成溶于水的碳酸氢铵和硝酸钙，而使硬水软化。

$$2NH_4NO_3 + Ca(HCO_3)_2 \longrightarrow 2NH_4HCO_3 + Ca(NO_3)_2$$

用硝酸铵软化硬水，不仅可以防止水垢，而且能溶解已形成的水垢。

使用方法：将硝酸铵晶体溶解成硝酸铵溶液，然后加入到冷却水中，每千克的硬水加入 3～4g 硝酸铵。一般发动机每工作 4～5 天，需更换同样处理的新冷却水。

(四) 烧碱软化法

烧碱与硬水中的碳酸氢钙起化学反应，生成溶于水的碳酸钠和不溶于水的碳酸钙而使硬水软化。大约每 10L 水加 6.6g 烧碱（苛性钠）。

$$2NaOH + 2Ca(HCO_3)_2 \longrightarrow Na_2CO_3 + 3H_2O + CO_2\uparrow + 2CaCO_3\downarrow$$

(五) 离子交换法

离子交换法通常用的是离子交换树脂。离子交换树脂是一种不溶性的高分子化合物，它是由交换剂本体和交换基团两部分组成的。交换剂本体是由高分子化合物和交联剂组成的高分子共聚物。交联剂的作用是使高分子化合物组成网状的固体。交换基团是连接在交换剂本体上的原子团，其中含有起交换作用的阴离子和阳离子。如果交换基团中含有可交换的阴离子，则称为阴离子交换树脂，简称阴树脂；如果交换基团中含有可交换的阳离子，则称之为阳离子交换树脂，简称阳树脂。

常用的阳离子交换树脂是苯乙烯系离子交换树脂，如国产 732 号苯乙烯磺酸基阳离子交换树脂。它的本体由苯乙烯高分子聚合物和交联剂二乙烯苯组成，用 R— 表示；它的交换基团是磺酸基（—SO$_3$H），其中 H$^+$ 是能与其他阳离子发生交换的离子，其结构简式为 R—SO$_3$H。

常用的阴离子交换树脂也是以苯乙烯作骨架。例如国产的 711 号苯乙烯季胺阴离子交换树脂，它的交换剂本体也是用苯乙烯和交联剂二乙烯苯聚合而成。它的交换基团是季胺基（≡NCl），用碱处理后成为氢氧型阴树脂（≡NOH），其中 OH$^-$ 是能与其他阴离子发生交换的离子。其结构简式为 R≡NOH。

假设硬水中含有 Ca^{2+}、K$^+$、SO$_4^{2-}$、NO$_3^-$，当其通过阳树脂时发生的交换反应为

$$2R-SO_3H + Ca^{2+} \longrightarrow (R-SO_3)_2Ca + 2H^+$$
$$R-SO_3H + K^+ \longrightarrow R-SO_3K + H^+$$

当其通过阴树脂时，发生的交换反应为

$$2R≡NOH + SO_4^{2-} \longrightarrow (R≡N)_2SO_4 + 2OH^-$$
$$R≡NOH + NO_3^- \longrightarrow R≡NNO_3 + OH^-$$

被交换下来的 H$^+$ 和 OH$^-$ 结合生成 H$_2$O

$$H^+ + OH^- \longrightarrow H_2O$$

由于发生了上述交换反应，则流出树脂的水是软水。

三、水垢的清除

如果冷却系统中已经形成水垢，将严重影响内燃机的冷却效果，应及时地进行清除。其清洗方法有两种。

（一）用酸碱清洗剂清除

清洗剂的配制与使用方法见表 7-1。对于铝合金气缸盖的发动机，不能用酸碱性较大的清洗剂，仅可用表 7-1 中的第四种清洗剂。

表 7-1 清洗液成分及使用方法

类　别	溶　液　成　分		使　用　方　法
1	苛性钠（烧碱） 煤油 水	750g 150g 10L	将溶液过滤后加入冷却系中，停留 10～12h 后，发动机器，怠速运转 10～20min，直到溶液有沸腾现象为止，然后放出溶液，用清水冲洗
2	碳酸钠 煤油 水	1000g 500g 10L	
3	2%～5%盐酸溶液		加入后怠速运转 1h，然后放出。先用碱水冲洗，后用清水冲洗
4	水玻璃 液态肥皂 水	15g 2g 10L	加入后，发动机器至正常温度，保持 1h 后放出，再用清水冲洗

（二）用压力水冲洗

在缺少酸碱清洗剂的情况下，亦可使用有压力的清水来冲洗，但冲水压力不能超过 0.3MPa（3kgf/cm²）。其步骤如下。

① 放出冷却水箱的冷却水，拆下散热器进、出水管，气缸盖出水管、节温器，然后装回气缸盖出水管。

② 用压力不超过 0.3MPa（3kgf/cm²）的清水从气缸盖出水管灌进，冲洗水套，将积垢排除，直至水泵流出水不浑浊为止。

③ 从散热器出水管处将水冲入，排除水垢，直至加水口流出水不浑浊为止。

四、风扇皮带松紧度的检查与调整

风扇皮带不能过紧或过松。过紧会加速皮带磨损，缩短使用寿命，增大了充电机和水泵的拉力，加速了充电机和水泵轴的磨损，同时也增加了内燃机功率的消耗；过松会使皮带打滑，充电机、水泵和风扇的转速降低，影响散热效率，使充电电压降低。因此，皮带过紧或过松时，必须进行调整。

风扇皮带松紧度的检查方法见第一章第四节，若不符合规定值，可旋松充电发电机支架上的固定螺钉，向外移动发电机时，皮带变紧，反之则变松。调好后，将固定螺钉旋紧，再复查一遍，如不符合要求，应重新调整，直至完全合格为止。

五、及时向轴承添加润滑油脂

在发电机组中修、大修及水泵、风扇等处轴承润滑油脂不足时，应及时向水泵、风扇等处轴承注入润滑油脂（黄油），以减少轴承的磨损。

第二节　冷却系统主要机件的检验与修理

冷却系统的主要机件包括水泵、风扇、散热器及节温器等，下面分别讲解它们的检验与修理方法。

一、水泵的检验与修理

水泵的常见失效形式有叶轮轴向松旷、轴与轴承的磨损、水封漏水以及泵壳和叶轮破裂等。

(一) 水泵的拆卸与清洗

水泵的拆卸清洗大致分为以下几步。

① 拆下风扇固定螺钉，取下风扇。

② 拆下风扇皮带轮毂固定螺栓，然后用拉钳或压床将风扇和皮带轮毂自水泵轴上取下。图 7-1 是 4135、6135 直列型柴油机由三角带传动的淡水泵结构示意。

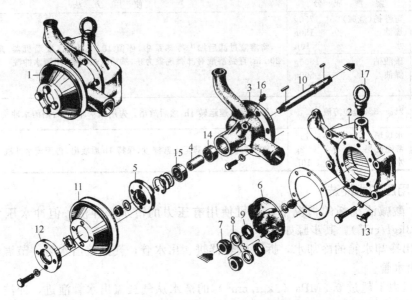

图 7-1　4135、6135 直列型柴油机由三角带传动的淡水泵

1—淡水泵总成；2—涡流壳；3—水泵体；4—轴套；5—接盘；6—叶轮；7—水封体；
8—O 形陶瓷杯；9—O 形衬圈；10—水泵轴；11—皮带盘；12—风扇接盘；13—放水
阀；14—160504 单列向心球轴承；15—160304 单列向心球轴承；16—直通式压
注油杯；17—吊环螺钉；18—水封圈装配部件

③ 拆下叶轮固定螺栓及轴承锁环，再朝叶轮中心向前压出水泵轴，取下叶轮（如果没有压床，也可以用一个比水泵轴外径小的铜棒或铁棒垫上软质金属垫圈用手锤打出。但这时候应注意：用力要适当）。

④ 从叶轮上将水封锁环、胶木垫、橡皮套和弹簧等零件取下。

⑤ 按照清洗要求与方法清洗干净各零件。

(二) 水泵的检验与修理

水泵的检验与修理的内容包括以下六个方面。

1. 检查泵壳与叶轮

泵壳不能有严重裂纹。其裂纹长度不能超过 30mm，而且不能延伸到轴承座孔边缘。若符合上述条件，可用黄铜合金焊条焊修。焊修前还要对泵壳进行预热，以防焊接后变形。若不符合上述条件，就应更换泵壳。叶轮只允许损坏一片，损坏两片以上的也必须更换。

2. 检查水泵轴与叶轮孔的配合情况

水泵轴与叶轮孔是过盈配合，若叶轮与轴配合松旷，应进行修理，其修理工艺一般是用挂锡的方法加大轴的尺寸。其具体技术要求是：叶轮装在轴上后，叶轮端面应高出水泵轴0.1～0.5mm。

3. 查看水泵皮带盘运转时的情况

内燃机运转时，水泵皮带盘不能有严重的摇摆现象。如果有上述现象存在，原因可能有两个：一是轴承松旷，二是皮带盘和锥形套、半圆键磨损。水泵轴与轴承磨损，轴向移动不能超过0.30mm，径向移动不能超过0.05mm，否则应更换新轴承。如果皮带轮的锥形套和半圆键磨损，应更换。

4. 检查水泵壳内的胶木圈座

检查水泵壳内的胶木圈座有没有斑点或磨痕，如果有，可以用锉刀锉光或用车床车光。

5. 检查轴承磨损情况

其径向间隙不能超过0.10mm，轴向间隙不能超过0.30mm，否则应更换新轴承。

6. 检查水封

如果胶木垫磨损起槽、弹簧弹力过软、橡皮套胀大破损等，均应更换新件。如果胶木垫磨损不严重，可以调面或磨平后再用。

（三）水泵的总装与修复后的质量检查

总装与拆卸的步骤刚好相反。装配时，一定要旋紧皮带盘与水泵轴的紧固螺母，其扭矩一般为5～10kgf·m。装配好后，水泵应转动灵活，而且应没有任何渗漏现象。

二、风扇的检验与修理

对于一般使用维护人员来讲，主要注意三个方面的问题。

① 查看风扇梗部有无裂纹，如果有裂纹，应更换或焊修。焊修时应注意，要切实焊修牢固。

② 查看叶片有无松动现象，若有可用重铆叶片的方法修复。

③ 检查风扇叶片的倾斜角，一般而言，风扇叶片的倾斜角为40°～45°，而且每扇叶片的倾斜度应相等。否则，应进行冷压校正。

风扇修理后，为保证风扇运转平稳，须进行静平衡试验。其方法是：将叶轮（叶片和架）固定在专用轴上，放在刀形铁上进行检验，如图7-2所示。检查时，用手轻拨叶片，使带轴的叶轮在刀形铁上转动，待自动停止后，将位于最下面的叶轮做上记号。这样重复几次，如果每次居于下部位置的是同一叶片，则说明该叶片与其他叶片相比要重一些，可用砂轮将其端面或后侧金属磨去少许，使之达到静平衡。风扇叶片的质量差，一般不超过5～10g，带轴的叶轮在刀形铁上转动时，每次停止位于下部位置的叶片可为任意一片，则说明风扇叶片达到了静平衡要求。

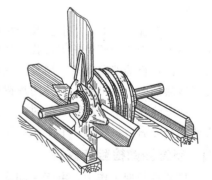

图7-2　风扇与皮带轮毂的静平衡检查

三、散热器的检验与修理

散热器的主要失效形式是漏水。

其主要原因在于：在工作中，风扇叶片折断或倾斜，打坏散热器水管；散热器在支架上固定不牢，工作中受较大振动，使散热器受到损伤；在冬季，散热器水管内因有存水而冻裂；冷却水中的杂质在散热器水管中形成水垢，使管壁遭到腐蚀而破裂等。

（一）漏水的检查

一般来说，散热器经过清洗后，再进行漏水检查。检查时，可采用下面两种方法。

① 将散热器进、出水口堵塞，从溢水管或放水塞部分安装一个接头，打入 $15\sim30kPa$（$0.15\sim0.30kgf/cm^2$）的压缩空气，将散热器放入水池中。若有冒气泡的地方，即为破漏之处。

② 用灌水的方法检查。检查时，把散热器的进、出水口堵塞，从加水口灌满水后，观察是否漏水，为了便于发现细小裂缝，可以向散热器内施加一定压力或使散热器稍加振动，然后仔细观察，破漏处便有水渗出。

（二）焊修散热器

散热器的焊修通常采用锡焊的方法。施焊前先将焊处的油污擦净，再用刮刀刮出新的金属层，然后适当加热，烙铁烧热后在氧化锌溶液中浸一下，再粘以焊锡。粘好后再把焊缝修平，用热水将焊缝周围的氧化锌洗净，防止腐蚀。

1. 上、下水室的焊修

上、下水室破漏不大时，可以直接用焊锡修，如破漏较大时，用紫铜皮焊补。焊补时将铜皮的一面及破漏处先涂上一层焊锡，把铜皮放在漏水处，再用烙铁于外部加热，使焊锡熔化，将其周围焊牢。

2. 散热器水管的焊修

若是散热器外层水管破裂且破口不大时，可将水管附近的散热片用尖嘴钳撕去少许，直接用焊锡补焊。如果破口很大或者中层水管漏水时，则应根据具体情况，分别采用卡管、堵管、接管和换管的方法灵活处理。但是卡管和堵管的数量不得超过总管数的 10%，以免影响散热器的散热效果。

（1）卡管　当散热器的外层水管破口较大或者破漏在水管背面时，可用卡管的方法焊修。其方法是：将破漏水管附近的散热片撕去，剪去一段破漏水管，再将下端水管的断口处和上端水管靠近上水室的位置焊死。

（2）补管　外水管的破口较大，用焊锡填焊不能修复时，则用补管焊修。补管时，将选好的薄铜皮一面和破漏处分别镀一层薄焊锡，把薄铜皮紧贴在破漏处，用加热的烙铁将其边缘焊牢。

（3）换管　使上、下水室及破裂水管两端脱焊，并将内部整形，用一根铜质扁条（其截面稍小于水管孔径而稍长于水管）加热至暗红色插入破水管内，使水管与散热片脱焊，用平口钳夹住水管端部和铜条，顺着散热片翻口的方向抽出，然后再将铜条插入新水管，将水管装回散热器中，抽出铜条，并用焊锡分别将新水管两端及上、下水室焊牢。

如散热器的中层水管破漏时，则需将上、下水室用喷灯火焰加热脱焊后拆除，将破漏水管两端焊好后，再将上、下水室焊复。

四、节温器的检验与修理

机器在长期工作中，由于冷却水对节温器的腐蚀作用，或者因为其他原因，会使节温器产生故障而失灵，不能自动控制进入散热器的冷却水量，造成机温过高。一般来说，节温器在 10min 内不能将水温控制到规定的数值的话，就说明节温器已经损坏。下面介绍检验节温器的方法。

其检验方法如图 7-3 所示，将节温器清洗干净放入盛有水的杯中，此时，要注意的是不

能把节温器放入杯底。在烧杯中再放一只温度计，逐渐加温。用温度计测量水在阀门开始开

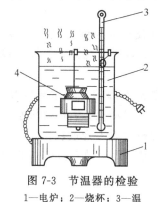

图 7-3 节温器的检验
1—电炉；2—烧杯；3—温
度计；4—节温器

启时的温度以及节温器完全开放时的温度。好的节温器，阀门在 68～72℃时开始开启，在 80～83℃时应完全开启，而且主阀门开启的高度不应低于规定值。如果不符合上述要求，则说明节温器失效，应查明原因，予以更换或修复。

各机型使用的节温器主阀门的初开温度与全开温度出厂时均有规定，虽然数值不完全相等，但一般来说是相差不多的。节温器的主阀门初开、全开规定温度数若查不到时，可根据测量时的初开温度来确定全开温度数值。例如某机器节温器主阀门初开温度为 65.5℃，那么，其全开温度应为 82.5℃，因主阀门全开与初开温度之差值一般是 13～17℃。各种节温器的主阀门开放温度如较规定值超出或低落 17℃时，应重换新品。

节温器的衬垫如有损坏，应更换新品。节温器的折叠式膨胀筒如破裂或腐蚀破漏，一般应更换。但在没有配件的情况下，可对碰撞、裂缝而渗漏的节温器进行修复。其修复方法是：先将渗漏处用锡焊修补好，然后再在膨胀筒上方用注射器注入酒精或乙醚 20cm³，再将节温器放入热水中，待酒精膨胀后排除空气，接着用焊锡将注射处焊牢封闭，施焊时动作要快，以防酒精蒸发。

第三节　冷却系统常见故障检修

内燃机在工作中，冷却系统常发生的故障有三种：机体温度过高、异常响声和漏水。

一、内燃机温度过高

（一）现象

① 水温表指示超过规定值（内燃机正常水温不大于 90℃）。

② 散热器内的冷却水很烫，甚至沸腾。

③ 内燃机功率下降。

④ 内燃机（尤其是汽油机）不易熄火。

（二）原因

内燃机温度过高的原因很多，涉及很多系统，其原因主要如下。

① 漏水或冷却水太少。

② 风扇皮带过松。

③ 风扇叶片角度安装不正确或风扇叶片损坏。

④ 水泵磨损、漏水或其泵水能力降低。

⑤ 内燃机在低速超负荷下长期运转。

⑥ 喷油时间（或点火时间）过晚。

⑦ 节温器失灵（主阀打不开）。

⑧ 分水管堵塞。

⑨ 水套内沉积水垢太多，散热不良。

（三）排除方法

① 首先检查内燃机是否有漏水之处和水箱是否缺水，然后检查其风扇皮带的松紧度，

如果风扇皮带不松，则检查风扇叶片角度安装是否正确、风扇叶片是否损坏以及水泵的磨损情况及泵水能力。

② 检查内燃机是否在低速超负荷下长期运转，其喷油时间（或点火时间）是否过晚，内燃机的喷油时间（或点火时间）过晚的突出特点是：排气声音大，尾气冒黑烟，机器运转无力，功率明显下降。

③ 检查内燃机节温器是否失灵。节温器失灵的特点是：内燃机内部的冷却水温度高，而散热器内的水温低。这时可将节温器从内燃机中取出，然后再启动发动机，若内燃机水温正常，可判定为节温器失效。若水箱管道有部分堵塞，也会使内燃机水温上升过快。

④ 如果散热器冷却水套内水垢沉积太多或分水管不起分水作用，用手摸气缸体则有冷热不均的现象。

二、异常响声

（一）现象

内燃机工作时，水泵、风扇等处有异常响声。

（二）原因

① 风扇叶片碰击散热器。

② 风扇固定螺钉松动。

③ 风扇皮带轮毂或叶轮与水泵轴配合松旷。

④ 水泵轴与水泵壳轴承座配合松旷。

（三）排除方法

① 检查散热器风扇窗与风扇的间隙是否一致，不一致时，松开散热器固定螺钉进行调整。如因风扇叶片变形等原因碰擦其他地方，应查明原因后再排除。

② 若响声发生在水泵内，则应拆下水泵，查明原因进行修复。

三、漏水

（一）现象

① 散热器或内燃机下部有水滴漏。

② 机器工作时风扇向四周甩水。

③ 散热器内水面迅速下降，机温升高较快。

（二）原因

① 散热器破漏。

② 散热器进出水管的橡皮管破裂或夹子螺钉松动。

③ 放水开关关闭不严。

④ 水封损坏、泵壳破裂或与缸体间的垫片损坏。

（三）排除方法

一般而言，内燃机的漏水故障可通过眼睛观察，发现故障所产生的部位。若水从橡皮管接头处流出，则一定是橡皮管破裂或接头夹子未上紧，这时，可用旋具将橡皮管接头夹子螺钉拧紧，如果接头夹子损坏，则需更换。如果没有夹子，可暂时用铁丝或粗铜丝绑紧使用。橡皮管损坏，则应更换，也可临时用胶布把破裂之处包扎起来使用。在更换橡皮管的时候，为了便于插入，可在橡皮管口内涂少量黄油。

如果水从水泵下部流出，一般是水泵的水封损坏或放水开关关闭不严，应根据各种机器的结构特点，灵活处理。

复习思考题 ◄◄◄

1. 内燃机冷却系统中为什么要加入软水？怎样进行硬水的软化处理？
2. 怎样清除冷却系统中的水垢？
3. 风扇皮带过紧或过松有什么坏处？怎样检查其松紧度？
4. 简述散热器漏水的检验方法。
5. 怎样检验节温器的技术状况？
6. 内燃机过热的原因有哪些？怎样进行排除？

第八章
启动系统的检验与修理

内燃发动机借助于外力由静止状态转入工作状态的全过程，称为内燃机的启动过程。完成启动过程所需要的一系列装置，称为启动系统或启动装置。它的作用是提供启动能量，驱使曲轴旋转，可靠地实现内燃机启动。

内燃机启动系统的工作性能主要是指能否迅速、方便、可靠地启动；低温条件下能否顺利启动；启动后能否很快过渡到正常运转；启动磨损占内燃机总磨损量的百分数以及启动所消耗的功率等。这些性能对内燃机工作的可靠性、使用方便性、耐久性和燃料经济性等有很大影响。在启动系统中，动力驱动装置用于克服内燃机的启动阻力，启动辅助装置是为了使内燃机启动轻便、迅速和可靠。

内燃机启动时，启动动力装置所产生的启动力矩必须能克服启动阻力矩（包括各运动件的摩擦力矩、驱动附件所需力矩和压缩气缸内气体的阻力矩等）。启动阻力矩主要与内燃机结构尺寸、温度状态及润滑油的黏度等有关。内燃机的气缸工作容积大、压缩比高时，阻力矩大；机油黏度大，阻力矩也大。

为保证内燃机顺利启动的最低转速，称为启动转速。启动时，启动动力装置还必须将曲轴加速到启动转速。启动转速的大小随内燃机型式的不同而不同。对于内燃发动机，为了保证柴油雾化良好和压缩终了时的空气温度高于柴油的自燃温度，要求有较高的启动转速，一般为150～300r/min。

柴油发电机组的启动方法通常有以下四种。

（1）人力启动 小功率内燃机广泛采用人力启动，这是最简单的启动方法。常用的人力启动装置有拉绳启动和手摇启动。

小型移动式内燃机（1～3kW）广泛采用拉绳启动。启动绳轮装在飞轮端，或在飞轮上设有绳索槽，绳轮的边缘开有斜口。启动时，将绳索的一头打成结，勾在绳轮边缘的斜口上，并在绳轮上按曲轴工作时的旋转方向绕2～3圈，拉动后，绳索自动脱离启动绳轮。

手摇启动一般用于3～12kW的小型内燃发动机。手摇启动装置利用手摇把直接转动曲轴，使内燃机启动。这种方法比较可靠，但劳动强度大且操作不便。手摇启动的小型内燃发动机通常设有减压机构，以减小开始摇转曲轴时的阻力，减压可以用顶起进气门、排气门或在气缸顶上设一个减压阀的方法来达到。功率大于12kW的内燃发动机，难以用手摇启动的方法启动，所以也没有手摇装置。

（2）电动机启动 直流电动机启动广泛应用于各种车用发动机和中小功率的柴油发电机组。这种启动方法是用铅酸蓄电池供给直流电源，由专用的直流启动电动机拖动内燃机曲轴旋转，将内燃机发动。这种启动系统具有结构紧凑、操作方便、可远距离操作等优点。其主要缺点是启动时要求供给的启动电流较大（一般为200A以上），铅酸蓄电池容量受限，使用寿命较短，重量大，耐震性差，环境温度低时放电能力会急剧下降，致使电动机输出功率减小等。GB/T 1147.2 中小功率内燃机　第2部分：试验方法中规定，启动电机每次连续工作时间不应超过10s，每次启动的间隔时间不少于2min，否则有可能将直流启动电机烧坏。

（3）压缩空气启动　缸径超过150mm的大、中型内燃机常用压缩空气启动。目前主要采用将高压空气经启动控制阀通向凸轮轴控制的空气分配器，再由空气分配器按内燃机工作顺序，在做功冲程中将高压空气供给到各缸的启动阀，使启动阀开启，压缩空气流入气缸，推动活塞、转动曲轴达到一定转速后，停止供气，操纵喷油泵供油，内燃机就被启动。储气瓶输出空气压力对低速内燃机为2～3MPa，对高速内燃机为2.5～10MPa。此启动方法的优点是启动力矩大，可在低温下保证迅速、顺利地启动内燃机，缺点是结构复杂、成本高。康明斯 KTA-2300C 型柴油机采用另一种压缩空气启动方法，它利用高压空气驱动叶片转子式马达，通过惯性传动装置带动柴油机飞轮旋转。

（4）用小型汽油机启动　某些经常在野外、严寒等困难条件下工作的大、中型工程机械及拖拉机内燃机，有时采用专门设计的小型汽油机作为启动机。先用人力启动汽油机，再用汽油机通过传动机构启动内燃机。启动机的冷却系统与主机相通，启动机发动后，可对主机冷却水进行预热；启动机的排气管接到主机进气管中，可对主机进气进行预热。此法可保证内燃机在较低环境温度下可靠地启动，且启动的时间和次数不受限制，有足够的启动功率，适用于条件恶劣的环境下工作。但其传动机构较复杂，操作不方便，内燃机总重及体积也增大，机动性差。

对于不同类型的内燃机，GB/T 1147.1—2007 中小功率内燃机　第1部分：通用技术条件的规定，不采取特殊措施，内燃机能顺利启动的最低温度为：电启动及压缩空气启动的应急发电机组及固定用柴油机不低于0℃；人力启动的柴油机不低于5℃。

以上四种常用的启动方法，在柴油发电机组中应用最为普遍的是电动机启动系统。本章着重介绍启动系统的检验与修理。

内燃机的启动系统主要由启动电机、蓄电池、充电发电机、调节器、照明设备、各种仪表和信号装置等组成。本章主要介绍直流电动机、蓄电池、充电发电机、调节器及内燃机的指示仪表。图8-1所示为 12V135G 型柴油机启动系统图。

当电钥匙（电锁）JK拨向"右"位并按下启动按钮KC时，启动电机D的电磁铁线圈接通，电磁开关吸合，蓄电池 B_1 的正极通过启动电机D的定子和转子绕组与蓄电池 B_2 的负极构成回路。在电磁开关吸合时，启动电机的齿轮即被推出，与柴油机启动齿圈啮合，带动曲轴旋转而使柴油机启动。柴油机启动后，应立即将电钥匙拨向"左"位，切断启动控制回路的电源，与此同时，硅整流充电发电机L的正极通过电流表A，一路通过电钥匙JK和硅整流发电机的调节器P，经硅整流发电机L的磁场回到硅整流发电机L的负极；另一路经蓄电池 B_1 的正极，再通过蓄电池 B_2 和启动电机的负极，回到硅整流充电发电机L的负极，构成充电回路。当柴油机达到 1000r/min 以上时，硅整流充电发电机L与调节器P配合工作，开始向蓄电池 B_1 和 B_2 充电，并由电流表A显示出充电电流的大小。柴油机停车后，由于硅整流发电机调节器内无截流装置，应将电路钥匙拨到中间位置，这样能切断蓄电池与硅整流发电机励磁绕组的回路，防止蓄电池的电流倒流至硅整流发电机的励磁绕组。

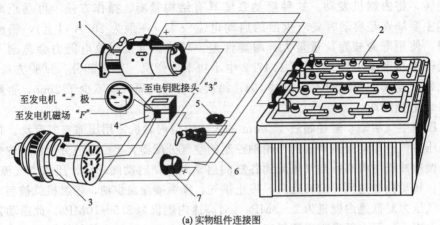

(a) 实物组件连接图

1—启动电机D；2—蓄电池B；3—硅整流发电机L；4—调节器P；5—启动按钮KC；

6—电钥匙JK(电锁)；7—充电电流表A

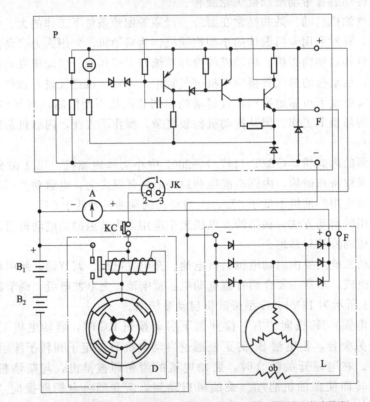

(b) 接线原理图(电路电压为24V双线制，即启动电源的正负极均与机壳绝缘)

图 8-1　12V135G 型柴油机启动充电系的实物组件和线路原理图

第一节　启动电机的检验与修理

启动电机的功率一般为 0.6～10kW，选配启动电机时，要根据内燃机的功率等级、启动转矩等因素，选用相应功率等级的启动电机，内燃发动机说明书中均规定了应选用的启动电机型号。要求启动用的蓄电池电压一般为 12V 或 24V，一定要按照启动电机的要求配备相应等级电压和一定容量的蓄电池。

一、启动电机的构造

当操作人员按下电启动系统的启动按钮时，电磁开关通电吸合，控制启动电机和齿轮啮入飞轮齿圈，带动内燃机启动。启动电机轴上的啮合齿轮，只有在启动时才与内燃机曲轴上的飞轮齿圈相啮合，而当内燃机达到启动转速运行后，启动电机应立即与曲轴分离，否则当内燃机转速升高，会使启动电机大大超速旋转，产生很大的离心力而损坏。因此，启动电机必须安装离合机构。启动电机由直流电动机、离合机构及控制开关等组成。

1. 直流电动机

直流电动机是输出转矩的原动力，其结构多数采用四极串励电动机。这种电动机在低速时输出转矩大，过载能力强。

图 8-2 所示为 ST614 型电磁操纵式启动机的结构图。它由串励式直流电动机作启动机，其功率为 5.3kW，电压为 24V。此外，还有电磁开关和离合机构等部件。

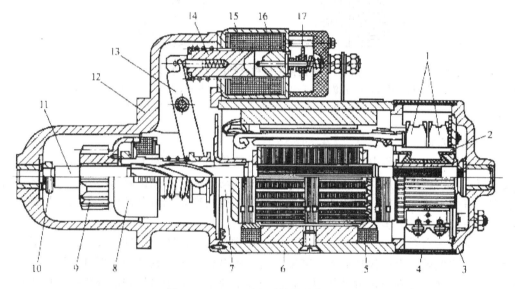

图 8-2　ST614 型电磁操纵式启动机

1—电刷；2—换向片；3—前端盖；4—换向器罩；5—磁极线圈；6—机壳；7—啮合器滑套止盖；
8—摩擦片啮合机构；9—啮合齿轮；10—螺母；11—启动机轴；12—后端盖；13—驱动杠杆；14—牵引铁芯；
15—牵引继电器线圈；16—保持线圈；17—启动开关接触盘

图 8-3 为电磁操纵机构启动机电气接线图。启动时，打开电路锁钥（即电路开关），然后按下启动按钮 4，电路接通，于是电流通入牵引电磁铁的两个线圈，即牵引电磁铁线圈和保持线圈，两个线圈产生同一方向的磁场吸力，吸引铁芯左移，并带动驱动杠杆 8 摆动，使启动机的齿轮与飞轮齿圈进行啮合。铁芯 1 继续向左移，于是启动开关 5 触点闭合，启动直流电动机电路接通，直流电动机开始运转工作，同时启动开关使与之并联的牵引继电器线圈短路，牵引继电器由保持线圈所产生的磁场吸力保持铁芯位置不动。

启动后，应及时松开启动按钮，使其回到断开位置，并转动电路锁钥，切断电源，以防启动按钮卡住，电路切不断，牵引继电器继续通电。此时，由于电路已切断，保持线圈磁场消失，在复位弹簧的作用下，铁芯右移复原位，直流电动机断电停转。同时，齿轮驱动杠杆也在复位弹簧的作用下，使齿轮退出啮合。

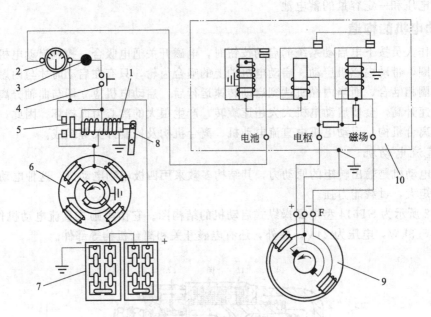

图 8-3　电磁操纵机构启动机电气连接图

1—牵引继电器铁芯；2—电流表；3—电路锁钥；4—启动按钮；5—启动开关；6—启动机；
7—蓄电池组；8—启动驱动杠杆；9—发电机；10—发电机调节器

2.离合机构

离合机构的作用是将电枢的转矩通过启动齿轮传到飞轮齿圈上，电动机的动力能传递给曲轴，以启动内燃机。启动后，电动机与内燃机自动分离，以保护启动电机不致损坏。离合机构主要有弹簧式和摩擦片式两种。中小功率内燃机的启动机离合机构大多采用弹簧式，大功率内燃机的启动机大多采用摩擦片式离合机构。

（1）弹簧式离合机构　目前 4135 和 6135 型柴油机配用的 ST614 型启动机采用弹簧式离合机构。弹簧式离合机构较简单，套装在启动机电枢轴上，其结构如图 8-4 所示。驱动齿轮的右端活套在花键套筒左端的外圆上，两个扇形块装入齿轮右端相应缺口中并伸入花键套筒左端的环槽内，这样齿轮和花键套筒可一起做轴向移动，两者可相对滑转。离合弹簧在自由状态下的内径小于齿轮和套筒相应外圆面的直径，安装时紧套在外圆面上，启动时，启动

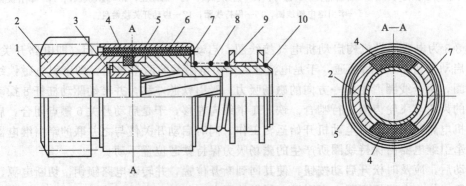

图 8-4　弹簧式离合机构

1—衬套；2—启动机驱动齿轮；3—限位套；4—扇形块；5—离合弹簧；6—护套；
7—花键套筒；8—弹簧；9—滑套；10—卡环

机带动花键套筒旋转，有使离合弹簧收缩的趋势，由于离合弹簧被紧箍在相应外圆面上，于是，启动机扭矩靠弹簧与外圆面的摩擦传给驱动齿轮，从而带动飞轮齿圈转动。当柴油机启动后，齿轮有比套筒转速快的趋势，弹簧胀开，离合齿轮在套筒上滑动，从而使齿轮与飞轮齿圈脱开。

（2）摩擦片式离合机构　摩擦片式离合机构的结构如图8-5所示。这种离合机构的内花键壳9装在具有右旋外花键套上，主动片8套在内花键毂9的导槽中，而从动片6与主动片8相间排列，旋装在花键套10上的螺母2与摩擦片之间，装有弹性垫圈3、压环4和调整垫片5。驱动齿轮右端的鼓形部分有一个导槽，从动片齿形凸缘装入此导槽之中，最后装卡环7，以防止启动机驱动齿轮1与从片松脱。离合机构装好后摩擦片之间无压紧力。

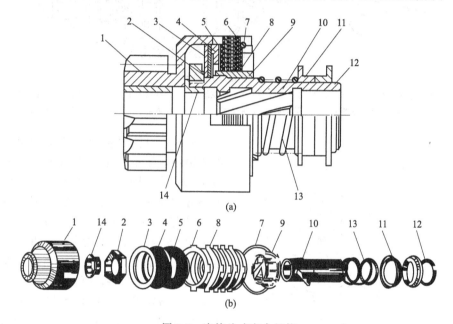

图 8-5　摩擦片式离合机构

1—启动机驱动齿轮；2—螺母；3—弹性垫圈；4—压环；5—调整垫片；6—从动片；7—卡环；8—主动片；
9—内花键毂；10—花键套；11—滑套；12—卡环；13—弹簧；14—限位套

启动时，花键套10按顺时针方向转动，靠内花键毂9与花键套10之间的右旋花键，使内花键壳在花键套上向左移动，将摩擦片压紧，从而使离合机构处于接合状态，启动机的扭矩靠摩擦片之间的摩擦传给驱动齿轮，带动飞轮齿圈转动。发动机启动后，驱动齿轮相对于花键套转速加快，内花键壳在花键套上右移，于是摩擦片便松开，离合机构处于分离状态。

该离合机构摩擦力矩的调整依靠调整垫片5，以改变内花键壳端部与弹性垫圈之间的间隙，控制弹性垫圈的变形量，从而调整离合机构所能传递的最大摩擦力矩。

3. 电磁式启动开关

电启动系统主要有电磁式和机械式两种控制开关。其中电磁开关是利用电磁的吸力带动拨叉进行启动的，其构造与线路连接如图8-6所示。

启动内燃机时，按下开关2，此时电路为：蓄电池→开关2→接线柱5→吸铁线圈7→接线柱6→发电机→搭铁→蓄电池。流经吸铁线圈7的电流使铁芯磁化，产生吸力，将动触点8吸下，与静触点9闭合，此时流经启动开关的电路为：蓄电池→接线柱4→动触点8→静触点9→保持线圈12→吸引线圈11→接线柱3→启动机线路（图8-7，启动电机的线路为：

接通开关后，蓄电池的电流如箭头所示，经励磁线圈 6、碳刷 3、整流子 2、电枢线圈 1、整流子 2 和碳刷架 4，经接地线流回蓄电池负极）→搭铁→蓄电池。

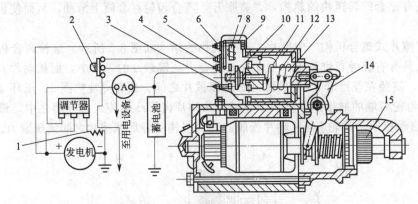

图 8-6 电磁式启动开关

1—发电机励磁线圈；2—开关；3～6—接线柱；7—吸铁线圈；8—动触点；9—静触点；10—复位弹簧；
11—吸引线圈（粗线圈）；12—保持线圈（细线圈）；13—活动铁芯；14—拨叉；15—启动齿轮

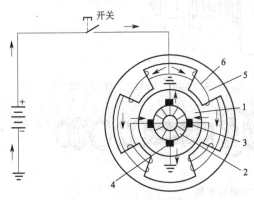

图 8-7 启动电机线路

1—电枢线圈；2—整流子；3—碳刷；
4—碳刷架；5—磁极；6—励磁线圈

此时，电流虽流经直流电动机，但由于电流很小，不能使电动机旋转；而流过吸引线圈和保持线圈的电流方向一致，所产生的磁通方向也一致，因而合成较强的磁力，将活动铁芯 13 吸向左方，并带动拨叉 14 使启动齿轮 15 与飞轮齿圈啮合。与此同时，推动铜片向左压缩复位弹簧 10。当活动铁芯移到左边极端位置时，铜片将接线柱 3 和接线柱 4 间的电路接通。此时，大量电流流入直流电动机线路，电动机旋转，进入启动状态。

启动后，松开开关 2，吸铁线圈 7 中的电流被切断，铁芯推动吸力，动触点 8 跳开，切断经动触点 8 和静触点 9 流过保持线圈和吸引线圈的电流。此时开关中的电路：蓄电池→接线柱 4→铜片→接线柱 3→吸引线圈 11→保持线圈 12→搭铁→蓄电池。

由于吸引线圈和保持线圈中的电流方向相反，它们所产生的磁通方向也相反，磁力互相抵消，对活动铁芯产生吸力，活动铁芯在复位弹簧作用下带动启动齿轮回到原位，将接线柱 3 和接线柱 4 间的电路切断，电动机停止工作。

二、启动机使用与维护

1. 使用注意事项

① 内燃机每次启动连续工作时间不应超过 10s，两次启动之间的间隔时间应在 2min 以上，防止电枢线圈过热而烧坏。如 3 次不能启动成功，则应查明原因后再启动。

② 当听到驱动齿轮高速旋转且不能与齿圈啮合时，应迅速松开启动按钮，待启动机停止工作后，再进行第二次启动，防止驱动齿轮和飞轮齿圈互相撞击而损坏。

③ 在寒冷地区使用柴油发电机组供电时，应换用防冻机油。启动时，还应用"一"字长柄旋具在飞轮检视孔处扳动飞轮齿圈几周后，再进行启动。

④ 机组启动后，应迅速松开其启动按钮，使驱动齿轮退回到原来位置。

⑤ 机组在正常工作中严禁再次按压内燃机启动按钮。

⑥ 应定期在启动机前、后盖衬套内添加润滑脂，防止发生干摩擦损坏轴与衬套。

2. 拆卸步骤

柴油发电机组配用的最常见启动机型号为 ST614，其实物外形及相关零部件名称如图 8-8 所示。下面以 ST614 型启动机为例，介绍其拆卸步骤：

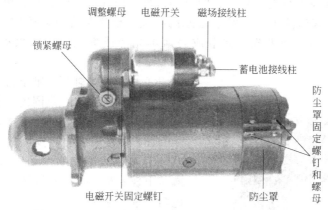

图 8-8　ST614 型启动机实物外形及相关零部件名称

① 将启动机外部的油污擦净，用旋具和开口扳手拆下后端盖上的防尘罩；

② 拆卸连接励磁线圈与电刷架铜条的固定螺钉并取出全部电刷；

③ 拆卸连接启动机前、后端盖的两根长螺栓，并取下后端盖；

④ 用梅花扳手拆卸启动机壳体上与电磁开关的连接铜条，然后将前端盖连同电枢一起从壳体内取出；

⑤ 从前端盖上拆下固定中间支承板上的两个固定螺钉，然后拆下拨叉在前端的偏心螺钉，再从前端盖中取出电枢和驱动机构；

⑥ 拆下电枢轴前端盖上的止推螺母（图 8-9），取下驱动齿轮总成；

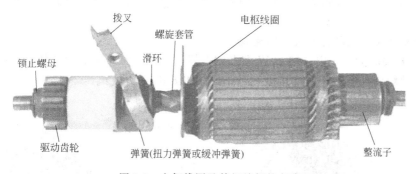

图 8-9　电枢线圈及其相关部件名称

⑦ 用梅花扳手或开口扳手拆下固定电磁开关的两个螺钉并取下电磁开关。

3. 主要部件的检验

（1）电刷和电刷架的检验　电刷高度一般为 20mm 左右。若磨损量超过原高度的 1/2，则应更换同型号新电刷，更换新电刷后，要保证电刷工作面与整流子的接触面积达到 75％ 以上，而且在电刷架内不允许有卡滞现象。若接触面不符合技术要求，可用 "0" 号细砂纸垫在整流子表面，对电刷工作面进行研磨，磨成圆弧状接触面。电刷导线的固定螺钉要拧紧，不允许有松动现象。电刷弹簧的压力应为 (1.3±0.25) kg·f/cm²；否则，应更换或调整电刷弹簧。电刷架在后端盖上要安装固定好，不允许有松动现象。

（2）电枢的检验

① 电枢线圈及其相关部件实物外形如图 8-9 所示。电枢线圈若出现短路、断路和轴搭铁现象时，可用万用表电阻挡进行检测。

② 整流子表面应无烧损、划伤、凹坑和云母片凸起等缺陷。对整流子表面上的污物，应用柴油或汽油将其清洗干净。对于松脱的接头，要用锡焊重新焊牢。若整流子表面出现较严重的烧损、磨损和划伤，并造成表面不光滑或失圆时，可根据具体情况修复或更换。

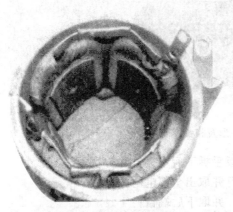

图 8-10 磁场线圈实物图

③ 电枢两端轴颈与轴承衬套的配合间隙应控制在 0.04～0.15mm 范围内。若测量出的间隙值超过 0.15mm 时，应更换新衬套。

（3）磁场线圈的检验

① 磁场线圈实物图如图 8-10 所示。磁场线圈若出现短路、断路和搭铁现象时，可用万用表电阻挡进行检测。

② 若磁极铁芯、线圈出现松动或因其他原因造成损坏后，可将旧绝缘稍加处理，用布带重新包好，再进行绝缘处理即可。

③ 在检查中，若发现有断路或短路线圈时，一般要更换新线圈或重新绕制。

（4）后端盖的检验　在后端盖的 4 个电刷架中，有两个与盖体绝缘，另外两个与盖体搭铁，相邻两个电刷架之间的绝缘值应大于 0.5MΩ。若绝缘值过小，应查明原因。

（5）驱动机构的检验　驱动机构的相关部件参见图 8-9。驱动机构一般应检查拨叉是否损坏，扭力弹簧是否存在折断、裂纹和弹力下降，驱动齿轮的齿牙是否损坏及在轴上转动是否灵活等。

（6）电磁开关（或磁力开关）的检验

① 电磁开关的拆卸　用一把 20W 左右的电烙铁焊开电磁开关的两个焊点，拧下固定螺钉，取出活动触头（电磁开关及其相关部件名称如图 8-11 所示）。

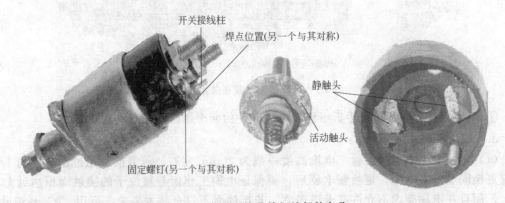

图 8-11 电磁开关及其相关部件名称

② 电磁开关的检验 电磁开关的活动触头和两个静触头的表面应光滑平整，无烧损现象。若有烧损和不平时，可用细砂纸磨平。两个静触头的高度要一致，防止出现接触不良现象。

用万用表电阻挡检查吸拉线圈和保持线圈是否有断路或短路现象。在正常情况下，吸拉线圈（外层较粗的导线）的电阻值应在 $0.6 \sim 0.8\Omega$ 之间，保持线圈（内层较细的导线）的电阻值应在 $0.8 \sim 1.0\Omega$ 之间。若测量的电阻值过大或过小，应查明原因。

4. 装配注意事项及其试验方法

（1）启动机的装配 启动机的装配步骤要按拆卸时相反的顺序进行，注意事项如下。

① 各衬套、电枢轴颈、键槽等摩擦部位要涂少量润滑脂。各种垫片不要遗漏，并按顺序装配好。

② 外壳与前、后端盖结合时，要找准定位孔后再装配两根长螺栓并拧紧。

③ 在装配电磁开关时，一定要按技术要求装配衔铁。装配衔铁后，要用手拉动，以确定是否装牢。衔铁拉杆与拨叉安装正确无误后，再安装电磁开关并拧紧两个固定螺钉。

④ 带有绝缘套的电刷，要按技术要求安装在绝缘电刷架内。

⑤ 启动机装复后，用旋具拨动驱动齿轮时，应转动灵活，无卡滞现象。若电枢的轴向间隙过小或过大，可用改变轴的前、后端盖垫片厚度的方法进行调整。

⑥ 启动机装配完毕后，还应检查和调整启动机齿轮与锁紧螺母的间隙。检查时，将衔铁推到底，这时驱动齿轮与锁紧螺母之间的间隙应该在 $1.5 \sim 2.5mm$ 的范围内，当其间隙值过大时，会导致驱动齿轮不能完全与飞轮齿圈结合；当其间隙值过小时，会损坏启动机端盖。若间隙值不符合技术要求，可通过调整启动机上的调整螺钉来达到要求，调整后要拧紧锁紧螺母（图 8-8）。

（2）启动机的试验 启动机装配完毕后，一般应在内燃机上进行试验。试验时，要用电量充足的蓄电池，试验合格的启动机应满足下列条件：

① 内燃机启动时，启动机的动力应很足，而且无异常杂声；

② 电刷与整流子处应无强烈的火花；

③ 启动时，不允许驱动齿轮出现高速旋转和齿轮撞击飞轮齿圈的金属响声。

三、启动机常见故障检修

1. 启动机不转动的故障

按照内燃机的启动步骤合上接地开关，打开电启动钥匙，按压启动按钮。启动机不转动的故障一般有两种情况：一种是能听到电磁开关吸合的动作响声，但启动机不转动；另一种就是电磁开关不吸合，启动机不转动。前者产生的原因可能是由于蓄电池电量不足、启动线路接触不良或启动机本身故障所致。后者除了上述因素以外，可能还与启动开关电路、电磁开关或直流电动机的故障有关。其检查判断方法如下。

① 检查蓄电池接线柱、启动线路、直流电动机电刷部位和电磁开关等部件，在启动内燃机时有无冒烟、异常发热和不正常响声等现象。若有异常现象，则应重点检查该部件的工作情况。

② 检查启动保险丝有无熔断。

③ 检查启动线路的各个接头部位是否紧固，如蓄电池接线柱、电磁开关接线柱和启动开关接线柱等。

④ 用万用表直流电压挡检查蓄电池在启动内燃机前和启动内燃机过程中的电压降。若

启动前测得的电压小于 12.5V，则说明蓄电池的电量不足；若测得的电压大于 12.5V，而在启动时的电压下降在 1.5V 以上时，则说明蓄电池存电不足。

⑤ 检查启动电路是否存在故障。其检查方法是用中号螺丝刀将电磁开关的蓄电池接线柱和开关接线柱短路（图 8-12）。若短路后电磁开关吸合且启动机运转正常，则说明在电磁开关以外的启动线路有故障，如启动钥匙开关或启动按钮接触不良、线路接头接触不良等。若短路后电磁开关仍不吸合，则说明电磁开关或启动机内部可能有断路故障。

⑥ 用旋具再将蓄电池接线柱和磁场接线柱短路（图 8-13）。若启动机正常运转，则说明电磁开关内部有故障，应拆下电磁开关，检查电磁开关内部的活动触头和两个静触头的烧损情况及磁力线圈是否烧损等。如果启动机仍不运转，且在短路时无火花出现，则说明启动机内部出现断路故障；若有火花出现，则说明启动机内部出现短路现象，应将启动机拆下后进行修理。

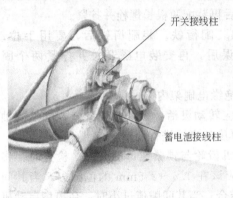
图 8-12　将蓄电池接线柱和开关接线柱短路

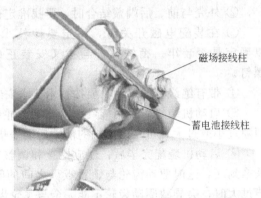
图 8-13　将蓄电池接线柱和磁场接线柱短路

2. 启动机运转无力的故障

内燃机启动时，曲轴时转时不转或转动较慢，使内燃机不能进入到自行运转状态。造成这种故障主要是由于蓄电池电量不足、启动阻力过大或电磁开关内部活动触头和静触头烧损后出现接触不良等所致。其检查方法如下。

① 检查蓄电池的电量是否充足。

② 检查电刷与整流子（或换向器）的接触情况。正常情况下，电刷底部表面与换向器的接触面应在 85% 以上。若不符合技术要求，则应更换新电刷。

③ 检查整流子（或换向器）是否有烧损、划伤、凹坑等现象。若整流子表面污物比较多，则用柴油或汽油清洗干净。若有严重烧损、磨损和划伤，造成表面不光滑或失圆时，可视情况修理或更换。修理时，可用车床车削加工整流子，并用细砂布抛光。

④ 检查电磁开关内部的活动触头和两个静触头的工作表面。若活动触头和静触头有烧损现象而导致启动机运转无力时，可用细砂纸将活动触头和静触头磨平。

3. 启动机驱动齿轮高速旋转且不能与飞轮齿圈啮合

内燃机在启动时，能听到电磁开关吸合的动作响声和驱动齿轮的高速旋转声，但内燃机飞轮不转动。这种故障一般是由于驱动齿轮和飞轮齿圈没有啮合，或启动机驱动齿轮打滑所造成的。其检修方法如下。

① 若遇到这种故障，应再进行第二次甚至第三次启动。若不能排除故障，则应用平口螺丝刀调整启动机电磁开关左下端的调整螺钉，使驱动齿轮与飞轮齿圈相啮合。若经过上述调整，故障仍未被排除，则应拆卸启动机，对飞轮齿圈、启动机内部的驱动齿轮等零件进行检查。

② 若经过检查，启动机的驱动齿轮和飞轮齿圈质量完好，而且在启动时两者不能够啮合在一起，启动机仍然出现空转且有一种金属碰撞响声，则应对启动机进行分解。若分解后发现拨叉两凸块之间的距离过大而导致驱动机构无法拨动到位时，应用手按压以减小两凸块之间的距离。若凸块磨损严重或一边的凸块损坏时，可用焊修的方法进行处理。

③ 若拨叉距离适当，驱动齿轮又能与飞轮齿圈相互啮合，但启动机仍然出现高速空转时，应用一只手握住电枢，另一只手转动驱动齿轮。若顺时针能够转动而逆时针不能转动时，则说明驱动机构工作良好；若顺时针和逆时针均能转动时，则说明驱动机构损坏，应更换新件。

4. 松开启动按钮后，驱动齿轮无法从飞轮齿圈上脱开

内燃机启动后，松开启动按钮，启动机内部的驱动齿轮不能与飞轮齿圈脱开的原因是启动电路失去控制，如内燃机启动后，虽然松开启动按钮，但启动电路并没有断开，导致电流仍然通过启动机。另一种情况是内燃机启动后，启动电路已断开，但驱动齿轮不能从飞轮齿圈上退出来而被齿圈带着高速旋转。使用维护人员遇到这种情况时，应迅速停止内燃机运转并断开内燃机接地开关。

（1）启动电路故障与排除　启动电路失去控制一般是指各种开关失去控制，如启动电锁损坏，或电磁开关内部的活动触头和两个静触头由于启动时间过长而烧结在一起等。

若怀疑启动电锁损坏时，可用万用表电阻 R×1 挡进行检查。其方法是：用万用表测量电锁两个接头之间的电阻值，若用钥匙打开和关闭电锁时，两个接头的电阻值不变且很小，则说明启动电锁损坏。

若启动按钮工作正常，则用万用表的电阻 R×1 挡测量电磁开关的蓄电池接线柱和磁场接线柱的阻值。若测得的电阻值很小，则说明电磁开关内部的活动触头与两个静触头烧结在一起，应拆卸电磁开关，然后用细砂纸将活动触头和静触头磨平，装配后故障即被排除。

（2）启动机机械故障与排除　启动机内部的驱动齿轮不能与飞轮齿圈脱开的机械故障有：①启动机装配不正确，如拨叉安装在移动衬套外围，使驱动齿轮与飞轮齿圈的间隙过小；②驱动机构的回位弹簧折断或弹力过小。其检验方法是，用一字螺丝刀撬动驱动齿轮向前端移动，迅速拔出螺丝刀，驱动齿轮应能自动回位。若回位较慢或不能回位时，应更换回位弹簧。

第二节　硅整流发电机及其调节器的检修

蓄电池充电发电机有直流发电机和硅整流发电机两种，目前内燃机上应用较广泛的是硅整流发电机。当内燃机工作时，硅整流发电机经 6 只硅二极管三相全波整流后，与配套的充电发电机调节器配合使用给蓄电池充电。

一、硅整流发电机的构造与工作原理

1. 硅整流发电机的构造

硅整流发电机与并励直流发电机相比具有体积小、重量轻、结构简单、维修方便、使用寿命长、内燃机低速时充电性能好、相匹配的调节器结构简单等优点。硅整流发电机主要由定子、转子、外壳及硅整流器等四部分组成，如图 8-14 所示。

（1）转子　转子是发电机的磁场部分，由励磁线圈、磁极和集电环组成。磁极形状像爪

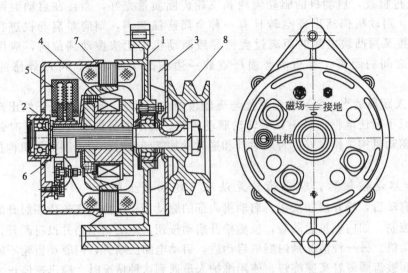

图 8-14　硅整流交流发电机构造
1—前端盖；2—后端盖；3—风扇；4—励磁线圈；
5—碳刷架；6—滑环；7—定子；8—皮带轮

子，故称为爪极。每一爪极上沿圆周均布数个（4、5、6 或 7 个）鸟嘴形极爪。爪极用低碳钢板冲制而成，或用精密铸造铸成。每台发电机有两个爪极，它们相互嵌入，如图 8-15 所示。爪极中间放入励磁线圈，然后压装在转子轴上，当线圈通电后爪极即成为磁极。

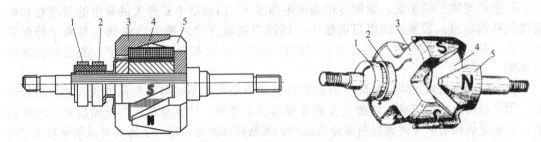

图 8-15　转子断面与形状
1，2—集电环；3，5—磁极；4—励磁线圈

　　转子上的集电环（滑环）由两个彼此绝缘且与轴绝缘的铜环组成。励磁线圈的两个端头分别接在两个集电环上，两个集电环与装在刷架（与壳体绝缘）上的两个电刷相接触，以便将发电机输出的经整流后的电流部分引入励磁线圈中。
　　（2）定子　定子由冲有凹槽的硅钢片叠成，定子槽内嵌入三相绕组，各相线圈一端连在一起，另一端的引出分别与元件板上的硅二极管和端盖上的硅二极管相连在一起，从而使它们之间的连接方式为星形连接（图 8-16）。
　　（3）前后端盖　前后端盖均用铝合金铸成形以防漏磁，两端盖轴承座处镶有钢套，以增加其耐磨性，轴承座孔中装有滚动轴承。
　　（4）整流装置　整流装置通常由 6 只硅整流二极管组成三相桥式全波整流电路。其中 3 只外壳为负极的二极管装在后端盖上，3 只外壳为正极的二极管则装在一块整体的元件板上。元件板也用铝合金压铸而成，与后端盖绝缘。从元件板引一接线柱（电枢接线柱）至发电机外部作为正极，而发电机外壳作为负极。直流电流从发电机的电枢接线柱输出，经用电设备后至内燃机机体，然后到发电机外壳，形成回路。

2. 硅整流发电机的工作原理

硅整流发电机是三相交流同步发电机，其磁极为旋转式。其励磁方式是在启动和低转速时，由于发电机电压低于蓄电池电压，发电机是他励的（由蓄电池供电）；高转速时，发电机电压高于蓄电池充电电压，发电机是自励的。

当电源开关接通时（图8-16），蓄电池电流通过上方调节器流向发电机的励磁线圈，励磁线圈周围便产生磁通，大部分磁通通过磁轭1（图8-17）和爪形磁极3形成N极，再穿过转子与定子之间的空气隙，经过定子的齿部和轭部，然后再穿过空气隙，进入另一爪形磁极4形成S极，最后回到磁轭，形成磁回路。另有少部分磁通在定子旁边的空气隙中及N与S极之间通过，这部分称为漏磁通。

当转子磁极在定子内旋转时，转子的N极和S极在定子内交替通过，使定子绕组切割磁力线而产生交流感应电动势。三相绕组所产生的交流电动势相位差为120°，所发出的三相交流电经6只二极管三相全波整流后，即可在发电机正负接线柱之间获得直流电。

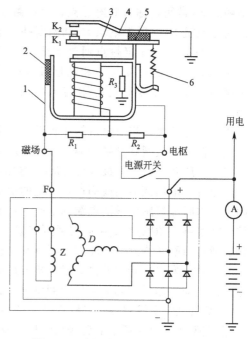

图8-16　硅整流发电机与调节器线路
1—固定触点支架；2—绝缘板；3—下触点臂；
4—上触动点臂；5—绝缘板；6—弹簧

3. 硅整流发电机的输出特性（负载特性）

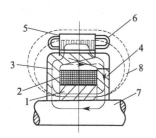

图8-17　硅整流发电机磁路系统
1—磁轭；2—励磁绕组；
3，4—爪形磁极；5—定子；
6—定子三相绕组；7—轴；8—漏磁

当保持硅整流发电机的输出电压一定时（对12V发电机规定为14V，对24V发电机规定为28V），调整其输出电流与转速，就可得到输出特性曲线。当转速n达到一定值后，发电机的输出电流I不再继续上升，而趋于某一固定值，此值称之为限流值或最大输出电流值。所以，硅整流发电机有一种自身限制电流的性能。这是硅整流发电机最重要的特性。

二、硅整流发电机调节器工作原理

硅整流发电机由内燃发动机带动，其转速随内燃机的转速在一个很大的范围内变动。发电机的转速高，其发出的电压高；转速低，其发出的电压也低，为了保持发电机的端电压的基本稳定，必须设置电压调节器。

硅整流发电机电压调节器可分为电磁振动触点式电压调节器、晶体管电压调节器和集成电路电压调节器三种。其中，电磁振动触点式调节器按触点对数分，有一对触点振动工作的单级式和二对触点交替振动工作的双级式两种。目前，双级电磁振动式电压调节器和晶体管电压调节器应用最为广泛。

1. 双级电磁振动式电压调节器

图8-16的上部为双级电磁振动式电压调节器。它具有两对触点，中间触点是固定的，

下动触点 K_1 常闭，称为低速触点，上动触点 K_2 常开，称为高速触点。调节器设有 3 个电阻：附加电阻 R_1、助振电阻 R_2 和温度补偿电阻 R_3。

电压调节器的固定触点通过支架 1 和磁场接线柱与发电机转子中的励磁线圈相连。下动触点臂 3 则通过支架 1 和电枢接线柱及发电机正极接线柱相通。绕在铁芯上的线圈一端搭铁，另一端则通过电阻与电枢接线柱相连。现按照发电机不同情况说明其工作原理。

闭合电源开关，当发电机转速较低，发电机电压低于蓄电池电压时，蓄电池的电流同时流经电压调节器线圈和励磁线圈。流经电压调节器线圈的电路为：蓄电池正极→电流表→电源开关→电压调节器电枢接线柱→R_2→电压调节器线圈→R_3→搭铁→蓄电池负极。

电流流入电压调节器线圈产生一定的电磁吸力，但不能克服弹簧张力，故低速触点 K_1 仍闭合。这时流经励磁线圈电流的电路为：蓄电池正极→电流表→电源开关→调节器电枢接线柱→框架→下动触点 K_1→固定触点支架 1→电压调节器磁场接线柱→发电机 F 接线柱→电刷和滑环→励磁线圈→滑环和电刷→发电机负极→搭铁→蓄电池负极。

当硅整流发电机转速升高，发电机电压高于蓄电池电压时，发电机向用电设备和蓄电池供电。同时向励磁线圈和调节器线圈供电，其电路有 3 条：

① 发电机定子线圈→硅二极管及元件板→电源开关→电压调节器电枢接线柱→下动触点 K_1 及支架 1→电压调节器磁场接线柱→发电机 F 接线柱→电刷和滑环→励磁线圈→滑环和电刷→整流端盖和硅二极管→定子线圈；

② 发电机定子线圈→硅二极管及元件板→电源开关→电压调节器电枢接线柱→电阻 R_2→电压调节器线圈和电阻 R_3→搭铁→整流端盖和硅二极管→定子线圈；

③ 充电电路和用电设备电路：定子线圈→硅二极管与元件板→"+"接线柱→用电设备或电流表与蓄电池（充电）→搭铁→整流端盖和硅二极管→定子线圈。

当硅整流发电机转速继续升高，发电机电压达到额定值时，调节器线圈的电压增高，电流增大，电磁吸力加强，铁芯的磁力将下动触点 K_1 吸下，使触点 K_2 断开，磁场线圈电路不经框架，而经电阻 R_2 与 R_1。由于电路中串入 R_2 和 R_1，使励磁电流减小，磁场减弱，发电机输出电压随之下降。这时的励磁线路为：发电机正极→电源开关→电枢接线柱→电阻 R_2→电阻 R_3→磁场接线柱→励磁线圈→发电机负极。

发电机电压降低后，通过调压器线圈的电流减小，铁芯吸力减弱，触点 K_1 在弹簧 6 作用下重新闭合。励磁电流增加，电压又升高，使触点 K_1 再次打开。如此反复开闭，从而使发电机的电压维持在规定范围内。

发电机转速再增高使电压超过允许值时，由于铁芯吸力继续增大，将下动触点臂吸得更低，并带动上动触点臂 4 下移与固定触点相碰，触点 K_2 闭合，这时励磁电路被短路，励磁电流直接通过触点 K_2 和上动触点臂而搭铁，励磁线圈中电流剧降，发电机靠剩磁发电。因此电压也迅速下降。同时由于电压下降，铁芯吸力随之减小，触点 K_2 又分开，电压又回升，如此不断反复，高速触点 K_2 振动，使发电机电压保持稳定。

由于触点式电压调节器在触点分开时触点之间会产生电火花，以及其机械装置的固有缺点，目前已逐渐被晶体管电压调节器所代替。

2. 晶体管电压调节器

晶体管电压调节器的工作原理主要是利用晶体管的开关特性，并用稳压管使三极管导通和截止，即利用晶体管的开关电路来控制充电发电机的励磁电流，以达到稳定充电发电机的输出电压。图 8-18 是与 JF1000N 型交流发电机相匹配的 JFT207A 型晶体管调节器的电路原理图。其工作过程如下。

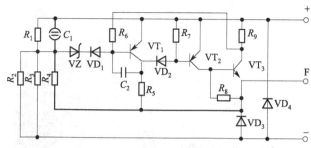

图 8-18 JFT207A 型晶体管调节器的电路原理图

当发电机因转速升高其输出电压超过规定值时，电压敏感电路中的稳压管 VZ 击穿，开关电路前级晶体管 VT_1 导通，而将后级以复合形式的晶体管 VT_2、VT_3 截止，隔断了作为 VT_3 负载的发电机磁场电流，使发电机输出电压随之下降。输出电压下降又使已处于击穿状态的 VZ 截止，同时 VT_1 也会因失去基极电流而截止，VT_2、VT_3 重新导通，接通发电机的磁场电流，使发电机的输出电压再次上升。如此反复，使调节器起到控制和稳定发电机输出电压的作用。线路中的其他元件分别起稳定、补偿和保护的作用，以提高调节器性能与可靠性。

电压调节器一般作为内燃机的随机附件由用户自行安装，安装时必须垂直，其接线柱向下，以达到防滴作用。使用时应注意，要与相应型号的充电发电机配合使用。接线应正确可靠，绝缘应完好，否则将导致电压调节器烧坏。一般情况下，不要随便打开调节器盖，如有故障，应由专业人员检查和修理。

三、硅整流发电机的检修

1. 使用维护注意事项

① 硅整流发电机必须与专用的调节器配合使用，其搭铁极性要与蓄电池组的搭铁极性一致，否则会损坏硅二极管。

② 硅整流发电机在使用中严禁将电枢和磁场接线柱短路，否则将损坏硅二极管和调节器，严重时，还会损坏充电电流表。

③ 不允许采用将电枢接线柱和外壳搭铁试火的方法检查发电机是否发电，否则会损坏硅二极管。

④ 硅整流发电机工作 500h 后，应更换轴承润滑脂。

⑤ 经常保持硅整流发电机干燥、清洁，并紧固各个导线接头。

2. 拆卸步骤

① 用旋具拆卸电刷护盖（铭牌处）的固定螺钉，拆卸电刷架固定螺钉，取出电刷及附属部件，如图 8-19 所示。

② 将硅整流发电机固定在台虎钳上，用套筒扳手拧下带轮的紧固螺母，取下带轮、风扇和半圆键。

③ 用套筒扳手拆卸前端盖与后端盖的 3 只连接螺钉。

④ 用木棒敲击前端盖边缘，取下前端盖和转子。

⑤ 用钳子或套筒扳手拆卸定子三相绕组引出线与三对二极管连接线头的 3 个固定螺钉，使定子与后端盖分离，如图 8-20 所示。

⑥ 从后端盖内拆下整流元件板，如图 8-21 所示。

3. 装配注意事项

装配时按分解的相反顺序进行。其注意事项如下。

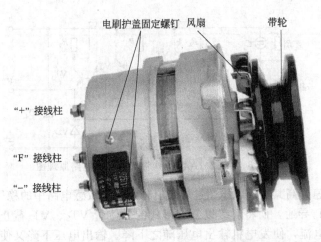

图 8-19　硅整流发电机实物外形及其相关零部件名称

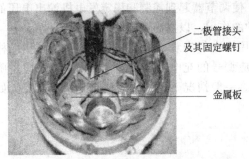

图 8-20　拆卸定子三相绕组与二极管固定螺钉

图 8-21　从后端盖内拆下整流元件板

　　① 装配定子绕组引出的 3 个接头与硅二极管的 3 个接头时，螺钉要固紧，而且在装配过程中不要碰坏定子绝缘层。

　　② 装配前后端盖时，要按原来的定位记号进行装配。装配后，若转子有"扫膛"或卡滞现象时，应拆松 3 个固定螺钉，然后边转动转子边用橡皮锤敲击端盖边缘，直到转子与定子不再摩擦为止，再用套筒扳手均匀地拧紧固定螺钉。

　　③ 装配电刷及附属零件时，要保证电刷与整流子的接触面。在装配过程中，要轻拿轻放，防止把电刷及附属零件弄坏。

　　④ 硅整流发电机装配完毕后，应用万用表测量各极柱间的阻值。正常情况下，"F"与"+"之间的阻值一般在 $50 \sim 70\Omega$ 之间，"F"与"—"之间的阻值在 20Ω 左右，"+"与"—"之间的阻值在 $40 \sim 50\Omega$ 之间（万用表的黑表笔接前者，红表笔接后者）；反向测量的阻值一般在 $1k\Omega$ 以上（万用表的红表笔接前者，黑表笔接后者）。

　　4. 主要部件的检验与修理

　　(1) 定子的检验与修理　检验时，应用万用表测量定子线圈各线头间的阻值。3 个线头间的阻值应相等，线圈与铁芯之间的阻值应为无穷大。若定子线圈内部有短路、断路或搭铁现象时，应重新绕制或更换定子总成。

　　(2) 转子的检验与修理　检验时，用万用表测量两滑环间的阻值，如图 8-22 所示，其阻值应在 20Ω 左右。若测得的阻值过大或过小，均说明转子线圈内部有故障，应拆卸后修复或直接更换转子总成。两个滑环间应清洁，滑环的表面应光滑，无烧蚀和磨损不均等现象。表面的污物可用棉纱蘸少量汽油或酒精擦洗干净。若有轻度烧蚀或磨损时，可用细砂布磨平，表面有较严重的烧蚀现象时，可用车削的方法进行修复，然后用细砂布磨光即可。

（3）硅整流元件的检验与修理　硅整流发电机使用的硅二极管有两种，红色标记的引线是正极线，黑色标记的引线是负极线。在判断二极管好坏之前，一般要用电烙铁焊开正极一端或负极一端，然后用万用表进行检测。

其检验方法是，将万用表的转换开关拨至电阻 R×1Ω 挡（数字式万用表应拨至二极管挡），测量时，用黑表笔搭在有红色标记引线的二极管上，红表笔搭在金属面板上（图 8-20）。用普通万用表测试时，表针的指示应为几十欧；用数字式万用表测试时，万用表会发出蜂鸣声。然后将红表笔搭在有红色标记引线的二极管上，黑表笔搭在金属面板，普通万用表和数字万用表的指示值在 10kΩ 以上时，说明硅二极管工作正常。若测得的正、反向电阻值都较大时，则说明二极管内部开路。如果测得正、反向电阻值都很小，则可判断二极管内部短路。无论二极管内部发生短路或开路，都应更换新的二极管。

（4）电刷装置部件的修理　电刷架应无变形和破裂之处，电刷弹簧的压力要符合技术要求，电刷与整流子的接触面积应在 85% 以上。电刷装置部件的实物外形如图 8-23 所示。

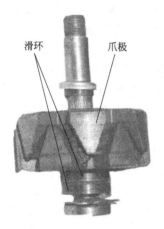

图 8-22　转子结构及其相关零部件名称

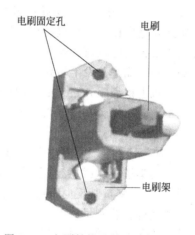

图 8-23　电刷结构及其相关部件名称

5. 常见故障检修

（1）不发电或充电电流过小　硅整流交流发电机不发电的故障一般是由于励磁线圈开路或短路、二极管击穿短路、发电机磁场接线柱与调节器之间的连接线出现接线错误或线路接触不良所致。充电电流太小，一般是由于调节器弹簧调整不当、个别二极管引线脱焊断开使电枢线圈一相或两相开路、电刷与滑环接触不良等所造成的。其检查方法如下。

① 检查硅整流发电机的外部接线柱与调节器各接线柱间的连线是否有接错现象。如果有，则应纠正。若接线正确，则检查调节器附加电阻和内部线包是否损坏。附加电阻和内部线包在调节器中的位置如图 8-24 和图 8-25 所示。

② 用万用表电阻挡测量发电机各接线柱间的阻值，以此来判断发电机内部线路是否有开路或短路等故障。其测量方法是，先把发电机各个接线柱上的接线拆下来，再用万用表分别测量"F"与"一"两个接线柱之间的阻值和"十"与"一"、"十"与"F"之间的正、反向阻值（图 8-19）。根据测量结果判断发电机内部工作情况。

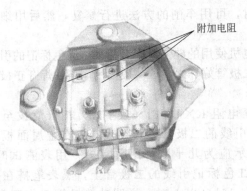

图 8-24　调节器的附加电阻

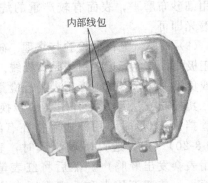

图 8-25　调节器的内部线包

a. 用万用表的表笔分别搭接"F"接线柱与"－"接线柱，JF-350W 28V 硅整流发电机的电阻值应在 $60\sim100\Omega$ 范围内。若测得的电阻值大于 100Ω，则说明碳刷与滑环接触不良或有开路。正常情况下，碳刷与滑环的接触面积应在 85% 以上，而且弹簧要有一定压力。若阻值过小，则可能为励磁线圈内部有短路或"F"接线柱搭铁。在这种情况下，应先检查"F"接线柱确无搭铁现象后，再检查励磁线圈是否损坏。

b. 测量"＋"与"－"两接线柱之间的正向阻值。其方法是，用黑表笔搭接"＋"接线柱，用红表笔搭接"－"接线柱。然后用黑表笔搭接"－"接线柱，红表笔搭接"＋"接线柱，以测量其反向阻值。若测得正、反向阻值都较小时，则可能为硅二极管击穿或短路、电枢线圈与铁芯或端盖发生短路等。反之，若测得正、反向的阻值都很大时，则可能是硅二极管或发电机电枢线圈开路。如果测得的阻值接近正常值，但发电机发出的电流仍较小时，则可能是个别硅二极管开路或接触不良。如 JF-350W 28V 的正向阻值为 $1.5M\Omega$ 左右，反向阻值应大于 $50M\Omega$。

c. 测量"＋"接线柱与"F"接线柱之间正向阻值的方法：用万用表黑表笔搭接"＋"接线柱，红表笔搭接"F"接线柱，而后用万用表黑表笔搭接"F"接线柱，用红表笔搭接"＋"接线柱，以测量其反向阻值。若测量出的正向阻值较小，反向阻值很大时，说明发电机内部工作良好。若测量出的正、反向电阻值都很小时，说明二极管击穿或"＋"接线柱与"F"接线柱之间有短路之处。例如，JF-350W 28V 硅整流发电机的正向电阻值在 $1.5M\Omega$ 左右，反向电阻值应大于 $50M\Omega$。

d. 拆卸硅整流发电机，用观察法检查电枢绕组、定子绕组或硅二极管是否有明显的烧损或脱焊现象。若有，则应更换绕组或重新焊接脱焊处。

(2) 充电电流不稳　硅整流交流发电机充电电流不稳的故障，一般是由于充电线路接触不良、发电机碳刷与滑环接触不良或硅二极管的接点有脱焊现象所造成。其检查方法如下。

先检查发电机上部各接线柱是否牢固。若有松动或接触不良时，应固紧。当各接线柱紧固后，充电电流仍不稳定时，应拆下"F"接线柱上的接线，然后用万用表直流电压挡测量"＋"极与发电机壳体之间的空载电压。若在测量过程中发现指针式万用表的指针来回摆动（数字式万用表的测量数据来回跳动），则可能是硅整流发电机电刷与滑环之间接触不良，在这种情况下，应首先检查电刷上部弹簧的压力、电刷架是否松动、电刷与滑环的接触面积或滑环是否过脏等。若在检查中未发现这部分存在故障隐患时，应拆卸硅整流发电机，对硅二极管的接点、转子绕组及定子绕组进行检查，直到排除故障为止。

（3）充电电流过大 充电电流过大是指超过硅整流发电机的额定电流值。产生这种故障的原因一般是发电机"F"接线柱与"＋"接线柱间出现短路、"＋"接线柱搭铁、蓄电池严重亏电、电压调节器弹簧过紧、发电机内部出现短路等。遇到这类故障，应迅速断开内燃机接地开关，以免损坏发电机和蓄电池。断开接地开关后，再依次检查"F"接线柱与"＋"接线柱间是否短路、"＋"接线柱是否搭铁、蓄电池是否严重亏电、电压调节器弹簧是否过紧、发电机内部出现短路的顺序进行检查，直到排除故障为止。

四、硅整流发电机调节器的检修

1. 调节器的维护保养

调节器在使用过程中，一般不允许拆卸护盖，正常情况是每工作 500h 左右，进行一次全面检查和维护。其具体内容如下。

① 拆下护壳，检查触点表面有无污物和烧损。若有污物，则可用较干净的纸擦拭触点表面。若触点出现烧蚀或平面不平而导致接触不良时，可用 00 号砂纸或砂条磨平，最后再用干净的纸擦净。

② 检查各接头的牢固程度，测量固定电阻和各线圈的阻值。若有损坏，应及时修复或更换新件。

③ 检查各触点间隙和气隙（FT221 型硅整流发电机调节器实物图和相关触点的间隙如图 8-26 和图 8-27 所示），若不符合要求，应进行调整。

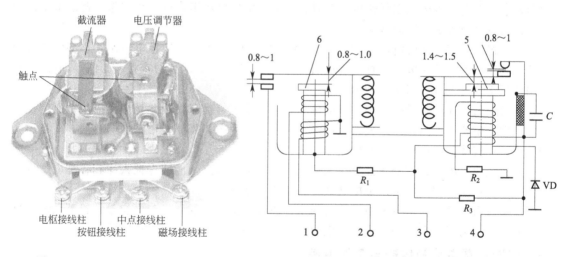

图 8-26 FT221 型硅整流发电机调
节器实物及其相关零部件名称

图 8-27 FT121 和 FT221 型硅整流
发电机调节器内部结构

1—电枢接线柱；2—按钮接线柱；3—中点接线柱；
4—磁场接线柱；5—电压调节器；6—截流器

④ 调节器经维护保养后，在启动内燃机时，要注意观察充电电流表指针的指示情况。若内燃机在中等转速以上运转时，电流表的指针仍指向"—"的一边，则说明断流器的触点未断开，应迅速断开接地开关；否则，会损坏蓄电池、调节器和充电发电机等。若内燃机启动至额定转速后，电流表的指针仍指向"0"处，则说明在调整时未严格按照技术要求进行调整，应重新进行检查与调整。

2. 调节器常见故障检修

调节器在使用过程中的常见故障有触点烧损、电阻烧断、线圈接头脱焊和线圈短路或断路等。

(1) 触点烧损的检修方法　触点烧损不严重时，可用细锉、白金砂条及 00 号砂纸修磨。使用锉刀修磨时，锉刀要压平，防止将触点锉斜。使用砂条或砂纸修磨时，要将其插入两触点结合面处，在动触点上稍加一点压力，然后抽出砂条或砂纸，这样重复抽出多次，触点就可磨平。磨平后的触点要用 00 号砂纸按上述方法进行拉磨，然后再用干净的纸片擦净即可。若触点烧损严重或有深坑时，应更换触点或直接更换调节器。

(2) 固定电阻和线圈损坏的检修方法　调节器背面的固定电阻（图 8-24）开路或短路损坏后，一般情况下要更换同规格、同功率的新电阻；条件许可时，也可从旧调节器上拆卸。

线圈接头出现脱焊现象时，可用电烙铁重新焊牢。若线圈内部出现烧损时，可按同规格、同直径的导线按拆卸的匝数进行绕制，也可从同型号的旧调节器上进行拆卸，然后用电烙铁把接头焊牢即可。

第三节　蓄电池的检验与修理

蓄电池是启动电动机运行的电力供应设备。内燃机启动时，要求蓄电池能在短时间内向启动电机供给低压大电流（200～600A）。内燃机工作后，发电机可向用电设备供电，并同时向蓄电池充电。内燃机在低速或停车时，发电机输出电压不足或停止工作，蓄电池又可向内燃机的电气设备供给所需电流。

内燃机常用蓄电池的电压有 6V、12V 和 24V 三种。6V、12V 蓄电池用于小型内燃机的启动及其照明设备的用电。多缸内燃机通常采用 24V 蓄电池，有的直接装 24V 蓄电池，有的用两只 12V 蓄电池串联起来使用。

普通铅蓄电池具有价格低廉、供电可靠和电压稳定等优点，因此，广泛应用于通信、交通和工农业生产等部门。但是普通铅蓄电池在使用过程中，需要经常添加电解液，而且还会产生腐蚀性气体，污染环境、损伤人体和设备。

阀控式铅蓄电池具有密封性好、无泄漏和无污染等特点，能够保证人体和各种电气设备的安全，在使用过程中不需添加电解液，其使用越来越普遍。

本节着重讲述普通铅蓄电池的构造与工作原理、蓄电池的电压与电容量、铅蓄电池的型号、阀控式密封铅蓄电池的结构、蓄电池的日常维护以及蓄电池常见故障检修。

一、普通铅蓄电池的构造与工作原理

1. 普通铅蓄电池的构造

普通铅蓄电池与其他蓄电池一样，主要由电极（正负极板）、电解液、隔板、电池槽和其他一些零件如端子、连接条及排气栓等组成，如图 8-28 所示。

(1) 电极　电极又称极板，极板有正极板和负极板之分，由活性物质和板栅两部分构成。正、负极的活性物质分别是棕褐色的二氧化铅（PbO_2）和灰色的海绵状铅（Pb）。极板依其结构可分为涂膏式、管式和化成式（又称化成式极板或普兰特式极板）。

极板在蓄电池中的作用有两个：一是发生电化学反应，实现化学能与电能之间的相互转换；二是传导电流。

板栅在极板中的作用也有两个：一是做活性物质的载体，因为活性物质呈粉末状，必须有板栅作载体才能成形；二是实现极板传导电流的作用，即依靠其栅格将电极上产生的电流

传送到外电路，或将外加电源传入的电流传递给极板上的
活性物质。为了有效地保持住活性物质，常常将板栅造成
具有截面积大小不同的横、竖筋条的栅栏状，使活性物质
固定在栅栏中，并具有较大的接触面积，如图 8-29 所示。

常用的板栅材料有铅锑合金、铅锑砷合金、铅锑砷锡
合金、铅钙合金、铅钙锡合金、铅锶合金、铅锑镉合金、
铅锑砷铜锡硫（硒）合金和镀铅铜等。普通铅蓄电池采用
铅锑系列合金作板栅，其电池的自放电比较严重。阀控式
密封铅蓄电池采用无锑或低锑合金板栅，其目的是减少电
池的自放电，以减少电池内水分的损失。

将若干片正或负极板在极耳部焊接成正或负极板组，
以增大电池的容量，极板片数越多，电池容量越大。通常
负极板组的极板片数比正极板组的要多一片。组装时，正
负极板交错排列，使每片正极板都夹在两片负极板之间，
目的是使正极板两面都均匀地起电化学反应，产生相同的
膨胀和收缩，减少极板弯曲的机会，以延长电池的寿命，
如图 8-30 所示。

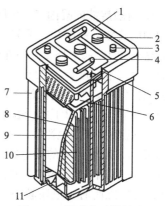

图 8-28 铅蓄电池的构造
（外部连接方式）

1—电池盖；2—排气栓；3—极柱；
4—连接条；5—封口胶；6—汇流排；
7—电池槽；8—正极板；9—负极板；
10—隔板；11—鞍子

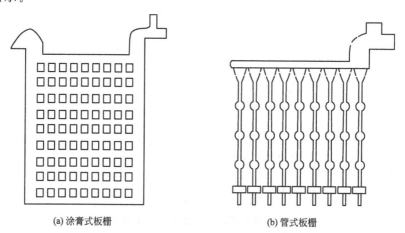

(a) 涂膏式板栅   (b) 管式板栅

图 8-29 涂膏式与管式极板的板栅

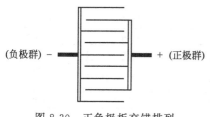

（负极群）-   + （正极群）

图 8-30 正负极板交错排列

（2）电解液 电解液在电池中的作用有三：一
是与电极活性物质表面形成界面双电层，建立起相
应的电极电位；二是参与电极上的电化学反应；三
是起离子导电的作用。

铅蓄电池的电解液是用纯度在化学纯以上的浓
硫酸和纯水配制而成的稀硫酸溶液，其浓度用 15℃
时的密度来表示。铅蓄电池的电解液密度范围的选
择，不仅与电池的结构和用途有关，而且与硫酸溶
液的凝固点、电阻率等性质有关。

① 硫酸溶液的特性 纯的浓硫酸是无色透的油状液体，15℃时的密度是 1.8384kg/L，
它能以任意比例溶于水中，与水混合时释放出大量的热，具有极强的吸水性和脱水性。铅蓄
电池的电解液就是用纯的浓硫酸与纯水配制成的稀硫酸溶液。

a. **硫酸溶液的凝固点** 硫酸溶液的凝固点随其浓度的不同而不同，如果将15℃时密度各不相同的硫酸溶液冷却，可测得其凝固温度，并绘制成凝固点曲线，如图8-31所示。由图可见，密度为1.290（15℃）的稀硫酸具有最低的凝固点，约为−72℃。启动用铅蓄电池在充足电时的电解液密度为1.28～1.30kg/L（15℃），可以保证电解液即使在野外严寒气候下使用也不凝固。但是，当蓄电池放完电后，其电解液密度可低于1.15kg/L（15℃），所以放完电的电池应避免在−10℃以下的低温中放置，并应立即对电池充电，以免电解液冻结。

b. **硫酸溶液的电阻率** 作为铅蓄电池的电解液，应具有良好的导电性能，使蓄电池的内阻较小。硫酸溶液的导电特性，可用电阻率来衡量，而其电阻率的大小，随温度和密度的不同而有所不同，如表8-1和图8-32所示。由图可见，当硫酸溶液的密度在1.15～1.30kg/L（15℃）之间时，电阻较小，其导电性能良好，所以，铅蓄电池都采用此密度范围内的电解液。当其密度为1.200kg/L（15℃）时，电阻率最小。由于固定用防酸隔爆式铅蓄电池的电解液量较多，为了减小电池的内阻，可采用密度接近于1.200kg/L的电解液，所以选用密度为1.200～1.220kg/L（15℃）的电解液。

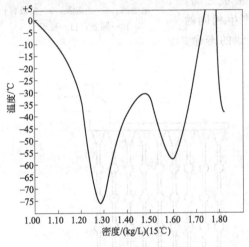

图8-31　硫酸溶液的凝固特性

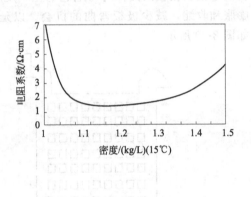

图8-32　硫酸溶液的电阻系数

表8-1　各种密度的硫酸溶液的电阻系数

密度(15℃)/(kg/L)	电阻系数/Ω·cm	温度系数/(Ω·cm/℃)	密度(15℃)/(kg/L)	电阻系数/Ω·cm	温度系数/(Ω·cm/℃)
1.10	1.90	0.0136	1.50	2.64	0.021
1.15	1.50	0.0146	1.55	3.30	0.023
1.20	1.36	0.0158	1.60	4.24	0.025
1.25	1.38	0.0168	1.65	5.58	0.027
1.30	1.46	0.0177	1.70	7.64	0.030
1.35	1.61	0.0186	1.75	9.78	0.036
1.40	1.85	0.0194	1.80	9.96	0.065
1.45	2.18	0.0202			

c. **硫酸溶液的收缩性** 浓硫酸与水配制成稀硫酸时，配成的稀硫酸的体积比原浓硫酸和水的体积之和要小，这是由于硫酸分子和水分子的体积相差很大的缘故引起的。其收缩量随配制的稀硫酸的密度大小而异，当稀硫酸的密度小于1.600kg/L（15℃）时，收缩量随密度的增加而增加；当稀硫酸的密度高于1.600kg/L（15℃）时，收缩量随密度的增加反而减小，如表8-2所示。

表8-2 硫酸溶液的收缩量

稀硫酸密度(15℃)/(kg/L)	收缩量/(mL/kg)	体积收缩百分数/%	稀硫酸密度(15℃)/(kg/L)	收缩量/(mL/kg)	体积收缩百分数/%
1.000	0	0	1.400	57	8.0
1.100	25	2.75	1.500	60	9.0
1.200	42	5.0	1.600	62	9.9
1.250	46.5	5.75	1.700	60	10.2
1.300	51	6.6	1.800	48	8.64

d. 硫酸溶液的黏度 硫酸溶液的黏度与温度和浓度有关，温度越低、浓度越高，则其黏度越大。浓度较高的硫酸溶液，虽然可以提供较多的离子，但由于黏度的增加，反而影响离子的扩散，所以铅蓄电池的电解液浓度并非越高越好，过高反而降低电池容量。同样，温度太低，电解液的黏度太大，影响电解液向活性物质微孔内扩散，使放电容量降低。硫酸溶液在各种温度下的黏度如表8-3所示。

表8-3 硫酸溶液的黏度随温度和浓度的变化

温度/℃ \ 百分比浓度	黏度/($\times 10^{-3}$Pa·s)				
	10%	20%	30%	40%	50%
30	0.976	1.225	1.596	2.16	3.07
25	1.091	1.371	1.784	2.41	3.40
20	1.228	1.545	2.006	2.70	3.79
10	1.595	2.010	2.600	3.48	4.86
0	2.160	2.710	3.520	4.70	6.52
−10	—	3.820	4.950	6.60	9.15
−20	—	—	7.490	9.89	13.60
−30	—	—	12.20	16.00	21.70
−40	—	—	—	28.80	—
−50	—	—	—	59.50	—

② 电解液的纯度与浓度

a. 电解液的纯度 普通铅蓄电池在启用时，都必须由使用者配制合适浓度（用密度表示）的电解液。阀控式密封铅蓄电池的电解液在生产过程中已经加入电池当中，使用者购回电池后可直接将其投入使用，而不必灌注电解液和初次充电。

普通铅蓄电池用的硫酸电解液，必须使用规定纯度的浓硫酸和纯水来配制。因为使用含有杂质的电解液，不但会引起自放电，而且会引起极板腐蚀，使电池的放电容量下降，并缩短其使用寿命。

化学试剂的纯度按其所含杂质量的多少，分为工业纯、化学纯、分析纯和光谱纯等。工业纯的硫酸杂质含量较高，从外观看呈现一定的颜色，不能用于配制铅蓄电池的电解液。用于配制铅蓄电池电解液的浓硫酸的纯度，至少应达到化学纯。分析纯和光谱纯的浓硫酸的纯度更高，但其价格也相应增加。

配制电解液用的水必须用蒸馏水或纯水。在实际工作中常用其电阻率来表示纯度，铅蓄电池用水的电阻率要求＞100kΩ·cm（即体积为1cm³的水的电阻值应大于100kΩ）。

b. 电解液的浓度 铅蓄电池电解液通常用15℃时的密度来表示。对于不同用途的蓄电池，电解液的密度也各不相同。对于防酸隔爆式铅蓄电池来说，其体积和重量无严格限制，可以容纳较多的电解液，使放电时密度变化较小，因此可以采用较稀且电阻率最低的电解液。对于柴油发电机组和汽车等启动用蓄电池来说，体积和重量都有限制，必须采用较浓的电解液，以防止放电结束时电解液密度过低，使低温时电解液发生凝固。对于阀控式密封铅蓄电池来说，由于采用贫液式结构，必须采用较高浓度的电解液。不同用途的铅蓄电池所用电解液的密度（充足电后应达到的密度）范围列于表 8-4 中。

表 8-4　铅蓄电池电解液密度

铅蓄电池用途		电解液密度(15℃)/(kg/L)	铅蓄电池用途	电解液密度(15℃)/(kg/L)
固定用	防酸隔爆式	1.200~1.220	蓄电池车用	1.230~1.280
	阀控密封式	1.290~1.300		
启动用(寒带)		1.280~1.300	航空用	1.275~1.285
启动用(热带)		1.220~1.240	携带用	1.235~1.245

（3）隔板（膜）　隔板（膜）的作用是防止正、负极因直接接触而短路，同时要允许电解液中的离子顺利通过。组装时将隔板（膜）置于正负极板之间。

用作隔板（膜）的材料必须满足以下要求。

① 化学性能稳定　隔板（膜）材料必须有良好的耐酸性和抗氧化性，因为隔板（膜）始终浸泡在具有相当浓度的硫酸溶液中，与正极相接触的一侧，还要受到正极活性物质以及充电时产生的氧气的氧化。

② 具有一定的机械强度　极板活性物质因电化学反应会在铅和二氧化铅与硫酸铅之间发生变化，而硫酸铅的体积大于铅和二氧化铅，所以在充放电过程中极板的体积有所变化，若维护不好，极板会发生变形。由于隔板（膜）处于正负极板之间，而且与极板紧密接触，所以必须有一定的机械强度才不会因为破损而导致电池短路。

③ 不含有对极板和电解液有害的杂质　隔板（膜）中有害的杂质可能会引起电池的自放电。提高隔板（膜）的质量是减少电池自放电的重要环节之一。

④ 微孔多而均匀　隔板（膜）的微孔主要是保证硫酸电离出的 H^+ 和 SO_4^{2-} 能顺利地通过隔板（膜）并到达正、负极，与极板上的活性物质起电化学反应。隔板（膜）的微孔大小应能阻止脱落的活性物质通过，以免引起电池短路。

⑤ 电阻小　隔板（膜）的电阻是构成电池内阻的一部分，为了减小电池的内阻，隔板（膜）的电阻必须要小。

具有以上性能的材料就可以用于制作隔板（膜）。早期采用的木隔板具有多孔性和成本低的优点，但其机械强度低且耐酸性差，现已被淘汰。20 世纪 70 年代至 90 年代初期，主要采用微孔橡胶隔板；之后相继出现了 PP（聚丙烯）隔板、PE（聚乙烯）隔板和超细玻璃纤维隔膜及其它们的复合隔膜。

（4）电池槽及盖　电池槽的作用是用来盛装电解液、极板、隔板（膜）和附件等。

用于电池槽的材料必须具有耐腐蚀、耐振动和耐高低温等性能。用作电池槽的材料有多种，根据材料的不同可分为玻璃槽、衬铅木槽、硬橡胶槽和塑料槽等。早期的启动用铅蓄电池主要用硬橡胶槽，中小容量的固定用铅蓄电池多用玻璃槽，大容量的则用衬铅木槽。20 世纪 60 年代以后，塑料工业发展迅速，启动用电池的电池槽逐渐用 PP（聚丙烯）、PE（聚乙烯）、PPE（聚丙烯和聚乙烯共聚物）代替，固定用电池则用改性聚苯乙烯（AS）代替。阀控式密封铅蓄电池的电池槽材料采用的是强度大而不易发生变形的合成树脂材料，以前曾用过 SAN，目前主要采用 ABS、PP 和 PVC 等材料。

电池槽的结构也根据电池的用途和特性而有所不同。比如普通铅蓄电池的电池槽结构有只装一只电池的单一槽和装多只电池的复合槽两种，前者用于单体电池（如固定用防酸隔爆式铅蓄电池），后者用于串联电池组（如启动用铅蓄电池）。

电池盖上有正负极柱、排气装置、注液孔等。如启动用铅蓄电池的排气装置设置在注液孔盖上；防酸隔爆式铅蓄电池的排气装置为防酸隔爆帽；阀控式密封铅蓄电池的排气装置是一单向排气阀。

（5）附件

① 支撑物　普通铅蓄电池内的铅弹簧或塑料弹簧等支撑物，起着防止极板在使用过程中发生弯曲变形的作用。

② 连接物　连接物又称连接条，是用来将同一蓄电池内的同极性极板连接成极板组，或者将同型号电池连接成电池组的金属铅条，起连接和导电的作用。单体蓄电池间的连接条可以在蓄电池盖上面（图 8-28），也可以采用穿壁内连接方式连接电池（图 8-33），后者可使蓄电池外观整洁、美观。

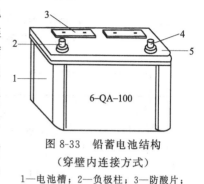

图 8-33　铅蓄电池结构
（穿壁内连接方式）
1—电池槽；2—负极柱；3—防酸片；
4—正极柱；5—电池盖

③ 绝缘物　在安装固定用铅蓄电池组的时候，为了防止电池漏电，在蓄电池和木架之间，以及木架和地面之间，要放置绝缘物，一般为玻璃或瓷质（表面上釉）的绝缘垫脚。为使电池平稳，还需加软橡胶垫圈。这些绝缘物应经常清洗，保持清洁，不让酸液及灰尘附着，以免引起蓄电池漏电。

2. 普通铅蓄电池的工作原理

经长期的实践证明，"双极硫酸盐化理论"是最能说明铅蓄电池工作原理的学说。该理论可以描述为：铅蓄电池在放电时，正负极的活性物质均变成硫酸铅（$PbSO_4$），充电后又恢复到原来的状态，即正极转变成二氧化铅（PbO_2），负极转变成海绵状铅（Pb）。

（1）放电过程　当铅蓄电池接上负载时，外电路便有电流通过。图 8-34 表明了放电过程中两极发生的电化学反应。有关的电化学反应为：

① 负极反应

$$Pb - 2e + SO_4^{2-} \longrightarrow PbSO_4$$

② 正极反应

$$PbO_2 + 2e + 4H^+ + SO_4^{2-} \longrightarrow PbSO_4 + 2H_2O$$

③ 电池反应

$$Pb + 4H^+ + 2SO_4^{2-} + PbO_2 \longrightarrow 2PbSO_4 + 2H_2O$$

或：　　　　$$Pb + 2H_2SO_4 + PbO_2 \longrightarrow PbSO_4 + 2H_2O + PbSO_4$$

　　　　负极　电解液　正极　　　负极　　电解液　正极

从上述电池反应可以看出，铅蓄电池在放电过程中两极都生成了硫酸铅，随着放电的不断进行，硫酸逐渐被消耗，同时生成水，使电解液的浓度（密度）降低。因此，电解液密度的高低反映了铅蓄电池放电的程度。对富液式铅蓄电池来说，密度可以作为电池放电终了的标志之一。通常，当电解液密度下降到 $1.15 \sim 1.17 kg/L$ 左右时，应停止放电，否则蓄电池会因过量放电而遭到损坏。

（2）充电过程　当铅蓄电池接上充电器时，外电路便有充电电流通过。图 8-35 表明了充电过程中两极发生的电化学反应。有关的电极反应为：

① 负极反应

$$PbSO_4 + 2e \longrightarrow Pb + SO_4^{2-}$$

② 正极反应

$$PbSO_4 - 2e + 2H_2O \longrightarrow PbO_2 + 4H^+ + SO_4^{2-}$$

③ 电池反应

$$2PbSO_4 + 2H_2O \longrightarrow Pb + 4H^+ + 2SO_4^{2-} + PbO_2$$

或：

$$PbSO_4 + 2H_2O + PbSO_4 \longrightarrow Pb + 2H_2SO_4 + PbO_2$$
$$\text{负极} \quad \text{电解液} \quad \text{正极} \qquad \text{负极} \quad \text{电解液} \quad \text{正极}$$

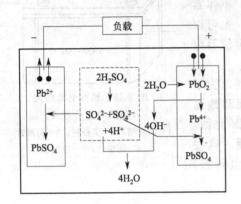
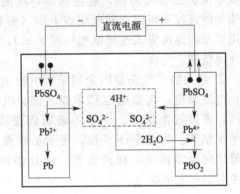

图 8-34　放电过程中的电化学反应示意图　　　图 8-35　充电过程中的电化学反应示意图

从电极反应和电池反应可以看出，铅蓄电池的充电反应恰好是其放电反应的逆反应，即充电后极板上的活性物质和电解液的密度都恢复到原来的状态。所以，在充电过程中，电解液的密度会逐渐升高。对富液式铅蓄电池来说，可以通过电解液密度的大小来判断电池的荷电程度，也可以用其密度值作为充电终了的标志，例如启动用铅蓄电池充电终了的相对密度 $d_{15}=1.28\sim1.30$，固定用防酸隔爆式铅蓄电池充电终了的相对密度 $d_{15}=1.20\sim1.22$。

④ 充电后期分解水的反应　铅蓄电池在充电过程中还伴随有电解水反应，其化学反应式如下：

负　　极　　　　　　$2H^+ + 2e \Longrightarrow H_2 \uparrow$

正　　极　　　　　　$H_2O - 2e \Longrightarrow 2H^+ + 1/2O_2 \uparrow$

总反应　　　　　　　$H_2O \Longrightarrow H_2 \uparrow + 1/2O_2 \uparrow$

这种反应在铅蓄电池充电初期是很微弱的，但当单体电池的端电压达到 2.3V/只时，水的电解开始逐渐成为主要反应。这是因为端电压达 2.3V/只时，正、负极板上的活性物质已大部分恢复，硫酸铅的量逐渐减少，使充电电流用于活性物质恢复的部分越来越少，而用于电解水的部分越来越多。对于富液式铅蓄电池来说，此时可观察到有大量气泡逸出，并且冒气越来越激烈，因此可用充电末期电池冒气的程度作为充电终了的标志之一。但对于阀控式密封铅蓄电池来说，因其是密封结构，充电后期为恒压充电（恒定电压在 2.3V/只左右），充电电流很小，而且正极析出的氧气能在负极被吸收，所以不能观察到冒气现象。

二、蓄电池的电压和电容量

（1）电压　蓄电池每单格的名义电压通常为 2V，而实际电压随充电和放电情况而定。随着放电过程的进行，电压将缓慢下降。当电压降到 1.7V 时，不应再继续放电，否则电压将急剧下降，影响蓄电池的使用寿命。

（2）容量　蓄电池的容量表示其输出电量的能力，单位为 A·h。蓄电池额定容量是指电

解液温度为 (30 ± 2)℃时，在允许放电范围内，以一定值的电流连续放电 10h，单格电压降到 1.7V 时所输出的电量。以 Q 表示容量（单位为 A·h），I 表示放电电流值，T 表示放电时间，则：

$$Q=IT$$

如 3-Q-126 型蓄电池，其额定电容量为 126A·h，在电解液平均温度为 30℃时，可以 12.6A 的电流供电连续放电 10h。

在实际使用中，蓄电池的容量不是一个定值。影响放电容量的因素很多，除了蓄电池的结构、极板的数量和面积、隔板的材料等外，还与放电、充电电流的大小、电解液的浓度和温度等因素有关。如放电电流过大，化学反应只在极板的表面进行而不能深入内部，电压便迅速下降，使容量减少。当温度降低时，会导致电解液的黏度和电阻增加，蓄电池的容量减少。这就是在冬季，蓄电池容量不足的重要原因。因此，在冬季和较严寒地区，对蓄电池必须采取保温措施，否则难以启动内燃机。

三、铅蓄电池的型号

（1）铅蓄电池的型号规定　根据 JB/T 2599 部颁标准，铅蓄电池型号由三部分组成（图 8-36）。

图 8-36　铅蓄电池型号的组成部分

第一部分　串联的单体电池数，用阿拉伯数字表示。当串联的电池数为 1 时，称为单体电池，可以省略此部分。

第二部分　电池的类型与特征，用关键字的汉语拼音的第一个字母表示。表示铅蓄电池类型与特征的关键字及其含义如表 8-5 所示。

表 8-5 中电池的类型是按产品的用途进行分类的，这是电池型号中必须加以表示的部分。而电池的特征是型号的附加部分，只有当同类型用途的电池产品中具有某种特征而型号又必须加以区别时采用。这是因为同一用途的蓄电池可以采用不同结构的极板，或者出厂时电池极板的荷电状态不同，或者电池的密封方式不同等，所以有必要加以区别。

表 8-5　铅蓄电池类型与特征的关键字及其含义

类　型			特　征		
关键字	字母	含义	关键字	字母	含义
起	Q	启动用	干	A	干荷电式
固	G	固定用	防	F	防酸式
电	D	电池车用	阀、密	FM	阀控密闭式
内	N	内燃机车用	无	W	无需维护
铁	T	铁路客车用	胶	J	胶体电液
摩	M	摩托车用	带	D	带液式
矿、酸	KS	矿灯酸性	激	J	激活式
舰船	JC	舰船用	气	Q	气密式
标	B	航标灯用	湿	H	湿荷电式
坦克	TK	坦克用	半	B	半密闭式
闪	S	闪光灯用	液	Y	液密式

第三部分　电池的额定容量。

（2）铅蓄电池的型号举例

① GF-100　表示固定用防酸隔爆式铅蓄电池，额定容量为 100A·h。

② 6-Q-150　表示 6 只单体电池串联（12V）的启动用铅蓄电池组，额定容量为 150A·h。

③ 3-QA-120　表示 3 只单体电池串联（6V）的启动用干荷电式铅蓄电池组，额定容量为 120A·h。

④ GM-1000　表示固定用阀控式密封铅蓄电池，额定容量为 1000A·h。

⑤ 2-N-360　表示 2 只单体电池串联（4V）的内燃机车用铅蓄电池组，额定容量为 360A·h。

⑥ T-450　表示铁路客车用铅蓄电池，额定容量为 450A·h。

⑦ D-360　表示电瓶车用（牵引用）铅蓄电池，额定容量为 360A·h。

⑧ 3-M-120　表示 3 只单体电池串联（6V）的摩托车用铅蓄电池组，额定容量为 120A·h。

四、阀控式密封铅蓄电池的结构

阀控式密封铅蓄电池与其他蓄电池一样，其主要部件有正负极板、电解液、隔板、电池槽和其他一些零件，如端子、连接条及排气栓等。由于这类电池要达到密封的要求，即充电过程中不能有大量的气体产生，只允许有极少量的内部消耗不完的气体排出，所以其结构与一般的（富液式或排气式）的铅蓄电池的结构有很大的不同，如表 8-6 所示。

表 8-6　阀控式密封铅蓄电池与普通富液式铅蓄电池的结构比较

组成部分 ＼ 电池种类	富液式铅蓄电池	阀控式密封铅蓄电池
电极	铅锑合金板栅	无锑或低锑合金板栅
电解液	富液式	贫液式或胶体式
隔膜	微孔橡胶、PP、PE	超细玻璃纤维隔膜
容器	无机或有机玻璃、塑料、硬橡胶等	SAN、ABS、PP 和 PVC
排气栓	排气式或防酸隔爆帽	安全阀

1. 电极

阀控式密封铅蓄电池采用无锑或低锑合金作板栅，其目的是减少电池的自放电，以减少电池内水分的损失。常用的板栅材料有铅钙合金、铅钙锡合金、铅锶合金、铅镉镉合金、铅锑砷铜锡硫（硒）合金和镀铅铜等，这些板栅材料中不含或只含极少量的锑，使阀控式密封铅蓄电池的自放电远低于普通铅蓄电池。

2. 电解液

在阀控式密封铅蓄电池中，电解液处于不流动的状态，即电解液全部被极板上的活性物质和隔膜所吸附，其电解液的饱和程度为 60%～90%。低于 60% 的饱和度，说明阀控式密封铅蓄电池失水严重，极板上的活性物质不能与电解液充分接触；高于 90% 的饱和度，则电池正极氧气的扩散通道被电解液堵塞，不利于氧气向负极扩散。

由于阀控式密封铅蓄电池是贫电解液结构，因此其电解液密度比普通铅蓄电池的密度要高，其浓度范围是 $1.29～1.30kg/L$，而普通蓄电池的密度范围在 $1.20～1.30kg/L$ 之间。

3. 隔膜

阀控式密封铅蓄电池的隔膜除了满足作为隔膜材料的一般要求外，还必须有很强的储液能力，才能使电解液处于不流动的状态。目前采用的超细玻璃纤维隔膜，具有储液能力强和孔隙率高（＞90%）的优点。它一方面能储存大量的电解液，另一方面有利于透过氧气。这种隔膜中存在着两种结构的孔：一种是平行于隔膜平面的小孔，能吸储电解液；另一种是垂直于隔膜平面的大孔，是氧气对流的通道。

4. 电池槽

（1）电池槽的材料　对于阀控式密封铅蓄电池来说，电池槽的材料除了具有耐腐蚀、耐振动和耐高低温等性能以外，还必须具有强度高和不易变形的特点，并采用特殊的结构。这是因为电池的贫电解液结构要求用紧装配方式来组装电池，以利于极板和电解液的充分接触，而紧装配方式会给电池槽带来较大的压力，所以电池的容量越大，电池槽承受的压力也就越大。此外，电池的密封结构所带来的内压力在使用过程中会发生较大的变化，使电池处于加压或减压状态。

阀控式密封铅蓄电池的电池槽材料采用的是强度大而不易发生变形的合成树脂材料，以前曾用过 SAN，目前主要采用 ABS、PP 和 PVC 等材料。

① SAN 由聚苯乙烯-丙烯腈聚合而成的树脂。这种材料的缺点是水保持和氧气保持性能都很差，即电池的水蒸气泄漏和氧气渗漏都很严重。

② ABS 丙烯腈、丁二烯、苯乙烯的共聚物。具有硬度大、热变形温度高和电阻系数大等优点。但水蒸气泄漏严重，仅稍好于 SAN 材料，而且氧气渗漏比 SAN 还严重。

③ PP 聚丙烯。它是塑料中耐温最高的一种，温度高达 150℃ 也不变形，低温脆化温度为 $-10 \sim -25$℃。其熔点为 $164 \sim 170$℃，击穿电压高，介电常数高达 2.6×10^6 V/m，水蒸气的保持性能优于 SAN、ABS 及 PVC 材料。但氧气保持能力最差、硬度小。

④ PVC 聚氯乙烯烧结物。优点有绝缘性能好、硬度大于 PP 材料、吸水性比较小、氧气保持能力优于上述三种材料及水保持能力较好（仅次于 PP 材料）等。但其硬度较差、热变形温度较低。

(2) 电池槽的结构 对于阀控式密封铅蓄电池来说，由于其紧装配方式和内压力的原因，电池槽采用加厚的槽壁，并在短侧面上安装加强筋，以此来对抗极板面上的压力。此外，电池内壁安装的筋条还可形成氧气在极群外部的绕行通道，提高氧气扩散到负极的能力，起到改善电池内部氧循环性能的作用。

固定用阀控式密封铅蓄电池有单一槽和复合槽两种结构。小容量电池采用的是单一槽结构，而大容量电池则采用复合槽结构（图 8-37），如容量为 1000A·h 的电池分成两格［图 8-37(a)］，容量为 $2000 \sim 3000$A·h 的电池分为四格［图 8-37(b)］。因大容量电池的电池槽壁须加厚才能承受紧装配方式和内压力所带来的压力，但槽壁太厚不利于电池散热，所以须采用多格的复合槽结构。大容量电池有高型和矮型之分，但由于矮型结构的电解液分层现象不明显，且具有优良的氧复合性能，所以采用等宽等深的矮型槽。若单体电池采用复合槽结构，则其串联组合方式如图 8-38 所示。

5. 安全阀

阀控式密封铅蓄电池的安全阀又称节流阀，其作用有二：一是当电池中积聚的气体压力达到安全阀的开启压力时，阀门打开以排出电池内的多余气体，减小电池内压；二是单向排气，即不允许空气中的气体进入电池内部，以免引起电池的自放电。

安全阀主要有胶帽式、伞式和胶柱式三种结构形式，如图 8-39 所示。安全阀帽罩的材料采用的是耐酸、耐臭氧的橡胶，如丁苯橡胶、异乙烯乙二烯共聚物和氯丁橡胶等。这三种安全阀的可靠性是：柱式大于伞式和帽式，而伞式大于帽式。

安全阀开闭动作是在规定的压力条件下进行的，该规定的安全阀开启和关闭的压力分别称为开阀压和闭阀压。开阀压的大小必须适中，开阀压太高易使电池内部积聚的气体压力过大，而过高的内压力会导致电池外壳膨胀或破裂，影响电池的安全运行；若开阀压太低，安全阀开启频繁，使电池内水分损失严重，并因失水而失效。闭阀压的作用是让安全阀及时关闭，防止空气中的氧气进入电池，以免引起电池负极的自放电。生产厂家不同，阀控式密封铅蓄电池的开阀压与闭阀压也不同，各生产厂家在产品出厂时已设定。

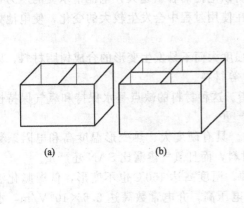

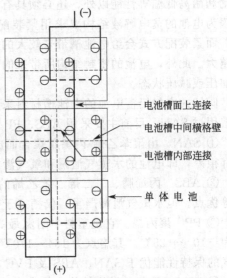

电池槽面上连接

电池槽中间横格壁

电池槽内部连接

单体电池

图 8-37　复合电池槽示意图　　　　图 8-38　复合槽电池的串联组合方式

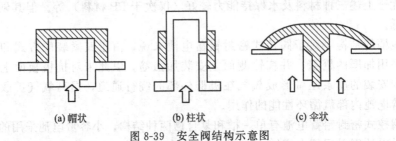

(a) 帽状　　　　　(b) 柱状　　　　　(c) 伞状

图 8-39　安全阀结构示意图

6. 紧装配方式

阀控式密封铅蓄电池的电解液处于贫液状态，即大部分电解液被吸附在超细玻璃纤维隔膜中，其余的被极板所吸收。为了保证氧气能顺利扩散到负极，要求隔膜和极板活性物质不能被电解液所饱和，否则会阻碍氧气经过隔膜的通道，影响氧气在负极上的还原。为了使电化学反应能正常进行，必须使极板上的活性物质与电解液充分接触，而贫电解液结构的电池只有采取紧装配的组装方式，才能达到此目的。

采用紧装配的组装方式有 3 个优点：一是使隔膜与极板紧密接触，有利于活性物质与电解液的充分接触；二是保持住极板上的活性物质，特别是减少正极活性物质的脱落；三是防止正极在充电后期析出的氧气沿着极板表面上窜到电池顶部，使氧气充分地扩散到负极被吸收，以减少水分的损失。

小容量阀控式密封铅蓄电池通常制成电池组，为内连接方式。安全阀上面有一盖子通过几个点与电池壳相连，留下的缝隙为气体逸出通道，所以在阀控式密封铅蓄电池盖上没有连接条和安全阀，只有正负极柱。

五、蓄电池的日常维护与检查

1. 蓄电池的维护

① 蓄电池在使用时，应安装牢固，接线卡子与蓄电池接线柱要接触良好。为避免接线柱发生氧化现象，接线卡子与蓄电池接线柱紧固后，一般要在其外表涂一薄层黄油。

蓄电池接线柱经过长期的磨损、烧损后，会使接线柱变细变小，导致卡子与接线柱接触不良等故障现象。接线柱的修理方法：首先做一个与接线柱大小相当的模型放在接线柱上，然后将铅块化成铅水倒入模型内，过 2min 后取下模型即可。

② 蓄电池的接线柱一般都标有"＋"或"－"。若没有标记时，可用万用表测量蓄电池的极性。其方法是将万用表的转换开关拨到直流电压 50V 挡，然后用两根表笔分别与蓄电池的两个接线柱接触，如果（普通指针式万用表）指针顺时针转动，则红表笔接触的接线柱为正极；如果指针反时针转动，则红表笔接触的接线柱为负极。若用数字式万用表测量的电压值为正数，则说明红表笔接触的接线柱为正极，黑表笔接触的接线柱为负极。

③ 内燃机启动时间不允许超过 10s 以上，第二次启动的间隔时间一般要控制在 2min 以上，因为蓄电池大电流连续放电时间过长会使极板因过热而变形，造成短路或活性物质脱落而使蓄电池的容量降低。

④ 检查密封盖上的排气孔，必须使其随时保持畅通，防止堵塞造成蓄电池爆裂。

⑤ 要经常保持蓄电池外部表面清洁。若有灰尘或酸液，则应用蒸馏水或纯净水及时擦洗干净。

⑥ 蓄电池因长时间使用而使内部电解液缺少时，应及时向电池内部补加蒸馏水，防止极板露出液面而氧化，影响蓄电池的容量，切勿补加电解液或硫酸。

⑦ 内燃机在工作中由硅整流发电机及其调节器给蓄电池充电，但当内燃机长时间不工作时，应定期开动内燃机给蓄电池充电或者用专门的充电机给蓄电池充电。新蓄电池应对其进行初充电，以保证蓄电池处于良好的技术状态。

蓄电池在充电时，应将密封盖拧下。再将充电机的正、负极分别与蓄电池的正、负极相接。蓄电池的充电方式一般有定流充电和定压充电两种。具体应根据所使用的充电机的技术性能和充电蓄电池的数量进行选择。

a. 初充电 初充电是指蓄电池在使用之前的首次充电。初充电的电流和时间应严格按制造厂说明书中的规定执行。在一般情况下，初充电的电流不宜过大。电流过大，会使电解液的温度上升过高，损害极板与隔板，并影响活性物质的形成过程。当环境温度过高时，充电电流应适当减小。

b. 普通充电 普通充电是指蓄电池使用后的再次充电。在充电前应全面检查单格蓄电池的电压和电解液密度，液面低于规定标准时，应及时添加蒸馏水后再进行充电。

普通充电的电流要分两个阶段进行：第一阶段的充电电流应为蓄电池容量的 1/10，历时 10～12h，当电解液冒出大量气泡，并且充到单格电池的电压为 2.3～2.4V 时，再按第二阶段的充电电流继续充电；第二阶段的充电电流应为第一阶段充电电流的 1/2，历时 4～6h，当各个单格电池的电压达到 2.6～2.7V，并且在 2h 内电解液的密度和电压不再变化，并有大量的气泡冒出时，说明蓄电池已充足电。

2. 蓄电池的检查

(1) 电解液高度的检查 要定期检查蓄电池内部电解液的高度。其检查方法是，用清洁竹片或木棍插入单格电池内并与多孔极板接触，然后取出竹片或木棍，观察电解液的高度。正常情况下，电解液的液面高度应高出极板 10～15mm。

(2) 电解液密度的检查 首先将密度计橡皮管插入蓄电池中，然后用手压缩橡皮球，放松后，电解液被吸入玻璃管中，密度计刚刚浮起而上端又不被顶住即可，此时，密度计上与液面对齐的刻度所指示的数据就是电解液的密度。

(3) 蓄电池端电压的检查 检查蓄电池整体性能状态，一般用高率放电计来测量蓄电池在大电流放电状态下的端电压。检查时，将带有红色胶皮的触针紧压在蓄电池的正极接线柱上，另一端的触针紧压在负极接线柱上。在 3s 内保持稳定不变的电压值就是被测蓄电池的充、放电程度。

正常充足电的蓄电池，用高率放电计测得的电压应能稳定在 10.5V 以上，每个单格电池的电压应能稳定在 1.75～1.85V。若测得的某个单格电压小于这个数值，则说明该单格的放电程度减弱。若 3s 内该单格的电压快速下降或某一单格电压比其他单格低 0.2V 以上时，则说明该单格已损坏。

（4）电解液密度的调整　电解液的密度应根据不同季节，适当做一些调整。冬季环境温度较低，为了防止蓄电池冻坏，应适当提高电解液密度，夏季的环境温度较高，为了减少电解液对极板和隔板的腐蚀程度，又要适当降低电解液密度。冬季，蓄电池电解液的密度一般调在 1.270kg/L 或 1.280kg/L；夏季，蓄电池电解液的密度一般要调在 1.240kg/L。其调整步骤如下。

① 按正常充电方法进行充电。

② 电解液的调整。夏季使用时，应向蓄电池内部加入蒸馏水，使电解液的密度下降。冬季，应向蓄电池内部加入一定密度的电解液，使蓄电池内部的电解液密度升高。

电解液的配制应在耐酸的玻璃、瓷质或硬橡胶容器内进行。根据不同的季节和室外的环境温度所要求的密度，确定硫酸和蒸馏水的质量。配制时，必须将蒸馏水倒入容器内，然后将硫酸缓慢注入蒸馏水中，并用玻璃棒不停地进行搅拌。在配制过程中，一定要做好个人防护，并要注意操作方法，绝对不能将蒸馏水倒入硫酸中，以免硫酸飞溅伤人。

③ 蓄电池充电完毕后，应测量电解液的密度。若不符合要求，应调整至合格为止。

六、蓄电池常见故障检修

VRLA 蓄电池的设计寿命长达 15～20 年，但其实际的使用寿命往往远低于其设计寿命，有的只能使用 2～3 年甚至更短。VRLA 蓄电池的使用寿命也比不上传统的防酸隔爆式铅酸蓄电池，后者通常能使用 10 年以上。导致 VRLA 蓄电池的寿命如此之短的原因有以下几个方面：一是产品的质量问题；二是电池的特殊结构所决定；三是使用维护方法不当。特别是阀控电池的特殊结构，导致它的失效模式比普通铅酸蓄电池的失效模式要多，除了硫化、短路等失效模式外，还有失水、热失控、早期容量损失和负极汇流排腐蚀等。

1. 极板硫化

（1）极板硫化的原因　铅酸蓄电池的正负极板上部分活性物质逐渐变成颗粒粗大的硫酸铅结晶，在充电时不能转变成二氧化铅和海绵状铅的现象，叫做极板的硫酸盐化，简称（极板）硫化。

铅酸蓄电池在正常使用的情况下，极板上的活性物质放电后，大部分都变成松软细小的硫酸铅结晶，这些小晶体均匀地分布在多孔性的活性物质中，充电时很容易与电解液接触起作用，并恢复成原来的活性物质二氧化铅和海绵状的铅。

如果使铅酸蓄电池长期处于放电状态，极板上松软细小的硫酸铅晶体逐渐变成坚硬粗大的硫酸铅晶体，这样的晶体由于体积大且导电性差，因而会堵塞极板活性物质的微孔，使电解液的渗透与扩散作用受阻，并使电池的内阻增加。在充电时，这种粗而硬的硫酸铅不易转变成二氧化铅和海绵状铅，结果使极板上的活性物质减少，容量降低，严重时使极板失去可逆作用而损坏，使电池的使用寿命缩短。

通常认为是硫酸铅的重结晶造成了晶体颗粒的长大。因为小晶体的溶解度大于大晶体的溶解度，所以，当硫酸浓度和温度发生波动时，小晶体发生溶解，溶解的 $PbSO_4$ 又在大晶体的表面生长，引起较大的晶体进一步长大。

引起蓄电池极板硫化的原因很多，但都直接或间接地与电池长期处于放电或欠充电状态有关，归纳起来有以下几种。

① 长期处于放电状态　这是直接导致电池硫化的原因。其他许多原因间接引起电池硫化，也是通过使电池放电，并使其得不到及时充电而长期处于放电状态。

② 长期充电不足　如浮充电压过低、未充电至终止标志即停止充电等，都会造成电池长期充电不足，未得到充电的那部分活性物质，因长期处于放电状态而硫化。

③ 经常过量放电或小电流深放电　这会使极板深处的活性物质转变成硫酸铅，它们必须经过过量充电才能得到恢复，否则因得不到及时恢复而发生硫化。

④ 放电后未及时充电　铅酸蓄电池要求在放电后 24h 内及时进行充电，否则会发生硫化而不能在规定的时间内充足电。

⑤ 未及时进行均衡充电　铅酸蓄电池组在使用过程中，会出现不均衡的现象，其原因就是电池已出现了轻微硫化，必须进行均衡充电以消除硫化，否则硫化会越来越严重。

⑥ 储存期间未定期进行充电维护　铅酸蓄电池在储存期间会因自放电而失去容量，要求要定期进行充电维护，否则会使电池长时间处于亏电状态。

⑦ 电解液量减少　电解液液面降低，使极板上部暴露在空气中，不能有效地与电解液接触，活性物质因不能参与反应而发生硫化。

⑧ 内部短路　短路部分的活性物质因不能发生充电反应而长期处于放电状态。

⑨ 自放电严重　自放电会使恢复的铅或二氧化铅很快又变成放电态的硫酸铅，如果自放电严重，就容易使电池处于放电状态。

⑩ 电解液密度过高　密度过高使电池自放电速度加快，且容易在极板内层形成颗粒粗大的晶体。另外，密度过高还会造成放电时误以为电量充足而过量放电，而充电时误以为电池已到了充电终期而实际充电不足，最终引起硫化。

⑪ 温度过高　高温会使蓄电池自放电的速度加快，且容易在其极板内层形成颗粒粗大的晶体。

对于 VRLA 蓄电池来说，贫液式结构和内部的氧复合循环也是造成其发生硫化的主要原因。这是因为一方面贫液式结构使部分活性物质不能与电解液有效接触，而且随使用时间的延长，电解液饱和度逐渐下降，暴露在空气（氧气）中的活性物质也随之增多，这部分活性物质也因得不到充电而发生硫化；另一方面氧复合循环使充电后期正极产生的氧气在负极发生复合反应，使负极处于未充足电状态，以防止氢气的析出，但同时使负极容易因充电不足而发生硫化现象。

（2）极板硫化的现象

① 放电时的现象

a. 容量下降　硫化电池的活性物质已变成颗粒粗大的晶体，不能恢复成充电态的二氧化铅和海绵状的铅，因此容量比正常时的容量要低，放电时其容量比正常电池先放完。

b. 端电压低　硫化电池的内阻较大，特别是极化内阻大，使放电电压偏低。

c. 电解液密度低　硫化电池的硫酸铅在充电时无法恢复，因此会使电解液的密度低于正常值。这种现象只能在普通铅酸蓄电池中观察到，VRLA 蓄电池则无法观测到电解液密度的变化情况。

② 充电时的现象

a. 端电压上升快　因硫化电池的内阻较大，所以恒流充电时电池的端电压上升速度比正常电池要快，普通铅酸蓄电池用恒流充电法充电时，其端电压可高达 2.9V 以上；如果用限流恒压法充电，则充电的限流阶段会很快结束，进入恒压阶段后，充电电流也会快速下降至充电结束状态，结果使电池无法充进电。

b. 过早分解水　因充电时端电压上升很快，很快就会达到水的分解电压2.3V，使电池过早出现冒气现象，且电压过高使冒气现象十分激烈。

c. 电解液密度上升慢　因硫化电池不能发生正常的充电反应，充电电流大多用于分解水，因此电解液密度也就上升缓慢甚至不上升。

③ 内阻的变化　硫化电池的内阻比较大，主要是粗大的 $PbSO_4$ 颗粒堵塞微孔引起较大的浓差极化，使极化内阻增大。当电池的硫化比较严重，造成电池容量损失达50%以上时，会引起电池蓄电池内阻的快速增加。

④ 极板的颜色和状态　硫化生成的硫酸铅呈白色坚硬的沙粒状，其体积较铅大，所以使负极板表面粗糙，严重时极板表面呈现凹凸不平的现象。硫化主要发生在负极板上，在普通铅酸蓄电池中，可通过观察负极板的颜色来发现，即负极板呈灰白色，严重时表面有白色斑点。

(3) 极板硫化的处理

① 过量充电法　当电池的硫化程度轻微时，可用过量充电法。普通铅酸蓄电池可先向电池内补加纯水至规定高度，再用10h率电流充电，当电压达2.5V时，再用20h率电流充电，当电压又达2.5V并有激烈气泡冒出时，改用40h率电流充电数昼夜，一直到电压和密度等稳定不变时为止。对于VRLA蓄电池，则可采用均衡充电法进行过量充电。

② 反复充、放电法　当电池的硫化程度较为严重、容量已损失近一半时，可采用反复充、放电法。

对于普通铅酸蓄电池可用如下方法处理：

a. 首先用纯水调整液面高度，然后用20h率电流进行充电，当电压达2.5V时，停充半小时，再用20h率充电，当电压达2.5V时，再停充半小时，如此反复，直到电压和密度不再变化为止；

b. 用10h率电流放电，放电到终止电压1.8V为止，计算放电容量；

c. 静置1～2h后，再用20h率充电，充到电压和密度稳定不变时为止；

d. 重复步骤b和c，直到放电容量接近额定容量时，即可充电投入使用。

VRLA蓄电池的反复充放电法，就是在前述"过量充电"之后，进行10h率的放电容量检测，并反复循环，直到容量恢复为止。值得注意的是，VRLA蓄电池在硫化比较重时，往往伴有失水现象，所以容量恢复的效果不好，必须设法打开电池，补加适量的纯水，再处理硫化故障（用上述处理普通铅酸蓄电池硫化的方法或见"失水的处理方法"）。

③ 水疗法　当普通铅酸蓄电池在硫化十分严重时可用此法。具体方法是，将电池用20h率放电电流放电到电池终止电压1.75V，然后将液倒出，重新注入密度为1.050kg/L的电解液（或纯水），进行小电流充电。若密度有上升趋势，则表明处理有效。当密度不再上升时，则以20h率放电电流的1/2放电1～2h，然后再充电，如此反复进行数次充放电，直至硫化消除为止。处理完毕后，调整电解液密度及液面高度即可。

④ 脉冲充电法　用脉冲充电法处理硫化是近年来兴起的容量恢复技术，这种方法必须用专门的脉冲充电仪器来进行。利用这种仪器进行修复的方法分为在线和离线两种。

a. 在线修复　把能产生脉冲源的保护器并联在电池的正负极柱上，接上电源就会有脉冲输出到电池。这种修复方式的特点是所需要的能源很少，可常年并联在电池的两端，但修复速度比较慢。这种方法不仅可对硫化电池进行修复处理，而且对于正常电池可以起到抑制硫化的作用。

b. 离线修复　修复仪可以产生快速的脉冲，脉冲电流相对比较大，产生脉冲的频率比较高，主要是用来修复已经硫化的电池。

2. 内部短路

（1）内部短路的原因　指电池内部的微短路，即正、负极之间局部发生短接的现象。普通铅酸蓄电池内部短路的原因主要有：

① 隔离物损坏或极板弯曲导致隔离物损坏，使正、负极板相连而短路；

② 活性物质脱落太多，使底部沉积物堆积过高，与正、负极板的下缘相连而短路；

③ 导电体掉入正、负极板之间，使正、负极板相连而短路。

VRLA 蓄电池内部短路的原因主要是铅枝晶生长，而与活性物质的脱落无关，因为紧装配方式可防止活性物质的脱落。铅枝晶生长与以下因素有关：

① 超细玻璃纤维隔膜　隔膜中存在的氧气扩散通道，为铅枝晶的生长提供了条件，即铅枝晶沿隔膜中的大孔生长，造成短路；

② 过量充电　过量充电时，负极容易生成铅枝晶。

（2）内部短路的现象

① 放电时的现象　铅酸蓄电池发生内部短路后，放电现象与硫化时的放电现象相同，即放电容量低、电压偏低、电解液密度低（普通铅酸蓄电池能观察到）。

② 充电时的现象　普通铅酸蓄电池采用恒流法或限流恒压法进行充电时，短路的现象为：

a. 温度高　短路使充电反应无法完成，即电能不能转变成化学能，只能转变成热能，造成电池温度升高；

b. 端电压上升慢　由于电池内部微短路，使电池电动势下降，导致恒流充电时充电电压偏低，如果用限流恒压法充电，则恒流充电阶段因电压上升慢而充电时间延长，甚至不能进入恒压充电阶段；

c. 冒气迟缓　因充电时端电压上升缓慢，甚至不上升，很难达到水的分解电压 2.3V，所以冒气迟缓，甚至不冒气；

d. 电解液密度上升慢　短路发生后，充电电流经过短路点流回外电路，使充电反应无法完成，因此电解液密度上升缓慢甚至不上升，即使有部分充电反应发生，也会因短路而发生自放电，导致电解液密度下降。

对于 VRLA 蓄电池来说，只能用限流恒压法进行充电，当发生短路时，能观察到的现象只有上述的 a、b 条，而观察不到 c、d 条。

普通铅酸蓄电池和 VRLA 蓄电池的短路与硫化现象比较见表 8-7 和表 8-8。

表 8-7　普通铅酸蓄电池硫化与短路的比较

现象 失效模式		硫化	短路
放电现象		①电压低且下降快 ②放电容量低 ③电解液密度偏低	①电压低且下降快 ②放电容量低 ③电解液密度偏低
充电现象	限流恒压充电	①限流（或恒流）充电阶段电压上升快，使本阶段充电很快结束 ②恒压充电阶段电流下降快，并很快到达充电结束阶段 ③电解液密度上升慢	①限流（或恒流）充电阶段电压上升慢，使本阶段充电时间延长，甚至不能进入恒压充电阶段 ②电解液密度上升慢 ③温度高 ④冒气迟缓
	恒流充电	①电压上升快，甚至高达 2.9V 以上 ②冒气早，而且剧烈 ③电解液密度上升慢	①电压上升慢 ②冒气迟缓 ③电解液密度上升慢 ④温度高

表 8-8　VRLA 蓄电池硫化与短路的比较

失效模式 现象	硫化	短路
放电现象	①电压低且下降快 ②放电容量低	①电压低且下降快 ②放电容量低
充电现象 (限流恒压充电)	①限流(或恒流)充电阶段电压上升快，使本阶段充电很快结束 ②恒压充电阶段电流下降快，并很快到达充电结束阶段	①限流(或恒流)充电阶段电压上升慢，使本阶段充电时间延长，甚至不能进入恒压充电阶段 ②温度高

　　由表可见，短路电池和硫化电池的放电现象相同，但充电现象不同，因此可以根据充电时的现象来区分这两种失效模式。

　　(3) 内部短路的处理　VRLA 蓄电池短路后无法修理，只能更换新的电池。而处理普通铅酸蓄电池短路故障的方法应该针对具体原因而有所不同，具体的方法有：

　　① 隔离物损坏者，更换新的隔离物；

　　② 由于极板弯曲导致内部短路者，可视弯曲的程度进行处理，极板弯曲轻者，更换新隔板，极板弯曲重者，更换极板或电池；

　　③ 活性物质脱落太多使底部沉积物堆积过高者，清除脱落的活性物质；

　　④ 其他导电体落入正、负极板之间时，如果是透明的容器，可用塑料棍从注液孔插入正、负极板之间，排除短路物体，如果是不透明的容器，可以先用 10h 率电流值放电到 1.8V 为止，再除去封口胶，将极板取出后排除短路物体，必要时换上新隔板。

　　值得注意的是，短路电池都伴随有硫化故障，排除短路故障后，必须处理硫化。

3. 极板反极

　　电池的反极是指蓄电池组中个别落后电池在放电后期最先放完电，而后被其他正常电池反充，发生正、负极性颠倒的现象。

　　(1) 极板反极的原因　落后电池往往有硫化或短路故障，其表现为密度偏低，容量比较小，因此在放电过程中会很快放完容量，端电压也下降很快，此时它非但不能放电，还会造成其他电池对其进行充电。由于蓄电池组是串联放电，所以其他正常电池对它进行的是反充电，结果造成正、负极性反转，成为反极电池。

　　此外，用容量不同的电池或新旧程度不同的电池串联放电，也会使小容量的电池或旧电池在放电后期被大容量的电池或新电池反充，成为反极电池。所以，型号规格不同的电池或新旧程度不同的电池不能串联起来进行充电。

　　另一种引起反极的原因是充电时将正、负极性接错，这种反充常常因为不易察觉而造成电池的严重反极，甚至损坏电池，因此每次充电前应仔细检查接线是否正确。

　　(2) 极板反极的现象　电池组在放电过程中，由于反极电池原有的放电电压急剧下降，而后被反充时又被加上 2V 以上的反向电压，所以每出现一只反极电池，铅酸电池组的总电压就要降低 4V 以上。如果在不断开负载的情况下测量各单体蓄电池的电压，就可发现反极电池的电压为负值，且电解液密度也偏低。

　　(3) 极板反极的处理　发现反极电池，应立即将其从蓄电池组中拆下来，单独进行处理。由于反极电池通常是由于电池的硫化引起的，所以按处理硫化的方法，单独对其进行小电流过量充电或反复充放电，直到其容量恢复正常后，才能投入使用。

　　若电池反极时间短，又能及时从电池组中取出并进行处理，一般能使其恢复正常。但若反极时间长，特别是充电时极性接反而造成的反极，由于负极已生成二氧化铅，正极已生成铅，电池极性完全反转，则很难恢复，必须进行多次长时间小电流过量充电和放电的循环处理，才能恢复正常，而且该电池的寿命也会明显低于其他未被反充的电池。

4. 正极板栅腐蚀

指正极板栅在电池过充电时，因发生阳极氧化反应而造成板栅变细甚至断裂，使活性物质与板栅的电接触变差，进而影响电池的充放电性能的现象。

（1）正极板栅腐蚀的原因　主要是板栅上的铅在充电或过充电时发生了如下的阳极氧化反应：

$$Pb + H_2O \longrightarrow PbO + 2H^+ + 2e \tag{8-1}$$

$$PbO + H_2O \longrightarrow PbO_2 + 2H^+ + 2e \tag{8-2}$$

$$Pb + 2H_2O \longrightarrow PbO_2 + 4H^+ + 4e \tag{8-3}$$

当板栅中含有锑时，会同时发生如下反应：

$$Sb + H_2O - 3e \longrightarrow SbO^+ + 2H^+ \tag{8-4}$$

$$Sb + 2H_2O - 5e \longrightarrow SbO_2^+ + 4H^+ \tag{8-5}$$

上述反应在浮充电压和温度过高时会加速发生，引起正极板栅的腐蚀速度加快，并因为腐蚀反应消耗水而引起电池失水。

（2）正极板栅腐蚀的现象　正极板栅腐蚀不太严重，还未影响到活性物质与板栅之间的电接触时，电池的各种特性如电压、容量和内阻均无明显异常。但当正极板栅腐蚀很严重使板栅发生部分断裂时，电池在放电时会出现电压下降、容量急剧降低以及内阻增大等现象。如果腐蚀还发生在极柱部位并使之断裂，则放电时正极极柱有发热现象。

（3）正极板栅腐蚀的预防　要减缓正极板栅腐蚀的速度，使用时应做到：

① 不要经常过量充电；

② 不要在温度过高的环境中使用电池；

③ 根据环境温度的变化调整浮充电压。

值得注意的是，在温度过低的情况下，为了保证电池处于充电状态，要提高浮充电压到比较高的值，这同样有引起板栅腐蚀的危险，所以蓄电池也不宜在温度过低的环境中使用。

5. 失水

指蓄电池内电解液由于氧复合效率低于100%、水的蒸发等导致水的逸出而引起量的减少，并进而造成电池放电性能大幅下降的现象。研究表明，当水损失达到 $3.5mL/(A \cdot h)$ 时，放电容量将低于额定容量的75%；当水损失达到25%时，电池就会失效。

研究发现，大部分阀控式密封铅酸蓄电池容量下降的原因，都是由电池失水造成的。一旦电池失水，就会引起电池正负极板跟隔膜脱离接触或供酸量不足，造成电池因活性物质无法参与电化学反应而放不出电来。

（1）失水的原因

① 气体复合不完全　在正常状态下，阀控式密封铅酸蓄电池的气体复合效率也不可能达到100%，通常只有97%～98%，即在正极产生的氧气大约有 2%～3% 不能被其负极吸

收，并从电池内部逸出。氧气是充电时分解水形成的，氧气的逸出就相当于电解液中水的逸出。2%~3%的氧气虽然不多，但长期积累就会引起电池严重失水。

② 正极板栅腐蚀　从化学反应式(8-1)~反应式(8-3)可以看出，正极板栅腐蚀要消耗水。

③ 自放电　蓄电池正极自放电析出的氧气可以在负极被吸收，但负极自放电析出的氢气却不能在正极被吸收，只能通过安全阀逸出而导致电池失水。当环境温度较高时，自放电加速，因此而引起的失水会增多。

④ 安全阀开阀压力过低　电池的开阀压力设计不合理，开阀压力过低时，将使安全阀频繁开启，加速水的损失速度。

⑤ 经常均衡充电　在均衡充电时，由于提高了充电电压，使析氧量增大，电池内部压力增大，一部分氧来不及复合就通过安全阀逸出。

⑥ 电池密封不严　电池密封不严，使电池内的水分和气体易逸出，导致电池失水。

⑦ 浮充电压控制不严　通信用阀控式密封铅酸蓄电池的工作方式是全浮充运行，其浮充电压有一定的范围要求，而且必须进行温度补偿，其值的选择对电池寿命影响较大。浮充电压过高或浮充电压没有随温度的上升而相应调低，都会加速电池失水。

⑧ 环境温度过高　环境温度过高会引起水的蒸发，当水蒸气压力达到安全阀的开阀压力时，水就会通过安全阀逸出。所以阀控式密封铅酸蓄电池对工作环境温度要求较高，应及其控制在（20±5）℃范围内为宜。

(2) 失水的现象　阀控式密封铅酸蓄电池发生失水后，因为其密封和贫电解液结构，所以不能像防酸隔爆铅酸蓄电池（容器是透明的）那样，能直接用肉眼观察到水的损失。

① 内阻的变化　当电池失水比较严重，造成电池容量损失达50%以上时，会引起电池内阻的快速增加。

② 放电时的现象　蓄电池放电时的现象基本上与硫化现象相同，即容量和端电压都出现下降。这是因为失水后使部分极板不能与电解液有效地接触，也就失去了部分容量，放电电压也因此而下降。

③ 充电时的现象　电池失水后因为失去了部分容量，使充电的第一阶段较快结束，即表现为电池充不进电。

由此可见，电池发生失水后，表现出来的现象与硫化现象基本相同。事实上这两种故障之间有联系，即硫化会加快水的损失，而失水必然伴随有硫化的发生。在通常情况下，只要平时按照规程进行维护，出现硫化故障的可能性小，但长时间的正常运行会使水分逐渐减少，因此，一旦出现容量下降，并充不进电，则基本上可以判断电池发生了失水故障。

(3) 失水的处理

失水的处理流程为：打开电池盖→补加纯水→处理硫化故障→将电池密封。

① 适当补加纯水

a. 打开电池盖　因为阀控式密封铅酸蓄电池不是全密封电池，都留有排气通道，所以电池盖与电池槽之间通常只是部分粘接在一起，即留有缝隙用于排气。只要找到粘接位置，用适当的工具即可打开电池盖。

b. 补加适量的纯水　补加纯水时要注意适量，因为阀控式密封铅酸蓄电池是贫液式电池，加水过多会堵塞气体通道，影响氧气的复合效率。氧复合效率低，会使过量的水被不断消耗，并最终使电池成为贫液状态。但是，如果加水量太多，造成电解液成流动状态，则会使侧立安置的电池发生漏液现象。

② 处理硫化故障 由于失水电池都伴随有硫化故障，所以补加适量纯水后，必须按照处理硫化故障的方法消除极板硫化。电池容量恢复后，用粘接剂将电池密封好。密封时要注意在电池盖和电池槽之间留一定的排气缝隙。

（4）减少失水的措施

① 正确选择和及时调整浮充电压 浮充电压过高，电解水反应加剧，析气速度加快，失水量必然增大；浮充电压过低，虽然可降低失水速度，但容易引起极板硫化。因而必须根据负荷电流大小、停电频次以及电池温度和电池组新旧程度，及时调整浮充电压。

② 保持合适的环境温度 尽可能使环境温度保持在 $20℃\pm5℃$，这样方可保持电池内部温度不超过 $30℃$。机房内环境温度不得超过 $35℃$。

③ 定期检测电池内阻（或电导） 虽然用电导仪测电池电导可以判断电池质量，但是当电池组的容量在额定容量的 50% 以上时，测得的电导值几乎没有变化，只是在容量低于额定容量的 50% 时，电池电导值才会迅速下降。因此当蓄电池组中各单体电池的容量均大于 $80\%C_{额}$，就不能用电导（或内阻）来估算电池容量和预测电池的使用寿命。然而对同一电池而言，一旦发现内阻异常增大，则很可能是失水所致，其结果必然导致容量下降。

6. 热失控

热失控是指恒压充电时，浮充电流与温度发生一种积累性的相互增长作用，从而导致电池因温度过高而损坏的现象。

（1）热失控的原因

① 氧复合反应放热 正极产生的氧气在负极发生的氧复合反应是一个放热反应，该反应放出的热如果不能释放出去，就会使电池的温度升高。

② 电池结构不利于散热 阀控式密封铅酸蓄电池的结构特点是密封、贫电解液、紧装配和超细玻璃纤维隔膜（隔热材料），都不利于散热。即这种电池不像富液式电池那样，能通过排气、大量的电解液和极板间非紧密的排列来散发掉电池内产生的热量。

③ 环境温度高 环境温度越高越不利于电池散热，而且温度增加会使浮充电流增大，而浮充电流与温度会发生相互增长的作用。所以充电设备应有温度补偿功能，即当温度升高时调低浮充电压。

④ 浮充电压过高 浮充电压设置过高，会使浮充电流增大，导致电池温度升高。

（2）热失控的现象 热失控发生时主要表现为电池的温度过高，严重时造成电池变形并有臭鸡蛋味的气体排出，甚至有爆炸的可能。

（3）热失控的处理 发生热失控的电池通常伴有失水现象，所以可采用处理失水的方法进行处理。此外，还可以通过如下措施来预防热失控的发生：

① 充电设备应有温度补偿和限流功能；

② 严格控制安全阀质量和设计合理的开阀压力，以通过多余气体的排放来散热；

③ 合理安装电池，在电池之间留有适当的空间；

④ 将电池设置在通风良好的位置，并保持合适的室内温度。

7. 负极汇流排腐蚀

一般情况下，负极板栅及汇流排不存在腐蚀问题。但在阀控式密封蓄电池中，当发生氧复合循环时，电池上部空间充满了氧气，当隔膜中电解液沿极耳上爬至汇流排时，汇流排的合金会被氧化形成硫酸铅。如果汇流排焊条合金选择不当或焊接质量不好，汇流排中会有杂质或缝隙，腐蚀会沿着这些缝隙加深，致使极耳与汇流排断开，从而导致阀控式密封蓄电池因负极板而失效。

综上所述，VRLA 蓄电池不仅失效模式的种类较多，而且难于对其失效模式做出准确的诊断，这是因为：

① VRLA 蓄电池的各种失效模式都可能由多种因素引起，包括使用因素、结构因素，表 8-9 列出了引起硫化、短路、失水、热失控和正极板栅腐蚀等五种常见失效模式的使用因素和结构因素；

表 8-9 引起 VRLA 失效的使用因素和结构因素

失效模式	使用因素	结构因素
硫化	①充电不足 ②未及时充电 ③浮充电压过低 ④长期处于放电状态 ⑤环境温度高	贫液式
失水	①充电电流过大 ②经常过充电 ③浮充电压过高 ④环境温度高	①贫液式；②密封式
正极板栅腐蚀		—
热失控		①贫液式；②密封式；③紧装配；④超细玻璃纤维隔膜
短路	①经常过量充电 ②浮充电压偏高	超细玻璃纤维隔膜

② VRLA 蓄电池的密封结构，使其内部情况不易观察得到，加上其贫液结构，使失水这种简单故障都无法做出准确的诊断；

③ 相同的使用因素会同时引起多种失效模式，如充电电流过大、经常过充电、浮充电压过高、环境温度高，可能同时引起失水、热失控、正极板栅腐蚀等；

④ 各种失效模式之间相互影响，即一种失效模式可能引起另一种失效模式，图 8-40 表示出了五种常见失效模式之间的相互影响。

图 8-40 各种失效模式之间的关系

复习思考题 ◀◀◀

1. 简述启动电机的基本构造。
2. 使用启动机时有什么具体要求？
3. 怎样维护启动机？
4. 启动机不转动是什么原因？如何排除故障？
5. 启动机运转无力是什么原因？如何排除故障？
6. 简述硅整流发电机的基本构造与工作原理。
7. 简述硅整流发电机调节器的工作原理。
8. 怎样使用和维护硅整流发电机？

9. 简述硅整流发电机的分解和装配步骤。

10. 硅整流发电机有什么常见故障？应怎样排除故障？

11. 调节器的使用与维护有什么具体要求？

12. 怎样检验和调整调节器？

13. 调节器有什么常见故障？应怎样排除故障？

14. 简述普通铅蓄电池的基本构造与工作原理。

15. 简述阀控式密封铅蓄电池的基本构造。

16. 蓄电池的使用和维护有什么具体要求？

17. 怎样检验蓄电池的质量？

18. 蓄电池有哪些常见故障？怎样排除故障？

第九章
电机的检验与修理

交流同步发电机是柴油发电机组的重要组成部分。交流同步发电机发电质量的好坏，将直接影响到用户的供电质量。柴油发电机组在正常供电过程中，若出现突然停电、电压升高或下降、频率忽高忽低或出现短路等故障，均会给用户造成不可估量的经济损失。为此，使用维修人员应引起足够的重视。

第一节　同步发电机的拆卸与装配

内燃（柴油、汽油）发电机组上用到的各类电机，如交流同步发电机（有刷、无刷）、充电发电机、启动电机和励磁机等，它们的维护和保养工作的基本要求是一样的，内容也大同小异，在修理前均应进行整体检查，查明故障原因，并预先估计出必要的修理工作范围，确定电机修理工作的内容和工作量。

当电机故障性质已大体确定，明确修理工作范围之后，如有必要方可把电机拆卸。拆卸过程中还要进一步确定故障点，精确地确定电机修理工作内容。

拆卸前，首先要做好准备工作，如各种工具，以及做好拆卸前的记录和检查工作，然后再进行正确的拆卸。

一、拆卸前的检查与记录

电机拆卸前应先初步对绕组的状态、绝缘电阻、轴承的状态、换向器和滑环、电刷和刷握及转子和定子的配合等情况进行检查和记录，以便对被检修电机的原有故障有所了解，确定检修方案及备料，保证检修工作正常进行。

二、同步发电机的拆装

正确合理地进行同步发电机的拆卸、安装和调整，是维护保养好同步发电机的重要环节之一。在拆装发电机时，首先应了解发电机的构造，然后采用适当的方法和相应的拆装工具，即可顺利地进行电机的维护保养与修理。下面介绍无刷发电机的拆装方法，其他各类电机可参照下述方法进行。

（一）拆卸步骤

① 卸下励磁机后罩，拆开整流器直流输出线的接头，用旋具将轴上的弹簧圈取下，顺轴向可看到励磁机转子轴套上有个螺孔，准备几根双头螺杆用图 9-1 的方法将励磁机转子拉出。对于励磁机转子安装在两轴承之间的，一般不需拆下。

② 卸下后轴承外盖，拆开励磁机定子与主发电机接线板之间的连线，再卸下电机后端

盖上的 4 颗螺栓，将后端盖连同励磁机定
子一起卸下来。

③ 卸下前轴承外盖，再卸下前端盖的
4 颗螺栓，用撬杠或龙头敲打端盖四角，
使端盖退出止口，卸下前端盖。

④ 小型电机的转子可用手取出，值得
注意的是不要擦伤铁芯和绕组。转子风扇
若大于定子内孔时，应从右侧取出。有滑
环或换向器的电机，应从有滑环或换向器
的一侧取出。对于较大型电机，取出转子
要使用吊车，转轴一端套入适当内径的钢
管。按照图 9-2 的方法吊起转子，将其慢
慢移出定子。

⑤ 下轴承弹簧圈按照如图 9-3 所示的
方法，用拉爪将两轴承拉下。

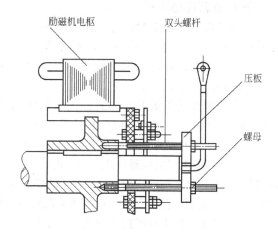

图 9-1 拆卸励磁机电枢示意

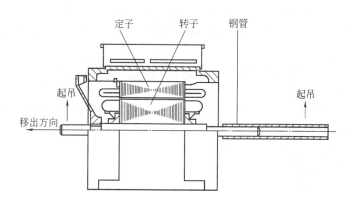

图 9-2 抽出转子示意

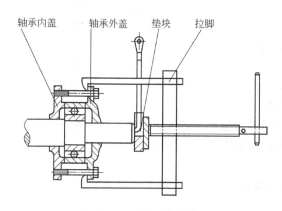

图 9-3 拆卸轴承示意

（二）装配步骤

装配时，首先要检查定子内有无杂物，将各部件上的配合面彻底擦拭干净，同步发电机
的装配过程与其拆卸过程大致相反。特别注意：将转子装入定子时不可碰到定子线圈，以免
损坏其绝缘。

（三）拆装注意事项

① 拆开各连线接头时，应注意线头标号，如标号遗失或模糊不清，应重新做好标号。当重新装配时按线路图原位重接，不可调错。

② 卸下的零部件应妥善保藏，不可随意乱放，以免丢失，零部件应小心轻放，避免因撞击造成变形或损坏。

③ 在更换旋转整流器元件时，注意整流元件的导通方向应与原元件方向一致。用万用表测量其正向及反向电阻，可判断硅整流元件是否损坏。整流元件的正向（导通方向）电阻应该很小，用万用表测量应当小于数千欧，而反方向电阻应该很大，一般大于 $10k\Omega$。

④ 如更换发电机的励磁绕组，接头时应注意磁极的极性。磁极线圈应一正一反依次序串联，励磁机定子上的永久磁铁，面对转子的一端极性为 N，磁铁两旁的磁极为 S，主发电机励磁绕组的端部仍应打上钢丝箍。钢丝的直径及匝数应与原来相同。绝缘处理后，发电机转子应在动平衡机上校正动平衡。校正动平衡的方法是：在发电机的风扇上以及非拖动端的平衡环上加重。

⑤ 拆卸轴承盖及轴承时，注意将拆下的零件用干净的纸张妥善遮盖，避免尘土飞入，如有尘土侵入轴承脂，应将轴承脂全部更换。

⑥ 重新装配端盖及轴承盖时，为使再次拆卸方便，应在端盖止口上及紧固螺栓上加少许机油。端盖或轴承螺栓应逐个交叉旋入，不能先紧一个再紧其余。

⑦ 发电机装配完毕后，用手或其他工具慢慢转动转子应转动灵活，无擦碰现象。

第二节　绕组的检验与修理

同步发电机的绕组有电枢绕组和励磁绕组，励磁绕组是产生电机磁场的核心部件，而电枢绕组是发电机能量转换的关键部件，对电机的电磁性能起着决定性的作用，本书重点分析同步发电机的电枢绕组检修方法。因此在分析同步发电机的电枢绕组检修之前，必须先了解电枢绕组的构成及连接规律。

一、基本知识

（一）交流绕组的构成原则

直流电机电枢绕组是闭合式绕组，而交流绕组通常采用开启式，每相绕组的始、末端分别引出来，以便于连接成星形或三角形，并与外电路构成回路。

对于交流绕组的基本要求如下。

① 对三相定子绕组，各相的电势与磁势要对称，电阻与电抗要平衡。

② 在一定的条件下，绕组的电势和磁势在波形上力求接近正弦，在数量上力求获得较大的基波电势和基波磁势。

③ 绕组的连接部分尽可能缩短，节省用铜量，减少铜损。

④ 绕组的绝缘和机械强度要可靠，散热条件要好。

（二）基本术语

为了说明绕组的连接规律，先介绍一些基本术语。

1. 线圈

线圈是以绝缘导线即漆包线（圆线或扁线）按一定形状绕制而成，由一匝或多匝串联组成，它有两个引出线，一个叫首端，另一个叫尾端，如图 9-4 所示。注意大型电机线圈可能采用线棒制作。

2. 节距

定子绕组线圈节距是一个线圈两个边之间相隔的槽数，也就是线圈的宽度，通常用 y 表示。

$y=\tau$，称全距绕组；$y<\tau$，称短距绕组$\left(\tau\text{ 为极距，}\tau=\dfrac{z}{2p}\text{；}z\text{ 为定子槽数，}p\text{ 为极对数}\right)$。

3. 空间电角度

几何上的角度叫机械角，电机圆周在几何上的角度为 360°机械角。交流电随时间变化的角度叫电角度，正弦交流电变化一周为 360°电角度。在电机中，交流电变化一周并不一定要磁极在空间旋转一周，只要导体扫过一对磁极，导体中的电势就变化一周。从产生电势的角度看，沿定子表面每对磁极占有的空间，就有 360°电角度。为了和时间电角度相区别，称这种电角度为空间电角度。对于 p 对磁极的电机，空间电角度为机械角的 p 倍，即空间电角度＝p×机械角。

4. 槽距角

相邻两槽之间的空间角度，称为槽距角，用 α 表示。设定子槽数为 z，磁极对数为 p 的电机，其槽距角 $\alpha=p\times360°/z$。

5. 每极每相槽数 q

它表示每个极下每相绕组所占的槽数。当定子总槽数为 z，磁极对数为 p，绕组的相数为 m 时，则 $q=\dfrac{z}{2pm}$。

6. 线圈组

线圈组指一个磁极下属于同一相的 q 个绕组元件按一定方式连接而成的组合体，同一个极相组中所有的绕组元件电流方向相同，如图 9-5 所示。

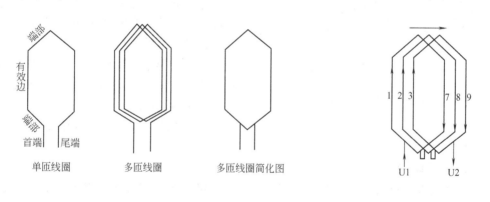

图 9-4　线圈示意　　　　　　　　　　图 9-5　线圈组示意

7. 相带

在三相电机中，为了保持电气上的对称，每个极面下每相绕组所占的范围（空间电角度）相等，这个范围称为相带。由于一个极面下（即一个极距）为 180°电角度，所以每个相带占有 60°电角度，这种绕组称为 60°相带绕组。

8. 并绕根数

当电流较大时，电机可采用几根线径较小的导线并绕构成线圈。当决定修理电机、重绕拆线时，需搞清原始的并绕根数，以免线圈匝数错误。

9. 匝数和线径

电机绕组是根据电机的型号、额定功率、电压和电流等规格设计规定的，修理重绕线圈时，应依照原始匝数、线径及有关数据进行绕制。匝数即每个线圈的圈数。

下面分析常见的三相单层绕组和双层绕组，这里重点介绍三相单层绕组。

（三）三相单层绕组

所谓三相单层绕组，就是在一个槽中只嵌放一个线圈边的绕组，整个绕组的线圈数等于定子总槽数的一半。现举例说明三相单层绕组的连接规律。

例如：

$$z=24, \quad p=2, \quad m=3$$

槽距角：

$$\alpha = p \times 360° / z = 2 \times 360° / 24 = 30°$$

每极每相槽数：

$$q = \frac{z}{2pm} = \frac{24}{2 \times 2 \times 3} = 2$$

故每个相带的宽度为 2 个槽距。由于 $p=2$，所以整个定子槽分成 $3 \times 2p = 12$ 个相带。

然后，将属于同一相槽中的导体按电势相加的原则，连接成线圈和线圈组，并按规定的形式连接成单层绕组，在连接时应尽可能缩短端部和减少交叉。

由于组成线圈和线圈组的方法不同，所连成的单层绕组通常有同心式、链式和交叉式三种形式。

1. 同心式绕组

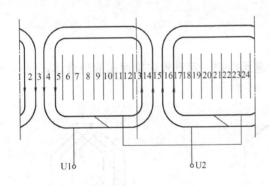

同心式绕组是由几何尺寸节距不等的线圈连成同心形状的线圈组构成，如图 9-6 所示。组成的线圈组的电势大小相等。至于如何将 p 个线圈组连接成一相绕组，根据需要可以将各线圈组串联，也可以并联。串联时应遵循电势相加的原则，头尾相接。并联时应遵循电势的大小相等且极性一致，相接的端线为同名端。

V 相和 W 相的连接与 U 相完全相同，只是始端的位置应互相错开 $120°$ 电角度。

图 9-6　同心式绕组

2. 链式绕组

链式绕组是由形状、几何尺寸和节距相同的线圈连接而成，如图 9-7 所示。

3. 交叉式绕组

交叉式绕组是由形状相同的线圈连接而成，但同一相线圈端部有交叉的绕组，如图 9-8 所示。

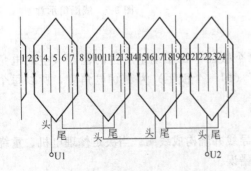

图 9-7　链式绕组

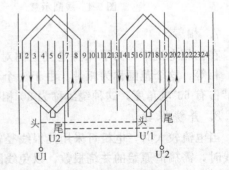

图 9-8　交叉式绕组

由以上分析可以看出，不论是同心式、链式和交叉式绕组，虽然线圈的节距在不同形式的绕组中是不一样的，但就电势的角度看，线圈都是属于由两个相差 $180°$ 电角度的相带中的导体所组成。所以，单层绕组实质上是短距分布绕组。

（四）三相双层绕组

每槽内分上、下两层分别放一个线圈边的绕组称双层绕组。线圈的一个边嵌在某一槽的上层，另一个边则嵌在相隔 y 槽的下层，整个多组的线圈数正好等于槽数。

双层绕组的主要优点如下。

① 可以选择最有利的节距，并同时采用分布绕组的办法来改善电势和磁势波形。

② 所有线圈具有同样尺寸，便于生产制造的机械化。

③ 可以组成较多的并联支路。

④ 端部形状排列整齐，有利于散热和增强机械强度。

双层绕组节距可以是全距（$y=\tau$），也可以是短距（$y<\tau$），在实际电机中均采用短距绕组。除二极电机外，节距一般选用 5/6 或接近 5/6 的极距。

下面以 $z=36$，$2p=4$，$m=3$ 的定子绕组为例说明连接规律。

每极每相槽数：

$$q=\frac{z}{2pm}=\frac{36}{2\times2\times3}=3$$

槽距角：

$$\alpha=p\times360°/z=2\times360°/36=20°$$

极距及节距：

$$\tau=\frac{z}{2p}=\frac{36}{2\times2}=9$$

$$y=5\tau/6=5\times9/6=7.5$$

其中 y 只能取整数，而又不能小于极距太多，所以这里 y 取为 8 较合适。绕组展开如图 9-9 所示。

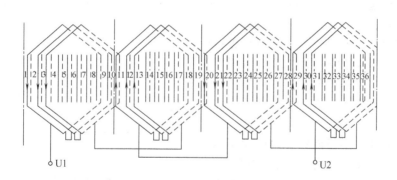

图 9-9　三相双层绕组展开

二、直流电枢绕组的短路、断路和接地检查

由于目前还在使用的发电机组中仍有很大一部分采用直流励磁机，因此在本书中同时简要阐述了直流电枢绕组和换向器的检修方法。

1. 电枢绕组元件的短路检查

直流电枢绕组元件发生短路时，短路元件中将产生短路大电流，引起过热，严重时可能使短路元件烧断，直流发电机将不能建立足够的电压，电刷下将发生较严重的火花。

电枢绕组元件短路故障的检查方法如下。

（1）外表观察法　查看换向器沟槽内有无焊锡或其他导电杂物；绕组端部有无烧黑发焦的痕迹；手摸绕组端部有无局部过热。

（2）片间电压法　将换向器两端接到低压直流电源上，如图 9-10 所示，毫伏表两端接到相邻换向片上，依次检查片间电压，如测得的片间电压都相等则表示绕组良好。如果读数突然变小，则表示该两片间的绕组元件发生短路。如果是换向片间短路，毫伏表读数应为零。

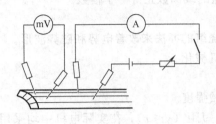

图 9-10　片间电压法检查电枢绕组

2. 电枢绕组元件的断路检查

电枢绕组元件的断路大多是元件线头与换向器之间脱焊造成的。其内部可能因短路而烧断，外部可能因机械损伤而断线。电枢绕组断路时，电刷下将产生强烈的火花，特别是断路元件连接的换向片，则往往被烧黑。

检查电枢绕组元件断路的方法如下。

（1）外表观察法　查看换向片焊接处有无脱焊，换向器是否烧伤，烧伤特别严重的换向片所连接的正好是断路元件。外部断线更易看出。

（2）片间电压法　检查电枢绕组元件断路的方法与检查短路基本相同。在测量中若发现某一支路有一对相邻换向片间的电压接近电源电压，而其余相邻换向片间的电压为零，则此对换向片所连接的元件已断路。

此种方法测量时要特别小心，防止毫伏表因超出量程而损坏。因此检查时，应采用量程合适的直流电压表。

3. 直流电枢绕组的接地检查

电枢绕组接地故障一般是槽部（槽口或槽底）对地的击穿，其检查方法通常是采用校验灯和毫伏表检查。

用校验灯检查，能很快确定绕组是否接地，如图 9-11 所示，如果灯泡发亮，则说明电枢绕组通地。特别是发电机组的启动电机和直流励磁机常采用此法来判断对地绝缘的好坏。

用毫伏表检查，不但能检查出电枢绕组有无通地现象，而且还能查出通地的故障点。如在图 9-12 中，把毫伏表的一个引线端触在转轴上，另一端触在换向片上，这时毫伏表的

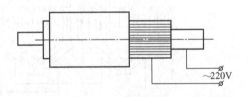

图 9-11　校验灯检查电枢绕组接地

读数很小或者没有读数，表明电枢绕组已通地了。而当把转子再转一个角度测量时，这个换向片对地电压仍很小或使毫伏表没有读数，这就表明这个换向片所连接的绕组元件通地。

4. 直流电枢绕组的应急检修

紧急情况下，如果只是个别元件的故障，便可采用应急措施，使电机迅速恢复工作，保证任务的完成，待条件许可时再进行彻底修理。

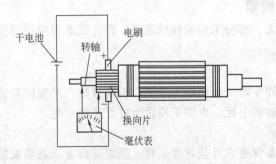

图 9-12　用毫伏表检查电枢绕组接地

应急处理通常是采用"跳接法"，即找出故障元件后，把它从绕组中分离出来，使它不发生作用，然后再用一根导线将相应的换向片接起来，使绕组仍构成闭合回路。具体地说，对接地元件，可将它的两端从换向片上烫脱，并用绝缘包扎好，然后在两换向片间焊一根跨接线即可；对短路的元件，应将它的后端接部分割断，然后用导线将短路元件所连接的两换向片跨接起来即可；对断路元件，只要在它所连接的两换向片间跨接一根导线即可。

三、交流绕组的短路、断路和接地检查

1. 交流绕组的短路检查

交流电枢绕组短路情况有绕组匝间短路、极相组间短路、相间短路。常用的检查方法有下面几种。

（1）电阻法　用电桥测量三相绕组电阻，电阻较小的一相为短路相。

（2）电流平衡法　分别测量三相电流，电流大的为短路相。

（3）利用兆欧表检查法　此法用来检查相间短路。检查时先拆开定子各出线端，用兆欧表逐相试验其两相间的绝缘情况，如绝缘电阻很低就说明短路。然后把各极相绕组拆开，再逐个检查找出故障点。

（4）指南针法　此法用来检查极相绕组是否短路。在一组绕组两端接低压直流电源3～6V，则绕组产生固定的极性，用一指南针沿着定子铁芯的内圆慢慢移动，则指针将按照该极的极性而偏转。在移动时，指南针就应该"南""北"交替变化。如果整个极相绕组被短路，这时该极相绕组无电流流过，则不产生极性，故指南针不发生偏转。

（5）用短路探测器检查　检查时，将已接通交流电源的短路探测器放在定子铁芯的槽口，沿着各个槽口逐槽移动短路探测器，当它经过一个短路绕组元件时，该短路元件相当于变压器的二次绕组，如果在短路探测器的绕组（相当于变压器一次绕组）中串联一只电流表，如图9-13所示，此时电流表指示出较大的电流值。

必须指出，对于多支路并联绕组的发电机，必须把各支路拆开，才能用短路探测器对其测试，否则绕组支路上有环流，无法分清哪个槽的绕组元件是短路的。

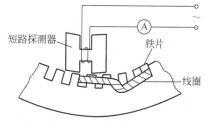

图 9-13　用短路探测器检查绕组匝间短路

2. 交流电枢绕组断路检查

实际经验表明，断路故障大多数发生在发电机绕组的端部、各绕组元件的接线头或发电机引出线端等地方附近。由于绕组端部露在发电机定子铁芯外面，导线易被碰断或接线头因焊接不良在长期使用中松脱。因此首先检查绕组端部，如发现断线或接头松脱时，应重新连接牢靠，包上绝缘再涂上绝缘漆即可使用。另外，由于因匝间短路、接地等故障而造成绕组烧断，则大多需要更换绕组。交流电枢绕组断路常用的检查方法有万用表检查法、检验灯检查法、三相电流平衡法、电阻法。

（1）万用表检查法　对于星形接法的电机，检查时可用万用表（放在低电阻挡），一根表笔接在星形绕组的中点，另一根表笔依次接在三相绕组首端，若某一相测得的电阻为无穷大，则说明该相绕组断路；对于三角形接法的电机，应先将三相绕组拆开，然后分别测量三相绕组电阻，电阻为无穷大的一相为断路相。

（2）检验灯检查法　对星形接法的电机，可将检验灯的一根线接在绕组中点，另一根线依次和三相绕组首端相连，如图9-14(a)所示，如果灯不亮，则该相断路；对于三角形接法

的电机，应先将三相绕组拆开，然后分别对三相绕组通电，如图 9-14(b) 所示，如果灯不亮，则说明该相断路。

（3）三相电流平衡法　对星形接法的电机，检查时通入低压大电流，如果三相电流值差大于 5%，电流小的一相为断路，如图 9-15(a) 所示；对于三角形接法的电机，先把三角形绕组接头断开一个，然后用电流表依次测量每一相绕组，电流小的一相为断路相，如图 9-15(b) 所示。

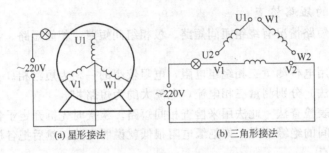

(a) 星形接法　　　　(b) 三角形接法

图 9-14　用检验灯检查绕组断路

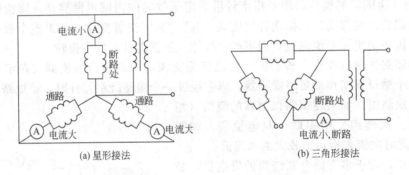

(a) 星形接法　　　　(b) 三角形接法

图 9-15　用三相电流平衡法检查绕组断路

（4）电阻法　用电桥测量三相绕组的电阻，如三相电阻相差大于 5%，电阻较大的一相即为断路相。

3. 交流电枢绕组的接地检查

先将三相绕组分开，用万用表或兆欧表查明是哪一相接地，然后用下述方法找出接地的线圈。其方法是：将交流电源经过灯泡加在该相绕组的一端与地之间，如图 9-16 所示。用木棒轻轻撬动各个线圈或者用锤子垫以木块从铁芯两侧沿轴向依次敲击定子齿，如灯光闪动或熄灭，就表示该处的线圈在槽口接地。

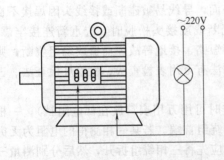

图 9-16　用试灯查找绕组接地

与直流绕组一样，定子绕组较明显的故障（例如引出线脱开、线圈在槽口处接地等），通过简单的修理，即可恢复正常。对于绕组内部的故障，只有进行绕组重绕才能彻底解决。在紧急的情况下，可考虑采取暂时的应急措施。对星形连接的三相定子绕组，故障线圈不超过一相总线圈的 10%～

15% 时，可做如下处理：有接地故障的线圈，可把它从绕组中断离，然后加以跳接；对于短路线圈可将它的后端剪断后包扎好，再将它的首端和末端连接起来；对于磁路的线圈，则将它的首端和末端连接起来即可。

四、绕组重绕

（一）绕组的拆除

电机的定子绕组经浸漆与烘干，已经固化成一个质地坚硬的整体，拆除比较困难。通常采用冷拆和热拆两种方法来拆除旧绕组。冷拆能保证定子铁芯的电磁性能不变，但费力。热拆虽比较容易，但铁芯受热后会影响电磁性能。在应用时根据实际条件选择。

1. 冷拆法

冷拆法可分为冷拉法、冷冲法。

（1）冷拉法　先用废锯条制成的刀片或其他刀具将槽楔破开，把槽楔从槽中取出。如槽楔较坚实，可用扁铁棒顶住槽楔的一端，用铁锤敲打铁棒使槽楔从另一端敲出。再将导线分成数组，一缕一缕地从槽口拉出。若是闭口槽或半开口槽，可用斜口钳将线圈端部逐根剪断，或用钢凿沿铁芯端面将导线凿断，在另一端用旋具配合钢丝钳逐根拉出导线。如线圈嵌得太紧，用钢丝钳不易拉出，可将定子竖直放置，线圈不剪断的一端朝上。在定子膛口上横一根铁棒，用一根一端有弯钩的撬棍将弯钩钩住线圈的端部，以铁棒作为支点，利用杠杆作用把整股线圈从槽里撬出来。如果有专用的电动拉线机，拆除绕组就更方便。

（2）冷冲法　对导线较细的绕组，其机械强度较低，容易拉断。可先用钢凿在槽口两端把整个线圈逐槽凿断，然后用一根横截面与槽形相似但尺寸比槽口截面略小的铁棒，在被凿断线圈的断面上顶住，用铁锤敲打铁棒，逐槽将线圈从另一端槽口处冲出。对槽满率高、线圈嵌得特别紧的绕组，用此法拆除更为奏效，可节省较多的时间。有时还可将槽绝缘一齐冲出，减少了清槽工作量。

2. 热拆法

热拆法即是将绕组绝缘加热软化后，再拆除旧绕组。一般采用通电加热和烘箱加热，切忌采用火烧绕组的方法。加热前必须将接线板等易损件拆下，以防烤坏。

（1）通电加热法　用三相调压器或电焊变压器次级给定子绕组通入低压大电流。电流的大小可调到额定电流的 3 倍左右，使绕组温度逐渐升高，待绕组绝缘软化时，停止通电，迅速退出槽楔，拆除旧绕组。注意对绕组内部断路或严重短路的电机，不能采用此法。

（2）烘箱加热法　用烘箱对定子绕组加热，待绝缘软化后迅速拆除旧绕组。在加热过程中，应注意掌握火候，防止烤坏铁芯，使硅钢片性能变坏。

无论是冷拆或热拆，在拆除旧绕组过程中，应力求保留 1～2 个完整的样品线圈。绕组拆完后，必须把槽内残存的绝缘物、漆瘤、锈斑等杂物清除干净。检查铁芯硅钢片是否有受损缺口、凸片、弯片，并予以修整。将铁芯槽、齿清理整形后，用空压机吹扫干净。

（二）线模制作

绕线模板可用木板或胶木板制作，模板的短边（小模板的外围）相当于铁芯长，长边相当于节距（实际应略长于节距，因为线圈的端接部分要做成弧形），小模板可用两只木螺钉根据线圈的尺寸固定在大模板上，构成线框。用同样形状而大小不等的几个线模叠装起来，就可以绕制线圈。

绕线模可以根据每极每相的线圈数来做，以便连绕，省去线圈间的焊接。如果大量生产还可每相连绕，省去极相组间的焊接，即每相只有两根引出线。对单台电机的修理，可只做一个模芯，绕完一圈扎牢后卸下，扎在夹板侧继续绕完另一组，再剪断线头。

（三）绕制线圈

绕线前先用游标卡尺检查导线直径和导线绝缘厚度是否符合要求，常用的圆导线规格可以查看相关手册。

绕制线圈时，应尽量充分运用绕线模将一个极相组或属于一相的所有线圈连续绕完，这样可以减少线圈之间的接头和接线的错误，并可达到提高工效、节省原材料的目的。

绕制线圈的过程中，应注意以下几点。

① 导线漆皮应均匀光滑，无气泡、漆瘤、霉点和漆皮脱落现象。用游标卡尺或千分尺检查导线直径和绝缘漆皮厚度应符合要求。

② 绕制时导线必须排列整齐，避免交叉混乱。一般应使导线在模槽中从左至右一匝一匝地排绕，绕完一层后再绕一层，直到绕够规定匝数。

③ 绕好一只线圈后，应在过桥线上套上黄蜡管，再绕下一只线圈。每个极相组之间的连接线应留有适当长度。

④ 绕制线圈时，必须保护导线绝缘不受损伤。

⑤ 绕制好的线圈必须用绑扎带将两个直线部分扎紧，以防松散。

⑥ 绕完线圈后，应对每个极相组或相绕组进行直流电阻的测定和匝数检查。

(四) 安放槽绝缘

电机槽内的绝缘物应按规定的绝缘等级选用。通常采用薄膜复合绝缘材料和多层绝缘组成的复合槽绝缘。

确定槽绝缘尺寸须注意以下几点。

1. 槽内绝缘物伸出铁芯的长度

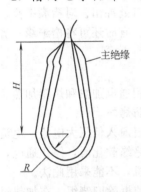

槽绝缘物伸出铁芯的长度要根据电机容量的大小而定。伸出太短时，绕组对铁芯的安全距离不够，同时端部相间绝缘无法垫好，槽绝缘也容易在槽底裂开。伸出太长时，会增加线圈直线部分的长度，造成浪费，端盖容易划伤绕组。

2. 槽绝缘的宽度

主绝缘放置在槽口下，不宜高出槽口，如图 9-17 所示，否则嵌线时将发生困难。若主绝缘放置太低，不能把导线包住，导线与铁芯间就有击穿的可能。另外，还可根据槽形尺寸估算：主绝缘宽度 $\approx \pi R + 2H$。

图 9-17　槽绝缘宽度

3. 裁剪绝缘注意事项

① 裁剪玻璃漆布一般应与斜纹方向一致。

② 裁剪青壳纸应使造纸时的压延方向（纤维方向）与槽绝缘的宽度方向（长边）相一致。否则，折叠封口会感到困难。

(五) 嵌线工艺

嵌线就是把绕好的线圈嵌放到定子槽中，嵌线前应清除剩留下来的机槽绝缘物，并修正自拆卸铁芯所产生的种种缺陷，如修正突出的硅钢片，锉平硅钢片毛刺，纠正铁芯端钢片的弯曲等。用吹风机或皮老虎吹干净，用刷子或喷漆器涂上清漆，做好槽绝缘，同时准备好嵌线工具和辅助材料，即可进行嵌线工作。

1. 嵌线工具和辅助材料

嵌线工具包括压线板、划线板、手术用弯头长柄剪刀、橡皮锤和钢皮铁划板等。

压线板是把已嵌入铁芯槽的导线压紧使其平整的工具，可用不锈钢或黄铜制成，并装上手柄。压线板表面应光滑、无毛刺，以免压线时损伤导线绝缘。要根据电机槽形不同多备几只，压脚宽度一般为槽上部宽度减去 0.6~0.7mm。

划线板是在嵌线时将导线划进铁芯槽，又可将已嵌进槽里的导线划直理顺的工具。常用楠竹、胶绸板和不锈钢等磨制而成。划线板应制成前端略呈尖形，一边偏薄的形状，表面务必光滑。钢皮铁划板用于折合槽绝缘纸、封闭槽口。手术弯头长柄剪刀用于剪去引槽纸，也可以用一般剪刀，但应注意剪平。

压线板和划线板如图 9-18 所示。嵌线过程中用的绝缘材料有端部相间绝缘、槽内层间绝缘及扎带等。槽楔一般用竹子做成，经变压器油处理，能防潮、防霉。为防止打槽楔时划破绝缘，槽楔一端要倒角。嵌线时不但定子铁芯和槽内要干净，而且工作台、周围环境都要整洁。操作者双手要洗净，以防止铁屑、油污、灰尘等粘在导线上。嵌线是一项细致的工作，必须小心谨慎，并按工艺要求进行操作。

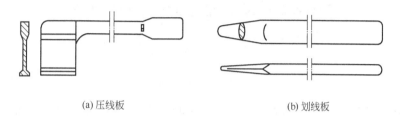

(a)压线板　　　　　　　　　　　(b)划线板

图 9-18　嵌线工具

2. 嵌线规则

为了便于嵌线和连接引线，必须遵守以下规则。

① 每个线圈组都有两根引线，分别称为首端或尾端。

② 每相绕组的引出线必须从定子的出线孔一侧引出，为此所有线圈组的首、尾端也必须在这一侧引出。

③ 习惯规定把定子机座有出线孔的一侧置于操作者右侧，待嵌线圈组放置在定子的右面，并使其引出线朝向定子膛，如图 9-19 所示。嵌线时，把线圈逐个逆时针方向翻转后放进定子膛内进行嵌线，从而保证引出线从出线孔侧引出。

3. 嵌线方法

单只线圈嵌线比较简单，但对连续绕制的线圈组，嵌线时稍不注意就会嵌反，应特别注意。嵌线翻转线圈时，先用右手把要嵌的一个线圈捏扁，并用左手捏住线圈另一端反向扭转，如图 9-20 所示，然后将导线的左端从槽口右侧倾斜着嵌进槽里，如图 9-19 所示。

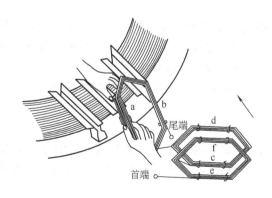

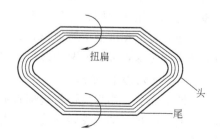

图 9-19　嵌线示意　　　　　　　　　　图 9-20　线圈的捏法

嵌入线圈时，最好能使全部导线都嵌入槽口的右端，两手捏住线圈逐渐向左移动，边移动边压，来回拉动，把全部导线都嵌进槽里。如果有一小部分导线剩在槽外，可用划线板逐根划入槽内，如图 9-21 所示。划入导线时，划线板必须从槽的一端直划到另一端，并注意用力要适当，不可损伤导线绝缘。切忌随意乱划或局部撬压，以免几根导线交叉地堵在槽口而无法嵌入。

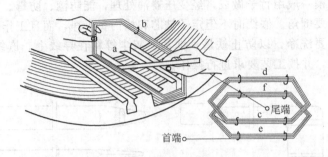

图 9-21　划线板嵌线示意

如果槽内导线高低不平，可在压线板下衬聚酯薄膜，从槽口的一端插进槽里，用小铁锤轻轻敲打压线板背面，边敲边移动，直到把槽内导线压平、压实为止，如图 9-22 所示。

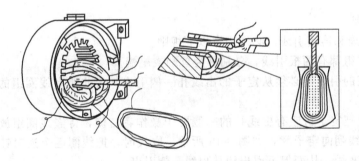

图 9-22　压线板压实槽内导线示意（一）

4. 封槽口

槽满率越高，封槽口越重要。先将线压实，然后用铁划板折合槽绝缘包住导线，如图9-23 所示。用压线板压实绝缘纸后，即从一端打入槽楔，松紧要适当。

5. 放端部相间绝缘

相邻两组线圈不同相时，必须在这两组线圈的端部之间安放相间绝缘纸，进行隔相。插隔相纸的方法是，将定子圆周两端旋入端盖螺栓作为支点将定子竖直放置，若端盖螺栓长度不够，为防止压坏线圈，可将定子放在端盖上。用划线板插入两相线圈组的端部之间，撬开一个缝隙，将隔相纸插进缝隙里，如图 9-24 所示。隔相时应注意把隔相纸插到底，压住层间绝缘或槽绝缘，务必使两个线圈组完全隔开。

6. 端部成形和绑扎

线圈下完后，用橡皮锤将端部打成喇叭口，如图 9-25 所示。其直径大小要合适，否则将影响通风散热，甚至使转子装不进去。喇叭口不宜过大，致使端部与机壳太接近，影响绝缘性能。

端部整好形后，必须进行端部绑扎，如图 9-26 所示，其目的是增加绕组端部的强度，并固定连接线和引线。可用白布带（线绳或玻璃丝带）进行绑扎，绑扎时应注意相间绝缘的位置不要变动。

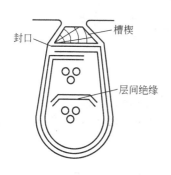

图 9-23　槽口的绝缘处理

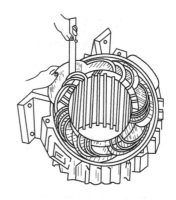

图 9-24　压线板压实槽内导线示意（二）

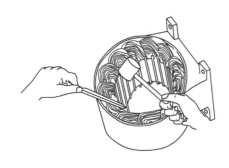

图 9-25　定子线圈端部形状

图 9-26　绕组端部绑扎

（六）接线与焊接

绕组全部嵌入定子槽后，就可按照绕组的设计要求把绕组连接起来。通常，除了只有一只线圈的极相组外，一个极相组内的几只线圈总是连绕的，所以绕组的连接也就是把几个极相组连接成相绕组。

在连接绕组之前，可按电机的要求再仔细核对一遍，以便发现问题及时纠正。为了避免导线连接处氧化，保证电机绕组长期安全运行，必须在连接处加以焊接。

1. 焊接前的准备工作

（1）配置套管　一般线圈引线的套管在绕线时已套上，接线时可根据情况适当修剪一下长短，并串套上较粗的套管，如图 9-27 所示。套管一般用玻璃丝漆套管，不用聚氯乙烯套管，因为电机绕组温度较高，聚氯乙烯套管耐热差，在电机中容易引起短路事故。

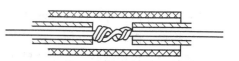

图 9-27　引线套管

（2）刮净线头　注意在刮净漆包线上的绝缘漆时，要不断转动方向，使圆铜线周围都能刮净。

（3）搪锡　采用锡焊时，为了保证焊接质量，一般在绕线后即将每个线圈的线头刮净进行搪锡，然后才嵌线、接线。

2. 线头的连接形式

线头的连接形式很多，一般锡焊常采用以下几种连接方法。

（1）绞接　如果导线较细，可将线头直接绞合，如图9-28所示。

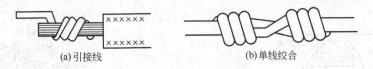

(a)引接线　　　　　　　　　　　　(b)单线绞合

图9-28　线头的绞合

（2）扎线　适用于较粗导线的连接。扎线一般用铜线扎在线头上，如图9-29所示。

（3）并头套　连接扁线或扁铜排时，一般采用薄铜片制成的套管，俗称头套，如图9-30所示。

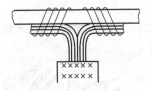

图9-29　用扎线连接

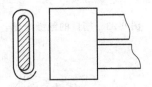

图9-30　用并头套连接扁线

连接线的排列一定要整齐，小型电机把接线布置在端部外侧，待焊接完毕套好套管后与端部一起统包，如图9-31(a)所示。中型电机接线较粗，可把接线扎在端部的顶上，如图9-31(b)所示。

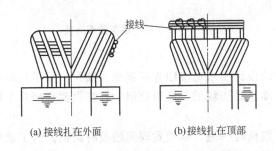

接线

(a)接线扎在外面　　　(b)接线扎在顶部

图9-31　定子绕组端部接线的排列

3. 连接线的焊接方法

（1）银铜焊和磷铜焊　这种焊接适用于电流大、工作温度高、可靠性要求较高的场合。焊料为条形或片形，焊接设备一般用乙炔氧气焊，也可用点焊机或对焊机加热。磷本身有去氧化作用，故磷铜焊时不需要焊剂。如果是银铜焊，焊时要涂上硼砂。

焊接时，要防止烧伤线头附近的绝缘，可在线头的附近裹上浸水的石棉绳。

焊接时要防止焊剂、焊料掉到线圈缝内。

（2）锡焊　锡焊操作方便，接点牢靠，使用最为普遍，但工作温度不够高。常用的锡焊料是铅锡合金，含锡越高，流动性越好，但工作温度较低，常用的锡焊剂最好的是松香酒精溶液，酒精是去氧剂，将氧化铜还原为铜，松香在焊锡熔化后覆盖在焊接处，防止焊接处氧化。有的焊锡膏带有腐蚀性，焊接完毕后，应用棉纱蘸酒精擦洗干净。稀盐酸加锌的溶液（俗称"焊锡药水"），具有强烈的腐蚀作用，在焊接中严禁使用。

采用锡焊有以下几种方法。

①烙铁焊　常用的烙铁有火烧烙铁、电热丝烙铁、变压器快速烙铁等。操作时应注意先搪锡，烙铁不能烧得过热，以免过热氧化而搪不上锡，俗称"烧死"。

烙铁的热容量视焊头的大小而定。不要用小烙铁焊大件，这样不但焊不牢，而且由于对线头长时间加热，会烤焦线头附近的绝缘。

锡焊时，先在搪过锡的线头上刷上松香酒精，然后将搪上适量锡的烙铁放在线头下。当松香液沸腾时，快速将焊锡条涂在烙铁及线头上。烙铁离开后，趁热用锡条或蘸松香液的毛刷迅速擦去多余的锡。若有凸出的锡刺，要高温去掉，同时防止熔锡掉到线圈缝里去。

②浇锡 如果焊接线数量很多，用浇锡的方法较为方便，焊接质量比烙铁焊要高。先用铁锅在电炉或煤炭炉上熔化较多的锡，然后用小勺对准线头浇注。大线头可多浇几次，线头的下面备有接锡勺。

浇锡时的温度不宜过高。估计锡温的经验是，用小勺拨去锡面氧化层后，锡表面由银白色变成金黄色，这时温度最好。如果很快变成紫蓝色，说明焊锡温度过高。

为了安全操作，浇锡的勺子要同时放到锡锅内加热，勺子不得带有水分。

③碳精加热锡焊 适用于引线头等局部焊接，如图9-32所示。

（3）电弧焊 如果导线较细，可以采用电弧焊，如图9-33所示。电弧焊不必加焊剂，快捷方便。缺点是多路并联、线头较多时，若操作不熟练，往往导致某一根导线没有焊牢。

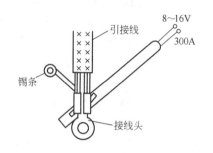

图9-32 碳精加热局部锡焊

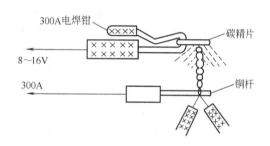

图9-33 电弧熔焊

操作时，将碳精轻触线头，使其连续发生弧光。熔化后，应迅速移去碳精，使导线熔成一个球形为最好。碳精也可用电阻大一些的硬质电刷代替。

4. 引出线的选用

绕组接好后，把引出线接到接线盒中的接线板上。绕组引线应尽量靠近接线盒，这样可缩短引出线。引出线一般采用塑料绝缘软线或蜡壳线。有些特殊电机采用特殊的引出线，如丁基橡胶线等。机组引出线的规格按电机电流选择，可在相关手册中查找。

电机的引出线，常采用两种不同的符号来区别头尾；三相绕组有六个出线端，用U1、V1、W1标明绕组的首端，用U2、V2、W2标明绕组的末端。如果没有接线板，也要在出线端标上字头，以便使用时的连接。

（七）绕组的干燥与绝缘处理

1. 干燥

重绕修复的电机绕组必须加热、浸漆和烘干。其目的主要如下。

（1）提高的绝缘强度和防潮性能 因电机加热后，绕组绝缘材料中的潮气被烘干，浸入的绝缘漆可填充到这些空间，使潮气不再侵入，从而增强了绕组的电气绝缘强度。

（2）改善散热条件 电机绕组的使用寿命与使用时的温度有很大关系，如绝缘漆能透入并填满绝缘与导线间的所有缝隙时，便使绕组的热量能通过绝缘漆经铁芯传导给机壳散发出去，这样电机的温升就不会过高。

（3）提高绕组的机械强度 绕组的导线因电机振动，时间长了，导线便会松动而被擦伤，进而可能造成短路故障。经浸漆处理后，导线被黏结成牢固的整体，既可增加其机械强度，又可减少损坏的可能性。所以，电机绕组修理后必须经过浸漆处理。

2. 绝缘处理

电机绕组常用浸渍绝缘漆有沥青漆、清漆、醇酸树脂漆、水乳漆以及环氧树脂漆等，常用绝缘漆的牌号和性能可参考有关电工手册。浸漆时应根据电动机绕组的绝缘等级，并考虑使用环境选用适当牌号的绝缘漆。

电机绕组的浸漆处理一般都经过三个步骤。

(1) 预烘 无论是新旧绕组，在绝缘物中都存在一定潮气。因此，在浸漆之前必须对电机绕组进行预烘，以驱除线圈中的水分。开始预烘温度要逐渐增加，一般温升应控制在20~30℃/h，这样可使绕组内外温差较小，内部的水分易于向外散发。预烘的温度要控制好，温度过低，使去潮预烘的时间增加而浪费电能；过高则容易造成绝缘材料老化，影响绝缘材料的寿命。所以预烘的温度一般应控制在100~110℃。另外，预烘时约每隔1h检查绝缘电阻一次。一般电动机约烘4~8h，待绝缘电阻稳定才可浸漆。

(2) 浸漆 经过预烘后的电机，要让铁芯冷至60~70℃才能浸漆，因为漆中的溶剂在高温时易挥发，使绕组表面形成漆膜，反而使绕组不能浸透。但绕组在温度过低时浸漆，则易吸入潮气。电机绕组的浸漆应进行1~2次，若是防潮电机要浸漆3~4次才能达到要求。浸漆时要求漆面盖过被浸工件100mm以上。一次浸漆应在15min左右，直到不冒气泡为止。

在检修个别电机时，为节约用漆，可采用浇灌的办法，把电机垂直放置在漆盆上向绕组进行浇漆；约30min滴漆之后，再浇灌另一端绕组直至浇透；滴干后再用松节油将绕组以外的铁芯和机座端口上的余漆揩抹干净。

(3) 烘干 余漆滴干后的电机绕组才可放入烘房干燥。干燥时先进行70~80℃的低温阶段，使溶剂的挥发不会过于强烈，以免内部气体无法排出。烘2~4h后可进入高温干燥阶段，提高温度并控制在110~120℃。

在烘干过程中，每隔1h测量一次绕组对地的绝缘电阻。一般来说，其绝缘电阻开始时下降，然后上升，经8~16h的干燥，在最后3h内必须是趋向于稳定。若这时的绝缘电阻达5MΩ以上，便算烘干可用。

3. 烘干方法

对于受潮或浸漆处理的电机，常用的烘干方法有如下三种。

(1) 外部加热法 这种方法适用于所有电机绕组的干燥。它是通过外部的热源如白炽灯、(远)红外灯或电炉等对定子进行加热。通常都把电机拆卸开来，热源置于定子中心处，但勿将热源直接触及铁芯、槽或线圈，以免引起燃烧。但加热的最好方法是采用温度可调的电热干燥箱和设有空气循环通风设备的电热烘房或蒸汽烘房，它最适合于绕组浸漆后的干燥。

(2) 电流干燥法 电流干燥法是将电机绕组以一定的接法通入低压电流，利用电机本身的铜损耗对自身加热。它的接线有很多形式，但无论采用任何形式的干燥接法，其每相绕组分配的最大电流都不宜超过原额定值的50%~60%；如用直流则可稍高，为原额定值的60%~80%。由于各种电机的具体情况不尽相同，一般所需干燥电流的大小，应根据定子铁芯在通电3~4h内达到70~80℃时为宜。

(3) 涡流干燥法 它是利用交变磁通在定子铁芯中产生磁滞和涡流损耗使电机发热到必需的温度进行干燥，所以也叫铁损干燥法。铁芯中的磁通是由临时穿绕在定子铁芯和外壳上的励磁线圈产生的。它适宜干燥较大型的电机，优点是耗电量较小，比较经济。

4. 电机干燥时的注意事项

① 电机干燥前须将绕组清理干净，如通电干燥，外壳要接好地线，以防触电。

② 为防止电机热散耗，干燥处理时电机应掩盖保温，但应有一定的通风量，以排除电机内的水分，特别是封闭型电机，还要将端盖打开一缝隙，使机内潮气易散发。

③ 电机在干燥过程中，要用温度计或其他测温装置检查加热温度，以防电机某点过热而造成损坏。

④ 干燥电机时，加热温度应逐渐升高，特别是较潮湿的电机，应缓慢加热到 50～60℃，并保持 3～4h，再加热到最高允许温度。绕组干燥温度参见表 9-1。

表 9-1　电机绕组干燥温度

绝缘等级	A	E	B
温度计法	90℃	105℃	110℃
电阻法	100℃	115℃	120℃

⑤ 干燥过程中，应定时测量绕组温度和电机绝缘电阻，并做好记录。开始时每 15min 记录一次，以后每小时记录一次。通常，干燥开始后，由于温度升高和排潮，绝缘电阻会下降，但以后又开始回升。当绝缘电阻已大于规定值，并稳定 4～5h 不变后，则说明绕组已干燥，即可停止干燥处理。

五、励磁绕组的修理

① 在每个磁极上编上号码，并在磁极与磁轭连接处打上记号，以便修复后按原位安装。

② 焊下极间连接头，取下绑扎的铜丝或铜套，然后拆下磁极。

③ 取下励磁线圈，仔细查明数据，并记录。

④ 用铁丝将线圈四角绑扎好后（以免散乱），烧去线圈上的绝缘。

⑤ 清理线圈，并将导线敲平敲直，然后用白绸带半重叠包缠一层。

⑥ 按原来线圈的形状、层数和匝数绕制成新的线圈。

⑦ 做好线圈的连接头。

⑧ 再将线圈用白布带半重叠包缠一层，使其紧实。

⑨ 线圈作浸漆、烘干处理，工艺方法同上。

⑩ 按照原来的要求包扎好磁极铁芯的外绝缘，然后将线圈套入磁极。

⑪ 最后按如图 9-34 所示的连接方法，焊接极间连线。

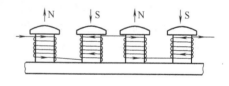

图 9-34　励磁绕组的连接

第三节　轴承的检验与修理

一、轴承盖的修理

轴承盖上出现裂纹、镗孔磨损等现象，都要进行修理。小的裂纹可以用堆焊法或喷镀法填补。如果裂开，最好更换新的轴承盖。

轴承盖镗孔的环状凸缘及轴承配合处如有磨损凹痕和毛刺等小损伤，可以用细锉和刮刀修理。尺寸不足时，也可采用加厚轴颈的修理方法。但不宜采用镀铬法。倘若磨损过大，尺寸不足时，也可采用镶套的方法进行修理。

二、滚动轴承的检修

（一）电机滚动轴承的技术要求

① 滚动轴承内外圈滚道上，滚柱或滚珠的工作表面，应光滑，无退火、裂纹、锈蚀、压印及金属剥落等缺陷。

② 内外圈滚道上，滚柱或滚珠工作表面小部分锈蚀和剥落，允许拼修或更换损坏零件修复使用。

③ 电机滚动轴承的内外圈滚道上，滚柱或滚珠工作表面失去光泽及有轻微的腐蚀小黑斑点时，允许继续使用。

④ 锥形滚柱轴承的滚柱小端工作面，不允许凸出于轴承外环端面。内环大端内端面，不允许有金属剥落或缺口，但小端凸缘允许有不多于四个缺口存在，总弧度不大于 60°。

⑤ 轴承的隔离环不应有拆断、裂纹及铆钉松动现象。

⑥ 滚动轴承内外圈与轴径或座孔配合松动时，允许镀复修理，不得用尖铣打毛轴颈或座孔等不正确的方法修复。但柴油机主轴承外圈与座孔配合松动时，应镶套恢复尺寸。

⑦ 清洗干净的轴承，用手转动时，应灵活轻快，无卡滞现象。

（二）滚动轴承及其选用

滚动轴承按滚动体的种类可分为两大类。

① 滚珠轴承，其滚动体为球形。

② 滚柱轴承，其滚动体为圆柱。

滚动轴承按其所承受的负载作用方向又可分为如下各类。

① 向心轴承　只能承受径向负载（如向心短圆柱滚子轴承），或能在承受径向负载的同时，承受不大的轴向负载（如向心球轴承）。

② 向心推力轴承　能承受径向和轴向联合负载，并可能以径向或轴向负载为主。

③ 推力向心轴承　承受轴向负载，但也能在承受轴向负载的同时承受不大的径向负载。

④ 推力轴承　只能承受轴向负载。

在大修电机必须更换滚动轴承时，最好更换成原有的型号，在技术革新中需选配滚动轴承时，可按轴承负载的性质和机械尺寸选配。

常用轻型和中型滚动轴承规格见表 9-2 和表 9-3。

表 9-2　常用轻型滚动轴承规格

轻　　　型			尺寸/mm		
滚珠轴承		滚柱轴承			
单列向心滚珠轴承	单列向心推力轴承	单列向心短圆柱	内径	外径	宽度
200	6200	—	10	30	9
201	6201	—	12	32	10
202	6202	—	15	35	11
203	6203	—	17	40	12
204	6204	2204	20	47	14
205	6205	2205	25	52	15
206	6206	2206	30	62	16
207	6207	2207	35	72	17
208	6208	2208	40	80	18
209	6209	2209	45	85	19
210	6210	2210	50	90	20
211	6211	2211	55	100	21
212	6212	2212	60	110	22
213	6213	2213	65	120	23
214	6214	2214	70	125	24
215	6215	2215	75	130	25
216	6216	2216	80	140	26

续表

轻　　型			尺寸/mm		
滚珠轴承		滚柱轴承			
单列向心滚珠轴承	单列向心推力轴承	单列向心短圆柱	内径	外径	宽度
217	6217	2217	85	150	28
218	6218	2218	90	160	30
219	6219	2219	95	170	32
220	6220	2220	100	180	34

表 9-3　常用中型滚动轴承规格

中　　型			尺寸/mm		
滚珠轴承		滚柱轴承			
单列向心滚珠轴承	单列向心推力轴承	单列向心短圆柱	内径	外径	宽度
300	6300	—	10	35	11
301	6301	—	12	37	12
302	6302	—	15	42	13
303	6303	—	17	47	14
304	6304	—	20	52	15
305	6305	2305	25	62	17
306	6306	2306	30	72	19
307	6307	2307	35	80	21
308	6308	2308	40	90	23
309	6309	2309	45	100	25
310	6310	2310	50	110	27
311	6311	2311	55	120	29
312	6312	2312	60	130	31
313	6313	2313	65	140	33
314	6314	2314	70	150	35
315	6315	2315	75	160	37
316	6316	2316	80	170	39
317	6317	2317	85	180	41
318	6318	2318	90	190	43
319	6319	2319	95	200	45
320	6320	2320	100	215	47

（三）滚动轴承的维护和检查

1. 滚动轴承的维护

① 电机轴承允许温升一般为 60℃，经常检查轴承的温度，通常可以用水银温度计或酒精温度计来测量。但也可用触觉来检查，如果手能长时间紧密接触轴承外盖，说明轴承运行尚未超过允许温升。

② 经常监听轴承运行时有无异常噪声，运行正常时滚动轴承有均匀的嗡嗡声，而不应有其他的杂声。如听到冲击声，则可能有一个或几个滚珠轧碎。如听到"吱吱"声，表示轴承的润滑油不足。

③ 要保持轴承密封情况良好，以免灰尘侵入，减少轴承的磨损同时以防漏油，以免轴承润滑不良。

④ 轴承的润滑油脂应保持清洁和足够量，电机滚动轴承在运行 2500～3000h 后，应更换润滑油脂，在运行 1000～1500h 后要添一次油。更换轴承润滑油脂时，应用汽油（或煤

油）将轴承和轴承盖洗干净，润滑油脂的用量不宜超过轴承盖容积的 2/3，对于转速在 2000r/min 以上的电机应减少为 1/2。

2. 滚动轴承的检查

轴承拆下来并清洗干净后，为了鉴定能否继续使用，可按下面的方法进行检查。

①"看"　观察轴承的滚珠（或滚柱）、内外圈等部分是否有破损、锈蚀或裂纹。

②"听"　拨转轴承，如果声音均匀，转动灵活轻快，则是好的；若有不正常的杂声，转动不灵活，说明有毛病。

③"扳"　动轴承内圈，若感觉有松的现象，则滚珠与内外圈的间隙可能太大。

④"量"　用塞尺测量滚珠（或滚柱）与内圈的间隙，如超出磨损最大许可值，则应更新轴承。用塞尺检查轴承的磨损情况，轴承的磨损许可值见表 9-4。

表 9-4　滚动轴承的磨损许可值　　　　　　　　　　　　　mm

轴承内径	20～30	35～50	55～80	85～120	130～150
最大磨损	0.1	0.2	0.25	0.3	0.35

超过表 9-4 中的磨损限度时应更换新轴承，而且原则上应换以同规格的轴承。若无所需要的轴承型号，在不得已的情况下，可用另一规格的轴承来代替，但代用轴承的载荷质量应适合所代替的轴承。代用轴承的几何尺寸与原轴承稍有差别时，应加设止推环或内、外套筒。

（四）滚动轴承的修理方法

在正常情况下滚动轴承是比较耐磨损的，但装配不当、护封不妥、润滑不足或润滑脂不纯以及有异物进入轴承内等，都会造成滚动轴承过早磨损。另外，轴颈与轴承内套圈、端盖孔与轴承外套圈之间发生游转时，也会使轴承磨损。磨损程度可根据间隙判断，以决定是否更换轴承。此外还应查看轴承是否有裂纹、生锈，转动是否灵活等。

若轴承与端盖孔间松动较大，可用钢錾子在端盖轴承室的圆周上錾一排印子，利用其表面的毛刺来卡紧轴承外套圈，但这只是应急办法，不能长久使用。

若加工面上（尤其是滚道内）有锈迹，可用 00 号砂纸擦净后放在汽油中清洗。如果有较深的裂纹或内外套圈破碎，则应更换轴承。

在轴承损坏时，也可将几个型号的轴承拆开，利用其中完好的零件拼凑组装成一只轴承使用。对于缺少滚珠或滚珠部分损坏的轴承，可只更换滚珠而不必再换整个轴承。

（五）滚动轴承的清洗

若轴承运转时有轻微杂声时，必须加以清洗。清洗时先除去润滑脂，然后用清洁的刷子或蘸上汽油的抹布进行清洗，至少要洗 2～3 次。同时，应要转动轴承，以防毛、线等杂物卷入轴承。此外，为便于清洗，最好用热油来清洗。洗净后再检查轴承，若无明显松动且滚珠表面也无缺陷，添加润滑脂即可继续使用。如果不是检查轴承内部或更换轴承，而只是清洗轴承，可不必将轴承从轴上拆卸下来。

（六）滚动轴承的润滑

1. 润滑方法的选择

滚动轴承的润滑分为油润滑和脂润滑。使用时应根据轴承的类型、尺寸、运行条件来选择。一般油润滑比脂润滑优越。但油润滑需要复杂的密封装置和供油设备，脂润滑对轴承座的密封可简化一些。通常低速轻负载时，选用脂润滑；高速重负载时选用油润滑。

2. 润滑脂的选择

润滑脂由润滑剂和调化剂组成，还含有一定量的胶溶剂和添加剂。润滑剂是起润滑作用的主体，主要是矿物油，如锭子油、汽缸油等；调化剂除起调化作用外，还有一定的润滑作用。它主要为脂肪酸盐类（皂基），如钙皂、钠皂等；胶溶剂用于改善皂基和油体之间的融合状态；添加剂如石墨、二硫化钼等，可改善润滑脂的性质。

润滑脂的主要指标为滴点、针入度、氧化安定性和低温性能。

（1）滴点　滴点即润滑脂受热后开始滴下第一滴时的温度。它标志着润滑脂的耐热能力。润滑脂的工作温度必须略低于润滑脂的滴点20℃左右。

（2）针入度　针入度是用来表示润滑脂的稠度或软硬程度的一项质量指标。它是用标准圆锥体在5s内沉入加热到25℃的润滑脂试样中的深度来测定的。润滑脂越硬，针入度就越小，因而不易充满摩擦面，容易出现润滑不良的现象；针入度过大，即表示润滑过软，容易发生漏油现象。

选用润滑脂时还应考虑使用条件，如使用环境、工作温度、电机转速等。当环境温度较高时，应选用耐水性强的润滑脂。速度越高，应选择针入度越大（稠度较稀）的润滑脂，以免高速时润滑脂内产生很大摩擦损耗，使轴承温升增高和电机效率降低。负载越大，应选择针入度越小的润滑脂。

3．润滑脂的填充量

轴承中润滑脂的填充量不宜过多，当电机转速很低而且对密封要求较严格时，可以填满轴承腔。一般轴承运行1000～1500h后应加一次润滑脂，运行2500～3000h后更换润滑脂。不同型号的润滑脂不能混用。更换润滑脂必须将旧润滑脂清洗干净。

（七）滚动轴承的拆卸

1．用专用拉具拆卸

如图9-35所示，拉具的脚应放在轴承的内套上，不能放在轴承外套上，否则要拉坏轴承。拉具丝杆的顶点要对准轴的中心，拉具的杠杆要保持平行，不能歪斜（发现歪斜要及时纠正），手柄用力要均匀，旋转要慢。

2．用金属棒拆卸

在没有拉具或不适用拉具的情况下，可把金属棒（一般使用铜棒）放在轴承的内套上，用手锤敲打金属棒，把轴承慢慢敲出，如图9-36所示。切勿用手锤直接打轴承，以免把轴承敲坏。敲打时，要使内套圈的一周受力均匀。可在相对两侧轮流敲打，不可偏敲一边，用力也不宜过猛。

图9-35　用拉具拆卸滚动轴承

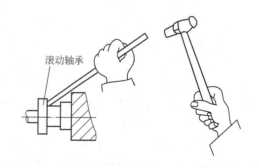

图9-36　用金属棒敲打拆卸滚动轴承

3．放在圆筒上拆卸

如图9-37所示，在轴承的内套下面垫两块铁板，铁板搁在一只圆筒上面（圆筒的内径略大于转子的外径），轴的端面上垫放一块铅块或铜块，用手锤敲打（不允许直接用手锤敲打轴端面，不然会造成轴弯曲）。敲打时着力点应对准轴的中心，用力不可偏歪，也不宜过猛。圆筒内要放一些柔软的东西，以防轴承脱下时跌坏转子和转轴。当敲到轴承逐渐松动时，用力应减弱。若备有压床，还可以放到压床上把轴承压卸下来。

4. 用加热法拆卸

因装配公差过紧和轴承氧化等原因，采用上述方法不能拆卸时，可将轴承内套圈加热，使之膨胀而松脱下来。在加热前，先用湿布包好转轴，以防热量发散。然后，把机油加热到100℃左右，淋浇在轴承的内套上，趁热拆卸。

5. 轴承在端盖内的拆卸

有时轴承的外套与电机端盖内孔装配较紧，拆卸电机时轴承留在电机端盖内孔里，这时，可采用图 9-38 的拆卸方法。把端盖止口面向上平稳地搁在两块铁板上（注意不能卡住轴承），然后用一段直径略小于轴承外径的金属棒，放在轴承外套上，用手锤敲打金属棒，将轴承敲出。

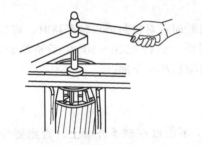

图 9-37 放在圆筒上拆卸滚动轴承

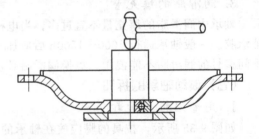

图 9-38 拆卸端盖孔内的轴承

轴承拆卸下后，可放到汽油或煤油内洗净，然后进行检查。若加工面上（特别是滚道内）有锈迹现象，可用 00 号砂纸擦清，再放在汽油中洗净，若有较深的裂纹或内、外套圈有碎裂现象时，则必须更换轴承。

轴承损坏时，可把几只同型号的轴承拆开，把它们的完好零件拼凑组装成一只轴承。滚珠缺少或破损，也可重新配上继续使用。

若轴承外盖压住轴承太紧，可能是轴承外盖的止口太长，可以修正；如果轴承盖的内孔与转轴相擦，可能是轴承盖止口松动或不同心，也应加以修正。

安装轴承时，除做必要的清洗，并按规定重新加进新的润滑脂以外，应着重考虑如何正确地把轴承装到转轴颈上。一般常用的方法是先把轴承套到轴上，用一段内径略大于转轴颈的直径、外径略小于轴承内套圈子的铁管，把铁管的一端顶在轴承的内套圈上，用锤敲打铁管的另一端，慢慢地把轴承敲进去。敲时轴承不能歪斜，用力要正对轴向，不可偏歪。最好是在压床上（以压代替锤击）安装。

轴承可用加热法安装。将轴承浸入 90～100℃ 的机油内，趁热拿出套到转轴颈上，冷后就紧固在转轴上。轴承内套应较紧地固定在转轴上，若有松动，转轴颈会被磨损。

在装润滑脂时，应防止外界的灰尘、水、铁屑等异物落入润滑脂内。

三、滑动轴承的修理

一般小型电机，多用带（或不带）轴承衬的油环润滑的整体滑动轴承，或直接用铜料制成圆筒形的轴承。中、大型电机，多用分解式带衬油环润滑的滑动轴承。其工作特点，都是转轴颈包在轴承中间做相对滑动。虽然轴承中靠润滑油建立起一层油膜，形成液体摩擦，但实际上常是半液体、半干性摩擦，所以在缺油时轴承磨损严重。当磨损超过所允许的间隙值时，就应停车修理。否则，温度升高会使合金熔化，损伤转轴颈或使定、转子相摩擦，造成事故停车。

为了保证转轴颈不致过早磨损，对轴承所用的材料有特殊的要求。常用轴瓦材料如下。

1. 灰铸铁

耐磨性及硬度很好，不适用于高速电机，一般用于六级以下的电机。

2. 青铜

耐磨性较好，常用于转轴直径小于 100mm 的中、小型电机中。

3. 青铜轴瓦加浇硬铅

用硬铅浇在轴瓦内，适于摩擦，不伤转轴颈。遇到缺油过热时，硬铅慢慢熔化，但仍不妨碍运转，不会使转轴颈受损伤，而且浇铅换修方便，一般电机上都采用。

4. 铸铁或铸钢轴瓦加浇硬铅

性能同青铜轴瓦加浇硬铅。

5. 塑料

适用于小型电机，温度不能超过 80℃，容易胀缩。

总之，对轴瓦的材料要求是具有较大的硬度和强度（带衬的瓦底），热传导性好且容易挂锡浇铸。

拆卸滑动轴承时，首先应把端盖油箱内的机油倒出。对于套筒式轴承，应仔细检查外面的紧固螺钉，把它松脱，然后把端盖的止口面向上平放。有些套筒轴承凸缘在端盖内侧，止口面就得向下，但端盖下面需垫套管，如图 9-39 所示。套筒轴承油环槽内的油环，应放到套筒轴承的外面，不然会折断油环或卡住套筒轴承。用钢棒或铜棒顶住套筒轴承的内圈，用手锤把轴承敲出，不能用粗糙的铁棒敲打轴承。

滑动轴承的修理，通常是在轴承的磨损表面浇一层铅，再镗成正确的孔径。

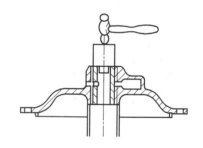

图 9-39　敲出套筒轴承

轴承浇铅前，先要在轴承内孔表面凿出或车出截面为燕尾形的槽子（沿圆周和沿轴向都要开槽，槽形不拘），目的是使浇上的铅与轴承体牢固结合不致分离。浇铅之前，最好先在轴承内表面挂锡，并趁锡尚未完全凝固前立即浇铅。挂锡前先在挂锡表面抹一层盐酸或硫酸，再用热水冲洗晾干。用喷灯将轴承加热至 250～270℃（焊锡熔化温度），涂上一层氯化锌溶液（用锌片溶在盐酸中），再撒上一层氯化铵粉，即可挂锡。挂好锡之后，就可浇铅。浇铅时，要在轴承孔内放一只直径略小于转轴颈的泥芯，然后将熔融的铅液浇入泥芯与轴承孔壁之间的间隙中。

轴承内孔镗好以后，须在孔壁上开油槽，使润滑油流到转轴颈的周围。油槽可以在车床上车出或用手工凿出。油槽的形状有螺纹、斜纹、曲纹等多种。

开油槽时应注意以下两个问题。

① 油槽不能开在轴承内壁受轴压力的部分。

② 油槽不应开在轴承的边缘，以免漏油。

轴承内的油环断裂时，可用钢管、铸铁管或黄铜车削一个油环，油环的断面最好是梯形或半圆形。

第四节 换向器和滑环的检验与修理

一、对换向器及滑环的技术要求

① 换向器及滑环表面应光滑。

② 换向器片间云母绝缘应低于换向器外圆 0.8～1.2mm。

③ 换向器和滑环的径向偏摆和大修标准应符合表 9-5 的要求。

④ 换向器和滑环经大修车削后的厚度不得小于原标准厚度的一半，否则应更换，其中滑环允许镶套。

表 9-5 换向器和滑环的径向偏摆量

换向器及滑环直径/mm	转速/(r/min)	径向偏摆量达到下列数值时应进行精车/mm	经精车和磨光后的径向偏摆量应不超过下列数值/mm
<125	1500	0.1	0.03
	1500～4000	0.08	0.03
>125	<1500	0.15	0.05
	1500～4000	0.12	0.04

二、换向器的修理

换向器是直流电机的重要组成部分，它分为普通换向器和塑料换向器两大类。普通换向器的结构如图 9-40 所示。

换向器的主要组成部分是换向片和云母片。将套筒和两只 V 形压环套在换向片上的 V 形槽口上，把换向片压紧。一般中、小型换向器的 V 形压环是用一只螺母拧紧在套筒上。大型换向器用螺栓贯穿两环而压紧。有的小型换向器是利用套筒两端铆紧两环，这种换向器修理比较困难。此外，还有塑料换向器，其结构如图 9-41 所示。

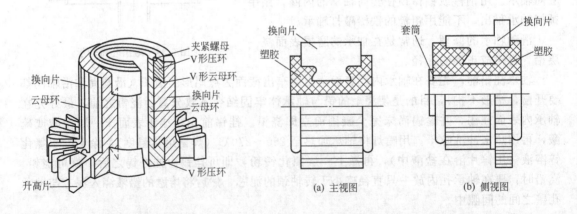

图 9-40 普通换向器的结构　　　　图 9-41 塑料换向器的结构

换向器表面有灰尘、油垢和电刷粉末，使电刷与换向器的接触电阻增大，可用棉纱蘸少量汽油或煤油进行擦拭，使之保持清洁光亮。换向器表面的一层紫红色光泽氧化膜具有保护作用，必须加以保护，不要擦去。换向器表面有灼痕、轻度灼伤和熔渣时，可用 00 号玻璃砂纸磨去。

换向器的常见故障有换向片间短路、换向器通地、换向器飞（跳）片与外圆变形、升高片松动和断裂、换向片磨损等。

换向器拆开修理时，应先将换向器外圆用一层 0.5～1mm 厚的弹性纸作衬垫绝缘，再用直径 1.2～2mm 钢丝绕一层（间断）或用铁箍箍紧，做好压环与换向片间相对位置标记，然后拧松螺母（如过紧，可稍加热，50～70℃后再拧），取出 V 形压环。若 V 形压环过紧，可用小锤垫一层板均匀地轻敲 V 形压环取出，进一步检查换向片间、V 形槽表面及 V 形云母环的故障处，最后根据不同故障进行修理。修理方法如下。

（一）换向器片间短路故障的修理

这种故障是由于 V 形槽车削后片间落入金属铜屑，电刷质量不好落入炭屑等杂物，以及腐蚀性物质和灰尘等侵入，使云母片炭化造成的。尤其在片间电压较高时，更易造成换向器的片间短路，引起飞火或发生电弧。修理时，把造成短路的物质清除干净，用检验灯检验无短路后，用云母和绝缘漆填补好，干燥后就可以装配。

（二）换向器通地故障的修理

这种故障一般是由于 V 形云母环尖角端在压装时绝缘受损或金属屑、污物未清除干净等原因造成的。只要把击穿烧坏处的斑点、污物等清除干净，用虫胶干漆和云母绝缘材料等填实，再用 0.25mm 厚的可塑云母板覆贴 1～2 层，最后加热压入即可。若通地是由于换向片 V 形角配合不当、压装时绝缘损坏造成的，则应重新改制换向片 V 形角或调换 V 形压环，或两者都重新车削、改制或调换。

（三）换向片的制作及更换

成批生产的换向片，采用材料是冷拉合金型铜。这种铜硬度高、耐磨性好、截面成梯形状。如果没有这种材料，一般也可以用冷轧紫铜板代用。加工时，先用刨床把铜块刨成适当尺寸的坯料，再用铣床铣出原倾斜角度和接线槽缝。若只换 1～2 片换向片，原型槽可由钳工按尺寸加工，最后检查是否符合原来的规格尺寸。

更换时，可把换向器放在平板上，在发生故障的换向片间做好标记，用橡胶带箍紧，然后拆除铁箍，用磨成锋口的阔钢锯条插入故障片间，抽出故障换向片，随即插入与该换向片同厚的垫块，把好的换向片插入标记的原位。需要更换的换向片（升高片、云母片），必须按原来的规格尺寸重新加工成型，并核对 V 形槽及其他各部分尺寸是否符合要求，若不符合要求，必须重新修正。换向片换好后，用铁箍（内垫纸板）将换向片箍紧。箍紧时，把换向器加热到 150℃，拧紧螺钉作第一次箍紧。冷却后，用校验灯检验片间无短路时，装入套筒和压环，再加热到 150℃，拧紧螺母，最后把铁箍拆除即可。

（四）云母环的简易制作

制作云母环时，先将需要调换的云母环稍加热拆除，记录云母厚度。然后，按照 V 形环的形状剪一个纸样，照纸样剪成云母环。稍加热软化后，覆贴在 V 形环的外斜边，达到原厚度。用一只厚的铁皮箍，将云母板箍牢，稍加热后，将云母板缺口部分折入内斜边。将内斜边压模涂上石蜡，放入 V 形环内斜面，如图 9-42 所示。加热到 80℃后，再用压床压形，待冷却后将内压模取出即可。

（五）换向器表面打磨与剔槽

在使用中失去圆形的换向器或重新装配的换向器，车光后应进行打磨。打磨可用与换向器相同曲率的滑石或包在木块上的砂纸进行，如图 9-43 所示。

一般中型以上的高速电机都应把换向片间云母剔低，防止工作后云母突出。剔低的云母应当整齐，如图 9-44(a) 所示，不能剔成如图 9-44(b) 所示的形状。

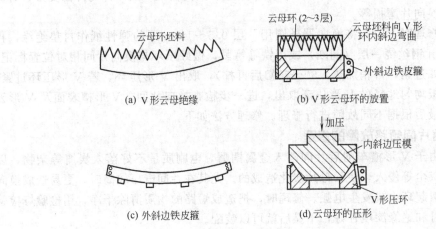

(a) V 形云母绝缘　　　(b) V 形云母环的放置

(c) 外斜边铁皮箍　　　(d) 云母环的压形

图 9-42　云母环的压形

　　若发现换向片表面发生短路、火花或烧灼伤痕，一般只要用如图 9-45 所示的工具刮掉片间短路的金属屑、电刷粉末、腐蚀性物质及尘污等，用检验灯检验不再短路即可。

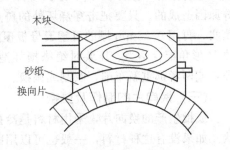

图 9-43　换向器的打磨

（六）换向器修复后的一般检查

　　① 用小锤轻轻敲击换向片，根据发出的声音来判断是否坚固。若发出铃声，表明换向器坚固；若发出空壳声，表明换向器松弛，需要重新压紧。

　　② 用 220V 校验灯逐片检查片间是否短路。

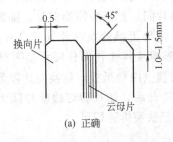

(a) 正确

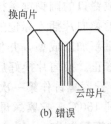

(b) 错误

图 9-44　换向器上云母片的挖削

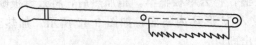

图 9-45　挖沟工具

　　③ 做对地耐压试验，试验电压一般为 2 倍额定电压再加 1000V，时间为 1min。

　　④ 检查换向片轴线平行度。换向片全长沿轴线的偏斜度一般不应该超过片间云母片的厚度，否则将影响电机的换向。

三、滑环的修理

滑环和换向器一样应保持表面清洁，用上述维护换向器的方法来清除灰尘和油垢。

滑环由铜或青铜制成，多半为铸件。通过直流电的同步发电机滑环多用钢制。

滑环的结构比换向器简单得多，常见的有紧圈式、组装式、螺杆式及塑料滑环等，其主要差别是环的固定方法不同。它们有一个共同特点，就是环和套筒固定在一起，并互相绝缘（即环与环绝缘，各环与套筒之间绝缘）。

滑环常见的故障为斑点、刷痕、黑带、凹凸不平、烧伤、磨损、粗糙、椭圆、表面剥离等。根据故障轻重、拆装简繁等情况，采用不同的修理方法。

① 表面轻微损伤，如有斑点、刷痕、轻度磨伤等。先用细板锉、油石等在转动情况下研磨，磨到表面故障清除后，再用 00 号砂纸在高速旋转下抛光，表面粗糙度达 3.2～6.3μm 就可以恢复使用。

② 滑环表面的槽纹、烧伤、凹凸程度比较严重，低于平面 1mm 以上，损伤面积占滑环面积的 20%～30%，并位于电刷摩擦面，应该在车床上车修。

车修前，先根据损伤程度确定车去环表面厚度（消除损伤面的最小厚度）。车削时，车刀必须锋利，进刀量要小，一次吃刀 0.1mm 左右。车削时的表面线速度为 1～1.5m/s，转动要平稳，加工后的偏心度不超过 0.03～0.05mm。车完后，先用 00 号砂纸抛光，然后在高速旋转下，将 00 号砂纸涂上一层薄薄的凡士林油，进一步抛光，使滑环的表面粗糙度达 1.6μm，最低要求 3.2μm。

对椭圆形滑环，必须车修成圆形，可按上述工艺进行。

③ 滑环有裂纹时，一般是更换。若不更换，需要经过仔细鉴定，采取相应措施，才可继续使用。

④ 更换新滑环。在中小型电机中，由于塑料滑环的配方和压模较复杂，更换塑料滑环时，若无备件，往往改装成紧圈式滑环或组装式滑环。紧圈式滑环是由滑环、绑带、云母、引线螺杆、衬圈和套筒六个零件组成的，如图 9-46 所示。组装式滑环在老式电机中常见，如图 9-47 所示。图 9-47(a) 为边环，内径铸有三只脚，向外伸出，每只脚靠里圆方向有一只耳朵，并钻有孔作为本身固定用，还有一只耳朵不向左右伸出，耳孔有丝扣作连接引线用。图 9-47(b) 为中环，内径铸有

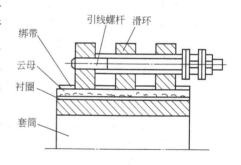

图 9-46 紧圈式滑环

四只耳朵，不向左右伸出，其中三只钻有孔，用于固定本身，另一只也有丝扣，用来连接引线。图 9-47(c) 为套筒，内径开有键槽，外缘紧夹着已经加工好的绝缘板，板的外缘钻有互为 40° 的 9 个孔。所有铜环脚上的孔都互成 120°，以便在绝缘板上组装滑环时能互相替换。

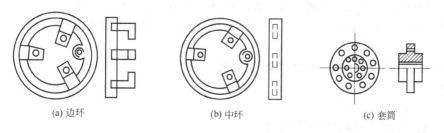

(a) 边环　　　　　　(b) 中环　　　　　　(c) 套筒

图 9-47　组装式滑环配件

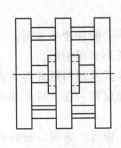

图 9-48　组装式滑环

安装时，先把中环装在绝缘板上，再将两个边环装在绝缘板的左右两面。所有环上的耳孔都要与绝缘板上的孔对准，并用螺钉紧固。已经组装好的滑环如图 9-48 所示。

由上述可知，更换组装式滑环比较方便，且套筒多数仍可利用。损坏的旧滑环，可作为翻砂模型。待砂型做好以后，把外径和厚度加大一些，内径缩小一些，作为车削余量，将新环装上，连同转子一起架到车床上，把三只滑环车一刀，使三环处于同一平面。这样，对其他滑环也进行了一次车修，更换新滑环时，应注意新、旧环材质不要相差太远，以免三组电刷磨损差异太大。

无论是紧圈式还是组装式滑环，经过更换后，都要保持环与环之间、环与地之间有良好的绝缘，环的表面粗糙度达到 $1.6 \sim 3.2 \mu m$。

第五节　电刷装置的检验与修理

一、对电刷装置的技术要求和维护

(一) 电刷压力

电刷与换向器或滑环接触必须有适当的压力。压力过大将加速电刷与换向器或滑环的磨损；压力过小，电刷容易引起振动和接触不良，从而产生火花，使换向器或滑环烧坏。通常电刷弹簧压力为 $20 \sim 25 kPa$（$0.2 \sim 0.25 kgf/cm^2$）。

(二) 电刷与刷握的配合

刷握的内表面应光滑而无凹痕和毛刺，电刷应能在刷握中上下自由滑动但不能摇摆，电刷在刷握中的间隙，一般应为 $0.15 \sim 0.3mm$。间隙太大，则电刷容易发生倾斜而造成与换向器或滑环接触不良，容易引起振动。间隙太小，可能使电刷被卡住而与换向器或滑环接触不好。这两种情况都将引起电刷火花。

对于间隙太大（即电刷截面积大小）的电刷，应更换合适的电刷，对于因电刷截面积太大而使其间隙太小的，可用玻璃细砂纸磨至合适。

(三) 电刷接触面积

电刷与换向器或滑环必须保持良好的接触，其接触面积应在电刷底面积的 2/3 以上。当电刷接触面积不能保证 2/3 以上时，则必须研磨电刷。

研磨电刷时，先把电刷装在刷握内，再把 00 号玻璃细砂纸垫入电刷下面，把有砂的一面对着电刷，然后在电刷上加以压力（可以稍微大于平均压力），并按转子旋转的方向沿着换向器或滑环圆面拖动砂纸，连续进行多次打磨。为了磨得正确，砂纸必须压紧在换向器或滑环上，两端不能向上提起，否则会把电刷纵边缘磨掉，减小电刷接触面积。电刷打磨时，可先用粗砂纸初磨，最后用细砂纸磨。已磨好的电刷不能移入其他刷握中，否则又要重新研磨。电刷磨好以后，必须把碳粉从换向器、滑环、绕组上用压缩空气吹干净。

电刷磨好后，最好让电机空转几小时，这样可使电刷更加紧密地接触换向器或滑环，保证电机良好运转。

(四) 刷握下边缘与换向器或滑环的距离

刷握下边缘离换向器或滑环表面一般为 $2 \sim 3mm$。如果距离过大，在换向器或滑环转动时，容易引起振动产生火花。

(五) 直流励磁机电刷的正确位置

电刷的正确位置一般在磁极的轴心线上。如电刷位置不正确，就会使电刷下打火花，换向器和电刷剧烈发热，发电机建立电压过低或建立不起来。因此在大修电机拆卸时，应注意电刷位置并打好记号，装配时电刷按原来位置安装。

二、 直流电机火花等级

直流电机在运转时，在电刷和换向器间有时很难完全避免火花的发生。在一定程度内火花并不影响电机的连续正常工作，若无法消除可允许其存在。如果发生的火花大于某一规定限度，尤其是放电性的红色电弧火花，则将产生破坏作用，必须及时加以检查排除。

直流电机的火花，可按表 9-6 鉴别等级，以确定电机是否能继续工作。

表 9-6 直流电机电刷下火花的等级

火花等级	电刷下的火花程度	换向器及电刷状态	允许的运行方式
1	无火花	换向器没有黑痕及电刷上没有灼痕	允许长期连续运行
$1\frac{1}{4}$	电刷边缘仅小部分有微弱的点状火花或有非放电性的红色小火花		
$1\frac{1}{2}$	电刷边缘大部分或全部有轻微火花	换向器上有黑痕出现但不发展，用汽油擦其表面即可清除，同时电刷上有轻微灼痕	
2	电刷边缘大部分或全部有较强烈的火花	换向器上有黑痕出现，用汽油不能擦除，同时电刷上有灼痕。如短时出现这一级火花，换向器上不出现灼痕，电刷不致被烧焦或损坏	仅在短时过载或短时冲击负载时允许运行
3	电刷的整个边缘有强烈火花即环火，同时大火花飞出	换向器上有黑痕出现，用汽油不能擦除，同时电刷上有灼痕。如短时出现这一级火花，换向器上将出现灼痕，同时电刷将被烧焦或损坏	仅在直接启动或反转的瞬间允许存在，但不能损坏换向器和电刷

观察火花时，需遮住外来光线，对于不易直接看到的电刷，可用小镜返照观看。

对于直流电机电刷火花为 1、$1\frac{1}{4}$、$1\frac{1}{2}$ 级时，换向器与电刷实际上并无损害，可连续工作。当电刷火花为 2 级与 3 级时，不允许继续工作。

对于交流电机滑环上电刷火花，可参照直流电机电刷火花等级的程度，确定其是否允许继续运行。

三、刷握的修理

电刷始终应以相当大的弹力压在换向器或滑环上。它可以安装在以电刷杆为转动中心并可移动的杠杆上或在一个固定的刷握框中。刷握可以与换向器或滑环表面相垂直，也可倾斜一个角度。电刷应能在刷框中上下自由移动，不能太松而使电刷在刷握框中摇晃。

最常见的刷握损坏有下列两种形式。

1. 刷握内表面磨损

电刷与刷握框配合不当，再加上换向器的振动，刷握框内表面很容易磨损。这时除检查换向器外，应校正刷握空隙，同时锉光刷握框内表面的毛刺。

刷握框与电刷的空隙不允许超过表 9-7 的数值，刷握离开转动体表面的距离，应保持在 2~4mm；刷握的前后两端和转动体平面必须保持相等距离，不要倾斜，图 9-49 所示就是这类弊病。

表 9-7 刷握框与电刷允许空隙   /mm

空　　隙	轴　　向	沿旋转方向	
		宽度 5~16	宽度 16 以上
最小空隙	0.2	0.1~0.3	0.15~0.4
最大空隙	0.5	0.3~0.6	0.4~1.0

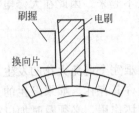
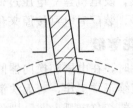

(a) 刷握与转动体表面距离过小　　　　　(b) 刷握与转动体表面距离过大

图 9-49　电刷与刷握的不正确配合

2. 弹簧失去弹性

当配件及绝缘不良时，弹簧流过的电流过大而产生退火作用，以致失掉弹性。此时，除应修理配件与绝缘外，还需要更换弹簧。可用钢丝在一根直径恰当的钢棒（一端带孔）上自制弹簧。

四、电刷的研磨及更换

电刷是电机转动部分和固定部分导电的过渡部件，它在工作中不仅有负载电流通过，还与滑环或换向器表面直接摩擦。为此，在机械、电气和安装等方面，都可能产生故障。

当电刷与转动体（滑环或换向器）的接触面小于 70% 时，就需要研磨电刷。研磨电刷的接触面必须用 00 号砂纸，砂纸的宽度为转动体的长度，砂纸的长度为转动体的周长。找一块橡皮胶，橡皮胶一半贴住砂纸的一端，另一半按旋转方向贴在转动体上，如图 9-50 所示。用这种方法研磨的电刷，接触面一般可达 90% 以上。

弹簧压力是随着电刷的磨损而逐渐减弱的，电刷磨损超过一定限度，而弹簧压力尚能调整，就调整弹簧的压力予以补偿，否则只能更换电刷。在一般情况下，电刷磨损超过 60% 就要更换。在极限使用情况下，也不允许埋在电刷中的软铜线端子被磨损到外露程度。如果更换新电刷，首先要查明新电刷的牌号和尺寸，尺寸稍大可以加工，牌号相差过大，则不能勉强使用。原始牌号不明，可参照电工手册选取。另外，还要检查电刷的软铜线是否完整和牢固。铜线被折断的股数超过总数的 1/3 时，应予更换。

电刷软铜线的连接端有松动甚至完全松开等毛病时，应予修理。软铜线和电刷的连接有如下几种方法。

（一）填塞法

这种方法因加工方便，现场采用较广泛。首先在电刷上钻一个锥形孔或螺钉孔，孔径较铜线直径稍大一些。把铜线穿入空心冲头，当空心冲头进入电刷孔时，铜线也被带入。再用 0.2~0.3kg 的小手锤轻轻敲打冲头，把铜线压在电刷的孔底。将冲头退出孔外，此时在电刷孔和铜线之间留出了空隙。为了把铜线紧固在孔中，把 80 目以上的韧性和可塑性特别好的铜粉或铅料填入孔隙中。开始，填到孔深的 1/3 时将冲头顺着铜线伸进孔中，用手锤敲打，把粉末打实，如图 9-51 所示。打结实后，将冲头退出，再填粉末，仍用冲头压紧后敲打结实。这样重复 2~4 次，一般即可填满电刷孔，软铜线即被固定在孔中。

（二）铆管法

将电刷的头部钻一个埋头孔，穿入一配合稍紧的紫铜管，将伸出的紫铜管头部埋在电刷上层大孔内，也可以把引线用铜焊或锡焊后锉平埋入孔中，把紫铜管两端伸出的部分扩大，并把扩大的边缘反过来，就成为一个空心的紫铜管铆钉。利用紫铜铆钉，垫上铜垫圈，把引线铆在电刷上。引线的引出方式有好几种，如图 9-52 所示。

太薄的电刷，不宜采用上述方法，因为扩管时容易把电刷扩裂，而且引线与电刷的接触电阻比填塞法大。为此，当电刷的含铜量少于70%时，要在电刷引线未缠在紫铜管之前对电刷头部镀铜。

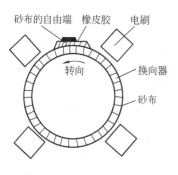

图 9-50　电刷的研磨

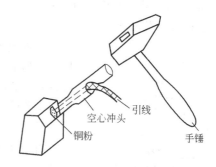

图 9-51　用填塞法固定电刷引线

（三）焊接法

遇到电刷很薄或端平面不超过100mm²时，若采用填塞法和铆管法很容易把电刷胀裂，这时可采用焊接法。在电刷引入孔的另一端钻一个直径较大的线孔，并镀上铜层。再把引线头擦干净，穿过刷孔，盘绕在线孔中。在线孔和引线头上涂上松香焊液或氯化锌溶液，用烙铁和焊锡将引线头和线孔焊接好，如图9-53所示。

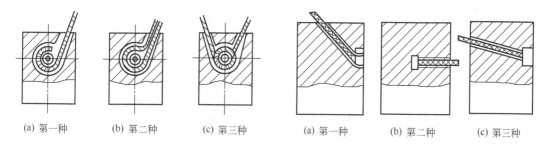

图 9-52　用铆管法固定电刷引线

图 9-53　用焊接法固定电刷引线

第六节　转轴、铁芯和机座的修理

一、转轴

电机转轴是电机的重要零件之一，它是传递转矩、带动转子各部件旋转的主要部件。电机转轴必须有足够的机械强度和刚度，才能完成电机功率的传递，使电机运行时不发生振动或定、转子相擦。

转轴常见的损坏现象有转轴头弯曲、转轴颈磨损、转轴裂纹、转轴断裂等。其损坏原因，除制造质量本身有问题外，大多数是使用不当造成的。例如，拆卸时，不用专用工具而硬敲，再加上敲打时受力不当，极易引起轴的损坏。

（一）转轴头弯曲

转轴的弯曲，可在车床的顶尖处用千分表检查。若弯曲不大，为了消除弯曲对转子铁芯段的影响，可以磨光转轴颈、滑环和换向器等。在小型电机中也可以磨光转子的铁芯段，但转子与定子间增大的间隙值不应超过正确间隙的10%。

如果转轴的弯曲值很大，以致不能用加工转轴颈和转轴上零件的方法来消除，可在压力机上矫正，或用电焊机在弯曲处表面均匀堆焊一层，然后上车床，以转子外圆为基准找出中心，车成要求尺寸，并用千分表检查。

（二）转轴颈磨损

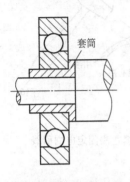

图 9-54　套筒热套法
修理转轴颈

转轴颈磨损后，可在转轴颈处镀上一层铬，再磨削至需要的尺寸。如果磨损较多，可用堆焊的方法来修复。如果磨损过大，可以采用套筒热套法。在转轴颈处车去 2～3mm，再车一合适套筒，将套筒加热后趁热套入，最后精车，如图 9-54 所示。

（三）转轴裂纹

对于出现裂纹的转轴，若其裂纹深度不超过转轴颈的 10%～15%、长度不超过转轴长的 10%（对纵向而言）或不超过圆周长的 10%（对横向而言），可用堆焊法进行补救。

（四）转轴断裂

对于裂纹大或断裂的转轴，必须更换新转轴。换转轴时，应分析轴的成分后，用同样的钢号来调换。换转轴一时有困难，在不影响转轴质量的前提下，也可采用补接法。补接法是先在车床上把裂纹断面车光，然后在端面钻一个小孔（孔径约为转轴径的 1/3），内攻螺纹。再在车床上车一根和断裂部分相同的转轴枢，并在一端车上螺纹，把这段短轴镶入断转轴的螺孔内。用电焊在断裂面与新镶入部分交界处堆焊，再在车床上车、磨并铣出键槽，如图 9-55 所示。

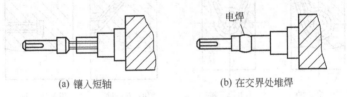

(a) 镶入短轴　　　　　　　　(b) 在交界处堆焊

图 9-55　转轴断裂的修理

键槽磨损时，可用电焊在磨损处堆焊（切勿采用气焊，以免轴枢变形），然后放在车床上切削并重铣键槽。如果键槽磨损不大，可在磨损处加宽一些（加宽度不超过原键槽的 10% 左右），也可在磨损键槽的对面另铣一个键槽。

二、铁芯的修理

同步发电机的电枢铁芯都是用硅钢片叠压而成的，硅钢片之间互相绝缘并用铁压圈压紧或用环形键固定在机座或转轴上。常见的铁芯故障有：钢片间短路（钢片间绝缘损坏所造成）；铁芯松弛（紧固工作不良和电机振动所造成）；拆除旧线圈时操作不妥使硅钢片向外张开；因线圈短路或碰铁而造成铁芯槽齿熔毁等。其主要原因有：铁芯两侧压圈压得不紧；定子铁芯压入机座时配合得不紧密或焊接处脱焊；拆除旧线圈用火烧而把硅钢片表面的绝缘烧坏，拆除旧线圈时用力过猛，使硅钢片齿部沿轴向向外张开；绕组短路时产生高热，熔毁槽齿；机械外力的撞击。

修理前，应先把铁芯清理干净，去掉灰尘、油垢等。

铁芯松弛和两侧压圈不紧，可用两块钢板制成的圆盘，其外径略小于定子绕组端部的内径，中心开孔，穿一根双头螺栓，将铁芯两端夹紧，紧固双头螺栓，使铁芯恢复原形。槽齿歪斜可用尖头钳修正。

如果铁芯中间松弛，可在松弛部分打入硬质绝缘材料，如钢纸或钢纸板。凡是后来挤紧的铁芯部分，都应涂刷沥青油漆（如 462 号漆）。如果硅钢片上有毛刺和机械损伤，可用细锉把毛刺修去，把凹陷修平，并用汽油把硅钢片表面刷净，涂上一层绝缘漆。如果铁芯烧坏或熔毁的表面不大，没有蔓延到铁芯深处，可用凿子把熔毁部分的铁芯凿去，再用细锉和刮刀除去毛刺，清除异物。

三、机座的修理

电机机座起着支承定子铁芯和固定电机的作用，两个端面还用来固定端盖和轴承。

电机机座的底脚一般用铸铁制成，安装不平时，电机振动或受机械外力的作用都可使机座脚开裂或断裂。机座脚有裂缝或断裂，可用铸铁焊条焊接。考虑到铸铁的内应力，在焊前可用喷灯把焊接处加热到 600℃ 左右，焊接后让其自然冷却（也可以用铜条焊接）。有时断裂部分离电机的铁芯外壳很近或两边底脚全部断裂，如果加热会破坏绕组，这时可用角铁修补。把角铁（角铁大小根据底脚大小来确定）制成断裂底脚的形状，用紧固螺栓紧固在电机的壳体上，如图 9-56 所示。

电机端盖也是用铸铁制成的，受到意外应力时，往往就会碎裂。端盖碎裂会影响电机定子与转子的同心度，所以必须更换或修补。更换有困难时，一般可用铸铁焊条焊接。焊前必须把端盖加热到 600℃ 左右，焊后可放在稻草灰内让其自然冷却，或放到烘房内逐渐降温，以消除内应力的影响。切勿用冷水冷却，这样会造成端盖崩裂。没有电焊的地方、裂缝处较多或不宜用电焊时，可用 5～7mm 厚的铁板修补。修补时，按裂缝形状割取

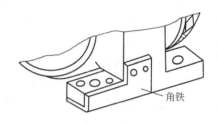

角铁

图 9-56　用角铁修补底脚

适当大小的铁板，用紧固螺栓紧固在端盖上。修补时应注意端盖的同心度。

端盖的止口与机壳配合松动时，转子将偏离中心位置，造成转子与定子相擦。

修理时，可把端盖放到车床上车去磨损的止口，再重新车一个止口。这样，端盖便缩进了一段距离。转子轴的轴承挡也必须相应跟进一些，使轴承能和端盖轴承孔配合。要注意绕组端部是否碰触端盖。

端盖轴承孔的间隙超过 0.05mm 时，就将造成转子下坠而与定子铁芯相碰擦。发生这种情况，可采取镶套或电镀的修补方法。

电机外壳通常也是铸铁制成的，外壳产生裂缝后，定子铁芯在外壳内就会松动。裂缝处仍然可用铸铁焊条进行修补。为了保证外壳的精确同心度，防止外壳修补后变形，应预先把裂缝处紧固，然后把铸铁外壳加热到 600℃ 左右，再行焊补。焊补后必须把外壳放到稻草灰或烘房内让其逐渐冷却，以消除内应力。也可用铜焊进行焊补，焊前不必加热。有时定子铁芯嵌有绕组，无法拆去，加热会严重影响绕组质量，这时可用 5～7mm 的铁板参照端盖的修补方法进行修理。

第七节　同步发电机常见故障检修

现代同步发电机的自动化程度高，控制电路也比较复杂，运行时难免会出现这样或那样的故障，直接影响机组的正常供电运行，因此，在机组运行过程中，除了依靠监测系统的各种仪表反映的数据来进行分析外，值机人员还需通过一看（即观察各仪表反映发电机各参数的指示值是否在正常范围内）、二摸（即值机时经常巡视，用手触摸设备运

转部位的温度是否适当）、三听（倾听设备运转时的声音是否正常），发现问题进行综合分析，及时采取相应措施，进行处理。下面分别介绍无刷和有刷同步发电机常见故障的分析处理方法。

一、无刷交流同步发电机常见故障检修

1. 发电机不能发电

（1）故障现象　机组运转后，发电机转速达到额定转速时，将交流励磁机定子励磁回路开关闭合，调压电位器调至升高方向到最大值时，发电机无输出电压或输出电压很低。

（2）故障原因

① 发电机铁芯剩磁消失或太弱　新装机组受长途运输颠振或发电机放置太久，发电机铁芯剩磁消失或剩磁感弱，造成发电机剩磁电压消失或小于正常的剩磁电压值，即剩磁线电压小于10V，剩磁相电压小于6V。由于同步发电机定、转子及交流励磁机的定、转子铁芯通常采用1～1.5mm厚的硅钢片冲制叠成，励磁后受到振动，剩磁就容易消失或减弱。

② 励磁回路接线错误　检修发电机时，工作不慎把励磁绕组的极性接反，通电后使励磁绕组电流产生的磁场与剩磁方向相反而抵消，造成剩磁消失。此外，在检修时，测量励磁绕组的直流电阻或试验自动电压调节器 AVR 对励磁绕组通直流电流时，没有注意其极性，也会造成铁芯剩磁消失。

③ 励磁回路电路不通　发电机励磁回路中电气接触不良或各电气元件接线头松脱，引线断线，造成电路中断，发电机励磁绕组无励磁电流。

④ 旋转整流器直流侧的电路中断　由于旋转整流器直流侧的电路中断，因此，交流励磁机经旋转整流器整流后，给励磁绕组提供的励磁电流不能送入励磁绕组，造成交流同步发电机不能发电。

⑤ 交流励磁机故障无输出电压　交流励磁机故障发不出电压，使交流同步发电机的励磁绕组无励磁电流。

⑥ 发电机励磁绕组断线或接地，造成发电机无励磁电流或励磁电流极小。

（3）处理方法

① 发电机铁芯剩磁消失时，应进行充磁处理。其充磁方法：对于自励式发电机，通常用外加蓄电池或干电池，利用其正负极线往励磁绕组的引出端短时间接通，通电即可，但一定要认清直流电源与励磁绕组的极性，即将直流电源的正极接励磁绕组的正极，直流电源的负极接励磁绕组的负极。如果柴油发电机组控制面板上备有充磁电路时，应将钮子开关扳向"充磁"位置，即可向交流励磁机充磁。对于三次谐波励磁的发电机，当空载启励电压建立不起来时，也可用直流电源进行充磁。

② 励磁回路接线错误，查找后予以纠正。

③ 用万用表欧姆挡查找励磁回路断线处，并予以接通；接触不良的故障处，用细砂布打磨表面氧化层，松脱的接线螺栓螺母应将其紧固。

④ 励磁绕组的接地与断线故障，可用500V兆欧表（摇表）检查绕组的对地绝缘，找出接地点，用万用表找出断线处，并予以修复。

2. 发电机输出电压太低

（1）故障现象　在额定转速下，磁场变阻器已调向"电压上升"的最大位置，机组空载时，电压整定不到1.05倍额定电压，表明发电机输出电压太低，并联、并网或功率转移时会遇到困难。

（2）故障原因

① 原动机（内燃机）的转速太低，使发电机定子绕组感应的电势太低。

② 定子绕组接线错误，感应电势低，甚至三相不平衡。

③ 励磁绕组接线错误，至少有个别相邻磁极极性未接成 N、S，严重削弱电机励磁磁场，使发电机感应电压低。

④ 励磁绕组匝间短路，使电机励磁磁势削弱，发电机感应电压低。

⑤ 励磁机发出的电压太低。

（3）处理方法

① 迅速调整同步发电机的原动机转速，使其达到额定值。

② 按图纸规定更正定子接线。

③ 对于励磁绕组接线错，可用自测法或用南北磁针来鉴别错误极性并更正接线。

④ 对于励磁绕组匝间短路，首先测量单个绕组的交流阻抗，若相差一倍以上，则应怀疑阻抗小的绕组有短路，应进一步对单个绕组进行短路试验。

⑤ 若励磁机电压太低，按上述各条进行检查和处理。

3. 发电机输出电压太高

（1）故障现象　在额定转速下，磁场变阻器已调向"电压降低"的最小位置，机组空载时，电压整定仍超过 1.05 倍额定电压，表明发电机输出电压太高。

（2）故障原因

① 发电机转速高而使其端电压过高。

② 分流电抗器的气隙过大。

③ 励磁机的磁场变阻器短路，致使变阻器调压失灵。

④ 机组出现"飞车"事故。

（3）处理办法

① 当发电机转速过高时，应降低其原动机的转速。

② 改变分流电抗器的垫片厚度，以调整其气隙至规定值。

③ 当励磁机的磁场变阻器调压失灵时，应仔细找出短路故障点并予以消除。

④ 当机组出现"飞车"事故时，应立即设法停机，然后按内燃机"飞车"故障处理。

4. 发电机输出电压不稳

（1）故障现象　机组启动运行后，发电机空载或负载运行时电压（电流和频率）忽大忽小。

（2）故障原因

① 内燃机调速装置有故障，使内燃机供油量忽大忽小，造成机组转速不稳定，使发电机输出电压和频率引起波动。

② 励磁电路中，电压调节整定电位器接触不良或接线松动，旋转整流器接线松动，使励磁电流忽大忽小，引起发电机输出电压不稳定。

③ 励磁绕组对地绝缘受损，电机运行时绕组时而发生接地现象，使电压波动。

④ 自动电压调节器（AVR）励磁系统电路有故障，使 AVR 对励磁电流控制不稳定。

（3）处理方法

① 机组转速不稳定，应检查内燃机的调速器调速主副弹簧是否变形；飞锤滚轮销孔和座架是否磨损松动；油泵齿轮和齿杆配合是否得当；飞锤张开和收拢的距离是否一致；调速器外壳孔与油泵后盖板是否松动；凸轮轴游动间隙是否过大。通过检查找出故障原因，磨损部件予以更换，间隙不当的机件予以调整，使调速器恢复正常。

② 如果励磁电流不稳定，引起发电机电压、电流不稳，应停机检查发电机励磁回路调节电位器和旋转整流器接线是否良好，确定后予以检修。

③ 用 500V 兆欧表查找交流同步发电机或交流励磁机励磁绕组对地绝缘受损情况以及其接地是否良好，并予修复。

④ 对励磁回路 AVR 电路故障，查明电路故障点，更换损坏的元器件。

5. 发电机三相电压不平衡

(1) 故障现象　同步发电机输出的三相电压大小不相等。

(2) 故障原因

① 定子的三相绕组或控制屏主开关中某一相或两相接线头（触头）接触不良。

② 定子的三相绕组某一相或两相断路或短路。

③ 外电路三相负载不平衡。

(3) 处理方法

① 将松动的接线头拧紧，检查控制屏主开关三相触头接触情况，并用 00 号砂布擦净接触面，若损坏应予更换。

② 查明断路或短路处，予以消除。

③ 调整三相负载，使之基本达到平衡。

6. 发电机运行时的温度或温升过高

(1) 故障现象　机组启动运行后，满载运行 4～6h，发电机的温度和温升超过规定值。不同绝缘等级的发电机各部分最高允许温度和温升有所不同，如表 9-8 和表 9-9 所示。

表 9-8　同步发电机最高允许温度（环境温度为 40℃）

绝缘等级 测量方法 电机部分	A 级绝缘		E 级绝缘		B 级绝缘		F 级绝缘		H 级绝缘	
	温度计法	电阻法	温度计法	电阻法	温度计法	电阻法	温度计法	电阻法	温度计法	电阻法
定子绕组	95	100	105	115	110	120	125	140	145	165
转子绕组	95	100	105	115	110	120	125	140	145	165
电机铁芯	100	—	115	—	120	—	140	—	165	—
滑动轴承	80		80		80		80		80	
滚动轴承	95		95		95		95		95	

表 9-9　同步发电机最高允许温升（环境温度为 40℃）

绝缘等级 测量方法 电机部分	A 级绝缘		E 级绝缘		B 级绝缘		F 级绝缘		H 级绝缘	
	温度计法	电阻法	温度计法	电阻法	温度计法	电阻法	温度计法	电阻法	温度计法	电阻法
定子绕组	55	60	65	75	70	80	85	100	105	125
转子绕组	55	60	65	75	70	80	85	100	105	125
电机铁芯	60	—	75	—	80	—	100	—	125	—
滑动轴承	40		40		40		40		40	
滚动轴承	55		55		55		55		55	

(2) 故障原因　同步发电机的输出功率主要取决于发电机各主要部件，即绕组、铁芯和轴承等的最高允许温度和温升。在满载情况下，同步发电机连续运行 4～6h 后，若其温度或温升超过规定值，就必须进行检查，否则将使发电机绝缘加速老化，缩短其使用寿命，甚至损坏同步发电机。在运行过程中，同步发电机温度或温升过高的原因包括两

个方面。

① 电气方面

a. 交流同步发电机输出电压在高于额定值情况下运行　当发电机在输出电压高于额定值的情况下运行时，其励磁电流必然会超过额定值，造成较大的励磁电流流过励磁绕组而过热。

b. 机组在低于额定转速下运行　当柴油发电机组在较低转速下运转时，将造成发电机转速也低，其通风散热条件较差，如果发电机输出额定电压，必然导致发电机励磁电流超过额定值，因此造成励磁绕组过热。

c. 发电机负载的功率因数较低　如果发电机负载的功率因数较低，并要求发电机输出额定功率和额定电压，必然会使励磁电流超过额定值，使励磁绕组发热。

d. 柴油发电机组过载运行　当柴油发电机组过载运行时，交流同步发电机的绕组电流必然会超过额定值，造成发电机过热。

e. 励磁绕组匝间短路或接地　机组运行时，如果发电机励磁电流表超过额定值，并调整无效，应停机检查励磁绕组是否有短路和接地。

f. 转子绕组浸漆不透或绝缘漆过稀未能排除或填满绕组内部的空气隙。

② 机械方面　机组在运行过程中，如果发现发电机轴承外圈温度超过 95℃、润滑脂有流出现象或轴承噪声增大等，就说明发电机过热，必须停机检查，看是否有以下现象：

a. 轴承装配不良；

b. 轴承润滑脂牌号不对；

c. 轴承与转轴配合太松，运行时摩擦发热；

d. 轴承室润滑脂装得太满；

e. 内燃机通过皮带拖动交流同步发电机时，传动带张力过大，使轴承内外环单边受力过大，滚珠（柱）轴承运转不轻快而发热，同时也造成滚珠磨损，使轴承间隙加大，引起电机振动和轴承噪声加大，导致轴承更热。

（3）处理方法

① 如果发电机在输出电压较高情况下运行，应减小输出功率，尤其是无功功率，以保持励磁电流不超过额定值。

② 提高内燃机转速，确保发电机在额定转速下运行。

③ 如负载功率因数低于 0.8（滞后），应设法予以补偿，使励磁电流不超过额定值。

④ 调整三相负载不平衡情况，防止三相电流不平衡度超过允许值。

⑤ 检查并排除励磁绕组匝间短路或接地。

⑥ 把转子绕组重新浸漆烘干，直至漆浸透并填满绕组缝隙为止。

⑦ 按照规定程序和注意事项装配机组轴承，检查轴承盖止口轴向长度尺寸，若没有超出偏差，则须进一步检查转轴两轴承挡间的轴向距离及公差是否符合要求，若超过偏差，也会造成外轴承盖顶住轴承外环端面，此时，以加工外轴承盖止口长度较方便，使它装配后与轴承外环的配合间隙符合要求。

⑧ 按照发电机规定的润滑脂牌号装用润滑脂，润滑脂的装入容量为轴承室容积的 1/2～2/3。

⑨ 更换较小的转轴。若轴承内圈已磨损，应更换同型号的轴承。

⑩ 调整传动带张力，使其张力符合规定要求；检查机房通风情况，设法将柴油发电机组散发的热量排放出去；检查发电机冷却风道有无堵塞现象，并予以清除。

7. 发电机绝缘电阻降低

(1) 故障现象　发电机在热稳定状态下绝缘电阻低于 $0.5M\Omega$，冷态下低于 $2M\Omega$。

(2) 故障原因

① 机组长期存放在潮湿的环境内或者在运输中电机绕组受潮。

② 进行维护清洁卫生时电机绕组绝缘碰伤或电机大修嵌线过程中绝缘受损。

③ 周围空气中的导电尘埃（例如冶金工业或煤炭工业区）或酸性蒸汽和碱性蒸汽（比如化学工业区）侵入电机中，腐蚀电机绝缘。

④ 发电机绕组绝缘自然老化。

(3) 处理方法

① 受潮的交流同步发电机必须进行干燥处理，否则使用时发电机可能会因绝缘损坏而烧毁，同时必须改善发电机存放环境的通风条件，要备有良好的通风设备。在寒冷季节，仓库内必须备有取暖设备，以保证仓库内温度不低于 $5℃$，严禁附近的水滴入发电机内部。对于半导体励磁方式的发电机，测量励磁回路的绝缘电阻时，应将励磁装置脱开，或将每一个硅整流元件用导线加以短接，以防测量时被击穿。

干燥处理的具体做法：将发电机定子绕组三相出线头直接短接，连接牢靠。将励磁回路中调压变阻器调至最大电阻位置，若阻值不够大，应再另串接一只电阻，以增加阻值，然后将发电机启动，注意慢慢加速到额定转速，再缓缓调节励磁电流。根据发电机受潮情况来决定励磁电流的大小，但是，定子绕组短路电流不得超过额定电流。利用此短路电流对发电机进行干燥。短路干燥的时间，视所通短路电流的大小和发电机受潮情况而定。

② 更换绝缘受损的绕组或槽绝缘。

③ 应改善交流同步发电机的周围环境或转移发电机的安装场所，使周围环境中不得有导电尘埃或酸、碱性蒸汽。

④ 如果交流同步发电机的绕组绝缘自然老化，则必须更换新的发电机或对发电机进行大修，更换绕组和绝缘材料。

8. 旋转整流器故障

(1) 故障现象　旋转整流器通常是硅整流元件构成整流电路，若电路中一个或几个旋转硅元件损坏，损坏后的硅元件将失去单向导电性（正反向都导通），造成电路处于短路状态。一旦旋转硅元件短路，当机组运行时，发电机无输出电压。若不及时发现和排除故障，会导致交流励磁机电枢绕组烧毁，发电机被迫停机。

(2) 故障原因

① 旋转整流器硅整流二极管因过压或过流而损坏。

② 旋转整流器的硅整流元件安装时扭力矩过大，导致管壳变形，内部硅片损伤。

③ 负载功率因数过低，使励磁电流长期超过硅整流元件额定电流而使其损坏。

(3) 处理方法

① 应按图纸规定的电流等级配用旋转硅元件。如果手边无图纸资料，可按主发电机励磁电流值上靠到标准规格的硅元件。目前，国内生产的旋转整流器常见规格有 16A、25A、40A、70A 和 200A 等几种。

② 合理选择旋转硅元件的电压等级，旋转硅元件的反向峰值电压 U_{RN} 应为 $10\sim15$ 倍励磁电压 U_{fN}。

③ 紧固旋转硅元件螺母，其扭力矩应适当，用恒力矩扳手旋紧螺母。紧固旋转硅元件螺母的扭力矩数值按表 9-10 所示的规定。

表 9-10　紧固旋转硅元件螺母的扭力矩

旋转硅元件型号	ZX16	ZX25	ZX40	ZX70	ZX200
额定电流/A	16	25	40	70	200
紧固力矩/(kg·cm)	20	20	36	36	110

④ 采取过电压保护措施　过电压保护通常是在旋转整流器的直流侧装设压敏电阻或阻容吸收回路。

a. 交流同步电机用的压敏电阻一般为 MY31 型氧化锌压敏电阻器，其使用规格的选取主要以标称电压 (U_{1mA}) 值来选定。

标称电压的下限一般按下列式计算：

直流电路　　　　　　　　$U_{1mA} \geqslant (1.8 \sim 2)U_{DC}$

交流电路　　　　　　　　$U_{1mA} \geqslant (2 \sim 2.5)U_{AC}$

式中　U_{DC}——线路的直流电压，V；

　　　U_{AC}——线路的交流电压有效值，V。

标称电压的上限由被保护设备的耐压决定，应使压敏电阻器在吸收过电压时将残压抑制在设备的耐压以下。

b. 阻容吸收回路的 C、R 值按下式计算：

$$C = K_{Cd}\left(\frac{I_{02}}{U_{02}}\right)(\mu F)$$

$$R = K_{Rd}\left(\frac{U_{02}}{I_{02}}\right)(\Omega)$$

式中　I_{02}——交流励磁机电枢相电流，A；

　　　U_{02}——交流励磁机电枢线电压，V；

K_{Cd}、K_{Rd}——抑制电路计算系数，如表 9-11 所示。

表 9-11　抑制电路计算系数 K_{Cd}、K_{Rd} 的数值

整流电路连接形式	K_{Cd}	K_{Rd}
单相桥式	120000	0.25
三相桥式	$70000\sqrt{3}$	$0.1\sqrt{3}$
三相半波	$70000\sqrt{3}$	$0.1\sqrt{3}$

9. 发电机励磁绕组接地

(1) 故障现象　发电机输出端电压低，调节磁场变阻器后无效，而且机组振动剧烈。

(2) 故障原因　发电机转子励磁绕组接地是较为常见的故障之一。当转子励磁绕组一点接地时，由于励磁绕组与地之间尚未构成电气回路，因此，在故障点无电流通过，励磁回路仍保持正常，发电机仍可继续运行。如果转子励磁绕组发生两点接地故障后，部分励磁绕组被短路，励磁电流必然增大。若绕组被短路的匝数较多，就会使发电机主磁场的磁通大为减弱，造成发电机输出的无功功率显著下降。此外，由于转子励磁绕组被短路，发电机磁路的对称性被破坏，因此，发电机运行时产生剧烈振动，对于凸极式转子发电机尤为显著。

(3) 处理方法　当柴油发电机组停机后，将旋转硅整流器与转子励磁绕组断开，用

500V兆欧表（俗称摇表）测量励磁绕组对地的绝缘电阻进行检查，找出接地点，在励磁绕组线包与磁极间垫以新的绝缘材料，以加强相互间的绝缘。

10. 发电机空载正常，接负载后立即跳闸

（1）故障现象　机组启动后，发电机端电压正常，但接通外电路后，负载自动空气开关立即跳闸。

（2）故障原因

① 外电路发生短路。

② 负载太重。

（3）处理方法

① 查明外电路的短路点，加以修复。

② 减轻负载，以减小发电机输出的负载电流。

11. 发电机振动大

（1）故障现象　机组启动后，交流同步发电机在空载状态下，其轴向、横向振动值超过表9-12规定的数值时，说明发电机运行时振动大。

表 9-12　发电机运行时轴向、横向振动限值

转速/(r/min)	中心高 H/mm 的振动速度最大有效值			
	自由悬置状态下测量			刚性安装
	$56 \leqslant H \leqslant 132$	$132 \leqslant H \leqslant 225$	$H > 225$	$H > 400$
$600 \leqslant n \leqslant 1800$	1.8	1.8	2.8	2.8
$800 < n \leqslant 3600$	1.8	2.8	4.5	2.8

（2）故障原因

① 转子机械不平衡。主要由于未校动平衡或校动平衡精度不符合要求。

② 发电机转子轴承磨损，使其定子、转子之间的气隙不均匀度超过10%，单边磁拉力大而引起同步发电机振动。

③ 轴承精度不良是高速发电机较强的振动源之一。主要表现为轴承内圈或外圈径向偏摆、套圈椭圆度、保持架孔中的间隙过大及滚道表面波纹度或局部表面缺陷。

④ 轴承与转轴或端盖的装配质量不良。

⑤ 轴承与转轴或端盖配合过紧。

⑥ 采用敲击法安装轴承，工艺不正确。

⑦ 轴承使用的润滑脂牌号不对。过稠的润滑脂对滚动体振动的阻尼作用差，而过稀的润滑脂又会造成干摩擦等弊端。

（3）处理方法

① 每台发电机的转子均须校正动平衡，要达到图纸规定的动平衡精度。

② 按图纸规定的牌号选用精度合格的轴承。检查定、转子空气隙的不均匀度，调整装配至不均匀度符合要求为止。

③ 按规定的配合精度安装轴承与转轴及端盖。

④ 轴承安装严禁采用敲击法，最好采用烘箱加热轴承的热套法。

⑤ 必须按图纸规定的牌号选用润滑脂。

以上详细分析了无刷交流同步发电机的常见故障现象、故障原因、检查及处理方法。为了便于柴油发电机组使用维修人员方便快捷地查找故障点，下面以表格的形式列出无刷交流同步发电机的常见故障现象、故障原因、检查及处理方法，如表9-13所示。

表 9-13　无刷交流同步发电机常见故障及其处理方法

故障现象	故障原因	检查及处理方法
电压表无指示	电机不发电	按"不能发电"项目处理
	电压表电路不通	检查接线与保险丝,必要时换新品
	电压表损坏	换新品
不能发电	接线错误	按线路图检查、纠正
	主发电机或励磁机的励磁绕组接错,造成极性不对。励磁机励磁电流极性与永久磁铁的极性不匹配	往往发生在更换励磁绕组后因接线错误造成,应检查并纠正
	硅整流元件击穿短路,正反向均导通	用万用表检查整流元件正反向电阻,替换损坏的元件
	主发电机励磁组断线	用万用电表测主发电机励磁绕组,电阻为无限大,应接通励磁线路
	主发电机或励磁机各绕组有严重短路	电枢绕组短路,一般有明显过热。励磁组短路,可用其直流电阻值来判定。更换损坏的绕组
	永久磁铁失磁,不能建压	一般发生在发电机或励磁机故障短路后,应将永久磁铁重新充磁。或用 6V 电瓶充磁建压
空载电压太低（例如线电压仅100V左右）	励磁机励磁绕组断线	检查励磁机励磁绕组电阻应为无限大,更换断线线圈或接通线圈回路
	主发电机励磁绕组短路	励磁机励磁绕组电流很大。主发电机励磁绕组有严重发热,振动增大,励磁绕组直流电阻比正常值小许多,更换短路线圈
	自动电压调节器故障	在额定转速下,测量自动电压调节器输出直流电流的数值,检查该值是否与电机的出厂空载特性相等,检修自动电压调节器
空载电压太高	自动电压调节器失控	励磁机励磁电流太大,检修自动电压调节器
	整定电压太高	重新整定电压
励磁机励磁电流太大	整流元件中有一个或两个元件断路正反向都不通	用万用电表检查,替换损坏的元件
	主发电机或励磁机励磁绕组部分短路	测量每极线圈的直流电阻值,更换有短路故障的线圈
稳态电压调整率差	自动电压调节器有故障	检查并排除故障
	内燃机及调速器故障	检查并排除故障
振动大	与原动机对接不好	检查并校正对接,各螺栓紧固后保证发电机与原动机轴线对直并同心
	转子动平衡不好	发生在转子重绕后,应找正动平衡
	主发电机励磁绕组短路	测每极直流电阻,找出短路,更换线圈
	轴承损坏	一般有轴承盖过热现象,更换轴承
	原动机有故障	检查原动机
转子过热	发电机过载	使负载电流、电压不超过额定值
	负载功率因数太低	调整负载,使励磁电流不超过额定值
	转速太低	调转速至额定值
	发电机某绕组有部分短路	找出短路,纠正或更换线圈
	通风道阻塞	排除阻碍物,拆开电机,彻底吹清各风道
轴承过热	长时间使用轴承磨损过度	更换轴承
	润滑油脂质量不好,不同牌号的油脂混杂使用。润滑脂内有杂质。润滑脂装得太多	除去旧油脂,清洗后换新油脂
	与原动机对接不好	严格地对直,找正同心

二、有刷交流同步发电机常见故障检修

下面以相复励和三次谐波发电机为例,简述其常见故障的处理方法。一般情况下,相复励和三次谐波发电机的常见故障,多发生在励磁调压装置和各电气连接部位,尤其是电刷装置和换向器等活动接触处,表 9-14 列举了它们常见的故障现象、故障原因及其处理方法,

使用维护人员应根据具体情况，灵活处理。

表 9-14　相复励和三次谐波发电机常见故障及其处理方法

故障现象	故障原因	处理方法
不能发电	无剩磁	相复励发电机用 12V 或者 24V 直流电充电；谐波发电机用 6V 直流电充电
	剩磁方向与整流器输出电流产生磁场的方向相反	往往在重接后因错接形成。将 L1、L2 两接头对换，或重新充磁
	电枢绕组抽头、电抗器、桥式整流器或励磁绕组有断路或松脱现象	接通、焊好或拧紧
	接线错误	按机组电气原理线路图检查纠正
	励磁绕组接错，造成磁极极性不对	往往在励磁绕组换线重接后因错接形成。检查、纠正
	电枢绕组或励磁绕组有严重短路	电枢绕组短路会引起严重发热以致烧坏线圈。励磁绕组严重短路可由其直流电阻值来测定
	电刷在刷架框内卡住	检查刷架框是否生锈。可用 00 号砂纸擦净框架内部，严重锈蚀者应换新。检查电刷和刷架框的配合
	电刷和集电环接触不良	用酒清洗净集电环表面。磨电刷表面使与集电环表面的弧度吻合，检查电刷压力
	整定电阻阻值太小	检查整定电阻的接法，将变阻器放到最大阻值位置
	硅整流元件短路。正反向均导通	用万用表检查正反向电阻，替换损坏的元件
	相复励电机电抗器无气隙，或气隙太小	无气隙或气隙小时电抗器抗值太大不能建压，用绝缘垫片垫充调整气隙
	转速太低	调节转速至额定值附近
电压不足	整流桥中有一个整流元件短路或断路	此时空载电压约下降 10% 左右，用万用电表检查，替换损坏的元件
	励磁绕组部分短路	如果某一极的励磁绕组部分短路，除电压下降外还会引起振动。分别测量每一极的电阻，调换损坏的线圈
	整定电阻阻值太小	检查整定电阻的接法，将变阻器放到最大阻值位置
	相复励发电机电抗器气隙太小	用绝缘垫片将气隙调大
	转速太低	调节转速至额定值
	自动电压调节器故障	检查自动电压调节器输入和输出接线与信号，检修自动电压调节器
电压太高	电抗器绕组部分短路或有一相短路	电抗器绕组短路会引起严重发热，可按发热情况来判断短路
	整定电阻断路，不起作用	检查并接好
	电抗器气隙太大	调小气隙，重新固定
	转速太高	调节转速至额定值
	自动电压调节器失控	检修自动电压调节器
电压调整率差，加负载时电压下跌太多	励磁装置接线错误	按图核对接正确
	整流桥中有一个或两个整流元件断路，正反向都不通	此时空载电压下降 10% 左右，加 cosφ=1 负载时电压稍稍下跌，加 cosφ=0.8 负载时电压下跌较大。用万用表检查、更换损坏的元件
	相复励发电机电流互感二次侧所用抽头不合适	减少电流互感受器二次绕组的实际匝数
	原动机调速率较差	调整原动机的调速机构
振动大	与原动机对接不好	找直对正后再对接
	转子动平衡不好	在转子重绕后应校正平衡，根据电机的转速校正静平衡或动平衡
	励磁绕组部分短路	分别测量每一极的电阻，找出短路处，更换线圈
集电环上火花大	电刷在刷架框内活动不灵	检查刷架框是否生锈，可用 00 号砂纸擦净挂架内部。严重锈蚀时应换新
	集电环表面有油污，不光滑	清洁集电环表面，严重发毛时应加工车光

续表

故障现象	故障原因	处理方法
发热	发电机过载	注意仪表,使负载电流、电压不超过额定值
	仪表不准	定期对仪表、仪用互感器进行校验
	负载功率因数太低	负载功率因数太低时发电机应降低其千伏安输出,在励磁电流不超过额定值的范围内使用
	转速太低	调节转速至额定值
	顶部罩盖未盖、放置不正确或励磁装置底板下网板堵死时引起励磁装置发热	正确装置顶罩或清理网板
	发电机电枢、励磁绕组、电抗器绕组部分短路	找出短路,纠正
	通风道阻塞	拆开彻底吹清
	部分规格电机采用倾斜风叶的风扇,反向时风量减少	检查风扇,按发电机上标示的方向运行
轴承过热	长时间使用使轴承磨损过度	更换轴承
	润滑脂质量不好,不同牌号的油脂混杂使用,润滑脂内有杂质,润滑脂装得太多太满	清洗轴承和轴承盖,更换轴承脂。一般型电机用 ZGN-3 润滑脂。湿热型电机用 ZL-3 润滑脂,加装数量应为轴承室容量的 $1/2\sim2/3$
	与原动机对接不好	严格地找直、对正
	皮带传动时,皮带拉力过大	适当调节皮带拉力

复习思考题 ◄◄◄

1. 请阐述无刷发电机的拆装步骤和注意事项。

2. 请阐述绕组节距、电角度、每极每相槽数和线圈组的含义。

3. 简述直流电枢绕组短路的检查方法。

4. 简述交流电枢绕组断路的检查方法。

5. 简述交流电枢绕组短路的检查方法。

6. 请阐述交流电枢绕组重绕的步骤。

7. 简述绕组的干燥与绝缘处理的方法。

8. 简述换向器的主要组成部分和常见故障。

9. 简述对电刷装置的技术要求及电刷常见的两种损坏形式。

10. 简述转轴常见的损坏形式及其处理方法。

11. 简述无刷交流同步发电机不能发电的原因及其处理方法。

12. 简述无刷交流同步发电机输出电压不稳的原因及其处理方法。

13. 简述无刷交流同步发电机三相电压不平衡的原因及其处理方法。

14. 简述无刷交流同步发电机绝缘电阻降低的原因及其处理方法。

15. 简述无刷交流同步发电机旋转整流器故障原因及其处理方法。

16. 简述相复励和三次谐波发电机常见故障及其处理方法。

第十章
发电机组的总装与调试

总装是发电机组修理工作的后段工序，也是发电机组修理过程中很重要的一环。因为发电机组的装配，不仅仅是将各个零件装配成发电机组总成就行了，同时还要对加工或换新的零件、原零件做一次是否能保证质量的最后鉴定。因此，每一部分装配质量的好坏，都直接影响着整个发电机组修理质量的优劣。如果工作中马虎从事，将导致一系列返工，甚至造成事故。确有"一着不慎，满盘皆输。"的可能。所以在装配过程中，一定要一丝不苟，认真做好每一步。这一章的主要内容有：发电机组装配前的准备工作，装配的主要要求、注意事项及装配原则；4135 型柴油发电机组的总装配；内燃机的磨合与调试。

实际上，只要大家掌握了总装的原则和方法，再经过具体机型的实战训练，在技术资料齐全的情况下，各种机型都应该会安装。

第一节 装配的注意事项和原则

一、装配前的准备工作

首先，把安装工具、量具准备齐全，摆放整齐。操作间、工作台应打扫干净；其次，准备好适量的垫料、涂料和填料以及适量的机油、黄油、汽油和柴油；最后，按规定配齐全部衬垫、螺钉、螺母、开口销和锁钉等。

二、装配的主要要求和注意事项

（一）装配的主要要求

① 保证各配合件的松紧度、接触面积及配合间隙。

② 保证各装配记号或配合关系不混乱。

③ 保证零件的紧固要求。

④ 保证不损伤零件。

⑤ 保证不出现"三漏"现象（漏油、漏水和漏气）。

⑥ 保证各调整参数正确（供油时间准确、喷油压力、机油压力正确、气门和减压间隙适当、供油量和各缸供油不均度、风扇皮带的阻力要符合规定要求等）。

（二）装配的注意事项

① 待装配的机体、零件、部件要清洗干净，尤其是润滑系统各油道应彻底清洗干净与吹通。

② 在装配有相对运动而互相摩擦的零件或部件（如气缸套与活塞连杆组、轴与轴承等）之前，应涂以清洁的机油。在装机油泵、机油滤清器时，要加满机油。

　　对于手摇启动的柴油发电机组来说，在装机油泵、机油滤清器时，可以不先加满机油而等整机装完后，在试机以前，用手摇动曲轴，拧开上面可以放气的地方，一会儿就有机油冒出来，就说明已充满机油了。而对于其他机型，比如手不易摇动的，机油泵在油底壳里面不外露的等，就应事先加满机油。

　　③ 要正确选用工具，不允许用钢质手锤乱敲零件表面，如必须敲击时，应该垫以软金属或使用木质、橡皮质手锤敲击，以免损坏零件表面。

　　④ 凡有一定方向和记号的机件应按要求装配。比如活塞、连杆、有倒角的活塞环、主轴瓦、连杆瓦和气门等。

　　⑤ 各种垫片要完好，并涂以一定量的黄油。

　　⑥ 主轴瓦、连杆瓦、气缸盖和飞轮等螺钉，分 2～3 次对称均匀地拧紧，并具有规定的力矩，有保险装置的应装上。

　　比如说，旋紧缸盖螺母时，应与拆下时相反，由中间到两端对角交叉上紧。一般是分三次上到规定扭力数（一是上紧，二是上到规定扭力的一半，三是全部上到规定扭力）。

　　⑦ 活动部件装好后应试运转，以便观察其运转和松紧情况。全部装完后，应转动曲轴检查各活动、转动机件有无卡滞现象，并检查有无漏气、漏油和漏水之处，若有应排除。

三、装配的基本原则

　　拆卸发电机组的原则是：由外到内、先附件后主体、先拆连接部位后拆零件。发电机组的装配原则刚好与拆卸原则相反，即由内到外，先主体后附件，先装零件后装连接部位，边装配边检查调整。

第二节　4135 柴油发电机组的总装

　　发电机组由于各机种、机型不同，装配步骤略有差异，但总的来说是相似的，只要熟悉了发电机组的构造及工作原理，装配也不是一件很难的事情。下面以 4135 为例介绍内燃发电机组的装配步骤。

一、4135 柴油发电机组的装配步骤

　　4135 柴油发电机组的总装步骤与其拆卸步骤大致相反，主要有以下几步。

（一）安装曲轴

　　① 将曲轴滚珠轴承外圈装到轴承孔内，并装好轴承两端的锁簧。注意：安装曲轴滚珠轴承外圈时，应先用软金属棒垫好，再用铁锤敲打，而且四周用力要均衡。

　　② 将已安装好的曲轴总成，从机体后端孔装进。注意：安装曲轴时应使曲轴保持水平（或竖直），并对准轴承孔，然后逐渐推进，防止连杆轴颈与主轴承外圈碰撞。

（二）安装传动机构盖板

　　① 安装前端与后端推力轴承。

　　② 安装盖板上部的机油喷油嘴和左上方的内六角螺塞。

　　③ 安装两只惰齿轮并固定好螺母，锁好保险片。

　　④ 将装配好零件的盖板总成装入座内，并旋紧其四周的螺钉。

　　⑤ 安装前轴推力板，放好曲轴齿轮键，装进曲轴齿轮和甩油圈，拧紧固定螺母，锁好保险片。

　　⑥ 检查曲轴轴向间隙，同时用手转动曲轴，应灵活无阻滞现象。

（三）装配喷油泵（高压油泵）传动轴

　　① 将两只滚动轴承安装在传动轴上。

② 将传动轴装在轴承座内，并装好锁环。

③ 安装好护油盖垫片、护油盖（含油封）及传动轴接盘等。

④ 将传动轴承座及传动轴一起装入机体传动轴座孔内（注意：轴承座上的两个油孔必须朝上，以便接受飞溅的机油润滑滚动轴承），并用螺钉紧固。

⑤ 将半圆键装在传动轴承上面，再将喷油泵传动齿轮装上（有记号的一面朝外），放好保险片后拧紧螺母。

（四）安装凸轮轴

① 将凸轮轴衬套压入机体孔内（油孔必须对准机体上的油孔），将凸轮轴装进座孔内。

② 放好隔圈、推力轴承（轴承油孔必须对准机体油孔，两只圆柱形销钉应插进隔圈孔内），拧紧推力轴承的固定螺钉。

③ 检查推力面轴向间隙是否保持在 0.195～0.545mm 内。

④ 用手转动凸轮轴，应转动灵活。

⑤ 安装所有传动齿轮。它们间的相互装配记号是：定时惰齿轮上有三处记号，其"0"对准曲轴齿轮上的"0"，"1"对准凸轮上的齿轮的"1"，"2"对准高压油泵传动齿轮上的"2"，然后拧紧各传动齿轮固定螺钉。并检查各齿轮之间齿隙是否符合要求。

（五）安装飞轮壳及飞轮

① 将飞轮壳垫片用油脂粘贴于机体后端面上，然后安装飞轮壳。

② 用厚薄规检查飞轮壳孔与曲轴法兰的径向间隙，一般应为 0.4～0.6mm，四周间隙要力求均匀，最小处不应小于 0.2mm。

③ 吊起飞轮，将飞轮上的定位销孔与曲轴上的定位销孔对准，用两根长螺栓对称穿过飞轮固定螺栓孔与曲轴法兰连接后，放下飞轮，用手将飞轮推靠向法兰。

④ 拆下两根长螺栓，放上保险片，然后拧上飞轮固定螺栓，并按要求拧紧。拧紧螺栓时用力要均匀对称，分 2～3 次上紧，力矩为 18～22kgf·m。

⑤ 用百分表检查飞轮端面跳动量，要求最大不超过 0.10mm，检验合格后锁好保险片。

（六）安装气缸套

① 将气缸套清洗干净后，把紫铜垫圈用油脂粘贴于缸套凸缘的支承面上。

② 装气缸套外面的两只橡胶水封圈时，要放置均匀，不能扭转（为了便于安装，可将橡胶水封圈预先泡在热水里）。水封圈装好后，还要检查水封圈凸出缸套配合带外圈表面的高度，一般应为 0.30～0.70mm。

③ 缸套装入机体前，在缸体与气缸套水封接触的地方，涂以黄油（肥皂水、滑石粉），然后将气缸套压入气缸套座孔内。安装气缸套时，尽量使用专用工具，两手要端平，一边旋转一边用力向下压。防止水封圈和紫铜垫片卷边。气缸套压入缸体后，要用量缸表检查气缸套水封圈处的圆度是否超差。

④ 按上述方法，装好其余各个气缸套。

⑤ 为了检查装配质量，应对水封圈是否漏水进行水压试验。

（七）安装机体前盖板及油底壳

① 装好机油泵惰齿轮和机油泵总成（注意装机油泵时，泵内应注满机油，固定座上有垫片不要丢失），拧紧固定螺钉，锁好保险片。并在传动齿轮处注一些机油。

② 将曲轴前油封装在前盖板孔内。

③ 将前盖板衬垫涂以黄油放正，装上前盖板，并均匀地拧紧盖板所有的螺钉。

④ 装好曲轴皮带盘及启动爪。

⑤ 将油底壳衬垫涂以黄油，并在油底壳上放正，装上油底壳，拧紧所有的固定螺钉。

（八）安装活塞连杆组

1. 活塞连杆组总成的装配

① 将活塞连杆组总成的各零件用柴油或汽油清洗干净并吹干。

② 将清洗好的活塞放在机油中加热至100℃左右后取出活塞，及时地把活塞销放入活塞销座孔和连杆小头孔中。在装配过程中应特别注意活塞顶凹陷处与连杆大头切口的相对位置，如果忘记其相对位置，可查看其他柴油机或查找其他相关资料。

③ 装配好活塞与连杆后，不要忘记装活塞销卡簧。

④ 活塞冷却后，再用活塞环钳把活塞环依次装好。注意：若原机的第一道活塞环是镀铬环，安装时也应按要求安装镀铬环。

⑤ 将连杆轴瓦装入连杆大头孔内。注意：新的连杆轴瓦可以互换，使用过的连杆轴瓦各缸不能互换。

2. 活塞连杆组的安装

① 将活塞连杆组总成清洗后吹干，在连杆大头盖和下瓦上涂上机油，然后使相邻的两道活塞环开口相互错开120°～180°，各环的开口位置与活塞销成45°以上的夹角。

② 在气缸套和活塞连杆组上涂少许机油，用安装活塞的专用工具谨慎地将活塞装入气缸内（为便于安装连杆盖，该缸连杆轴颈，最好处于上止点后90°左右的位置）。

③ 按配对记号装好连杆轴承盖，分2～3次对称均匀地拧紧连杆螺栓，其力矩为26～28kgf·m，装配好后转动曲轴应无阻滞现象，连杆大头与曲轴连杆轴颈之间的配合间隙为0.195～0.495mm。若其间隙过小或无间隙，则可能是装配不当造成的，应查明原因。最后锁好连杆螺栓保险铁丝（如果原机有的话）。

④ 按上述要求装好其余各缸活塞连杆组。

⑤ 检查、清洁曲轴箱内部，装上曲轴箱侧盖板。

（九）安装气缸盖

1. 气缸盖组件的装配

① 将要装的零件用柴油或汽油清洗干净并吹干。

② 将气缸盖侧立，在气门杆上擦少量机油后将气门装入各自的气门导管内，是第几缸的就装入第几缸，决不能将缸序颠倒。在拆卸的时候就应做上记号，以免装配时弄错。

③ 将气缸盖平放在木板或专用工作台上，把气门锁簧安装好，再把气门弹簧依次放好，用专用工具按压弹簧上座，装上气门锁夹后拆下专用工具并仔细检查锁夹是否装好。

④ 安装喷油器。首先在喷油器垫片上涂少量机油或黄油，然后把垫片慢慢放入喷油孔内。注意：在紧固喷油器固定螺母时要交错均匀地用力，螺母不要拧得过紧，一般所用力矩为2.5kgf·m左右。喷油器装好后，用直钢尺量一下喷油嘴喷孔中心至气缸盖底平面的距离，普通柴油机为1.5～2.0mm，增压机为2.5～3.0mm。

2. 气缸盖总成的安装

① 放好气缸垫（反边的一面朝上）。

② 把气缸盖放在气缸垫上，放好各缸螺母垫圈和前后两块支架。值得注意的是：气缸盖与支架之间，两个气缸盖之间的垫圈均是球面阴阳垫片，凹凸面应对在一起，凹陷的垫片应放在下面。

③ 用扭力扳手，按由里向外、对角交叉的顺序分2～3次拧紧气缸盖的紧固螺母，其扭矩为25～27kgf·m。注意：两个气缸盖之间的螺母和气缸盖与支撑板的螺母，应在两缸其余螺母旋紧后再按对角拧紧到规定力矩。

（十）安装配气机构控制机件

① 将各缸气门挺杆套筒装进套筒孔内，并装好侧盖板。

② 安装气门推杆，推杆脚一定要放入套筒底孔内。

③ 安装摇臂座和摇臂，拧紧固定螺钉。

④ 装上 U 形机油管（注意防止油管扭断）。

⑤ 调整好气门间隙。

⑥ 装好气缸盖罩。

（十一）安装外部附件

① 安装出水管（水管衬垫应与水管口同样大，衬垫应涂黄油）。

② 安装进、排气管垫片和进、排气歧管，空气滤清器。

③ 安装水泵总成、皮带盘及风扇、充电发电机，并套上风扇皮带，调整好皮带的紧度（用 3~5kgf 的力，压下风扇与充电机之间的皮带，当压下 10~20mm 时即为合适）。

④ 安装水箱，水温调节器及上、下水管，拧紧水管夹箍。

⑤ 装好机油散热器及其油管、水管。

⑥ 安装好启动机。

⑦ 装上机油滤清器垫及座，在滤清器内注满机油后，拧紧滤清器盖螺钉。

⑧ 校正供油时间，安装好调速器总成。

⑨ 装好各缸高压油管、回油管。

⑩ 装上柴油输油泵，并装好油路各连接处的输油管及接头。

（十二）安装交流发电机与配电箱

① 装好减震座、安装交流发电机，拧紧固定螺钉。

② 安装配电箱、固定好支架底脚螺钉。

③ 按原记号（或照接线图）连接所有导线。

④ 装好机油压力表管接头及水温表、油温表感温器（注意防止仪表细铜管折断）

⑤ 装好直流发电机、调节器、蓄电池，并连接其导线。

二、内燃机与发电机中心线的校正

安装发电机组时，发电机与内燃机之间的连接并不是简单的连接，而是有严格技术要求的，最突出的表现是在中心线的对正上。也就是说：内燃机的曲轴和发电机轴必须保持在同一中心线上。

如果两轴中心线不对正，工作时，则会引起：机体剧烈震动，仪表、油管和水箱容易震坏；橡皮铰链迅速磨损；同时，曲轴轴承和发电机轴承磨损加剧，甚至会发生折断事故。因此，发电机组装完后，必须对其中心线进行检查校正。

（一）中心线不正的表现形式及其原因

1. 中心线不正的表现形式

中心线不正，主要表现在两个方面——偏移和交错。

所谓偏移，是指两轴中心线互相平行，但在上下或左右方向上有一定的距离，如图 10-1（a）所示。所谓交错，是指两轴中心线互不平行，而形成一定角度，如图 10-1（b）所示。

2. 中心线不正的原因

造成中心线不正的主要原因有：发电机的底座螺母没有拧紧，工作时产生偏移；拆卸维修发电机时未将其装正，或更换橡皮铰链后未仔细进行中心线的校正等。

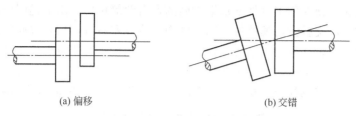

(a) 偏移   (b) 交错

图 10-1 内燃机曲轴同发电机轴中心线偏移和交错示意图

（二）中心线的检查与校正

以 4135 柴油发电机组为例，讲述内燃机与发电机中心线的检查与校正方法。

（1）装上专用工具 将专用工具（包括支臂、圆铁和调整螺钉）固定在铰链盘和飞轮的垂直面上，并转到垂直向上的位置。如图 10-2 所示。

（2）测量 调整平行螺钉和垂直螺钉，使它们与圆铁之间保持 0.50mm 的基准间隙，然后固定紧螺钉。再将飞轮旋转 180°，分别测量平行螺钉和垂直螺钉与圆铁之间的间隙并做记录，即可算出两轴在上下方向每米长度内的交错量和两轴在上下方的偏移量：

$$交错量 = \frac{大间隙-小间隙（平行螺钉与圆铁间的间隙）}{2R}$$

式中，R 表示圆铁中心至曲轴中心线间的距离 m。4135 柴油机的 $2R$ 为 0.532m，交错量不大于 0.25mm/m。

$$偏移量 = \frac{大间隙-小间隙（垂直螺钉与圆铁间的间隙）}{2}$$

偏移量不大于 0.1mm。

下面举例说明：假设测得平行螺钉、垂直螺钉与圆铁之间的间隙分别为 0.65mm 和 0.20mm。则：交错量 $= (0.65-0.50)/0.532 = 0.28$mm/m，发电机尾部偏高，偏移量 $= (0.50-0.20)/2 = 0.15$mm，发电机偏高。

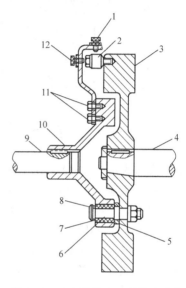

图 10-2 中心线检查工具的安装方法

1—垂直螺钉；2—圆铁；3—飞轮；
4—曲轴；5—垫片；6—交连销；
7—橡皮圈；8—卡箍；9—发电机轴；
10—交连盘；11—固定螺钉；12—平行螺钉

（3）调整

① 交错量 其校正方法是：拧松发电机的四只底座螺钉，将发电机的底座略顶起，适当减少底座垫片 ［增减量(mm)＝发电机前后底座间的距离(m)×交错量(mm/m)］，然后将发电机放平（此时发电机可能移动少许，应使其恢复原位），拧紧四只底座螺钉。最后应进行复查，如不符合要求再进行校正。调整交错量的基本规律是：上大下小垫尾部，上小下大去尾部。即测量时平行螺钉在上面（图 10-2）距圆铁的距离大于平行螺钉在下面（如图 10-2 所示，再将飞轮旋转 180°）距圆铁的距离时，则用垫片垫发电机尾部来调整交错量。同样的道理，测量时平行螺钉在上面距圆铁的距离小于平行螺钉在下面距圆铁的距离时，则要适当去掉发电机尾部的垫片来调整其交错量。

② 偏移量 偏移量的校正方法是：拧松发电机底座的四只螺钉，适当调整其底座前后垫片的厚度（增减量＝偏移量）。例如：上例中是发电机偏高，应将发电机底座各垫片的厚度减小 0.15mm，以达到校正其偏移量的目的。

（4）转动飞轮　使专用工具处于水平方向的左右两侧位置。用上述同样的方法，检查其左右（前后）方向的交错量与偏移量，如两轴中心线在左右（前后）方向的交错量和偏移量超过了允许限度，应移动发电机进行校正。校正时要先校正交错量后校正偏移量。

（5）复查　校正发电机与内燃机曲轴中心线的交错量与偏移量后，应进行复查，直至内燃机与发电机中心线的偏移与交错量符合要求为止。表 10-1 是校正用的记录表。

表 10-1　检查与校正中心线记录表　　　　　　/mm

位置	两轴状况	螺钉位置	间隙数据	间隙差	偏移/交错量	复查		
						间隙数据	间隙差	偏移/交错量
上下	交错	平行螺钉(上)	0.50	0.15	0.28	0.50		
		平行螺钉(下)	0.65					
	偏移	垂直螺钉(上)	0.50	0.30	0.15	0.50		
		垂直螺钉(下)	0.20					
左右	交错	平行螺钉(左)	0.50			0.05		
		平行螺钉(右)	0.50					
	偏移	垂直螺钉(左)	0.50			0.50		
		垂直螺钉(右)	0.50					

第三节　机组的磨合与调试

新机器或大修后的机器，由于零件是新的或是经过修理加工继续使用的，零件表面是不光滑的。如果把这些零件装合后，立即在高温、高压、高速和满负荷条件下工作，则动配合部分将迅速发生磨料磨损，从而使内燃机的使用寿命缩短。因此，内燃机装配后必须进行磨合与调试。

通过磨合，以消除零件机械加工时所形成的粗糙表面，降低磨损零件表面单位压力，使相配合的零件表面能更好地接触；同时，由于零件表面的局部磨损，也消除了零件在机械加工时所产生的几何偏差。因此，经过磨合，增强了内燃机零件的耐磨性和抗腐蚀性。通过调试，可以检查内燃机修理后的质量、工作状况和对某些零件进行必需的调整。

由此可知，磨合与调试是内燃机修理工艺过程中不可缺少的步骤，而且也为内燃机的正常运转做好准备。

一、内燃机的磨合

内燃机的磨合分为冷磨合和热磨合两种。

（一）冷磨合

1．冷磨合的概念

所谓冷磨合，是指内燃机在试验台上由电动机或其他动力来带动曲轴进行运转，达到对曲轴连杆机构、配气机构和其他动配合零件磨合的目的。

2．冷磨合的步骤及注意事项

① 不装喷油嘴或火花塞。

② 使用稀机油。因为稀机油黏度小，容易冲刷被磨下来的金属屑，并且摩擦表面冷却效果较好。

③ 用带变速器的电动机驱动曲轴。

转速：400r/min，30～60min；500～700r/min，60min；机油压力：不低于 0.12～0.15MPa（1.2～1.5kgf/cm²）；不高于 0.4～0.5MPa（4～5kgf/cm²）。

④ 注意检查运转情况：看是否有不正常响声、拉缸和漏气等现象，如有发生，应立即

停机检查，等排除故障后才能进行冷磨合。

⑤ 冷磨合结束后，放出机油，加入清洗油（通常清洗油为：90％的柴油与10％的机油混合），运转5min左右，再放出混合油。最后拆下油底壳和机油滤清器进行彻底清洗，并认真检查各配合零件的技术状况，尤其是轴承的磨合情况。

（二）热磨合

所谓热磨合，是指将内燃机安装完毕，并且经过详细检查后，将机器发动起来，通过无负荷与有负荷试验，进一步检查与调整内燃机，使内燃机基本恢复其原有的性能。

1. 无负荷试验

无负荷试验的目的在于检查内燃机工作时是否有故障。具体地讲，有以下几点。

① 检查机器零件的装配情况及配合件之间的间隙是否适当。

② 检查有无三漏现象（漏油、漏水和漏气）。

③ 内燃机运转是否均匀。

④ 活塞、活塞销、曲轴主轴承和连杆轴承等有无特殊响声。

⑤ 排气声音与颜色是否正常。

⑥ 机油压力与冷却水温是否正常。

⑦ 气门间隙是否适当。

⑧ 喷油泵、喷油器或化油器工作是否正常。

热磨合前，应装复内燃机的全部总成、附件及仪表，加足燃油、机油和冷却水；调试一切必须调整的内容，如气门间隙、风扇皮带松紧度、机油压力、喷油压力、供油时间、供油量以及各缸供油不均度等，使内燃机处于良好的工作状态。

以额定转速为1500r/min的内燃机为例，其无负荷试验规范见表10-2。其他额定转速的内燃机进行无负荷试验的阶段和时间是相同的，只是各阶段的转速不同而已。

表 10-2　内燃机无负荷试验规范

阶段	时间/min	转速/(r/min)
1（低速）	30	800
2（中速）	30	1200
3（高速）	60	1500

2. 有负荷试验

有负荷试验的目的：测定内燃机大修后的质量，检查是否达到规定的技术标准。需测定的内容有：

① 功率（额定功率及超负荷能力）；

② 比油耗；

③ 电压（数值及稳定率）；

④ 频率（数值及稳定率）。

仍以额定转速为1500r/min的内燃机为例，其有负荷试验规范见表10-3。其他额定转速的内燃机进行有负荷试验的阶段、负荷和时间是相同的，只是转速不同而已。

表 10-3　内燃机有负荷试验规范

阶段	负荷/%	时间/min	转速/(r/min)
1	25	30	空载：电压400V，频率51Hz
2	50	40	加载：电压400V；频率50Hz左右
3	75	60	即转速应在1500 r/min 左右

续表

阶段	负荷/%	时间/min	转速/(r/min)
4	100	90	空载:电压400V,频率51Hz
5	110	5	加载:电压400V;频率≥49Hz
6	100	10	即转速应≥1470 r/min
7	75	20	空载:电压400V,频率51Hz 加载:电压400V;频率50Hz左右
8	25	10	即转速应在1500 r/min左右
备注			其他额定转速的内燃机可参考本规范,要根据转速与频率的关系得出各阶段对转速的要求

注意事项如下。

① 不能有问题。

② 热试后必须做三项工作:

a. 重新调整气门间隙;

b. 重新紧固缸盖螺母;

c. 更换机油。

当内燃机进行磨合试验时,如果为了排除故障而更换了活塞、活塞销、活塞环、气缸套和连杆轴承等,均应重新进行磨合试验。

在受到设备条件限制的情况下,可不进行冷磨合而直接进行热磨合。内燃机磨合后,在设备条件较好的情况下,还应进行内燃机功率与燃油消耗率等项目的测定,以便准确地鉴定内燃机的修理质量。

二、内燃机性能实验

标志内燃机性能的主要指标:有效扭矩 M_e、有效功率 N_e 表明了动力性,燃料消耗率 g_e 表明了经济性。对于内燃机性能试验,主要测量上述参数。

(一)有效功率的测量

内燃机的有效功率 N_e,由公式 $N_e = M_e n/9550$(kW)可知,在测定有效扭矩 M_e(N·m)及输出轴的转速 n(r/min)后,即可得出有效功率。

在内燃机试验台上,通常采用测功器来测量。测功器由制动器、测力机构及测速装置等部分组成。测功器按制动器工作原理的不同来分类,分为水力测功器、电力测功器、机械测功器和空气动力测功器等。常用的是水力测功器和电力测功器。

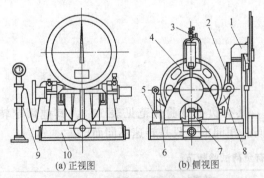

图 10-3　D系列水力测功器外形

1—测力机构;2—连接杆;3—进水阀;4—测功器主体;
5—减震器;6,8—耳环;7—排水阀;
9—转速表;10—底座

1. 水力测功器

水力测功器的主体是水力制动器,基本原理是利用水分子间相互摩擦,吸收内燃机输出的扭矩。其外形如图10-3所示,由测功器主体4、摆锤式测力机构1、转速表9及底座10等部分。测功器主体(吸收扭矩)结构如图10-4所示,外壳由上壳7、下壳16及左、右侧壳12构成空腔,左、右侧壳外端各装有端盖4,端盖4装有滚动轴承14,使定子可绕轴线摆动。转子8装在测功器轴1上,架在滚动轴承13上。

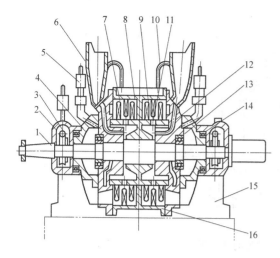

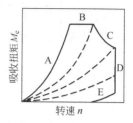 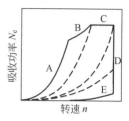

图 10-4　D 系列水力测功器机构简图

1—测功器轴；2—轴承盖；3—蜗轮蜗杆；4—端盖；
5—油杯；6—水斗；7—上壳；8—转子；
9—搅水棒；10—通气管；11—阻水柱；12—侧壳；
13,14—滚动轴承；15—轴承座；16—下壳

图 10-5　水力测功器工作范围

线段 A—最大负荷调节位置（测功器内充满水）；
线段 B—最大扭矩；线段 C—最大功率
（最大允许出水温度）；线段 D—最高限制转速；
线段 E—最小扭矩和功率（测功器内无水）

进行试验时，将内燃机的输出轴与测功器轴连接，打开进水阀，水流进入到测功器的空腔。内燃机运转后，带动测功器的转子转动，转子上搅水棒搅动水流，形成环形涡流圈，水流与外壳内壁和阻水柱摩擦，形成阻力矩，与内燃机输出扭矩对应。作用在外壳的力矩，使外壳偏转，通过测力机构，可测出其作用力矩，即为内燃机的有效扭矩。由于水流吸收的功率转换为热能，水温上升，要使水流循环散出热量，使水流出口处温度保持在50～60℃。调节水流量，可改变测功器内的水面高度，适应内燃机功率的变化。

水力测功器的工作范围如图 10-5 所示。图中 A、B、C、D、E 线段围成的面积即为测功器的工作范围，所测试内燃机的外特性曲线应在测功器的工作范围内。两者需选择匹配合适。

2. 电涡流测功器

电涡流测功器由电涡流制动器和测力机构组成。电涡流制动器的结构如图 10-6 所示。

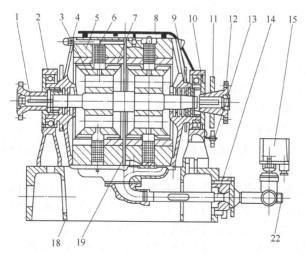

图 10-6

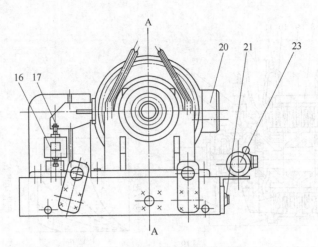

图 10-6　电涡流制动器的结构图

1—转子轴；2—摆动体支架；3—转子盘；4—轴承座；5—外环；6—励磁线圈；7—涡流环；
8—摆动排水管；9—主轴轴承；10—轴承端盖；11—测速齿盘；12—联轴器；13—转速传感器；
14—摆动进水管；15—水压检测器；16—扭矩传感器；17—测力臂架；18—底座；19—通风环；
20—配重块；21—出水口法兰盘；22—回水口；23—油泵

电涡流制动器由转子部分、摆动部分和固定部分组成。转子部分是以转子轴 1 带动转子盘 3 转动。摆动部分有涡流环 7、励磁线圈 6 和外环 5。固定部分有底座 18 和支架 2。

当励磁线圈中通入直流电时，产生磁场，磁力线通过转子盘、涡流环、摆动体外环和它们之间的空气隙而闭合。转子盘外圆上有均布的齿槽相间，转子盘外圆上的空气隙宽窄间隔均布。因此，转子盘外缘产生疏密相间的磁力线。当转子盘转动时，疏密相间的磁力线与转子盘同步旋转。对于涡流环内表面上的任一固定点，穿过它的磁力线发生周期性变化，就产生了电涡流。

电涡流在励磁磁场作用下，受力方向与转动方向相同，使摆动体向转子转动方向偏转，摆动体对转子产生制动扭矩。此制动扭矩由摆动体通过测力臂架 17 作用在扭矩传感器 16 上，将扭矩值信号输出。

转速信号是由装在电涡流制动器转轴上的测速齿盘 11 产生脉冲信号，一般有 60 个齿，与之对应安装的转速传感器 13 接收脉冲信号，输出转速信号。

内燃机输出的功率，可由测得的扭矩、转速，经测控系统"计算"后，由显示系统标出。

涡流环和转子盘都采用高磁导率，高电导率的纯铁制造，转子尺寸和质量比相同功率容量的直流电机要小得多，其结构简单，可在高转速下运行。

电涡流测功器的工作特性如图 10-7(c) 所示。从图中可看到，在低转速范围内，制动力矩随励磁电流 I 和转速的增加而迅速增大。当 I 值一定时，在达到一定转速后，扭矩几乎不再增加；当转速不变时，扭矩随 I 值增加而增大，在 I 值增大到励磁线路的磁通饱和时，扭矩则不再增加。

在进行内燃机试验时，内燃机扭矩曲线随转速上升至某一转速区间，单纯增减励磁电流 I 来保持转速一定进行试验是很困难的。因此，电涡流测功器，除了用手动调整励磁电流的控制方式外，多附加自动控制装置，使励磁电流随转速自动变化。

不少电涡流测功器采用等电流自动控制装置，装置的接线示意如图 10-7(a)、(b) 所示，使励磁电流保持一定，与转速、电源电压和励磁线圈电阻的变化无关，其工作特性曲线如图

10-7(c) 所示。

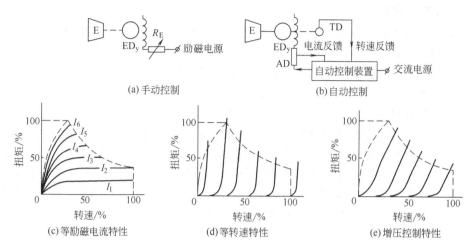

(a) 手动控制　　　　(b) 自动控制

(c) 等励磁电流特性　　(d) 等转速特性　　(e) 增压控制特性

图 10-7　电涡流测功器的控制方式及其特性

E—发动机；ED_y—电涡流测功器；R_E—励磁调节电阻；TD—转速传感器；AD—电流传感器

　　另有一种是自动等速控制方式。在测出转速偏离给定转速时，反馈到励磁回路中，使励磁电流急剧增减，保持恒定转速，其工作特性见图 10-7(d)。

　　第三种是增压控制方式，它使励磁电流与转速成正比增加，其增加比例及调整范围可任意设定，其工作特性见图 10-7(e)。

　　电涡流测功器所消耗的励磁功率很小，只需变动几个安培励磁电流就能自由控制吸收的扭矩，这样，便能方便地实现控制自动化，有利于实现按预定规范试验和耐久性试验时无人操纵运转。

(二) 扭矩的测量

　　用扭矩仪来测量扭矩。其工作原理是通过测量轴（用特制的联轴器或利用实际的传动轴）传递扭矩时产生的扭转变形来测定扭矩值。扭转变形（扭转角）的测量，可采用机械、光学或电测等方法。下面介绍两种常用的扭矩仪。

1. 相位差式扭矩仪

　　它是利用中间轴，在弹性变形范围内，其相隔一定距离的两截面上产生的扭转角相位差与扭矩值成正比的工作原理。其原理如图 10-8 所示。

　　在相距 L 的两截面上，装有两个性能相同的传感器，运转时，轴每转一圈，在传感器上产生一个脉冲信号，轴受到扭矩产生扭转变形，则从两个传感器上得到的两列脉冲波形中间有一个与扭转角成正比的相位差。将此相位差引入测量电路，经数据处理后，可显示其扭矩值。

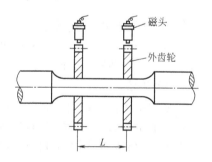

图 10-8　相位差式扭矩仪

2. 应变式扭矩仪

　　它是利用应变原理来测量扭矩，当转动轴受到扭矩时，只产生剪应力，在轴的外圆表面上的应力最大，两个主应力轴线成 45°或 135°夹角，把应变片粘贴在测点的主应力方向上测出应变值，由此能标示出扭矩值。

　　为了提高测量灵敏度，用 4 个应变片，按拉、压应力平均分配，4 个应变片组成全桥回路，保证测量为纯扭矩值。

（三）转速的测量

测量转速的仪表种类较多。随着科学技术的迅速发展，现在多用非接触式电子与数字化测速仪表来测量。这类仪表体积小、重量轻、读数准确、使用方便、易于实现计算机屏幕显示和打印输出，能连续反映转速变化，能够测定内燃机稳定工况下的平均转速，也能测定在特定条件下的瞬时转速。

1. 磁电式转速传感器

如图10-9所示，它由齿轮和磁头组成。齿轮由导磁材料制成，有 Z 个齿，安装在被测轴上，磁头由永久磁铁和线圈构成，安装紧靠齿轮边缘约 2mm，齿轮每转一齿，切割一次磁力线，发出一次电脉冲信号，每转一圈，发出 Z 次电脉冲信号。磁电式转速传感器，其结构简单，无需配置专门电源装置，发出的脉冲信号不因转速过高而减弱，在仪表显示范围内，可以测量高、中、低各种转速，它有广泛的使用场合。

2. 红外测速传感器

图10-10所示的是测量近距离用的反射式红外传感器，它利用红外线发射管发射红外线射向转轴，并接受从转轴反射回来的红外线脉冲进行测速。这种红外测速传感器可不受可见光的干扰。

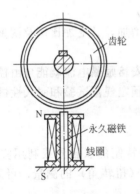

图 10-9　磁电式转速传感器

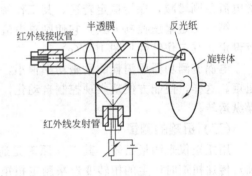

图 10-10　反射式红外传感器

（四）燃油消耗率的测定

燃油消耗率是通过测定在某一功率下消耗一定量燃油所经历的时间，经计算后得到。用的方法有称量法和容积法两种。

1. 称量法

它是测定消耗一定质量的燃油所经历的时间，其测量装置见图10-11。试验中以天平来称量杯中油量 $m(g)$，用秒表测定消耗 $m(g)$ 燃油所需经历的时间 $t(s)$，试验时，内燃机输出功率为 $N_e(kW)$，则用下列公式即可求得燃油消耗率：

$$g_e = \frac{3600m}{tN_e}[g/(kW \cdot h)]$$

2. 容积法

它是测定消耗一定容积的燃油所经历的时间。其测量装置见图10-12，在玻璃量瓶4的细颈处均有刻线，表明各油泡内的容积量。

试验时，调整内燃机输出功率为 $N_e(kW)$ 稳定工况，用秒表测定消耗 $V(cm^3)$ 燃油所经历的时间 $t(s)$。以燃油密度 $\gamma(g/cm^3)$ 计算消耗燃油量为 $m(g)(m=V\gamma)$。再用前述公式，即可算出燃油消耗率 g_e 值。

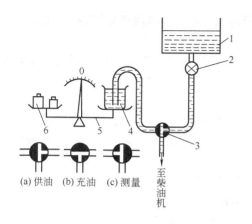

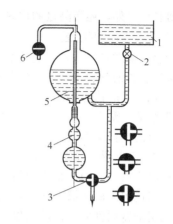

图 10-11　称量法测油耗示意图
1—油箱；2—开关；3—三通阀；
4—油杯；5—天平；6—砝码

图 10-12　容积法测油耗装置简图
1—油箱；2—开关；3—三通阀；
4—玻璃量瓶；5—稳压泡；6—空气阀

（五）内燃机机油消耗率的测定

测定机油消耗率的目的主要是检查内燃机润滑系统的工作情况，其中包括内部的漏油情况。试验时，除记录机组的功率、电流、电压、频率、燃油和机油消耗量和试验时间等数据外，还应记录试验环境的温度、相对湿度、大气压力等，以及试验所用的燃油和机油牌号。

试验前，给内燃机加入规定量的机油、水和燃油。启动机组，使机组运行到油温达到使用说明书规定的数值或（85±5）℃后停机。转动曲轴，使第一缸的活塞处于上止点位置后，再转动曲轴 3 圈，然后放尽机油或放一定时间之后，再给内燃机加入机油到规定值，记录这次加入的油量 m_1(g)。再次启动机组，使其在额定工况下运行 12h 后停机。停机后，按前面的方法放尽机油或放一定时间。

称出放出的机油量 m_2(g)，则机油消耗率 G_e(g/kW·h)：

$$G_e = \frac{m_1 - m_2}{12P}$$

式中　P——测定试验时机组的输出功率（一般用额定值），kW。

上述测量试验应在标准环境下进行，否则应按 GB 1105《内燃机台架试验方法标准环境状况及功率燃油消耗和机油消耗的标定》中有关规定，对试验结果进行修正。所谓标准环境状况，是指大气压为 10^5 Pa，空气相对湿度为 30%，环境温度为 25℃。

（六）内燃机排气烟度的测定

本试验应用专用的烟度计进行测定。

测试前，应给机组加足水和规定牌号的燃油、机油。

启动机组，使其运行在额定工况。当机组的水温、油温、油压等数值达到内燃机的技术条件或使用说明书中规定的数值时，按照烟度计使用说明书规定的方法给抽气泵装上洁白的滤纸，从排气管中抽取规定数量的排气。

从抽气泵中取出滤纸，将其放在 10 张以上洁白的滤纸上，然后将光电发讯器垂直对准试验滤纸，从指示表上读出数值。

上述测定过程重复进行 3 次，每两次之间的间隔不应超过 1min。

三、机组性能试验

本节将重点介绍机组特有的或有特殊要求的项目，对某些性能指标将给出考核指标，供参考使用。与电机试验相比，机组试验有一个特殊的要求，就是在每一项试验时，除应记录试验数据和结果外，还要测量和记录试验当时环境的大气压强、温度和空气相对湿度。

(一) 外观质量的检查

试验前，应对机组的外观进行详细的检查，当发现问题时，要根据情况进行必要的处理，以保障试验的顺利进行和试验数据的准确性。检查的项目及要求如下：

① 外观尺寸应符合设计要求；

② 无漏油、漏水、漏气（俗称"三漏"）现象，如有，应彻底解决；

③ 机组的焊接应牢固，焊缝应均匀，无裂纹、药皮、残渣、焊穿、咬边、漏焊及气孔等缺陷，焊渣和焊药应清除干净；

④ 机组涂漆部分的漆膜应均匀，无明显裂纹和脱落现象；

⑤ 机组电镀件的镀层应光滑，无漏镀斑点、锈蚀等现象；

⑥ 机组的紧固件应无松动现象，工具及备附件应齐全、固牢；

⑦ 应有接地端子，并且牢固可靠；

⑧ 铭牌数据齐全、正确；

⑨ 各指示仪表完整，指示正确，非工作状态指示应在零位，不在零位的应调整到零位。

(二) 成套性的检查

① 机组的成套性按供需双方的协议。

② 每台机组应随附下列文件：a. 合格证；b. 使用说明书，至少包括技术数据，结构和用途说明，安装、保养和维修规程，电路图和电气接线图；c. 备品清单，包括备件和附件清单，专用工具和通用工具清单；d. 产品履历书。

③ 机组应按备品清单配齐维修用的工具及备附件，在保用期内能用所配工具及所备附件进行已损零部件的修理和更换。

(三) 标志、包装和储运的检查

① 机组的标志文字采用汉语或议定的文种。

② 内燃发电机组的标牌应固定在明显位置，其尺寸和要求按 GB/T 13306—2011《标牌》的规定。机组的标志至少应包括下列项目：

a. 名称、型号和相数；

b. 额定转速（r/min）和额定频率（Hz）；

c. 额定电压（V）和额定电流（A）；

d. 额定功率（kW）和额定功率因数；

e. 机组质量（kg 或 t）；

f. 生产厂家名称；

g. 机组编号和出厂日期；

h. 标准代号及编号。

有要求时，机组电路图应制成清晰的标牌，安装在操作者工作时易于查看的位置。

③ 操作标志和指示标志，在机组运行时应是清晰易辨的。

④ 机组及其备（附）件，在包装前凡未经涂漆或电镀保护的裸露金属，应采取临时性防锈保护措施。

⑤ 机组按产品技术条件规定的储存期和方法储存应无损。

⑥ 机组根据需要应能水路运输、空中运输和铁路运输。

运输试验只对移动电站在鉴定试验时进行，可只试验一台机组。试验前，应使机组的完整性符合出厂合格要求，并在额定工况下至少运行 1h 无异常现象。试验时，被试机组通常由汽车等拖动，在不同路面上总计运输 500km。其中：不平整的土地和坎坷不平的碎石路

300km，行驶速度为 20～30km/h；柏油或水泥路面 200km，行驶速度为 30～40km/h。在试验过程中，应多次停车检查，停车检查里程段：第一段为 100km；第二段和第三段各为 200km。运输完成后，应对机组进行绝缘电阻测量、常温启动性能检查、电压和频率的稳态调整率和波动率的试验测定等。检查结果应符合标准要求。另外，机组各组件、零部件不应因强度不够而造成损伤；紧固件、焊缝、铆钉等不应松动、开焊或损坏；油和水不应渗漏；工具和备件不应损坏；电气器件连接不应松脱。

（四）启动性能的检查

1. 常温下启动性能的检查

在常温冷态情况下（非增压机组不低于 5℃，增压机组不低于 10℃），利用机组的启动装置，按照使用说明书规定的方法，启动机组三次，每两次之间的时间间隔为 10min，三次启动中，有一次启动成功即为合格。在试验过程中应注意以下几点：

① 机组使用的燃油、润滑油均按产品规范的规定；

② 机组在试验室或自然环境中进行试验；

③ 具有两种以上启动方式的内燃发电机组，每种启动方式应分别进行三次，启动成功后即停机，10min 后方可进行下一次启动；

④ 按机组使用说明书的规定做好启动前的各项准备工作；

⑤ 一人记录，一人操作机组，启动过程中不允许做任何调整或更换零件；

⑥ 记录员下达"开始启动"指令后用秒表开始计时，操作人员立即启动机组；

⑦ 启动后机组建立电压，控制屏指示灯亮，可带满载稳定工作，表示启动成功（从下达开始启动指令至机组带满载工作的全部过程所用的时间，即为启动成功时间）；

⑧ 记录环境温度、相对湿度、大气压力和启动成功时间。

2. 低温启动和带载能力的检查

机组应有低温启动措施。在环境温度 −40℃（或 −25℃）时，对功率不大于 250kW 的机组应能在 30min 内顺利启动，并应有在启动后 3min 内带规定负载工作的能力；对功率大于 250kW 的机组，在低温下的启动时间及带载工作时间按产品规范的规定。在试验过程中应注意以下几点：

① 机组使用的燃油、润滑油均按产品规范的规定；

② 机组在试验室或自然环境中进行试验；

③ 具有两种以上启动方式的内燃发电机组，每种启动方式应分别进行三次，启动成功后即停机，10min 后方可进行下一次启动；

④ 一人记录，一人操作机组，启动过程中不允许做任何调整或更换零件；

⑤ 启动机组时，采用产品规范规定的低温启动措施，低温启动措施的准备时间应计入启动成功的时间之内；

⑥ 记录员下达"开始启动"指令后用秒表开始计时，操作人员立即操作低温启动措施并启动机组；

⑦ 启动后机组建立电压，控制屏指示灯亮，可带 25％额定负载稳定工作，表示机组启动成功；

⑧ 记录环境温度、相对湿度、大气压力和启动成功时间。

（五）检查相序

对三相交流同步发电机，用相序仪检查其输出端的相序。对三相四线制出线方式的，设正相序排列顺序为 U、V、W、N 或 A、B、C、N 或 L1、L2、L3、N，则当发电机的 4 条引出线通过端子板（或接线板）与外电路相连接时，应符合表 10-4 所示的规定（其中包括使用不同颜色导线时的规定）。

表 10-4　三相四线制出线方式正相序排列顺序及导线颜色的规定

	导线相序符号	竖直排列时	水平横向排列时	水平前后排列时	颜色
相线	U(A,L1)	上	左	远	黄
	V(B,L2)	中	中	中	绿
	W(C,L3)	下	右	近	红
中性线(零线)N		最下	最右	最近	浅蓝(或黑)

当手头没有相序仪时，可连接一台已知转向的三相交流电动机，若两者在相对应连接后电动机的转向正确，说明该被试发电机的出线相序也正确，否则不正确。

（六）检查控制屏上指示仪表的工作情况及准确度

在空载和满载运行时，同时记录试验用的高精度仪表（按试验方法标准规定的仪表准确度配置的仪表，一般安装在试验台上，所以称为试验台仪表）和机组控制屏上装置的仪表（简称机组仪表）所显示的数值。对电流表和功率表，如果利用了电流互感器，还应求出实际电流值和功率值。

机组仪表测量值与试验台仪表测量值之差占机组仪表满量程的百分数，即为机组仪表的准确度，所得数值应符合机组控制屏上仪表所标志的准确度等级。

例如，试验台上的电压表读数为 400V（准确度为 0.5 级），机组控制屏上的电压表读数为 395V（满量程为 500V），该电压表的准确度为 1.5 级，则机组控制屏上该电压表的实际准确度为：

$$\frac{395-400}{500}\times100\% = -1.0\%$$

符合 1.5 级的要求。证明该电压表的准确度合格。

（七）检查和调整空载电压调整范围

先将机组的转速调到接近额定值，电压调节装置置于中间位置。然后给发电机加负载到额定值，并使功率因数为额定值（0.8 或 1.0，按技术条件要求），此时，转速（或频率）也为额定值。最后去掉负载，让机组空载运行。此时转速应不超过额定值的 105%，否则应调整发动机使其符合要求。

将电压调节装置调到两个极限位置，即最大和最小位置，记录两个位置的电压值。两个电压值之间的范围即为该被试机组的空载电压调整范围。

机组的空载电压整定范围应不小于 95%～105% 额定电压。

（八）测定电压和频率的稳态调整率

试验在机组冷态和热态两种状态下分别进行一次，试验结果都应符合标准要求。

1. 试验方法

试验前，应先调整内燃发电机组的有关装置，使发电机的空载电压整定范围在标准以内（例如 95%～105%），然后将输出电压调整到额定值，此时机组的频率应为额定值的 103%～105%。再给机组加负载到满载，并使转速和功率因数都达到额定值，满足上述条件后，去掉负载。此时电压还应等于或接近额定值。若与额定值相差较多，则应再次进行上述调整，直至达到上述要求为止。

在记录试验数据时，应同时记录各试验点的频率值。试验应反复进行 3 次。试验时，如果电压或频率示值摆动，则应取其中间值。做功率因数为 0.8（滞后）的试验时，在加载过程中，应先加阻性负载到需要的数值（例如 75% 的负载），再加感性负载使功率因数为 0.8；

在减载过程中，应先减感性负载，再减阻性负载，使功率因数为 0.8。

2. 调整率的计算

（1）稳态电压调整率的计算　根据发电机励磁系统的不同类型，以及不同的运行方式，采用如下两个不同的稳态电压调整率计算式（见被试电机的技术条件中规定）：

$$\delta_U = \frac{U_t - U_N}{U_N} \times 100\%$$

$$\delta_U = \frac{U_{tmax} - U_{tmin}}{2U_N} \times 100\%$$

式中　　　U_t——试验过程中与额定电压相差最大一点的稳定电压值（取三相平均值），V；

　　　　　U_N——额定电压，V；

U_{tmax}、U_{tmin}——试验过程中，最大和最小的稳定电压值（取三相平均值），V。

（2）稳态频率调整率的计算　稳态频率调整率 δ_f（%）是指负载变化前后，机组稳定频率的差值与额定频率之比的百分数，其数学表达式为：

$$\delta_f = \frac{f_1 - f_2}{f} \times 100\%$$

式中　f——额定频率，Hz；

　　　f_1——负载渐变后稳定频率的最大值（最小值），Hz；

　　　f_2——负载为额定值时的稳态频率，Hz。

（九）测定电压和频率的瞬态调整率及恢复时间

同步发电机的瞬态电压调整性能试验，通常是指瞬态电压调整率和电压恢复时间的测定试验。同步发电机的瞬态电压调整率，是指发电机在额定电枢电压和额定转速下，空载运行时突加规定数值的负载运行和突然卸掉全部负载的瞬间，电枢电压的变化量占变化前数值的百分数。同步发电机的电压恢复时间是指在上述负载变化条件下，电机电枢电压剧烈变化后到稳定（电压是否达到稳定的判定在被试发电机的技术条件中规定）时所用的时间。本项试验是否进行，应在技术条件中规定。

1. 试验设备和试验方法

在 JB/T 8981—1999《有刷三相同步发电机技术条件（机座号 132-400）》和 JB/T 3320.1—2000《小型无刷三相同步发电机技术条件》中给出了小型三相同步发电机瞬态电压调整率和电压恢复时间的测定方法。

（1）试验设备和试验电路　试验设备和试验电路如图 10-13 所示。其中录波仪器可采用多线光线录波器，也可采用计算机系统；负载应按被试电机的要求配备，其中包括有功负载和无功负载，两种负载均应可调，以保证试验时满足负载功率因数的要求。

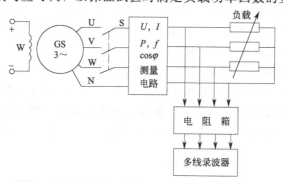

图 10-13　测量三相同步发电机瞬态电压调整率的试验设备和试验电路

（2）对三相开关三对触点合、断同步性的要求及确定方法　与负载连接的三相开关 S 三对触点合、断时的时间差不应大于 15°（电角度，应按接通电流的角频率进行计算。若折算成时间，360°电角度为 1 个周期，对于 50Hz 电源，折合成时间为 20ms，15°电角度即为 20ms×15°÷360°=0.833 ms）。该要求只能用拍摄示波图或计算机计算的方法进行检查。

用拍摄示波图检查的方法如下。

将录波仪器的输入信号线（实际为分压电阻的输入线）按图 10-14（a）所示的接法与被通断的交流电路相接（如被试发电机的额定频率为 50Hz，则可用 50Hz 的市电）。先调整好录波器的 3 个电压波形位置和幅值后开始试验。通过合、断开关 S，给录波器通入一段三相电压信号。当使用光线录波器时，应将记录速度设定在较快的位置，使记录的电压波形曲线能展开，便于测量 3 个电压信号不同步时的电角度差。

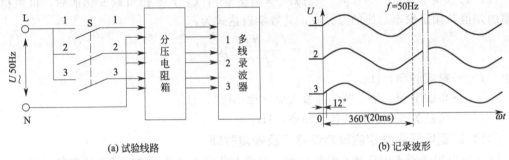

（a）试验线路　　　　　　　　　　　　　　　　（b）记录波形

图 10-14　用拍摄示波图的方法检查三相开关 S 三对触点合、断时的时间差

图 10-14（b）为测试示例。从图中可以看出，1 最早闭合、最晚断开；2 次之；3 最晚闭合、最早打开。通过测量，3 比 1 晚闭合 12°电角度。小于 15°，应视为符合要求。

（3）试验方法　被试发电机在其他机械的拖动下运行。先使其空载，将转速调整到额定值，电枢电压调整到额定值或接近额定值。然后，突加 60%的额定电流、功率因数不超过 0.4（滞后）的恒阻抗三相对称负载。考虑到负载本身过渡特性的影响，当发电机稳定后，重新将转速调整到额定值，电压调整到额定值或接近额定值，负载应准确调整到 60%的额定电流，功率因数不超过 0.4（滞后）的稳定状态下，突甩上述负载。

试验中，应记录负载突变前后的输出线电压和相电流的稳定值，并用录波器记录下突加和突甩负载时的输出线电压和相电流波形，并保证记录到稳定状态，取合闸相角小于 15°电角度的电压波形进行分析。

必要时，上述试验应重复进行几次，且以数值最大的一次作为考核依据，同时要核对突加瞬间负载电流（周期分量）。若负载不足 60%的额定电流时，应调整后重试。

该试验亦允许采用每次录取三个线电压进行分析，取其平均值，再重复测量三次，取中间值作为三相同步发电机性能的考核数据。

（4）用两瓦特表的读数比值 W_1/W_2 计算功率因数　当所用的功率因数表的最小值指示大于 0.4，无法知道所加负载的功率因数是否低于 0.4 时，可采用两瓦特表测量三相功率，并从两个瓦特表的读数比值来确定功率因数值。设两个表的读数分别为 W_1 和 W_2（当两者符号相反时，以绝对值较小者为负值），则功率因数 $\cos\varphi$ 可用下式计算求得：

$$\cos\varphi = \frac{1}{\sqrt{1+3\left(\dfrac{W_1-W_2}{W_1+W_2}\right)^2}}$$

由上式可得出 $\cos\varphi$ 与 W_1/W_2 的关系为：

$$\cos\varphi=\frac{1}{\sqrt{1+3\left(\dfrac{(W_1/W_2)-1}{(W_1/W_2)+1}\right)^2}}$$

由此可得，当 $\cos\varphi=0.4$ 时，$W_1/W_2=-0.14$。

2. 试验结果的处理和计算

设某台被试三相同步发电机的试验记录波形如图 10-15 所示。

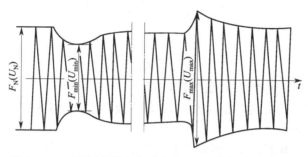

图 10-15　三相同步发电机瞬态电压调整特性试验波形图

（1）瞬态电压调整率的确定　用卡尺精确测量出额定线电压波形的双峰值 F_N(mm)。突加和突甩负载瞬间的输出线电压波形的双峰值（三相平均值）分别为 F_{min}(mm) 和 F_{max}(mm)，则：

① 突加负载的瞬态电压调整率 δ_{-US}（%）为：

$$\delta_{-US}=\frac{F_{min}-F_N}{F_N}\times100\%$$

② 突卸负载的瞬态电压调整率 δ_{+US}（%）为：

$$\delta_{+US}=\frac{F_{max}-F_N}{F_N}\times100\%$$

取 δ_{-US} 和 δ_{+US} 之中绝对值较大的一个数值作为被试发电机瞬态电压调整率 δ_{US}。

（2）电压恢复时间 t_U（s）　数出三相同步发电机突加负载和突甩负载时输出线电压波形从瞬变开始点到规定的稳定点（例如电压波动率在 $\pm3\%$ 以内）波形的个数 n，则当三相同步发电机电枢电压的频率为 50Hz 时，其电压恢复时间 t_U（s）为：

$$t_U=0.02n$$

由于被试发电机发出的电压频率在瞬变时不一定等于额定值（例如 50Hz），所以当对该试验数据的准确性要求严格时，应用市电电压作为计时标尺，此时需利用录波器将市电波形同时给出。另外，也可利用录波器本身的计时功能来计时。

（3）频率瞬态调整率及恢复时间的计算和确定　负载突变前的稳定频率为 f_3（Hz），突变瞬间频率的最大值（突减负载时）或最小值（突加负载时）为 f_s（Hz），则频率瞬态调整率

$$\delta_{fs}=\frac{f_s-f_3}{f}\times100\%$$

式中　f_s——负载突变时的瞬时频率的最大值或最小值，Hz；

　　　f_3——负载突变前的稳定频率，Hz；

　　　f——额定频率，Hz。

自负载突变瞬间开始到频率开始稳定（稳定的定义在被试机组的技术条件中有规定）为

止所经过的时间，即为瞬态频率恢复时间，取三次试验中最长的一次作为试验最终结果。

（十）测定电压和频率的稳态波动率

该试验一般在机组输出额定频率和额定电压空载运行状态下进行（一般安排在稳态调整率试验中进行）。当机组运行稳定后，同时记录 1min 时间内电压波动的最大值 U_{Bmax} 和最小值 U_{Bmin} 以及频率波动的最大值 f_{Bmax} 和最小值 f_{Bmin}。

① 电压的波动率 δ_{uB}（%）

$$\delta_{uB} = \frac{U_{Bmax} - U_{Bmin}}{U_{Bmax} + U_{Bmin}} \times 100\%$$

② 频率的波动率 δ_{fB}（%）

$$\delta_{fB} = \frac{f_{Bmax} - f_{Bmin}}{f_{Bmax} + f_{Bmin}} \times 100\%$$

（十一）电压波形正弦性畸变率的测定试验

测量应在被试发电机空载输出额定电压和额定频率的运行状态下进行，测量信号应取自电枢的两个出线端，即线电压测量端。

旧式的电压波形失真测量仪，因很笨重并且操作复杂，已很少使用。用拍摄电压波形，再将波形分成若干段后进行复杂计算求取电压波形畸变率的方法，也因其计算复杂、准确度较差，已较少应用。现在使用的很多数字式电量仪表，都附带有测量电压波形正弦性畸变率或各次谐波分量的功能，可直接或通过简单的计算求得电压波形畸变率的数值。由于这些仪表具有准确度高、体积小、使用方便、价格也相对便宜等优点，已被普遍采用。采用各次谐波分量计算电压波形正弦性畸变率 K_U（%）的公式如下：

$$K_U = \frac{1}{U_1} \sqrt{U_2^2 + U_3^2 + U_4^2 + \cdots + U_n^2} \times 100\%$$

式中，U_1 为基波数值，其余为各次谐波数值。在三相交流电源中，一般情况下，偶次谐波分量的数值和奇次谐波分量的数值相比较小，13 次以上的谐波分量的数值也相对较小，所以可只测取 13 次及以下奇次谐波分量的数值。即：

$$K_U = \frac{1}{U_1} \sqrt{U_3^2 + U_5^2 + U_7^2 + U_9^2 + U_{11}^2 + U_{13}^2} \times 100\%$$

（十二）不对称负载工作时三相电压偏差的测定试验

发电机在自励的情况下，先加 25% 额定功率的三相对称负载，此时输出电压和功率因数均应为额定值（一般为 0.8，滞后）。之后，在其中一相上再加 25% 额定功率的电阻性负载（对晶闸管整流器励磁方式的电机，应加在有晶闸管整流器的那一相上）。用准确度不低于 0.5 级的电压表测量三相线电压值。计算 3 个线电压的不平衡度（用%表示），该不平衡度即为不对称负载工作时三相电压偏差。一般用途的发电机，该值应在 ±5% 以内。

（十三）绕组绝缘电阻的测定

GB/T 755—2005《旋转电机　定额和性能》和 GB/T 14711—2013《中小型旋转电机安全　通用要求》等国家标准中规定了电机绝缘电阻试验的具体要求。

1. 试验设备

在实际工作中需要对电机、电器和供电线路中绝缘材料性能的好坏做出判断，以保证设备的正常运行和人身安全。绝缘材料的一个重要指标，就是其绝缘电阻的大小。正常的绝缘电阻值一般在兆欧级，其计量单位是兆欧，用"MΩ"表示。而且必须在规定耐压条件下测取，用伏安法测量已不合适。

兆欧表就是一种最简便而又常用的高值电阻测量仪表。因为其表盘上刻度读数的单位为"兆欧",所以人们习惯称之为兆欧表。此外,也有叫梅格表(因为"MΩ"的英文读音为"梅格欧")、摇表、高阻计和绝缘电阻测试器的。

(1)兆欧表的结构及其分类 兆欧表有手摇发电式和电子式两类。前者又俗称"摇表",如图10-16(a)所示。在摇表上有三个接线柱,其中两个较大的接线柱上分别标有"接地"(E)和"线路"(L),另一个较小的接线柱上标有"保护环"或"屏蔽"(G)。后者又通常称其为"高阻计",如图10-16(b)所示。手摇发电式兆欧表主要由测量机构和电源两部分组成。其测量机构一般采用磁电系流比计,电源部分一般用手摇发电机。兆欧表中电源部分产生的电压越高,其测量范围越广。兆欧表中的手摇直流发电机可以发出较高的电压,常用的有250V、500V、1000V和2500V等几种规格。随着电子技术的发展,已生产出晶体管直流交换器来代替手摇直流发电机,其最高电压可达5000V,最大量程为100000MΩ。

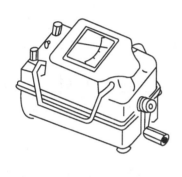

(a) 手摇发电式兆欧表　　　　　(b) 电子式兆欧表

图 10-16　兆欧表外观图

(2)兆欧表的选用 测量电机绕组的绝缘电阻时,不同电压等级的电机应选用不同规格的兆欧表。表10-5给出了选用规定。

表 10-5　兆欧表选用规定

电机额定电压 U/V	$U \leqslant 36$	$36 < U \leqslant 500$	$500 < U \leqslant 3300$	$U \geqslant 3300$
兆欧表规格/V	250	500	100	$\geqslant 2500$

(3)兆欧表的使用方法 测量前的准备工作如下。

① 摆平兆欧表 在使用兆欧表测量之前,必须选择一个平坦坚硬的地面把它摆平,这样不但在摇动时易于用力,而且使表盘内的指针自由摆动,不致因放置地点不平稳产生倾斜而引起测量上的误差。

② 连接测量引线 兆欧表有两个较大的接线柱,一个为"线路(L)"接线柱,接发电机负极,供接被测线路的导线用;另一个为"接地(E)"接线柱,接发电机正极,供连接"地线"用。还有一个铜质的"保护环(G)",有的兆欧表附装在"线路"接线柱的接线铜柱的外圈,保护环也接在发电机负极,但与L接线柱及金属箱壁绝缘,常供连接被测线路的导线内绝缘层用,可以免除导线绝缘层表面漏电所引起的误差。

在使用兆欧表之前,至少准备两条测量引线,以便把被测量的器材或设备连接到兆欧表的"线路(L)"和"接地(E)"接线柱上去。如果要使用兆欧表的"保护环(G)",还必须另外准备一条测量引线。要求所有测量引线本身的绝缘程度必须良好。同时注意要选用单股的绝缘引线，不要使用互相扭绞的多股引线，以避免扭绞的多股引线因本身线间的绝缘层破坏产生绝缘不良现象，而引起测量上的误差。所有测量引线在使用前必须用兆欧表检查其绝缘程度的好坏以及是否有断线现象。

③ 开路试验　当兆欧表的接线柱上已连接好测量引线后，还必须对兆欧表进行一次测量前的试验，检验一下仪表（附连接的引线）本身工作灵敏度是否正常，当没有问题后才可供使用。最主要的试验是"开路试验"，其目的主要在于检验兆欧表在不连接任何被测物的情况下空摇时，其指针是否指向"∞"。如果在试验时指针能指向"∞"，证明兆欧表是好的，可供使用。否则，说明仪表本身失灵或引线上有绝缘不良（或混线）的情况，必须进行检查校正或修理后再用。这种试验的具体操作方法很简单，如图10-17所示，只要把兆欧表上的"线路（L）"和"接地（E）"引线处在开路（无短路现象）状态，再摇转发电机的摇柄，待转动速度均匀后，再看看表盘上的指针是否指向"∞"即可。

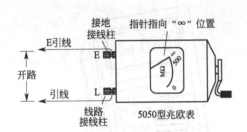

图10-17　兆欧表的开路试验　　　　　图10-18　兆欧表的短路试验

④ 短路试验　试验的主要目的在于检验仪表本身（附连接引线）在引线短路的情况下，表盘上的指针是否能指向"0"，如果指针指向"0"，证明兆欧表是好的，可供使用；否则，说明仪表失灵，内部布线或引线有断线的情况存在，必须进行检查校正或修理后再用。这种试验的具体操作方法如图10-18所示。

⑤ 切断电源　凡是在被测线路、器材或设备上原来附连有电源的，必须在测量前把电源切断，并且要进行一次放电工作。假使不切断电源进行带电测量，不但测量结果不准确，而且有烧毁兆欧表的危险，必须特别加以注意。当兆欧表连接线路后，没有工作时就发现指针摆动（自动地指向"∞"或"0"位置），表示线路上还有电流存在，这时必须停止测试，待电流排除后才能连接兆欧表。

测量时的具体操作方法如下。

随着测试的内容要求和被测器材、设备的形状与构造的不同，兆欧表在测量时的具体操作方法也有所不同。测量电机绕组的绝缘电阻时，将兆欧表"接地（E）"接线柱接机壳，"线路（L）"接线柱接电机绕组。线路接好后，可按顺时针方向摇动兆欧表的发电机摇把，转速由慢变快，一般约半分钟后发电机转速稳定时（约120r/min），表针也稳定下来，这时表针指示的数值就是电机绕组的绝缘电阻。测量照明或电力线路对地的绝缘电阻时，将兆欧表的"接地（E）"接线柱可靠接地，"线路（L）"接线柱接被测线路。测量电缆的导电线芯与电缆外壳的绝缘电阻时，除将被测两端分别接到"线路（L）"和"接地（E）"两接线柱外，还需将"保护环（G）"接线柱引线接到电缆壳芯之间的绝缘层上。

（4）使用兆欧表的注意事项

① 使用兆欧表时，要轻拿轻放，避免使其受到剧烈和长期的震动或翻转，以免表盘指针转轴的尖端变秃或损坏轴承，影响测量的灵敏度。

② 当指针已指向"0"时，不要用力摇转发电机摇柄，以免损坏内部线圈。

③ 兆欧表测量完后，应立刻使被测物放电。在兆欧表的摇把未停止转动和被测物未放电前，不可用手去触及被测物的测量部分或进行拆除导线，以防触电。

④ 在兆欧表不使用时，应保存在干燥的箱柜内，不允许放置在太冷、太热或潮湿污秽的地方，并且不要放置在含有酸性或碱性带有腐蚀作用的空气（或蒸气）中，以免其内部线圈、布线或零件产生受潮、霉断、生锈或腐蚀等现象。

2. 测量方法及有关要求

（1）测试时电机的状态　测量电机绕组的绝缘电阻时，应分别在实际冷状态下和热状态下进行。检查试验时，可只在实际冷状态下进行。

（2）测量方法　对电机的不同绕组，如同步电机的定子绕组、励磁绕组以及某些自励电机励磁系统中的电抗器、电流互感器等的绕组等，如果它们的两个线端都已引出到电机机壳之外，则应分别测量每个绕组对机壳的绝缘电阻和各绕组相互间的绝缘电阻。试验时，不参与试验的绕组应与机壳可靠连接。对在电机内部已做连接的绕组（如三相绕组已接成 Y 形或△形），则可只测它们对机壳的绝缘电阻。

测量时，对于手摇发电的兆欧表，其转速应保持在 120r/min 左右，读数应在仪表指针达到稳定以后读取。测量后，应将被测绕组对地放电后再拆测量线。

3. 测量结果的判断

（1）热状态考核标准　电机考核标准中，一般只给出热态时的绝缘电阻考核标准，而且不同种类的电机，其考核标准也有所不同。普通用途电机绕组的绝缘电阻在热状态下所测得的数值应不小于下式所求得的数值：

$$R_\mathrm{M}=U/(1000+P/100)$$

式中　R_M——电机绕组的绝缘电阻，$M\Omega$；

　　　U——电机绕组的额定电压，V；

　　　P——电机的额定容量，对交流发电机其单位为 $kV\cdot A$，对直流电机及交流电动机为 kW，对调相机则为 kvar。

因为中小型同步发电机的容量在几百 $kV\cdot A$(kW) 以下，此时 $P/100$ 远小于 1000，所以可认为：$1000+P/100\approx1000$。这样，中小型同步发电机绝缘电阻的考核标准则可用如下简略公式求得：$R_\mathrm{M}=U/1000$。例如，额定电压为 380V 的交流电机绕组，在热状态时的绝缘电阻应不低于 $0.38M\Omega$。

（2）冷状态考核标准　一般电机标准中，都没有电机在冷态时绝缘电阻的考核标准，通常只标明："在检查试验时，电机的绝缘电阻可只在冷状态下进行测定和考核，但应保证电机在热态时的绝缘电阻值不低于 $R_\mathrm{M}=U/(1000+P/100)$ 求得的值"。

上述要求原则是对的，但在实际工作中很难掌握。这是因为，电机绕组冷、热态时绝缘电阻之间的关系与电机试验时所处环境的温度、相对湿度以及电机绝缘材料的性能、质量和状态等很多因素有关，所以很难给出一个准确的换算关系式，也就是说，很难根据冷态绝缘电阻的大小来推断热态时的绝缘电阻值是否符合要求。但就一般情况而言，温度越高，绝缘电阻越小。有资料给出了如下可供参考的冷、热态绝缘电阻的换算公式：

$$R_\mathrm{MC}=U(75-t)/5000$$

式中　R_MC——冷态绝缘电阻考核值，$M\Omega$；

　　　U——绕组额定电压，V；

　　　t——测量时的绕组温度（一般用环境温度），℃。

例如，当环境温度（t）为 25℃时，对额定电压 $U=380V$ 的交流电机，绕组的绝缘电

阻 R_{MC} 应不低于 3.8MΩ。

4. 吸收比及其考核标准

吸收比 K_M 是指测量绝缘电阻时，试验电压施加 60s 时的测量值 R_{M60} 与施加 15s 时的测量值 R_{M15s} 之比。当需要考核绝缘吸收比时，吸收比应由 $K_M = R_{R60s}/R_{M15s}$ 求取，吸收比 K_M 的值不小于 1.3 为合格。

5. 极化指数（PI）及其考核标准

极化指数（PI）是指测量绝缘电阻时，试验电压施加 10min 时的测量值 R_{M10min} 与施加 1min 时的测量值 R_{M1min} 之比。当需要考核绝缘极化指数（PI）时，极化指数（PI）应由 $PI = R_{M10min}/R_{M1min}$ 求取，极化指数（PI）的值不小于 2.0 为合格。

（十四）介电强度试验（耐交流电压试验）

介电强度试验常被称为"绕组对机壳及相互间绝缘的耐压试验（简称耐压试验）"。因所加电压有交流和直流之分，所以又分成耐交流电压试验和耐直流电压试验两种。两者不能相互代替。对于中小型电机，如不加以注明，应理解为只要求进行耐交流电压试验。

耐电压试验在电机生产的不同阶段其试验要求有所不同。一般分两阶段：第一阶段为绕组嵌入铁芯但还未浸漆时（俗称定子白坯或转子白坯）；第二阶段为装成整机后。

除非有特殊规定，整机试验应指对绕组和机壳之间的加压试验，即习惯所说的对地耐压试验。下面着重讲述耐交流电压试验。

1. 试验设备线路及其工作原理

图 10-19 和图 10-20 分别为低压和高压电机耐交流电压试验设备主要组成部分的电路图和实物示例图。

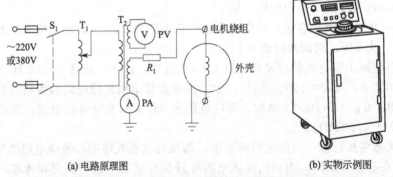

(a) 电路原理图　　　　　　　　　　(b) 实物示例图

图 10-19　低压电机耐交流电压试验设备电路原理图和实物示例图

图 10-20 所示高压电机耐交流电压试验设备的工作原理：低压交流（我国为 50Hz，380V 或 220V）通过控制开关 S_1 输给调压器 T_1 一次侧；调节调压器 T_1，按需要输出不同值的电压送到升压变压器 T_2；升压变压器 T_2 将电压升到需要数值后加到被试品上；电压表 PV 指示出试验电压；电流表 PA 指示出高压泄漏电流；电阻 R_1 的作用是在被试品出现短路时，使变压器输出电流受到限制，从而避免变压器受到较大短路电流的损伤，所以也称为"限流保护电阻"，其阻值按每伏试验电压 0.2～1Ω 设置，一般采用水电阻；球隙保护装置 Q 用于防止对被试品加过高的电压，一般在试验前进行调整，使之在电压达到 1.1～1.15 倍试验电压时放电；R_2 是球隙保护电阻，一般按每伏试验电压 1Ω 选配。

2. 试验设备有关元件的要求

在国家标准中，除要求试验电压尽可能为正弦波以外，对试验设备还有如下要求。

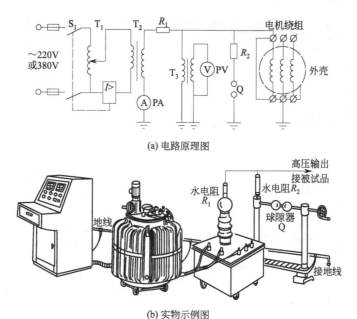

(a) 电路原理图

(b) 实物示例图

图 10-20　高压电机（3kV 及以上）耐交流电压试验设备电路原理图和实物示例图

（1）对升压变压器额定容量的要求　升压变压器 T_2 的额定容量应按下述原则确定：

① 对额定电压为 1140V 及以下的电机，升压变压器 T_2 的额定容量按每 1 千伏试验电压应不少于 1kV·A 计算；

② 对额定电压大于 1140V 的电机，升压变压器 T_2 的额定容量按每 5kV 试验电压应不少于 1kV·A 计算，或根据被试电机的电容量 C(F) 按下式计算：

$$S_T = 2\pi f C U_T U_{TN} \times 10^{-3}$$

式中　S_T——试验变压器最小容量，kV·A；

　　f——电源频率，Hz；

　　C——被试电机的电容量，F；

　U_T——试验电压，V；

U_{TN}——试验变压器高压侧的额定电压，V。

（2）对试品过电压保护的要求　对额定电压为 3kV 及以上的电机应加球隙保护装置（图 10-20）。

（3）对试验电压测量和结果显示的要求

①显示试验电压的电压表必须接在升压变压器（T_2）的高压侧。可采用高压静电系电压表，也可通过电压互感器或专用测量线圈接低压电压表（图 10-20）。不允许利用变比的方式将低压电压表接在变压器的低压端。

②当被试品击穿时，试验设备应具有声、光报警装置和自动切断电路的功能，并应有手动复位措施。

3. 试验方法及注意事项

① 升压变压器的高压输出端接被试绕组，低压端接地。

② 被试电机外壳（或铁芯）及未加高压的绕组都要可靠接地。

③ 试验加压时间分为 1min 和 1s 两种。

④ 对于同步发电机成品，1min 方法耐压试验值按表 10-6 的规定。

表 10-6　电机成品耐交流电压试验（试验时间 1min）**电压值 U_G**

项号	电机类型或部件名称	试验电压（工频交流正弦有效值）
1	额定功率输出＜1kW（或 kV·A）且额定电压＜100V 的旋转电机的绝缘电阻，项 4～5 除外	$500+2U_N$ 式中 U_N 为电机的额定电压，下同
2	额定功率输出＜10000kW（或 kV·A）的旋转电机的绝缘电阻，项 4～5 除外①	$1000+2U_N$ 最低电压为 1500V
3	额定功率输出≥10000kW（或 kV·A）的旋转电机的绝缘电阻，项 4～5 除外① 额定电压 U_N②≤24kV 　　　　　＞24kV	$1000+2U_N$ 按协议
4	同步电机的磁场绕组： ①额定磁场电压 U_{FN}≤500V 　　　　　　　　＞500V ②当同步电机启动时，磁场绕组短路或并联一个电阻 R，$R＜10$ 倍绕组电阻 ③当同步电机启动时，磁场绕组短路或并联一个电阻 R，$R≥10$ 倍绕组电阻，或采用带（或不带）磁场分段开关而使磁场绕组开路	$10\,U_{FN}$，最低值为 1500V $4000+2U_{FN}$ $10U_{FN}$，最低值为 1500V，最高值为 3500V （上述 U_{FN} 为额定磁场电压） $1000+2$ 倍最高电压的有效值，最低为 1500V③。在规定启动条件下，该最高电压存在于磁场绕组的端子间；对于分段磁场绕组，则存在于任一段的端子间
5	励磁机	与所连接的绕组相同

① 对有公共端子的两相绕组，公式中的电压均为在运行时任意两个端子间所出现的最高电压值。

② 对采用分级绝缘的电机，耐电压试验应由制造厂和用户协商。

③ 在规定的启动条件下，存在于磁场绕组端子之间或分段绕组端子之间的电压，可用适当降低电源电压的方法来测量，再将所测得的电压按规定启动电压和试验电压值之比增大。

⑤ 对于电机定、转子半成品，试验电压应比表 10-6 所列值有所增加，增加的数值由行业或企业决定。例如符合表 10-6 中项 2 条件的低压电机，计算公式为 $1500+2U_N$。

⑥ 1min 方法试验时，加电压应从不超过试验电压的一半开始，然后均匀地或每步不超过全值的 5％逐步升至全值，这一过程所用时间应不少于 10s。加压达到 1min 后，再逐渐将电压降至试验电压的一半以后才允许关断电源。

⑦ 对于批量生产的额定功率为 5kW（或 kV·A）及以下的电机，允许将上述 1min 试验缩短为用 5s。

⑧ 1s 的方法限于批量生产的额定功率为 5kW（或 kV·A）及以下的电机，并且试验电压要高于 1min 方法规定值（表 10-6）的 20％。

⑨ 为防止被试绕组储存电荷放电击伤试验人员，试验完毕，要将被试绕组对地放电后方可拆下接线，这一点对较大容量的电机尤为必要。

⑩ 试验时，非试验人员严禁进入试验区。试验人员应分工明确、统一指挥、精力高度集中，所有人员距被试电机的距离都应在 1m 以上。除控制试验电压的试验人员能切断电源外，还应在其他位置设置可切断电源的装置（例如脚踏开关），并由另一个试验人员控制，以确保试验人员的人身安全。

4. 对重复试验的规定

因本试验对电机绝缘有损伤积累效应，所以，除非必需，一般不应进行重复试验。

若必需时（例如用户强烈要求或进行验收检查时），则所加电压应降至第一次试验时的 80％及以下。试验前，应检查电机的绝缘电阻，若绝缘电阻较低或电机有受潮现象，应对电机进行烘干处理，待电机的绝缘电阻达到理想值后，再进行试验。

5. 对修理后绕组的试验规定

当用户与修理厂商达成协议，要对部分重绕的绕组或经过大修后的电机进行耐电压试验时，则推荐采用下述细则：

① 对全部重绕绕组的试验电压值同新电机（表 10-6）；

② 对部分重绕绕组的试验电压值为新电机试验电压值的 75%，试验前，应对电机的旧绕组仔细地进行清洗和烘干处理；

③ 对经过大修的电机，在清洗和烘干后，应能承受 1.5 倍额定电压的试验电压，如额定电压为 100V 及以上的电机，其试验电压至少为 1000V，如额定电压为 100V 以下的电机，其试验电压至少为 500V。

6. 对试验结果的判定原则

① 试验时，不发生击穿为合格。

② GB 14711—2013 规定，对额定电压交流≤1000V、直流≤1500V 的电机试验，所用高压变压器的过电流继电器的脱扣电流应<100mA。当试验电流≥100mA 时，则判定为击穿。对额定电压交流>1000V、直流>1500V 的电机，试验结果的判定按相关产品标准。

值得注意的是，对线路中的半导体元件（例如整流二极管或整流桥模块等）不进行该试验，因此在试验时应将这些元件两端短路或将其与试验电路断开。

对交流同步发电机绕组已在单机试验时进行过耐电压试验的机组，本次试验时，应将耐电压值降至标准规定的 80% 即可。

（十五）稳态短路特性测定试验

1. 试验目的

本试验的目的是测取同步发电机的三相稳态短路特性，即同步发电机在三相电枢绕组事先短路时的稳态短路电枢电流与励磁电流的关系曲线 $I_k = f(I_f)$。该特性曲线是用于求取直流同步电抗、短路比、定子漏抗、保护电抗等很多参数的主要依据。通过分析这些参数，可以了解被试电机的设计水平和改进方向。

2. 试验方法

同步发电机的三相稳态短路特性试验可采用以下两种方法：发电机法或电动机法（或称为"自减速法"）。

（1）发电机法　试验前，应先将三相电枢绕组在出线端短路（或在尽可能近的部位短路），连接应牢固可靠，电阻应尽可能小。

对自励恒压发电机，应改用其他直流电源进行他励。

试验电路如图 10-21 所示。

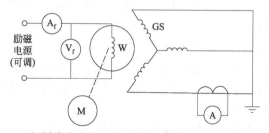

图 10-21　三相同步发电机三相稳态短路特性试验电路（发电机法）

试验时，将被试电机拖动到额定转速，调节励磁电流，使电枢电流达到其额定值的 1.2 倍左右，同时测取三相电枢电流 I_k 和励磁电流 I_f，以该点作为第一点。然后，逐步减小励磁电流到零。期间共测取 5～7 点上述数值。

如果三相电枢电流对称，则除了在额定电流时测取三相电流外，其他各点允许只测任意一相的电流值。

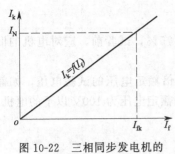

图 10-22　三相同步发电机的
三相稳态短路特性

在出厂检查试验进行该项试验时，允许只测量额定电枢电流时的励磁电流。

用上面试验测得的数据绘制稳态短路特性曲线 $I_k = f(I_f)$，如图 10-22 所示。该曲线一般为一条直线。

（2）电动机法（自减速法）　电动机法通常称其为自减速法。试验电路如图 10-23 所示。试验时，被试电机作电动机空载运行到机械损耗稳定后，先切断电枢电源（断开图 10-23 中开关 S_1），再立即减少励磁电流到零并切断励磁电源，被试电机将自减速。之后，用事先准备好的短路开关（图 10-23 中 S_2）将电枢绕组三相短路。紧接着，接通励磁电源并给处于靠惯性旋转的被试电机加励磁，使电枢电流达到额定值的 1.2 倍左右。

以下试验及计算和绘制特性曲线等过程同发电机法。

若在一次试验中不能得到足够的数据，可重复进行试验。

在出厂检查进行该项试验时，允许只测量额定电枢电流时的励磁电流。

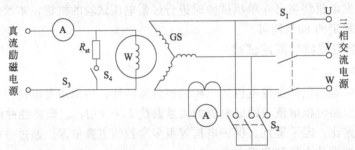

图 10-23　三相同步发电机三相稳态短路特性试验电路（电动机法）

（十六）突然短路试验

突然短路试验的目的有两个：一个是测定突然短路电流；另一个是检查保护装置（主要是具有过流保护的发电机输出用空气开关）动作的可靠性。

短路试验前，内燃发电机组空载运行。将转速调整到额定值，电压调整到技术条件规定的数值，无规定时，按额定电压的 95％ 调整。

应进行三相之间短路、两相之间短路、一相对中性线短路共 3 次试验。

当保护装置不动作时，应尽快人工切断电路。允许进行 1 次调整后再次进行试验。试验后应检查机组是否出现损伤。

1. 试验设备、试验方法和注意事项

试验前，须仔细检查被试电机装配和安装质量，如电枢绕组端部绑扎是否牢固、转子紧固螺钉是否旋紧、电机与安装基础是否可靠等。另外，还应测量电机绕组对机壳和相互间（可能时）的绝缘电阻并应合格。

用于短路的开关一般使用三相交流接触器，其额定电流应在被试电机额定电枢电流的 2 倍以上，并由远程电路控制。短路开关与电机出线端的连接引线应尽可能短，并有足够的截面积。各连接点不允许存在松动或接触不良现象。另外，要求三对触点合、断时的时间差不应大于 15°（电角度）。

为了确保试验人员的安全，在进行短路试验时，不允许任何人留在被试电机、短路开关及引线附近。

试验时，被试电机应经过运行，达到或接近热状态。

如无其他规定，断路前，被试电机处在空载而励磁（应为他励）相应于 1.05 倍额定电压的运行状态。短路开关突然合上，历时 3s 后打开。

2. 测取三相短路电流的有关要求

在有要求时，应测取短路时的电枢电流。此时，应事先在电枢绕组与短路开关的接线中串联电流互感器或分流器（建议采用后者），它们采集的短路电流信号输入给多线录波器或专用记录装置。电流互感器或分流器的接线位置按相关要求，当采用分流器时，一般按图 10-24 所示的接法。

试验前，应将录波器或专用记录装置的记录波形进行电流比例的调定，使短路时的三相电流波形处于较合适的幅度和位置。记录短路电流波形的过程中，要考虑三相开关的延时性，并严禁发电机励磁电流回路跳闸。通过量取记录的短路电流波形幅值，与试验前定标的波形相比较，得出三相短路电流值。突然短路试验后，被试电机应不产生有害变形，并能承受正常的耐电压试验。

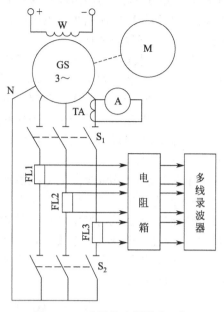

图 10-24 采用分流器测取三相
短路电流的试验线路

（十七）连续运行试验、热试验、冷热态电压变化率试验和过载试验

为节约试验时间和费用，在连续运行 12h 试验中（额定运行 11h，110%额定负载 1h）可同时进行热试验和冷热态电压变化率两项试验。另外，还可以插入热态电压调整范围、热态稳态电压调整率和瞬态电压调整率及恢复时间、控制屏仪表准确度检查、振动测量等众多试验项目。下面介绍试验顺序和试验方法。

（1）测定绕组的冷态直流电阻和温度 开始试验之前，机组应为实际冷状态，测量出发电机各绕组的直流电阻和温度（可用环境温度代替）。为测量热态电阻时方便接线，应将各绕组连接一个开关用于合、断测量电阻的仪表。测量励磁绕组的直流电阻时，应将电刷提起使其离开集电环。

（2）试验开始的调节和设定 启动机组后，试验开始前，应将机组进行调整，使输出电压和频率、输出功率、功率因数均为额定值。记录上述数据，另外还应记录试验环境数据（大气压力、环境温度和相对湿度）和机组发动机的机油温度和压力、冷却水温度、发电机的进出风温度和铁芯温度（或机座表面温度）等数据。

（3）冷热态电压变化率试验 上述调整和设定完成后，将电压调节装置和转速调节装置固定不动（保持到该试验结束为止）。保持上述状态运行到温升基本稳定后（一般用 3h 的时间），该试验结束（但机组仍要继续运行）。试验中，每 0.5h 记录一次第（2）项所要求的数据。

试验结束时的电压与试验开始时的电压（即额定电压）之差占试验开始时电压的百分数，即为冷热态电压变化率。

（4）热试验 在上述试验完成后，将内燃发电机组的负载、输出电压、频率、功率因数均调整到额定值，并保持这些额定值继续运行到第 11h 结束（计时从冷态开始）。在此期间，每 0.5h 记录一次第（2）项所要求的数据。

一般情况下，在 5h 后机组温升就会达到稳定，所以应根据人员和自然情况（白天容易操作），在第 6～11h 内决定停机测量电机绕组的热态直流电阻以及有关元件的温度，即完成热试验。对相复励交流同步发电机而言，要测量的绕组和元件较多，因此需多人配合完成，可设一人专门读秒表和指挥。

（5）1h 过载运行　测量完成温升数据后，继续调整机组在额定工况下运行到第 11h 结束。然后调整负载达到 110%额定值，同时要尽力保证电压、频率和功率因数也为额定值。运行 1h 后停机，在这 1h 中，每隔 15min 记录一次第（2）项所要求的数据。

（6）对 12h 运行试验合格与否的判定标准　在 12h 运行试验中，机组应无漏油、漏水、漏气、油温或水温过高、突然自停机、运行声音异常、电压和频率下降到最低限度（无法调高）等不正常现象。

（十八）启动三相异步电动机的能力试验

内燃发电机组应具有启动一定容量三相交流笼型转子异步电动机的能力。

试验前，按被试内燃发电机组的额定功率选择一台 4 极的三相交流笼型转子异步电动机，与其通过一个开关相连接。异步电动机的容量按表 10-7 选择。

试验时，被试发电机空载，其输出电压及频率为额定值。直接启动异步电动机应能顺利启动，试验进行 3 次。

表 10-7　被试机组与启动异步电动机的容量配套关系

机组额定功率 P/kW	电动机额定功率	机组额定功率 P/kW	电动机额定功率
$P \leqslant 40$	$0.7P$（P 为机组的额定功率）	$120 < P \leqslant 250$	75
$40 < P \leqslant 75$	30	$250 < P \leqslant 500$	按产品规范的规定
$75 < P \leqslant 120$	55		

（十九）振动和噪声的测定试验

振动和噪声的测定试验应在机组空载、半载和满载 3 种运行状态下进行。带负载时，功率因数应为额定值（为减少室内反射对噪声测量结果的影响，试验安排在室外进行时，如受负载条件所限，允许负载的功率因数为 1）。取其中较差的数值作为考核数据。如对试验结果的准确度要求不是特别严格时，这两项试验最好安排在稳态电压调整特性试验中进行，这样可节约时间。否则，噪声试验应在符合技术条件规定的场地进行测量。

试验时，除记录振动值和噪声值外，还应记录机组的输出电压、电流、功率、频率、功率因数及试验环境的大气压、相对湿度、温度等。

1. 振动测定试验

在机组下列部位，沿机组的横向、纵向及竖直向下 3 个方向选定测点进行测量。测量值的单位见该被试机组的技术条件（当使用振幅值时，应注意是单振幅还是双振幅）。取各测量数值中的最大值作为试验结果：

① 控制屏（安装于电机上方者）上方；

② 空气滤清器上方；

③ 油箱（安装于机组上方者）上方；

④ 水箱（对水冷者）上方。

2. 噪声的测定试验

试验时，机组安放地点可为专用的噪声试验室或符合 GB/T 1859—2000《往复式内燃机辐射的空气噪声测量工程法及简易法（内燃机噪声功率级的测量定准工程法）》中规定的普通试验室或室外场地。室外场地应平坦、空旷，在以测试中心为圆心的 25m 半径圆范围内无大的反射物（如围墙、房屋或较大的设备等），环境噪声应比机组噪声低 10dB（A）以上。试验时，用声级计在机组两侧和发电机后端 1m 远处分别选定噪声最大的 3 个点进行测量，每点应重复测量 3 次，每两次测量值之差不应大于 2dB（A），否则应重测。取 3 次的平均值作为一个测点测量结果，取各测点测量值的平均值作为被测机组噪声的最终结果。

（二十）高、低温实验和湿热、长霉试验

这 4 项试验只在有要求时在鉴定试验时进行。如配套件上有这 4 项性能试验的检验合格证件，则对机组可不再进行试验。

1. 高温试验

机组在高温环境中（40℃或 45℃，按技术条件要求规定）静置 6h 后，在额定工况下连续运行至热态。之后，按前面有关条文的规定测定绕组温升、电压与频率的稳态调整率和波动率。在连续运行期间，每隔 0.5h 记录一次有关数据（同热试验）。试验过程中，对机组的要求同 12h 连续运行试验。

2. 低温试验

机组加满低温用燃油、机油和防冻冷却液（内燃机为水冷者），配备好容量充裕的启动用蓄电池（内燃机为电启动者）后，将发电机组静置于规定的低温（−40℃、−25℃或−15℃，按技术条件要求规定）环境中达 12h 以上（对额定功率在 12kW 以上者）或 6h 以上（对额定功率在 12kW 以下者）。

在上述条件下，测定各独立电路对地及相互间的绝缘电阻，测量值应符合一般电机的要求。按使用说明书规定的启动方法启动机组，从开始启动到启动成功所需时间最长不应多于 30min。启动成功后，在 3min 内使机组带上额定负载，连续工作到内燃机的水温和油温达到正常值。测定电压和频率的稳态调整率和波动率，应符合相关规定。最后，停机检查机组上的塑料件、橡胶件及金属件，均不应出现断裂现象。

3. 湿热试验

湿热试验是考核湿热带环境用机组上的配套电工件、电工材料等的防潮性能。按照 GB/T 2423.4—2008《电工电子产品环境试验 第 2 部分：试验方法 试验 Db 交变湿热（12h＋12h 循环）》中的规定对零部件进行 6 个周期，40℃交变湿热试验。

4. 长霉试验

长霉试验是考核发电机组上配套电工件、电工材料等器件和安装工艺的防霉性能。应按照 GB/T 2423.16—2008《电工电子产品环境试验第 2 部分：试验方法试验 J 和导则：长霉》中的规定对零部件进行为期 28 天的暴露试验。

（二十一）检查平均故障间隔时间

检查平均故障间隔时间试验只在有要求时在鉴定试验时进行。

试验前，被试机组应已完成了其他试验，并达到合格要求。

试验时，将机组加满燃油、机油和冷却水后启动运行。运行状态可为额定负载或根据用户要求加周期变化的负载或按专门技术条件的规定连续运行。其累计运行时间不短于 2 倍平均故障间隔时间。平均故障间隔时间如表 10-8 所示。

表 10-8 内燃发电机组平均故障间隔时间

机组额定转速/(r/min)	300	1500	1000	500,600,750
平均故障间隔时间/h	250	500	800	1000

在试验过程中，每隔 1h 记录一次机组的功率、电压、电流、功率因数和频率等输出电量数据以及冷却出水（或风）的温度、机油温度和压力、环境温度、大气压力、相对湿度以及添加燃油时间等有关内燃机的数据。当发生停电事故时，应记录停电时间、事故原因及修

复时间等。按机组使用说明书的规定和要求，对机组进行正常检查和维护。

连续运行中，机组应无漏油、漏水、漏气等现象；水温和油温应符合所用内燃机技术条件的规定。如用机组本身的油箱供油，则添加燃油的时间应符合规定。

用下式计算平均故障时间 T（h），其结果不短于表 10-8 中的规定为合格：

$$T = \frac{\sum t}{n+1}$$

式中　$\sum t$——总运行时间，h；

　　　n——发生故障的次数。

（二十二）并联运行试验

1. 试验目的

检查两台内燃发电机并联运行的正确性。经过修理后，两台内燃发电机并联正确，使两台发电机按比例合理承担公共负载，充分发挥每台发电机的能力。

两台内燃发电机的并联条件是频率相同、电压瞬值相同、波形一致、相序一致。

2. 试验方法

① 首先调节各台内燃机的调速器，使其调速特性趋向一致，其特性曲线斜率接近。

② 调节每台发电机的励磁，使各台发电机在额定电压下的电压调节特性单向下降，其斜率也接近。

试验线路图，如图 10-25 所示。

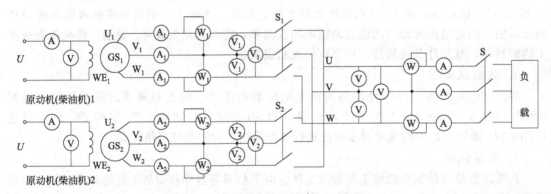

图 10-25　内燃发电机并列试验接线图

GS$_1$、GS$_2$—1号；2号发电机；WE$_1$；WE$_2$—1号；2号发电机励磁绕组；A—电流表；V—电压表；
W—功率表；S—负载开关；S$_1$；S$_2$—1号；2号发电机的并网开关

③ 用同步指示器（或灯光熄灭法和灯光旋转法）判断各发电机是否满足并联条件，如满足，可将两台发电机并联，并空载运行。

④ 空载运行后，先加有功功率为总有功功率 70% 的负载。调节原动机转速，使有功功率按比例分配，然后再加无功功率，为总额定负载的 75%。调节发电机励磁，使每台发电机无功功率按比例分配。

⑤ 最后，按两台内燃发电机组总额定功率的 75%、100%、75%、50%、20%、50% 和 75% 的顺序进行试验。同时记录各种不同负载下的数据：发电机电压、电流、频率、有功功率、无功功率、功率因数 $\cos\varphi$、网络电压、总有功功率、无功功率和网络功率因数 $\cos\varphi$ 等。每种负载运行的时间不少于 5min。

⑥ 做总负载的转移试验　将负载降至两台机组总负载的 50%。若两台发电机的功率相同，先调节 1 号发电机使其有功功率接近额定，然后转移无功功率使其额定，再使 1 号机承

担的负载达到稳定，使 2 号机接近空载，历时 5min。最后将负载转移到 2 号机上，使 1 号机接近空载，历时 5min，即可解列。如果两台电机功率不同，在转移负载时，应使小功率电机的负载不超过额定。

⑦ 如果不用内燃机拖动发电机，用电动机拖动时，试验方法同上述。

3. 试验结果分析

① 有功功率分配差度 ΔP

$$\Delta P = \frac{P - P}{P_N} \times 100\%$$

式中　P——某台发电机实际承担的有功功率，kW；

$\quad P_1$——同一台发电机在同一工况下按额定功率分配比例计算的有功功率，kW；

$\quad P_N$——同一台发电机额定有功功率，kW。

② 无功功率分配差度 ΔQ

$$\Delta Q = \frac{Q - Q_1}{Q_N} \times 100\%$$

式中　Q——某台发电机实际承担的无功功率，kvar；

$\quad Q_1$——同台发电机同一工况下按额定功率分配计算的无功功率，kvar；

$\quad Q_N$——同台发电机额定无功功率，kvar。

两台规格相同的发电机并列时，有功与无功功率分配计算差度不超过 $\pm 10\%$。两台规格不同的发电机并列时，容量大的发电机不应大于额定有功或无功功率的 $\pm 10\%$。功率较小的发电机不应大于额定有功或无功功率的 $\pm 25\%$，以两者中较小的数值进行考核。

复习思考题

1. 内燃机装配的主要要求和注意事项有哪些？

2. 发电机组装配的原则是什么？

3. 简述 4135 柴油发电机组气缸盖总成的装配步骤。

4. 简述 4135 柴油发电机组活塞连杆组总成的装配步骤。

5. 简述 4135 柴油发电机组的装配步骤。

6. 内燃机与发电机不同心的原因是什么？怎样校正内燃机与发电机的中心线？

7. 什么是内燃机的冷磨合？简述其磨合规范。

8. 什么是内燃机的热磨合？简述其磨合规范。

9. 内燃机有功功率常用的测量方法有哪些？

10. 简述内燃机燃油消耗率的测量方法。

11. 简述三相交流同步发电机相序的检查方法。

12. 简述测定机组电压和频率稳态调整率的方法和步骤。

13. 简述测定机组电压和频率瞬态调整率的方法和步骤。

14. 简述电机绕组绝缘电阻的测定方法。

15. 简述电机介电强度试验（耐交流电压试验）的方法与步骤。

16. 简述机组稳态短路特性测定试验的方法与步骤。

17. 简述机组突然短路试验的方法与步骤。

18. 简述机组并联运行试验的方法与步骤。

参 考 文 献

[1] 杨贵恒，杨玉祥，王秋虹，王华清．化学电源技术及其应用．北京：化学工业出版社，2017.

[2] 杨贵恒，张颖超，曹均灿，张瑞伟，文武松．电力电子电源技术及应用．北京：机械工业出版社，2017.

[3] 强生泽，杨贵恒，常思浩．通信电源系统与勤务．北京：中国电力出版社，2017.

[4] 聂金铜，杨贵恒，叶奇睿．开关电源设计入门与实例剖析．北京：化学工业出版社，2016.

[5] 杨贵恒，卢明伦，李龙．通信电源设备使用与维护．北京：中国电力出版社，2016.

[6] 杨贵恒，向成宣，龙江涛．内燃发电机组技术手册．北京：化学工业出版社，2015.

[7] 杨贵恒，张海呈，张颖超．太阳能光伏发电系统及其应用．第2版．北京：化学工业出版社，2015.

[8] 强生泽，杨贵恒，贺明智．电工实用技能．北京：中国电力出版社，2015.

[9] 文武松，王璐，杨贵恒．单片机原理及应用．北京：机械工业出版社，2015.

[10] 杨贵恒，常思浩，贺明智．电气工程师手册（供配电）．北京：化学工业出版社，2014.

[11] 文武松，杨贵恒，王璐．单片机实战宝典．北京：机械工业出版社，2014.

[12] 杨贵恒，刘扬，张颖超．现代开关电源技术及其应用．北京：中国电力出版社，2013.

[13] 杨贵恒，张海呈，张寿珍．柴油发电机组实用技术技能．北京：化学工业出版社，2013.

[14] 杨贵恒，王秋虹，曹均灿．现代电源技术手册．北京：化学工业出版社，2013.

[15] 陈兆海．应急通信系统．北京：电子工业出版社，2012.

[16] 杨贵恒，龙江涛，龚伟．常用电源元器件及其应用．北京：中国电力出版社，2012.

[17] 张颖超，杨贵恒，常思浩．UPS原理与维修．北京：化学工业出版社，2011.

[18] 龚利红，刘晓军．机械设计公式及应用实例．北京：化学工业出版社，2011.

[19] 杨贵恒，张瑞伟，钱希森．直流稳定电源．北京：化学工业出版社，2010.

[20] 强生泽，杨贵恒，李龙．现代通信电源系统原理与设计．北京：中国电力出版社，2009.

[21] 杨贵恒，贺明智，袁春．柴油发电机组技术手册．北京：化学工业出版社，2009.

[22] 武文彦．军事通信网电源系统及维护．北京：电子工业出版社，2009.

[23] 袁春，张寿珍．柴油发电机组．北京：机械工业出版社，2003.

[24] 赵家礼．图解维修电工操作技能．北京：机械工业出版社，2006.

[25] 晏初宏．机械设备修理工艺学．北京：机械工业出版社，1999.

[26] 马鹏飞．钳工与装配技术．北京：化学工业出版社，2005.

[27] 王勇，杨延俊．柴油发动机维修技术与设备．北京：高等教育出版社，2005.

[28] 李飞鹏．内燃机构造与原理．第2版．北京：中国铁道出版社，2002.

[29] 孔传甫．汽车检测设备使用入门．杭州：浙江科学技术出版社，2005.

[30] 尤晓玲，李春亮，魏建秋．东风柴油汽车结构与使用维修．北京：金盾出版社，2003.

[31] 徐文媛．电机修理自学通．北京：中国电力出版社，2004.

[32] 方大千，朱征涛．实用电机维修技术．北京：人民邮电出版社，2004.

[33] 金续曾．中小型同步发电机使用与维修．北京：中国电力出版社，2003.

[34] 才家刚．电机试验技术及设备手册．第2版．北京：机械工业出版社，2011.

[35] 上海柴油机股份有限责任公司．135系列柴油机使用保养说明书．第4版．北京：经济管理出版社，1995.